Das Grab des Tut-ench-Amun

Abb. 1
Der zweite, vergoldete
Sarg Tut-ench-Amuns

HOWARD CARTER

Das Grab des Tut-ench-Amun

Mit 17 farbigen Abbildungen auf Kunstdrucktafeln,
65 Abbildungen im Text und einem Plan

Sechste Auflage

F. A. BROCKHAUS · WIESBADEN · 1981

Umschlag und Einband nach Entwurf von Erich Schulz-Anker

CIP-Kurztitelaufnahme der Deutschen Bibliothek

Carter, Howard:

Das Grab des Tut-ench-Amun / Howard Carter. –
6. Aufl. – Wiesbaden : Brockhaus, 1981.
Einheitssacht.: The tomb of Tut-ankh-Amen ‹dt.›
ISBN 3-7653-0262-7

V.-Nr. 1513 · ISBN 3-7653-0262-7 · Printed in Germany

Druck: Oscar Brandstetter · Wiesbaden

Inhalt

Vorwort des Verlegers

Howard Carter entdeckte das Grab Tut-ench-Amuns im Jahr 1922. Die Originalausgabe seines Buchs darüber erschien in drei Bänden bei Cassell & Co. Ltd., London: Band I, dessen Mitautor A.C. Mace damals Kustos am Metropolitan Museum of Art in New York war, kam 1923 heraus, Band II 1927, Band III 1933. Die deutsche Übersetzung erschien, ebenfalls in drei Bänden, 1924, 1927 und 1934 bei F.A. Brockhaus in Leipzig.

Die Vorworte aller drei Bände sind in dieser Neuausgabe weggefallen, da ihr Inhalt heute überholt ist. Außerdem sind folgende Abschnitte nicht in die Neuausgabe übernommen worden:

Band I: Die geschichtliche Einleitung für den deutschen Leser von G. Steindorff; Lady Burghcleres biographischer Aufsatz über ihren Vater Lord Carnarvon; der Anhang.

Band II: Die Einleitung »Zur Geschichte der ägyptischen Kunst« von G. Steindorff; das 1. Kapitel »Zum Verständnis der ägyptischen Kunst«; Anhang II, IV, V, VI.

Band III: Das 1. Kapitel »Tatsachen und Vermutungen über die Könige der Ketzerzeit«; Anhang I bis III.

Zur Zeit der Entdeckung hat Harry Burton vom Stab des Metropolitan Museum of Art, New York, jedes Stadium der Ausgrabung und jedes Fundstück photographiert. Das Griffith Institute, Ashmolean Museum, Oxford, hat die Negative seiner Aufnahmen für die Bebilderung dieses Buches dankenswerterweise zur Verfügung gestellt und die Erlaubnis zur Reproduktion gegeben. »The Times« hat den Abdruck der Abbildungen 16, 18, 19 und 23 gestattet. Die Bilder auf den Farbtafeln stammen von folgenden Autoren: Tafel I: George Rainbird © George Rainbird; II und IV: Middle East Archive / G.W. Allan; V, IX, X, XII, XV: F.L. Kenett © George Rainbird Ltd.; VII und VIII: Middle East Archive; III, XI, XIV: Pierre Tetrel; VI, XIII, XVI: Scala.

Die deutsche Neuausgabe hat die Textredaktion und die Bilder der in London bei Sphere Books Ltd. 1972 herausgekommenen englischen Ausgabe übernommen. Die Übersetzung ist dieselbe wie die der ersten deutschen Ausgabe.

In voller Übereinstimmung mit meinem Mitarbeiter Mr. Mace widme ich diesen Bericht über die Entdeckung des Grabes Tut-ench-Amuns dem Andenken meines lieben Freundes und Helfers

Lord Carnarvon,

der starb in der Stunde seines Triumphes.
Dank seiner nie ermüdenden Hochherzigkeit war unserer Arbeit Erfolg beschieden. Seine Bemühungen, die so viel zur Erweiterung unserer Kenntnisse in der ägyptischen Altertumskunde beigetragen haben, wird die Geschichte für immer ehren.
Sein Andenken werde ich stets liebevoll bewahren.

Abb. 2 Der Thronsessel des Königs

Der König und die Königin

Einige einleitende Worte zunächst über Tut-ench-Amun, den König, dessen Namen die ganze Welt kennt und der deshalb wahrscheinlich weniger als irgendeine andere geschichtliche Persönlichkeit einer Einführung bedarf. Wie jedermann weiß, war er der Schwiegersohn Echnatons, jenes Ketzerkönigs, über den von allen ägyptischen Pharaonen am meisten geschrieben und der aller Wahrscheinlichkeit nach am meisten überschätzt worden ist. Über die Abstammung Tut-ench-Amuns ist uns nichts bekannt. Es ist möglich, daß er königlichen Geblüts war und von sich aus einen gewissen Anspruch auf den Thron hatte. Andererseits mag er nur ein gewöhnlicher Mann gewesen sein. Diese Frage ist aber unwesentlich, denn durch seine Heirat mit der Tochter eines Königs wurde er nach ägyptischem Gesetz sofort zur Thronfolge berechtigt, eine Stellung, die gerade in diesem Zeitpunkt der Geschichte seines Landes gefahrvoll und unbequem gewesen sein muß. Nach außen hin war das von Thutmosis III. im 15. Jahrhundert v. Chr. Geburt begründete Reich, das von den nachfolgenden Herrschern, wenn auch mit Schwierigkeit, aufrechterhalten werden konnte, gleich einem durchlöcherten Luftballon in sich zusammengefallen. Im Innern herrschte Unzufriedenheit. Die Priester des alten Glaubens, die hatten sehen müssen, wie ihre Götter verspottet und ihr eigener Lebensunterhalt gefährdet wurde, zerrten an ihren Fesseln und warteten nur auf den passendsten Augenblick, um sie abzuwerfen. In der zu erniedrigender Untätigkeit verurteilten Soldatenklasse gärte es vor Unzufriedenheit, und jeder Anlaß zu Erregungen war ihr willkommen; die fremden Haremselemente, Frauen, die in so großer Zahl an den Hof und in die Soldatenfamilien seit den Eroberungskriegen gebracht worden waren, boten jetzt in einer Zeit der Schwäche einen geeigneten Mittelpunkt für Intrigen aller Art; die Handwerker und Kaufleute wurden zusehends unlustiger und unzufriedener, da der Außenhandel zurückging und der heimische Markt auf einen örtlich begrenzten Kreis umgestellt war. Das gemeine Volk war nicht gewillt, einen Wechsel zu ertragen; viele trauerten den alten vertrauten Göttern nach und waren nur zu bereit, jeden Verlust, jede Entbehrung und jedes Unglück der Eifersucht dieser gekränkten Gottheiten zuzuschreiben. Bei diesen Leuten verwandelte sich die erste Bestürzung langsam in Unwillen gegen den neuen Himmel und die neue Erde, die ihnen vorgeschrieben waren. Und währenddessen verträumte Echnaton sein Leben in El-Amarna. 1

Die Frage eines Thronfolgers war eine Lebensfrage für das ganze Land, und sicherlich wucherten die Intrigen überall. Ein männlicher Erbe war nicht vorhanden, und daher konzentrierte sich das Interesse auf eine Anzahl kleiner Mädchen, von denen die älteste beim Tod ihres Vaters kaum mehr als 15 Jahre alt gewesen sein kann. Trotz ihrer Jugend war diese älteste Prinzessin, Meritaton genannt, schon einige Zeit verheiratet, denn während der letzten Regierungsjahre Echnatons finden wir ihren Gatten als dessen Mitregenten – ein vergeblicher Versuch, die Krise abzuwenden, die selbst der Erzträumer Echnaton als unvermeidlich empfunden haben muß. Ihre Freude, Königin zu sein, war nur kurz, denn ihr Gemahl Sakerē starb kurz nach Echnaton. Vielleicht ist er sogar vor ihm gestorben, wie aus Anzeichen aus seinem Grab hervorzugehen scheint, und es ist durchaus möglich, daß er den Tod von der Hand einer feindlichen Partei fand. Jedenfalls verschwindet er und mit ihm seine Gemahlin, und der Thron stand dem nächsten Anwärter offen.

Die zweite Tochter, Maketaton, starb unverheiratet zu Lebzeiten Echnatons. Die dritte, Anches-en-paton, wurde mit Tut-ench-Aton, wie er damals hieß, verheiratet, dem uns nun so bekannten Tut-ench-Amun. Es ist nicht sicher, wann diese Heirat stattgefunden hat. Es mag zu Lebzeiten Echnatons gewesen sein, um den Anspruch Tut-ench-Amuns auf den Thron rechtskräftig zu machen. Jedenfalls waren beide noch im Kindesalter, da Anches-en-paton im 8. Jahre der Regierung ihres Vaters geboren war und daher höchstens 10 Jahre alt gewesen sein kann; aus verschiedenen Anzeichen in seinem Grab haben wir Grund zu glauben, daß Tut-ench-Amun selbst kaum dem Knabenalter entwachsen war. Es ist klar, daß in den ersten Jahren dieser Kinderherrschaft hinter dem Thron eine Macht gestanden haben muß, und wir wissen mit ziemlicher Sicherheit, wer diese Macht gewesen ist. In allen Ländern, besonders in denen des Orients, ist es ratsam, bei einer zweifelhaften oder schwachen Erbfolge seine Aufmerksamkeit ganz besonders auf die Handlungen des mächtigsten Hofbeamten zu richten. Am Hof von El-Amarna war dies ein gewisser Eje, der Oberpriester und Hofkämmerer und tatsächlich alles in allem am Hofe war. Er selbst war ein naher persönlicher Freund Echnatons, sein Weib Teje war die Amme der Königin Nofret-ēte, und so ist es wohl klar, daß nichts im Palast vor sich gehen konnte, was ihnen nicht bekannt war.

Eilen wir der Geschichte etwas voraus, so finden wir, daß derselbe Eje nach dem Tod Tut-ench-Amuns den Thron besteigt. Auch wissen wir dadurch, daß sein Name in der Sargkammer des neu aufgefundenen Grabes vorkommt, daß er die Feier bei der Bestattung Tut-ench-Amuns geleitet, wenn er auch wohl das Grab nicht selbst angelegt hat. Daß der Name eines nachfolgenden Königs auf den Wänden im Grab seines Vorgängers erscheint, ist im Tal der Königsgräber sonst nicht zu finden. Daß dies hier der Fall ist, scheint beide in eine besondere Verbindung zueinander zu setzen, und wir gehen wahrscheinlich nicht fehl in der Annahme, daß Eje zum größten Teil für die Thronbesteigung des jugendlichen Königs verantwortlich gewesen ist. Es ist wohl möglich, daß er selbst Absichten auf den Thron gehabt hat, daß er es aber vorzog, da er sich noch nicht sicher genug fühlte, abzuwarten und seine Stellung als Minister eines jungen, unerfahrenen Herrschers auszunutzen. Spekulationen sind nicht ohne Reiz! Wenn wir uns ins Gedächtnis rufen, daß später Eje selbst durch einen anderen leitenden Staatsbeamten aus der Regierungszeit Echnatons, den obersten Heerführer Haremhab, ersetzt worden ist, und daß keiner von ihnen einen eigentlichen Anspruch auf den Thron besaß, so können wir wohl sicher sein, daß in dem kurzen Zeitraum von 1375 bis 1350 v. Chr. sich hinter der historischen Szene manches dramatische Ereignis abgespielt haben mag.

Doch als gewissenhafte Historiker wollen wir uns der verführerischen »möglicherweise« und »wahrscheinlicherweise« enthalten und zu den kalten, harten Tatsachen der Geschichte zurückkehren. Was wissen wir wirklich über Tut-ench-Amun, mit dem wir so überraschend bekanntgeworden sind? Auffallend wenig, wenn man es sich überlegt. Soweit unsere Kenntnisse heute reichen, können wir mit Gewißheit sagen, daß das einzig Bemerkenswerte in seinem Leben darin bestand, daß er starb und begraben wurde. Über ihn als Mann – wenn er wirklich Mannesalter erreichte – und über seine Persönlichkeit wissen wir nichts. Über die Ereignisse während seiner kurzen Regierung können wir den Denkmälern nur äußerst wenig entnehmen. So wissen wir z. B., daß er zu einem Zeitpunkt seiner Regierung die Ketzerhauptstadt seines Schwiegervaters verließ und den Hof nach Theben zurückverlegte. Daß er als Aton-Anbeter begann und sich dann zu der alten Religion zurückwandte, wird ersichtlich aus der Änderung seines Namens von Tut-ench-Aton in Tut-ench-Amun und daraus, daß er einige geringe Erweiterungen und Erneuerungen an den Tempeln der alten Götter in Theben vornahm. Im Museum zu Kairo befindet sich ein Denkstein, der einst in einem der Tempel zu Karnak stand und auf dem er in etwas hochtrabender Sprache auf die Wiederherstellung

Abb. 3 Die Schnüre mit dem Siegel der Königstotenstadt, die die Türen des zweiten Schreins verschließen

dieses Tempels Bezug nimmt. »Ich fand«, sagt er, »die Tempel in Trümmer zerfallen, ihre heiligen Stätten eingestürzt und ihre Höfe von Unkraut überwuchert. Ich stellte ihre Heiligtümer wieder her, ich stattete die Tempel wieder aus und machte ihnen Geschenke von allen Kostbarkeiten. Ich goß Götterbilder aus Gold und Elektron, verziert mit Lapislazuli und allen köstlichen Steinen*).«

Wir wissen weder, zu welcher Zeit seiner Regierung dieser Religionswechsel eintrat, noch ob er aus persönlichem Gefühl heraus oder aus politischen Gründen erfolgte. Wir wissen aus dem Grab eines seiner Beamten, daß einige Stämme in Syrien und im Süden ihm untertan waren und ihm Tribut zahlten, auch sehen wir ihn auf vielen Gegenständen aus seinem Grab dargestellt, wie er mit großem Behagen Kriegsgefangene mit Füßen tritt, oder wie er die Feinde von seinem Wagen aus zu Hunderten erlegt; aber wir dürfen keinesfalls als erwiesen ansehen, daß er jemals wirklich ins Feld gezogen ist. Mit solchen Phantasiedarstellungen nahmen es die ägyptischen Monarchen nicht sehr genau.

Dies erschöpft so ziemlich die Begebenheiten seines Lebens, soweit wir sie aus den Baudenkmälern erfahren. Aus seinem Grabe ist bis jetzt wenig Neues hinzugekommen. Wir werden bis zur letzten Kleinigkeit erfahren, was er besaß; aber was er war und was er tat, das bleibt uns noch verborgen. Noch ist nichts vorhanden, was uns die genaue Dauer seiner Regierung angeben könnte. Bis jetzt waren nur sechs Jahre als kürzeste Zeit bekannt, und viel länger kann seine Regierung auch nicht gedauert haben. Wir können nur hoffen, daß die inneren

*) Diesen Denkstein, von dessen Inschrift hier Bruchstücke in ungefährer Übersetzung wiedergegeben sind, eignete sich später Haremhab an, ein Schicksal, das fast allen Denkmälern Tut-ench-Amuns zuteil geworden ist.

Kammern uns mehr mitteilen. Aus seiner Leiche, die, wie wir hoffen und erwarten, noch in den Grabschreinen ruht, werden wir wenigstens sein Lebensalter erfahren, und vielleicht finden wir dort noch nähere Anhaltspunkte über die Umstände seines Todes.

Noch ein Wort über seine Gemahlin Anches-en-paten, wie sie ursprünglich hieß, und Anches-en-Amun, wie sie sich nach der Rückkehr nach Theben nannte. Sie war eine ziemlich wichtige Persönlichkeit, da durch sie dem König das Erbe zufiel, und dieser erkennt dies vollkommen an durch die häufige Wiedergabe ihres Namens und ihrer Abbildung auf den Gegenständen der Grabausstattung. Wenn ihre Bilder nicht schmeicheln, muß sie eine anmutige Erscheinung gewesen sein, und ihre freundschaftlichen Beziehungen zu ihrem Gatten werden nach echter El-Amarna-Art hervorgehoben. Es gibt zwei besonders reizvolle Darstellungen von ihr. Auf der einen, die sich auf der Rückenlehne des Thronsessels befindet (Tafel IV), salbt sie ihren Gemahl mit duftendem Öl, auf der anderen begleitet sie ihn auf einem Jagdausflug und wird dargestellt, wie sie zu seinen Füßen kauert, ihm mit der einen Hand einen Pfeil reichend, während sie mit der anderen auf eine besonders fette Ente weist, als fürchte sie, diese könnte seiner Aufmerksamkeit entgehen. Diese Bilder sind voller Reiz, und zugleich haben sie etwas Rührendes, wenn man denkt, daß die Gattin im 17. oder 18. Lebensjahr zur Witwe wurde. Rührend vielleicht, vielleicht auch nicht, denn man kennt den Orient, und ihre Geschichte hat noch eine Fortsetzung, die uns durch mehrere Tafeln bekanntgeworden ist, die vor einigen Jahren in den Ruinen von Boghazköi gefunden und erst vor kurzem entziffert worden sind. Eine interessante kleine Intrige zeigt sich auch hier, und in wenigen Worten erhalten wir ein deutlicheres Bild von der Königin Anches-en-Amun, als Tut-ench-Amun uns auf sämtlichen Gegenständen seiner Totenausstattung von sich selbst zu geben vermochte.

Anscheinend war sie eine Frau von Charakterstärke. Der Gedanke, sich zugunsten einer neuen Königin in den Hintergrund zurückzuziehen, gefiel ihr nicht, und sofort nach dem Tode ihres Gemahls fing sie an, Pläne zu schmieden. Dazu war ihr, wie wir wohl annehmen können, eine Frist von wenigstens zwei Monaten gegeben, die Zeit, die zwischen Tut-ench-Amuns Tod und seiner Beisetzung vergehen mußte, denn es war höchst unwahrscheinlich, daß der neue König die Zügel der Regierung aufnehmen würde, ehe nicht der bisherige bestattet war. Nun hatten während der letzten zwei oder drei Regierungen mehrfach Eheschließungen zwischen den Königshäusern von Ägypten und Asien stattgefunden. Eine der Schwestern Anches-en-Amuns war an einen fremden Hof verheiratet, auch glauben viele Ägyptologen, daß ihre Mutter eine asiatische Prinzessin war. Darum kann es nicht überraschen, wenn sie sich in diesem entscheidenden Augenblick nach auswärts um Hilfe wandte, und so finden wir, daß sie dem König der Hethiter einen Brief folgenden Inhalts schreibt: »Mein Gemahl ist tot, und man sagt mir, daß Du erwachsene Söhne hast. Schicke mir einen von ihnen, und ich will ihn zu meinem Gemahl machen, und er soll König über Ägypten sein.«

Dies war ihrerseits ein kluger Schachzug, denn es gab keinen wirklichen Thronerben in Ägypten, und die rasche Entsendung eines hethitischen Prinzen mit genügend starken Streitkräften hätte wahrscheinlich erfolgreich sein können. Schnelligkeit war die Hauptsache, und in diesem Punkt rechnete die Königin ohne den Hethiterkönig. Eile in irgendeiner Sache gab es für ihn nicht. Es war niemals gut, einen solchen Plan ohne gebührende Überlegung und überstürzt auszuführen, und wie konnte er wissen, ob der Brief nicht eine Falle bedeutete? So berief er seine Ratgeber, und die Sache wurde in größter Ausführlichkeit besprochen. Schließlich wurde beschlossen, einen Boten nach Ägypten zu senden und die Angelegenheit auf ihre Wahrheit hin zu prüfen. »Wo«, so lautet seine Antwort – und wir sehen ihn förmlich, wie er sich über seine Schlauheit schmunzelnd die Hände reibt – »ist der Sohn des verstorbenen Königs, und was ist aus ihm geworden?«

Um von einem Land zum anderen zu gelangen, brauchte ein Bote vierzehn Tage, und man kann sich die Gefühle der armen Königin vorstellen, als sie nach einer Wartezeit von einem Monat weder einen Prinzen noch einen Gemahl, sondern einen hinhaltenden, nutzlosen Brief erhielt. Voller Verzweiflung schreibt sie nochmals: »Warum sollte ich Euch hintergehen? Ich habe keinen Sohn, und mein Gemahl ist tot. Sendet mir einen Eurer Söhne, und ich will ihn zum König machen!« Jetzt entschließt sich der Hethiterkönig, ihre Bitte zu erfüllen und einen Sohn zu schicken, doch anscheinend ist es zu spät; die Zeit war vorüber. Hier bricht das Dokument ab, und es bleibt unserer Phantasie überlassen, die Geschichte zu Ende zu führen.

Machte sich der hethitische Prinz jemals auf den Weg nach Ägypten und wie weit kam er? Bekam der neue König Eje Wind von Anches-en-Amuns Plänen und unternahm er geeignete Schritte, sie zunichte zu machen? Das werden wir niemals erfahren. Jedenfalls verschwindet die Königin von der Szene, und wir hören nichts mehr von ihr. Es ist eine fesselnde kleine Geschichte. Wäre der Plan geglückt, so hätte es niemals einen Ramses den Großen gegeben!

Das Tal der Könige und das Grab

2

Das Tal der Königsgräber – schon der Name ist voller Romantik, und ich glaube, unter all den Wundern Ägyptens gibt es keins, das die Phantasie mehr anregt. Hier in diesem einsamen Talende, jedem Laut des Lebens fern, wo das »Horn«, die höchste Spitze der thebanischen Hügel, gleich einer natürlichen Pyramide Wache hält, lagen einige dreißig Könige, unter ihnen die größten, die Ägypten jemals kannte. Dreißig wurden hier bestattet. Jetzt ruhen hier nur noch zwei: Amenhotep II., dessen Mumie Neugierige in seinem Sarg sehen können, und Tut-ench-Amun, der noch ungestört unter seinem goldenen Schrein liegt. Dort hoffen wir ihn ruhen zu lassen, wenn die Ansprüche der Wissenschaft befriedigt sind.

Ich beabsichtige nicht, mich an einer Beschreibung des »Tals« selbst zu versuchen – das ist während der letzten Monate zu oft geschehen. Doch möchte ich seiner Geschichte einige Zeilen widmen, da dies für ein richtiges Verständnis unseres Grabes wichtig ist.

Ganz versteckt in einer Ecke am äußersten Ende des »Tals«, halb verborgen unter einem vorspringenden Felsen, liegt der Eingang zu einem ganz unauffälligen Grab. Es wird leicht übersehen und selten besucht, aber es ist besonders interessant, da es das erste Grab ist, das je im »Tal« gebaut wurde. Außerdem ist es beachtenswert als Versuch einer neuen Art, die Gräber anzulegen. Für den Ägypter war es von größter Wichtigkeit, daß seine Leiche unentweiht an dem für sie gebauten Platz ruhen blieb, und die früheren Könige hatten dies zu erreichen geglaubt, indem sie wahre Berge von Steinen darüber errichteten. Auch war es wichtig für das Wohlergehen einer Mumie, daß sie gegen jeden Mangel reichlich ausgestattet war; handelte es sich um einen prachtliebenden und verschwenderischen orientalischen Herrscher, so verlangte das natürlich überreiche Verwendung von Gold und anderen Schätzen. Freilich ergab sich genau das Gegenteil des Beabsichtigten. Gerade die Pracht des Grabdenkmals brachte ihm Verderben, und kaum waren im besten Fall einige Generationen vergangen, so wurde die Mumie in ihrer Ruhe gestört, und ihre Schätze wurden gestohlen. Verschiedene Mittel wurden versucht: Der Eingang – naturgemäß der schwache Punkt einer Pyramide – wurde mit viele Tonnen wiegenden Granitblöcken verstopft; Scheingänge wurden angelegt, Geheimtüren ersonnen – alles, was Erfindungsgabe sich ausdenken oder Reichtum erwerben konnte, wurde angewandt. Alles vergebliche Mühe, denn mit Geduld und Ausdauer überwand der Grabräuber jedesmal die Schwierigkeiten, die ihn hatten zurückschrecken sollen. Außerdem hing der Erfolg dieser Mittel und damit die Sicherheit des Baudenkmals selbst zu einem großen Teil von dem guten Willen des Maurers ab, der das Werk ausführte, und von dem Baumeister, der es entwarf. Nachlässige Ausführung der Arbeit bedeutete eine Gefahr für die bestausgedachten Abwehrmittel, und von Privatgräbern wissen wir sogar, daß die Beamten, die das Grab anlegten, selbst bisweilen einen Eingang für Plünderer schufen.

Versuche, die königlichen Grabbauten durch Bewachung zu schützen, waren gleichfalls erfolglos. Zwar konnte ein König ungeheure Stiftungen für die Unterhaltung großer Scharen von Pyramidenbeamten und -wächtern hinterlassen – dies tat auch wirklich jeder König –, doch nach einiger Zeit waren es gerade diese Beamten, die den Plünderern der Grabbauten, für deren Bewachung sie bezahlt wurden, durch die Finger sahen, und die Stiftungen wurden meist spätestens am Ende der betreffenden Dynastie durch einen nachfolgenden König zu

Abb. 4 Der Weg nach den Königsgräbern

anderen Zwecken verwandt. Bei Beginn der 18. Dynastie gab es in ganz Ägypten kaum ein Königsgrab, das nicht beraubt worden war – für den Herrscher, der den Platz für seine eigene letzte Ruhestätte aussuchen sollte, ein ziemlich grausiger Gedanke. Jedenfalls für Thutmosis I., denn er wandte viel Überlegung an diese Aufgabe, und als Ergebnis finden wir das einsame kleine Grab am Ende des »Tals«. Geheimhalten hieß die Lösung der Aufgabe.

Durch seinen Vorgänger Amenhotep I. war schon der erste Schritt in dieser Richtung getan worden; dieser errichtete sein Grab in einiger Entfernung von seinem Totentempel, unter einem Felsen verborgen, auf dem Gipfel eines der Ausläufer der Hügel von Dra-abu'l-naga; aber Thutmosis I. ging bedeutend weiter. Es war ein scharfer Bruch mit der Überlieferung, und sicherlich dauerte es lange, ehe der Herrscher zu diesem Entschluß kam. Erstens mußte sein Stolz leiden, denn Prunkliebe war jedem ägyptischen Herrscher tief eingewurzelt, und er war gewohnt, sie mehr als irgendwo sonst in seinem Grab zur Schau zu stellen. Ferner schien die neue Einrichtung auch für seine Mumie gewisse Nachteile zu besitzen. Die älteren Königsgräber hatten stets in ihrer unmittelbaren Nähe einen Tempel, in dem zu den verschiedenen Festzeiten des Jahres die zuständigen Feierlichkeiten stattfanden und in dem die täglichen Opferspenden dargebracht wurden. Jetzt sollte sich kein Denkmal über dem Grab selbst erheben, und der Totentempel, in dem geopfert wurde, sollte etwa $1^1/_2$ Kilometer entfernt jenseits des Hügelrückens zu stehen kommen. Gewiß war diese Einrichtung wenig günstig, aber sie war notwendig, wenn die Lage des Grabes geheimgehalten werden sollte, und im Geheimhalten, darüber war König Thutmosis I. sich klar, lag die einzige Rettung vor dem Schicksal seiner Vorgänger.

Die Anlage dieses verborgenen Grabes vertraute Thutmosis seinem obersten Baumeister Ineni an, und dieser hat in der Lebensbeschreibung auf den Wänden seiner Grabkapelle die Heimlichkeit, mit der die Arbeiten ausgeführt wurden, eingehend beschrieben. »Ich allein überwachte das Aushauen des Felsengrabes Seiner Majestät«, erzählt er uns, »niemand sah es, niemand hörte es!« Leider unterläßt er es, uns etwas über die Arbeiter mitzuteilen, die er verwandte. Es ist begreiflich, daß hundert oder mehr Arbeiter, die von des Königs teuerstem Geheimnis wußten, nicht frei umhergehen durften, und Ineni fand sicherlich wirksame Mittel, sie zum Schweigen zu bringen. Möglicherweise ist das Werk von Kriegsgefangenen ausgeführt worden, die man nach seiner Vollendung umbrachte.

Wie lange das Geheimnis dieses Grabes sich hielt, wissen wir nicht. Wahrscheinlich nicht lange, denn welches Geheimnis ist in Ägypten je bewahrt worden? Zur Zeit seiner Entdekkung, im Jahr 1899, war wenig mehr darin vorhanden als der massive Steinsarg; der König selbst war, wie wir wissen, erst in das Grab seiner Tochter Hatschepsut und später mit den anderen Königsmumien nach Der-el-bahri gebracht worden. Ob nun das Verbergen des Grabes zeitweise erfolgreich war oder nicht, jedenfalls war eine neue Mode eingeführt worden, und die späteren Könige der Dynastie, ebenso wie die der 19. und 20., wurden alle in diesem Tal bestattet.

Der Gedanke, die Gräber durch Geheimhaltung ihrer Lage zu schützen, wurde nicht lange beibehalten. Das lag in der Natur der Dinge selbst, und so scheinen die späteren Könige sich damit abgefunden zu haben und zu dem alten System zurückgekehrt zu sein, ihre Gräber sichtbar zu errichten. Jetzt war es zur festen Gewohnheit geworden, alle Königsgräber innerhalb eines sehr beschränkten Umkreises anzulegen. Man glaubte, damit einen sicheren Schutz gegen Beraubung gefunden zu haben, besonders da es ja im Interesse jedes regierenden Königs lag, für die Bewachung des königlichen Friedhofs zu sorgen. Doch hierin täuschte man sich gewaltig. Wir wissen nach Anzeichen aus dem Grab Tut-ench-Amuns, daß zehn oder höchstens fünfzehn Jahre nach seinem Tod Räuber eindrangen. Auch wissen wir aus Wandkritzeleien *(graffiti)* im Grab Thutmosis' IV., daß dieser Herrscher ebenfalls einige Jahre

Tafel I Die Gräber Ramses' VI. und Tut-ench-Amuns ▶

nach seiner Bestattung unter Plünderern zu leiden hatte. Denn wir finden, daß König Haremhab im achten Jahr seiner Regierung einem hohen Beamten namens Mej Befehle gab, »die Grabstätte des Königs Thutmosis' IV. des Seligen in der kostbaren Wohnstätte im westlichen Theben wiederherzustellen.« Diese Plünderer müssen kühnen Muts gewesen sein; anscheinend waren sie in großer Eile, und wir haben Grund anzunehmen, daß sie auf frischer Tat ertappt wurden. Ist dem so, dann können wir sicher sein, daß sie eines langsamen und qualvollen Todes starben.

Seltsames muß das »Tal« gesehen haben, und verwegen waren die Abenteuer, die sich dort abspielten. Man kann sich das tagelange Pläneschmieden vorstellen, die heimlichen, nächtlichen Zusammenkünfte auf dem Felsen, das Bestechen oder Betäuben der Friedhofswächter, und dann das verwegene Graben im Dunkeln, das Hindurcharbeiten durch ein kleines Loch bis in die Grabkammer, das fieberhafte Suchen bei schwachem Lichtschimmer nach tragbaren Schätzen und die Rückkehr im Morgengrauen, mit Beute beladen. Dies alles können wir uns vorstellen und uns gleichzeitig vergegenwärtigen, wie unvermeidlich es war. Indem ein König für seine Mumie eine sorgfältige und kostbare Ausstattung vorsah, die er seiner Würde entsprechend fand, trug er selbst zu ihrer Zerstörung bei. Die Versuchung war zu groß. Reichtum, der die habsüchtigsten Träume überstieg, lag dort für den bereit, der Mittel und Wege fand, ihn zu gewinnen, und früher oder später mußte der Grabräuber zum Ziel gelangen.

Während einiger Generationen, unter den machtvollen Königen der 18. und 19. Dynastie, muß das »Tal« leidlich sicher gewesen sein. Plünderungen großen Stils wären ohne das Einverständnis der betreffenden Beamten unmöglich gewesen. Unter der 20. Dynastie wurde das anders. Schwächlinge saßen auf dem Thron, ein Umstand, den die Beamtenklasse sich, wie immer, schnell zunutze machte. Die Friedhofswächter wurden lässig und bestechlich, und ein wahres Schwelgen in Grabräuberei muß eingesetzt haben. Über diese Tatsache besitzen wir Beweise aus erster Hand; denn aus der Regierungszeit Ramses' IX. ist eine Anzahl Papyri auf uns gekommen, die gerade diesen Gegenstand, Berichte über die Untersuchungen bei Anklagen wegen Grabberaubung und über das Gerichtsverfahren gegen die Angeklagten, behandeln. Es sind äußerst interessante Urkunden. Durch sie erhalten wir außer höchst wertvoller Auskunft über die Gräber etwas, was den ägyptischen Urkunden merkwürdigerweise gewöhnlich fehlt, eine Geschichte rein menschlicher Natur, und es gelingt uns, einen Einblick in die Gesinnung einiger Beamten zu tun, die vor mehr als 3000 Jahren in Theben lebten.

Drei Männer spielen die Hauptrollen: Chamwēse, der Wesir oder Vorsteher des ganzen Bezirkes von Theben, Peser, der Vorsteher des am Ostufer gelegenen Stadtteils, und Pewero, der Vorsteher des westlichen Theben, dem die Bewachung der Totenstadt oblag. Die beiden letzten standen offenbar, man möchte sagen natürlicherweise, auf schlechtem Fuß miteinander: einer war auf den anderen eifersüchtig. Folglich war es Peser gar nicht unangenehm, als er eines Tages Berichte über ausgedehnte Grabplünderungen erhielt, die am Westufer im Gang waren. Hier bot sich eine Möglichkeit, seinen Feind in Ungelegenheit zu bringen, und so beeilte sich Peser, die Sache dem Wesir zu melden; törichterweise gab er dabei die genaue Anzahl der Gräber, in die man eingedrungen war, an: zehn Königsgräber, vier Gräber von Priesterinnen des Amun und eine lange Reihe von Privatgräbern.

Am nächsten Tage schickte Chamwēse eine Anzahl Beamte über den Fluß, sich mit Pewero zu besprechen und die Anschuldigungen nachzuprüfen. Das Ergebnis ihrer Untersuchungen war wie folgt: Unter den zehn Königsgräbern fand man eins, in das wirklich eingebrochen war, und bei zwei anderen hatte man es versucht. Von den Gräbern der Priesterinnen waren zwei ausgeplündert und zwei waren unberührt. Die Privatgräber waren alle ausgeplündert. Dieser Tatbestand wurde von Pewero als eine vollständige Rechtfertigung seiner Verwaltung begrüßt, eine Ansicht, die der Wesir anscheinend teilte. Die Plünderung der Privatgräber

◀ Tafel II Die »Kleiderbüste« des Königs

wurde in schamloser Weise zugegeben. Aber was tat das? Was liegt Leuten unserer Klasse an den Gräbern von Privatpersonen? Von den vier Gräbern der Priesterinnen waren zwei geplündert und zwei nicht. Wägt man eins gegen das andere ab – wer hat dann Grund zu klagen? Von den zehn von Peser angegebenen Königsgräbern war nur eines wirklich erbrochen worden: eins nur unter zehn! Folglich war es klar, seine ganze Geschichte bestand aus einem Lügengewebe! Also wurde Pewero freigesprochen – anscheinend nach dem Grundsatz, daß man den Gerichtshof ohne einen Flecken an seinem guten Ruf verläßt, wenn man wegen zehn Mordtaten angeklagt und nur wegen einer schuldig befunden wird.

Zur Feier seines Sieges versammelte Pewero am nächsten Tag »die Aufseher, die Totenstadtverwalter, die Handwerker, die Polizei und alle Arbeiter der Totenstadt« und schickte sie geschlossen nach der Ostseite mit der Anweisung, einen Triumphzug durch die ganze Stadt, aber besonders in der Nachbarschaft Pesers zu machen. Wir können sicher sein, daß sie den letzten Teil des Auftrages getreulichst ausführten. Peser ertrug es, solange er konnte; doch zuletzt verlor er die Geduld und in einem Wortwechsel mit einem der Weststadtbeamten gab er vor Zeugen seine Absicht kund, die ganze Sache dem König zu melden. Dies war ein verhängnisvoller Fehler, den sein Feind sich schnell zunutze machte. In einem Brief an den Wesir beschuldigte er den unglücklichen Peser, erstens den guten Willen einer durch seinen unmittelbaren Vorgesetzten ernannten Abordnung in Frage gestellt und zweitens über den Kopf dieses Vorgesetzten hinweg den Fall dem König direkt berichtet zu haben, ein Verfahren, über das der tugendhafte Pewero seine Hände vor Entsetzen über dem Kopf zusammenschlug, da es gegen alles Hergebrachte war und alle Unterordnung umstürzte. Das bedeutete Pesers Ende. Der beleidigte Wesir berief einen Gerichtshof, in dem der Unglückliche als Richter selbst mitsitzen mußte; hier wurde er wegen Meineids angeklagt und schuldig befunden.

Das ist kurz die Geschichte. Ausführlich wird sie uns in Breasteds »Ancient Records of Egypt«, Band IV, § 499ff. erzählt. Daraus wird ziemlich klar, daß sowohl der Vorsteher wie der Wesir in die fraglichen Plünderungen mit verwickelt waren. Die von ihnen vorgenommene Untersuchung war anscheinend Spiegelfechterei; denn zwei oder drei Jahre nach diesem Verfahren tauchen in den Gerichtsurkunden andere Fälle von Grabberaubung auf, und wenigstens eines der in Frage kommenden Gräber steht auf Pesers ursprünglicher Liste.

Die treibende Kraft in dieser Räubergesellschaft scheint eine Bande von acht Mann gewesen zu sein, von denen uns fünf Namen überliefert werden: der Steinmetz Hapi, der Kunsthandwerker Iramun, der Bauer Amenemhab, der Wasserträger Kemwēse und der Negersklave Ehenufer. Anscheinend waren sie verhaftet worden auf die Beschuldigung hin, das Königsgrab, um das es sich in der Untersuchung handelte, entweiht zu haben. Wir besitzen einen vollständigen Bericht über das Gerichtsverfahren. Wie üblich, fing es mit einer Züchtigung der Gefangenen an, »mit einer Doppelrute wurden sie an Händen und Füßen geschlagen«, um ihrem Gedächtnis nachzuhelfen. Auf diesen Anreiz hin legten sie ein volles Geständnis ab. Die ersten Sätze dieses Geständnisses sind im Text verstümmelt; sie beschreiben anscheinend, wie die Diebe sich durch den Felsen zur Grabkammer hindurcharbeiteten und den König und die Königin in ihren Särgen fanden: »Wir sind in alle hineingedrungen; wir fanden sie (die Königin) ebenso ruhend.« Die Schrift fährt fort:

»Wir öffneten ihre Särge und ihre Hüllen, in denen sie waren. Wir fanden die erhabene Mumie dieses Königs ... Da war eine große Reihe von Amuletten und goldenen Schmuckstücken an seinem Hals; sein Kopf war mit einer goldenen Maske bedeckt; die erhabene Mumie dieses Königs war ganz und gar mit Gold bedeckt. Ihre Hüllen waren innen und außen vergoldet und versilbert; mit allen köstlichen Steinen ausgelegt. Wir rissen das Gold ab, das wir an der erhabenen Mumie dieses Gottes fanden, und ihre Amulette und Schmuckstücke, die an ihrem Halse waren, und die Hülle, in der sie ruhte. Wir fanden des Königs Gemahlin in gleicher Weise; wir rissen alles, was wir an ihr fanden, in gleicher Weise ab. Wir steckten ihre Hüllen in Brand. Wir stahlen ihre Geräte, die wir bei ihnen fanden, als da waren Gefäße aus Gold, Silber und Bronze. Wir teilten und machten das Gold, das wir an den Mumien dieser beiden Götter fanden, und die Amulette, Schmuckstücke und Hüllen in acht Teile«.*)

Nach diesem Geständnis wurden sie für schuldig befunden und ins Gefängnis überführt, bis der König selbst ihre Strafe festsetzte.

Trotz dieses Gerichtsverfahrens und einer Anzahl anderer ähnlicher Fälle verschlechterten sich die Zustände im »Tal« zusehends. Die Gräber Amenhoteps III., Sethos' I. und Ramses' II. werden in den Gerichtsurkunden als erbrochen erwähnt, und unter der folgenden Dynastie scheinen alle Versuche, die Gräber zu bewachen, aufgegeben worden zu sein. Wir sehen, wie die Königsmumien in dem verzweifelten Bestreben, sie zu schützen, von Grab zu Grab geschleppt werden. Ramses III. z.B. wurde unter dieser Dynastie wenigstens dreimal in seiner Ruhe gestört und wieder bestattet; unter die Könige, die ihre Gräber wechselten, gehören Ahmose, Amenhotep I., Thutmosis II. und sogar Ramses der Große. Von ihm sagt das Verzeichnis:

»Im 14. Jahr im dritten Monat der zweiten Jahreszeit am 6. Tage wurde Osiris, König Usermarē (Ramses II.) gebracht, ihn wieder zu bestatten in dem Grab des Osiris, Königs Menmarē Sethos (I.): durch den Oberpriester des Amun, Pinutem.«

Ein oder zwei Regierungen später finden wir Sethos I. und Ramses II. aus diesem Grab entfernt und in dem Grab der Königin Inhapi wieder bestattet, und aus derselben Regierungszeit stammt eine Bemerkung über das Grab, das wir bei unserer jetzigen Entdeckung als unser Laboratorium benutzen:

»Tag, da der König Menpehtirē (Ramses I.) aus dem Grab des Königs Menmarē Sethos (II.) gebracht wurde, um ihn in das Grab der Inhapi zu legen, welches an der großen Stätte liegt, in der König Amenhotep ruht.«

Nicht weniger als dreizehn Königsmumien fanden zu verschiedenen Zeiten den Weg nach dem Grab Amenhoteps II., und hier durften sie ruhen bleiben. Die anderen Könige wurden bei Gelegenheit aus ihren verschiedenen Verstecken zusammengeholt, aus dem Tal der Könige überhaupt fortgebracht und in ein wohlverborgenes Grab gelegt, das in den Felsen von Der-el-bahri gehauen war. Das war die endgültige Überführung, denn durch einen Zufall ging die Kenntnis der genauen Lage des Grabes verloren, und fast 3000 Jahre blieben die Mumien in Frieden.

Während einer längeren unruhigen Zeit unter der 20. und 21. Dynastie werden Tut-ench-Amun und sein Grab nicht erwähnt. Er blieb nicht ganz verschont – wie schon bemerkt, wurde nur wenige Jahre nach seinem Tod in sein Grab eingedrungen –, aber er hatte das Glück, den rücksichtslosen Plünderungen der späteren Zeit zu entgehen. Aus irgendeinem Grund war sein Grab übersehen worden. Es befand sich in einem sehr tief gelegenen Teil des »Tals«, und ein starker Sturmregen konnte gut jede Spur seines Eingangs verwischen. Oder aber es verdankt seine Sicherheit dem Umstand, daß eine Anzahl Hütten für den Gebrauch der bei der Ausgrabung eines späteren Grabes beschäftigten Arbeiter unmittelbar darüber errichtet wurden.

Mit dem Verschwinden der Mumien endet die uns aus altägyptischen Quellen überlieferte Geschichte des »Tals«. 500 Jahre waren vergangen, seit Thutmosis I. dort sein bescheidenes kleines Grab anlegte, und gewiß gibt es in der ganzen Weltgeschichte keinen gleich kleinen Fleck Erde, der 500 Jahre einer gleich märchenhaften Geschichte hat. Von da an müssen wir

*) Breasted, *Ancient Records of Egypt*, Bd. IV, § 538.

uns ein verlassenes »Tal« denken, für den Ägypter zweifellos voller Geisterspuk, seine höhlenartigen Galerien ausgeraubt und leer, der Eingang zu manchen von ihnen offen, ein Heim für Füchse, Wüsteneulen und Scharen von Fledermäusen. Und doch, ob auch seine Gräber ausgeraubt, verlassen und zerstört waren, sein Zauber war nicht ganz dahin. Es blieb das heilige Tal der Könige, und große Scharen von Schwärmern und Neugierigen müssen es noch besucht haben. Einige seiner Gräber wurden tatsächlich zur Zeit Osorkons I. (ungefähr 900 v. Chr.) als Begräbnisstätten für Priesterinnen wieder benutzt.

Bei den klassischen Schriftstellern werden seine Felsengänge oft erwähnt, und daß viele von ihnen für den damaligen Besucher noch zugänglich waren, zeigt die schlechte Angewohnheit, ihre Namen, wie John Smith 1848, in die Wände zu graben. Ein gewisser Philetairos, Sohn des Ammonios, der seinen Namen an verschiedenen Stellen in die Wände des Grabes schrieb, in dem wir unseren Lunch einnahmen, hat mich den Winter über nicht wenig geärgert. Am Ende wäre es besser gewesen, dies nicht zu erwähnen, sonst könnte es scheinen, ich begünstige die scheußlichen Gewohnheiten der John Smithe.

Ein Schlußbild, ehe der Nebel des Mittelalters sich auf das »Tal« niedersenkt und es vor unseren Blicken verbirgt. In der Luft Ägyptens liegt etwas – die meisten Menschen machen, glaube ich, diese Erfahrung –, was die Seele zur Einsamkeit stimmt, und das ist wohl einer der Gründe, weshalb so viele seiner Bewohner sich nach der Bekehrung des Landes zum Christentum mit Begeisterung dem Einsiedlerleben zuwandten. Mit seinem gleichmäßigen Klima, seinem schmalen Streifen fruchtbarer Erde, mit seinen von natürlichen und künstlichen Höhlen durchlöcherten Wüstenhügeln zu beiden Seiten war das Land für einen solchen Vorsatz sehr geeignet. Schutz und Abgeschiedenheit waren hier leicht zu finden, in unmittelbarer Nähe der Außenwelt und des für das tägliche Leben Nötigsten. In den ersten Jahrhunderten des christlichen Zeitalters müssen Tausende der Welt entsagt und das beschauliche Leben aufgenommen haben; überall in den Felsengräbern auf den Wüstenhügeln finden wir ihre Spuren. Ein so idealer Fleck Erde wie das Tal der Könige konnte schwerlich unbeachtet bleiben. Im 2. bis 7. Jahrhundert n. Chr. finden wir es im vollen Besitz einer Niederlassung von Einsiedlern, die die offenen Gräber als Zellen benutzten und eins in eine Kirche umgewandelt hatten.

Dies ist unser letzter Blick auf das »Tal« in alten Zeiten; er bietet uns ein seltsames Bild voller Gegensätze. Glanz und königliche Pracht sind durch demütige Armut ersetzt. Die »kostbare Wohnstätte« des Königs ist zu der engen Zelle eines Einsiedlers geworden.

Das »Tal« in neuerer Zeit

3

Sucht man die erste wirkliche Beschreibung des »Tals« in neuerer Zeit, so muß man sich an Richard Pococke, einen englischen Reisenden, halten, der im Jahr 1743 »A Description of the East« in mehreren Bänden veröffentlichte. Sein Bericht ist äußerst interessant und in Anbetracht der Eile seines Besuches außerordentlich genau. Er beschreibt, wie er sich dem »Tal« nähert: »Der Scheich versah mich mit Pferden. Wir machten uns auf den Weg nach Biban-el-muluk und ritten ungefähr eine Meile nordwärts auf einer Art Straße, zu deren beiden Seiten in den wohl zehn Fuß hohen Felsen Kammern gehauen waren. Einige von ihnen waren durch Säulen gestützt; und da sich in der Ebene nicht das geringste Anzeichen von Bauwerken befindet, nahm ich an, sie hätten in den frühesten Zeiten als Häuser gedient und seien die erste Erfindung nach den Zelten, erdacht als besserer Schutz vor Wind und nächtlicher Kälte. Es ist eine Art grobkörnigen Gesteins, und die Öffnungen sind regelmäßig nach der Straße zu angelegt.*) Dann wandten wir uns nach Nordwesten, begaben uns zwischen die hohen, felsigen Hügel und kamen in ein sehr enges Tal. Danach wandten wir uns gen Süden und dann gen Nordwest. Im ganzen legten wir 1–1½ Meilen zwischen den Bergen zurück ... Wir kamen an einen Teil, der breiter ist. Es war ein runder, offener Platz, gleich einem Amphitheater, und wir stiegen auf einem schmalen, ungefähr zehn Fuß hohen Stufengang hinauf, der durch den Fels hindurchgebrochen zu sein schien. Es war wohl der alte Durchgang von dem Memnonium unterhalb der Hügel und vielleicht auch von den Grotten, in die ich an der anderen Seite hineinging. Durch diesen Gang kamen wir nach Biban-el-muluk oder Bab-el-muluk, das ist das Tor oder der Hof der Könige, nämlich die Grabstätte der Könige von Theben.«**)

Die Sage von einem geheimen Gang im Innern der Hügel nach der bei Der-el-bahri gelegenen Seite des Felsens findet man jetzt noch unter den Eingeborenen, und bis zum heutigen Tag gibt es Archäologen, die dies unterschreiben. Indessen hat man wenig oder gar keinen Grund für diese Auffassung und sicherlich keine Spur eines Beweises.

Im Anschluß daran gibt Pococke einen Bericht über die Gräber, die zur Zeit seines Besuches noch zugänglich waren. Er führt im ganzen vierzehn an, die meisten erkennt man nach seiner Beschreibung wieder. Von fünf, dem von Ramses IV., Ramses VI., Ramses XII., Sethos II. und einem von Te-wosret begonnenen und von Sethnacht beendeten Grab gibt er den genauen Grundriß wieder. Bei vier anderen, Merenptah, Ramses III., Amenmeses und Ramses XI. zeichnet er nur die äußeren Galerien und Kammern auf, da die inneren Kammern anscheinend unzugänglich waren; von den fünf übrigen spricht er als »versperrt«.***) Aus Pocockes Erzählung geht hervor, daß er nicht soviel Zeit, als ihm lieb war, an seinen Besuch wenden konnte. Das »Tal« war ein unsicherer Platz für einen längeren Aufenthalt. Die frommen Klausner, in deren Besitz wir es zuletzt sahen, hatten einer Räuberbande Platz gemacht, die

*) Sie haben allerdings das Aussehen von Häusern, in Wirklichkeit sind es die Fassadengräber des Mittleren Reiches.

**) Pococke, *A Description of the East*, Bd. I, S. 97.

***) Wie Wandkritzeleien dartun, waren diese Gräber in der griechisch-römischen Zeit offen. Wegen ihrer rohrartigen Form verwiesen die griechischen Schriftsteller auf sie als σύριγγες.

in den Hügeln von Kurna lebte und die ganze Umgegend in Schrecken hielt. »Der Scheich hatte ebenfalls Eile, weiterzukommen«, bemerkt Pococke. »Ich glaube, er schien zu fürchten, daß die Leute die Gelegenheit benutzen und sich zusammenrotten würden, wenn wir länger dort verweilten.«

Diese thebanischen Banden waren berüchtigt, und in den Erzählungen von Reisenden des 18. Jahrhunderts werden sie oft erwähnt. Norden, der Theben im Jahr 1737 besuchte, aber nicht näher an das »Tal« als bis zum Ramesseum kam – er scheint sich glücklich geschätzt zu haben, daß er so weit gelangte –, schildert sie folgendermaßen:

»Diese Leute hausen jetzt in den Grotten, die in großer Anzahl in den benachbarten Bergen zu sehen sind. Sie gehorchen niemand, sie wohnen so hoch, daß sie aus weiter Entfernung erkennen, wenn Angreifer kommen. Fühlen sie sich stark genug, so steigen sie in die Ebene hinab, den Grund und Boden zu verteidigen, wenn nicht, so verweilen sie im Schutz ihrer Grotten oder sie ziehen sich tiefer in die Berge zurück, wohin zu folgen, man keine große Lust verspürt.*)

James Bruce, der das »Tal« im Jahr 1769 besuchte, hatte ebenfalls unter diesen Räubern zu leiden und berichtet über den etwas drastischen, aber fruchtlosen Versuch eines eingeborenen Bezirksverwalters, ihre Tatenlust zu zügeln.

»Eine Anzahl Räuber, die sehr an unsere Zigeuner erinnern, lebt in den Löchern der über Theben gelegenen Berge. Alle sind geächtet und der Todesstrafe verfallen, wenn sie anderswo angetroffen werden. Osman Bey, ein alter Statthalter von Girge, der den von diesen Leuten angerichteten Unfug nicht länger ertragen konnte, befahl, getrocknete Reisigbündel zusammenzutragen, und besetzte mit seinen Soldaten den Teil des Berges, wo die größte Anzahl dieser Elenden sich aufhielt; dann befahl er, ihre sämtlichen Höhlen mit diesen trockenen Reisigbündeln anzufüllen, und steckte sie dann in Brand, so daß die meisten von ihnen umkamen; doch seitdem ergänzten sie ihre Zahl wieder, ohne ihre Gewohnheiten zu ändern.«**)

Bruce kopierte bei seinem Besuch die Figuren von Harfenspielern in dem Grab Ramses' III., einem Grab, das noch nach ihm benannt wird, allein seine Arbeiten kamen zu einem plötzlichen Ende. Als die Führer seine Absicht merkten, die Nacht im Grab zuzubringen, um am Morgen seine Forschungen fortzusetzen, wurden sie von Schrecken ergriffen. »Mit großem Lärm und Zeichen der Unzufriedenheit schleuderten sie ihre Fackeln gegen die größte Harfe und machten sich, so gut es ging, aus der Höhle, mich und meine Leute im Dunkeln zurücklassend, und auf dem ganzen Weg stießen sie schreckliche Prophezeiungen aus über all das Unglück, das alsbald nach ihrem Weggang aus der Höhle hereinbrechen werde.« Bruce sollte bald erfahren, daß ihre Furcht nicht unbegründet war, denn als er in der zunehmenden Dunkelheit das »Tal« hinunterritt, wurde er von einer Anzahl Räuber angegriffen, die ihm auflauerten und von den Felsen her Steine auf ihn schleuderten. Mit Hilfe seiner Flinte und der Donnerbüchse seines Dieners gelang es, sie zurückzuschlagen; als er aber sein Boot erreicht hatte, hielt er es für geraten, sofort vom Land abzustoßen, und er machte keinen Versuch, seinen Besuch zu wiederholen.

Selbst die Zaubermacht von Napoleons Namen genügte nicht, die Frechheit dieser thebanischen Räuber zu zügeln; die Mitglieder seiner wissenschaftlichen Abordnung, die Theben in den letzten Tagen des 18. Jahrhunderts besuchten, wurden belästigt und sogar beschossen. Trotzdem gelang es ihnen, eine genaue Vermessung aller damals offenen Gräber vorzunehmen und Ausgrabungen in geringem Umfang zu machen.

Wir wollen jetzt zum Jahr 1815 übergehen, wo wir die Bekanntschaft eines der bemerkenswertesten Männer in der ganzen Geschichte der Ägyptologie machen. Am Anfang des 19. Jahr-

*) Norden, Beschreibung seiner Reise durch Ägypten und Nubien, übersetzt von Steffen. Breslau 1779.
**) Bruce, *Travels to discover the Source of the Nile*, Bd. I, S. 125.

hunderts gab es in England einen jungen italienischen Riesen namens Belzoni, der sich durch Vorführung von Kraftleistungen auf Jahrmärkten und im Zirkus ein kärgliches Brot verdiente. In Padua geboren und aus achtbarer Familie römischer Abstammung, war er zum Geistlichen bestimmt worden, aber ein Hang zum Umherschweifen hatte ihn in Verbindung mit den damaligen inneren Wirren in Italien getrieben, sein Glück im Ausland zu machen. Zufällig fanden wir kürzlich, daß in einem der »Rainy Day«-Erinnerungsbücher von Smith aus seinen vorägyptischen Tagen erzählt wird. Der Verfasser beschreibt, wie er mit einer Anzahl anderer Leute von dem »starken Mann« Belzoni rund um die Bühne getragen wurde. In der von Zirkusarbeit freien Zeit scheint Belzoni Maschinenbau studiert zu haben, und im Jahr 1815 glaubte er eine Möglichkeit zu sehen, sein Glück durch Einführung eines Wasserrads in Ägypten zu machen. Dieses Wasserrad sollte, wie er meinte, viermal soviel Arbeit leisten als die gewöhnlichen von den Eingeborenen benützten Einrichtungen. Deshalb ging er nach Ägypten, verschaffte sich eine Einführung bei dem »Pascha« Mohammed Ali und stellte wirklich im Garten des Palastes sein Rad auf. Nach Belzonis Ansicht hatte es einen großen Erfolg; allein die Ägypter wollten nichts damit zu tun haben, und so sah er sich in Ägypten gestrandet.

Endlich bekam er durch den deutschen Afrikareisenden Burckhardt eine Einführung bei dem britischen Generalkonsul in Ägypten, Salt, und schloß mit ihm einen Vertrag ab, die »Kolossalbüste des Memnon« (Ramses' II., jetzt im Britischen Museum in London) von Luksor nach Alexandrien zu bringen. Dies war im Jahr 1815. Die nächsten fünf Jahre verbrachte er in Ägypten, machte dort Ausgrabungen, sammelte Altertümer, erst für Salt und später für eigene Rechnung, und stritt sich mit anderen Ausgräbern herum, besonders mit Drovetti, dem Vertreter des französischen Konsuls. Dies war die große Zeit der Ausgrabungen. Alles, woran man Gefallen fand, vom Skarabäus bis zum Obelisken, eignete man sich einfach an, und entstand ein Meinungsunterschied mit jemandem, der ebenfalls Ausgrabungen machte, so lauerte man ihm mit der Flinte auf.

Belzonis Bericht über seine Erlebnisse in Ägypten wurde 1820 veröffentlicht und ist eins der anziehendsten Bücher in der ganzen ägyptischen Literatur. Ich hätte Lust, lange Stücke daraus wiederzugeben, z.B. wie er einen Obelisken in den Nil fallen ließ und ihn wieder herausfischte, ferner die ganze Geschichte seiner mannigfaltigen Streitereien. Wir müssen uns aber auf seine tatsächliche Arbeit im »Tal« beschränken. Hier entdeckte und räumte er eine Anzahl Gräber aus, darunter die von Eje, Mentu-her-chopschef, Ramses I. und Sethos I. In dem letzgenannten Grab fand er den herrlichen Alabastersarg, der sich jetzt im Soane-Museum in London befindet.

Dies war das erstemal, daß Ausgrabungen größeren Maßstabs bei den Königsgräbern vorgenommen wurden, und wir müssen Belzoni für die Art und Weise ihrer Ausführungen volle Anerkennung zollen. Wir hören dabei von Vorgängen, die einem modernen Ausgräber allerdings leicht einen Nervenschock verursachen können, z.B. wenn er sein Verfahren bei versiegelten Türen beschreibt – er benutzte dabei einen Sturmbock –; doch war die Arbeit im allgemeinen außergewöhnlich gut. Vielleicht ist es wichtig, anzugeben, daß Belzoni ebenso wie jeder andere, der im »Tal« Ausgrabungen machte, der Meinung war, er habe dort alle Möglichkeiten gänzlich erschöpft. »Ich bin der festen Überzeugung«, stellt er fest, »daß es im Tal von Biban-el-muluk keine anderen (Gräber) als die durch meine kürzlichen Entdekkungen bekannten gibt; denn ehe ich diesen Ort verließ, spannte ich alle meine bescheidenen Kräfte an in dem Bestreben, noch ein Grab zu finden, aber ohne Erfolg; meine Ansicht wird dadurch bestätigt, daß sich unabhängig von meinen eigenen Forschungen der britische Konsul, Herr Salt, dort vier Monate aufhielt, nachdem ich den Ort verlassen hatte, und sich gleichfalls vergeblich abmühte, noch ein Grab zu finden.«

Im Jahr 1820 ging Belzoni wieder nach England und veranstaltete in London eine Ausstellung seiner Schätze, unter denen sich der Alabastersarg und ein Modell des Sethosgrabes befanden. Die Ausstellung fand in einem Gebäude statt, das 1812 in Piccadilly erbaut war; an dieses Gebäude werden sich viele von uns noch erinnern, es war die »Egyptian Hall«. Er kehrte nie wieder nach Ägypten zurück, sondern starb wenige Jahre später auf einer Forschungsreise nach Timbuktu.

Nach Belzoni wurde das »Tal« zwanzig Jahre lang gründlich ausgebeutet, worüber binnen kurzer Zeit lange Berichte erschienen. Hier ist nur Platz für die Aufzählung einer weniger Namen, wie Salt, Champollion, Burton, Hay, Head, Rosellini, Wilkinson, der die Gräber mit Nummern versah, Rawlinson, Rhind. Im Jahr 1844 nahm die große deutsche Expedition unter Lepsius eine vollständige Vermessung des »Tals« vor und räumte das Grab Ramses' II. und einen Teil des Grabes Merenptahs aus. Danach trat eine Pause ein; man nahm an, die deutsche Expedition habe alle Möglichkeiten erschöpft, und so wurde bis zum Ende des Jahrhunderts nichts weiter von Bedeutung im »Tal« unternommen.

In dieser Zeit aber trat unmittelbar außerhalb des »Tals« eines der wichtigsten Ereignisse in seiner ganzen Geschichte ein. Wir haben im vorigen Kapitel erzählt, wie die verschiedenen Königsmumien aus ihren Verstecken gesammelt und alle zusammen in einen Felsenspalt bei Der-el-bahri gebracht wurden. Dort hatten sie fast 3000 Jahre geruht, und dort wurden sie im Sommer 1875 von den Mitgliedern einer Familie aus Kurna, den Abd-el-Rasuls, gefunden. Im 13. Jahrhundert v. Chr. hatten die Einwohner dieses Dorfes zuerst den Beruf der Grabräuberei ergriffen, und sie sind ihm bis auf den heutigen Tag unentwegt treu geblieben. Jetzt sind sie in ihrer Tätigkeit im Zaum gehalten, doch suchen sie noch immer insgeheim in abgelegenen Ecken und machen gelegentlich einen reichen Fund. Diesmal war die Beute zu groß, um sie fortzuschaffen. Es war sichtlich unmöglich, den ganzen Inhalt des Grabes zu entfernen; so schwor die ganze Familie sich gegenseitig Verschwiegenheit, und ihre Häupter beschlossen, den Fund zu lassen, wo er war, und nur von Zeit zu Zeit, wenn sie Geld brauchten, davon zu nehmen. So unglaublich wie es scheinen mag, das Geheimnis wurde sechs Jahre lang bewahrt, und im Besitz eines Bankguthabens von vierzig oder mehr toten Pharaonen wurde die Familie reich.

Bald wurde durch Gegenstände, die auf den Markt kamen, klar, daß irgendwo der reiche Fund einer Königsausstattung erfolgt sein mußte, aber erst im Jahr 1881 gelang es, der Familie Abd-el-Rasul als Verkäufer der Gegenstände auf die Spur zu kommen. Selbst dann war es schwer, Beweise zu bringen. Das Oberhaupt der Familie wurde gefangengesetzt und von dem Mudir von Kene, dem berüchtigten Da'ud Pascha, verhört, dessen Untersuchungsverfahren zwar ungesetzlich, doch wirksam war. Selbstverständlich leugnete das Familienhaupt die Schuld, und ebenso selbstverständlich erhob sich das ganze Dorf Kurna wie ein Mann und beteuerte, daß in seiner grundehrlichen Gemeinde die Familie Abd-el-Rasul die allerehrlichste sei. Wegen mangelnder Beweise wurde er zunächst freigelassen, aber seine Aussprache mit Da'ud scheint ihn erschüttert zu haben. Aussprachen mit Da'ud hatten meistens diese Wirkung.

Einer unserer älteren Arbeiter erzählte uns einmal von einem Erlebnis aus seiner Jugend. Er war Dieb von Beruf gewesen und war bei der Ausübung dieses seines Berufs ergriffen und vor den Mudir gebracht worden. Es war ein heißer Tag, und gleich im ersten Augenblick wurde er von großem Schreck befallen, als er sah, wie der Mudir es sich in einem großen, irdenen Gefäß mit Wasser bequem machte. Von diesem ungewöhnlichen Sitz der Gerechtigkeit aus hatte Da'ud ihn angesehen – einfach angesehen –, »und als seine Augen durch mich hindurchdrangen, fühlte ich, wie meine Knochen in mir zu Wasser wurden. Dann sagte er ganz ruhig zu mir: ›Dies ist das erstemal, daß du vor mir erscheinst; du bist entlassen, aber nimm dich sehr, sehr in acht, daß du nicht zum zweiten Male kommst‹; und ich war so in Schrecken gebracht, daß ich meinen Beruf wechselte und nie wieder kam.«

Eine ähnliche Wirkung muß Da'ud auf die Familie Abd-el-Rasul ausgeübt haben, denn einen Monat später ging eines ihrer Mitglieder zu dem Mudir und legte ein volles Geständnis ab. Man telegraphierte sofort nach Kairo. Emil Brugsch vom Museum wurde zur Untersuchung und Beaufsichtigung nach Luksor gesandt, und am 5. Juli 1881 enthüllte sich ihm das langbewahrte Geheimnis. Es muß ein wunderbares Ereignis gewesen sein. Dort lagen zusammengedrängt in einem flachen, schlechtgehauenen Grab die mächtigsten Herrscher des alten Orients, Könige, deren Namen der ganzen Welt vertraut waren, aber die jemals zu Gesicht zu bekommen, man selbst in den kühnsten Träumen nicht erwartet hätte. Dort, wohin die Priester sie vor 3000 Jahren in jener dunklen Nacht heimlich und in Eile geschafft hatten, waren sie verblieben, und auf ihren Särgen und Mumien waren in sauberen Aufschriften die Berichte über ihre Fahrten von einem Versteck zum anderen angebracht. Einige waren neu eingehüllt worden, und zwei oder drei hatten es im Lauf ihrer vielen Wanderungen fertiggebracht, ihre Särge zu wechseln. In achtundvierzig Stunden wurde das Grab ausgeräumt; heutzutage arbeiten wir nicht mehr ganz so schnell. Die Könige wurden auf der Museumsbarke eingeschifft, und vierzehn Tage nach dem Eintreffen von Brugsch in Luksor landeten sie in Kairo und wurden dem Museum zugeführt.

Es ist eine bekannte Geschichte, die aber wohl der Wiederholung wert ist, daß, als die Barke ihren Weg den Fluß hinunter nahm, die Männer der benachbarten Dörfer, wie bei einem Begräbnis, ihre Gewehre abfeuerten, während die Frauen am Ufer folgten, ihre Haare zerraufend und jene schrillen, zitternden Schreie der Totenklage ausstoßend, die ohne Zweifel aus den Tagen der Pharaonen selbst auf uns gekommen sind.

Doch zurück zum »Tal«. Auf Grund von Meldungen der Ortsbehörden öffnete im Jahr 1898 der damalige Generaldirektor der Altertümerverwaltung, Loret, mehrere neue Königsgräber, darunter die von Thutmosis I., Thutmosis III. und Amenhotep II. Das letzte war eine sehr wichtige Entdeckung. Wir haben schon berichtet, daß unter der 21. Dynastie dreizehn Königsmumien Schutz im Grab dieses Amenhotep gefunden hatten, und hier wurden die dreizehn im Jahr 1898 wiedergefunden. Nichts als ihre Mumien war vorhanden. Der Reichtum, den sie zur Zeit ihrer Macht auf ihre Begräbnisse verschwendet hatten, war längst dahin, aber sie waren wenigstens der letzten Demütigung entgangen. Sicher, man war in das Grab eingedrungen, hatte es beraubt und den größten Teil der Grabausstattung geplündert und zerbrochen, aber es war der völligen Zerstörung entgangen, die die anderen Königsgräber hatten erleiden müssen, und die Mumien blieben unbeschädigt. Die Leiche Amenhoteps selbst ruhte in ihrem ursprünglichen Sarg, wo sie seit über 3000 Jahren gelegen hatte. Sehr verständigerweise beschloß die Regierung auf Vorstellungen von Sir William Garstin, sie nicht zu entfernen. Das Grab wurde mit Schloß und Riegel gesichert, eine Wache eingesetzt, und man ließ den König dort in Frieden ruhen.

Leider hat diese Geschichte eine Fortsetzung. Ein oder zwei Jahre nach der Entdeckung drang, ohne Zweifel im Einverständnis mit den Wächtern, eine Bande moderner Grabräuber in das Grab ein. Die Mumie wurde aus ihrem Sarg genommen und nach Schätzen durchsucht. Später kam die Altertümerverwaltung den Dieben auf die Spur, und sie wurden festgenommen; es gelang ihr aber nicht, sie vor dem aus Eingeborenen zusammengesetzten Gericht zu überführen.

Dem amtlichen Bericht nach erinnert das ganze Verfahren auffallend an die im vorigen Kapitel beschriebenen Nachrichten über die Grabräubereien im Altertum, und die Überzeugung drängt sich auf, daß der heutige Ägypter sich in vieler Hinsicht wenig von seinen Vorfahren aus der Zeit Ramses' IX. unterscheidet.

Eine Lehre können wir aus diesem Fall ziehen, und wir empfehlen sie den Kritikern, die uns Vandalen nennen, weil wir Gegenstände aus den Gräbern entfernen. Indem wir die Altertümer den Museen zuführen, sorgen wir für ihre Erhaltung; an Ort und Stelle gelassen, würden sie unvermeidlich früher oder später zur Beute der Diebe werden, was ihrer Vernichtung gleichkäme.

Im Jahr 1902 erhielt ein Amerikaner, Theodor Davis, die Erlaubnis, unter der Aufsicht der Regierung im »Tal« Ausgrabungen vorzunehmen, und er tat dies dort zwölf Winter hintereinander. Seine Hauptfunde sind den meisten von uns bekannt. Darunter befinden sich die Gräber Thutmosis' IV., der Hatschepsut, des Siptah, des Jua und der Tua, der Urgroßeltern von Tut-ench-Amuns Gemahlin, des Haremhab, und eine Gruft, kein richtiges Grab, die für die Überführung der Begräbnisausstattung Echnatons aus seinem ursprünglichen Grab in El-Amarna bestimmt war. Dieses Versteck enthielt die Mumie und den Sarg des Ketzerkönigs, einen sehr kleinen Teil seiner Grabausstattung und Stücke des Grabschreines seiner Mutter Teje. Im Jahr 1914 ging Davis' Konzession auf uns über, und damit beginnt in Wirklichkeit die Geschichte vom Grab Tut-ench-Amuns.

Unsere Vorbereitungsarbeiten in Theben

4

Schon immer war es, seit meinem ersten Besuch in Ägypten im Jahr 1890, mein höchster Wunsch gewesen, im »Tal« Ausgrabungen zu machen, und als ich auf Einladung von Sir William Garstin und Sir Gaston Maspero 1907 anfing, für Lord Carnarvon Ausgrabungen vorzunehmen, hofften wir alle, daß es möglich wäre, dort eine Konzession zu erhalten. Schon als Verwalter der Abteilung für Altertümer hatte ich für Davis zwei Gräber im »Tal« entdeckt und die Ausräumungsarbeiten beaufsichtigt; dies hatte meinen Wunsch, dort auf Grund einer rechtmäßigen Konzession zu arbeiten, noch mehr verstärkt. Aber vorläufig war es unmöglich, und sieben Jahre lang gruben wir mit wechselndem Glück an anderen Stellen der thebanischen Totenstadt. Die Ergebnisse der ersten fünf Jahre sind in einem Band »Fünf Jahre Forschungen in Theben« niedergelegt, der 1912 von Lord Carnarvon und mir gemeinsam in England veröffentlicht wurde.

Im Jahr 1914 entdeckten wir auf dem Gipfel eines der Ausläufer der Hügel von Draabu'l-naga das Grab Amenhoteps I., dadurch wurde unsere Aufmerksamkeit erneut auf das »Tal« hingelenkt; voller Ungeduld warteten wir, daß sich uns Gelegenheit böte, dort zu arbeiten. Theodor Davis, dem die Konzession noch gehörte, hatte seine Meinung schon dahin geäußert, er halte das »Tal« für erschöpft, und es seien dort keine Gräber mehr zu finden. Diese Erklärung wurde dadurch bestärkt, daß Davis während der letzten zwei Winter sehr wenig im »Tal« selbst arbeitete, sondern die meiste Zeit zu Ausgrabungen in der Nähe von dessen Zugang, im benachbarten Nordtal, benutzte, wo er die Gräber der Priesterkönige und der Königinnen der 18. Dynastie aufzufinden hoffte, und in der hügeligen Umgebung des Tempels von Medinet Habu. Trotzdem war er nicht gewillt, die Grabungsstelle freizugeben, und erst im Juli 1914 konnten wir die langersehnte Konzession erhalten. Der Vorsteher der Altertümerabteilung, Sir Gaston Maspero, der unsere Konzession unterzeichnete, war derselben Meinung wie Davis, daß die Stätte erschöpft sei, und sagte uns offen, er glaube nicht, daß sich weitere Forschungen lohnen würden. Wir dachten aber daran, daß fast hundert Jahre früher Belzoni eine ähnliche Behauptung aufgestellt hatte, und ließen uns hierdurch nicht überzeugen. Wir hatten das Gelände genau untersucht und waren ganz sicher, daß sich dort unter dem Schutt früherer Ausgrabungen Stellen befinden müßten, die niemals gründlich geprüft worden waren.

Es war uns klar, daß uns eine sehr schwere Arbeit bevorstand und daß erst viele tausend Tonnen von Geröll entfernt werden mußten, ehe wir hoffen konnten, etwas zu finden. Aber immer bestand die Möglichkeit, daß wir zum Schluß durch ein Grab belohnt würden, und wenn wir auch keine anderen Anhaltspunkte besaßen, so war es doch eine Möglichkeit, an die uns zu halten, wir durchaus gewillt waren. In Wirklichkeit rechneten wir mit mehr; und auf die Gefahr, eines nachträglichen Besserwissens beschuldigt zu werden, will ich feststellen, daß wir entschieden Hoffnungen hatten, das Grab eines bestimmten Königs zu finden, und dieser König war Tut-ench-Amun.

Um die Gründe für diese unsere Überzeugung zu verstehen, müssen wir auf die Veröffentlichungen von Davis über seine Ausgrabungen zurückkommen. Gegen Ende seiner Arbeiten im »Tal« hatte er unter einem Felsen einen Fayencebecher gefunden, der den Namen Tut-ench-Amuns trug. In derselben Gegend stieß er auf ein kleines Schachtgrab, in dem eine unbenannte Alabasterstatuette, möglicherweise von Eje, gefunden wurde und ein zerbrochener hölzerner Kasten mit Bruchstücken von Goldblättchen, auf denen sich Bilder und Namen Tut-ench-Amuns und seiner Gemahlin befanden. Auf Grund dieser goldenen Bruchstücke behauptete er, tatsächlich die Grabstätte Tut-ench-Amuns gefunden zu haben. Diese Schlußfolgerung war ganz unhaltbar, denn das fragliche Schachtgrab war klein und unbedeutend, von einer Form, wie sie sehr gut einem Angestellten des Königshofes aus der Ramessidenzeit hatte gehören können, aber für die Grabstätte eines Königs der 18. Dynastie einfach lächerlich war. Anscheinend waren die darin gefundenen Gegenstände aus königlichem Besitz in einer späteren Zeit hineingelegt worden und hatten mit dem Grab selbst nichts zu tun.

Unweit östlich von diesem Grab hatte Davis in einem der Jahre, die er früher hier gearbeitet hatte (1907–1908), in einem unregelmäßigen, in den Felsen gehauenen Loch vergraben auch ein Versteck gefunden, das große Tongefäße enthielt, die versiegelt und mit hieratischen Inschriften versehen waren. Der Inhalt der Tongefäße wurde oberflächlich untersucht, und da er anscheinend nur aus Tonscherben, Leinwandbündeln und anderen Überbleibseln bestand, fand Davis kein Interesse daran. Der Fund wurde beiseite gelegt und in dem Lagerraum der Wohnung Davis' im »Tal« aufgespeichert. Dort bemerkte später Winlock die Tongefäße und erkannte sofort ihre Bedeutung.

Mit Davis' Einwilligung wurde die ganze Sammlung von Gefäßen verpackt und nach dem Metropolitan Museum of Art in New York geschickt, wo Winlock ihren Inhalt gründlich prüfte. Er erwies sich als außerordentlich interessant. Da waren Tonsiegel, von denen einige den Namen Tut-ench-Amuns und andere den Abdruck des Siegels der Königstotenstadt trugen, Bruchstücke von prächtigen, bemalten irdenen Vasen, leinene Kopftücher, eines davon mit dem spätesten uns bekannten Datum aus Tut-ench-Amuns Regierung, Halskragen aus Blumen, wie man sie auf Darstellungen von Totenbestattungen an den Trauernden sieht, und eine Menge verschiedenster anderer Gegenstände; das Ganze stellte offenbar das bei den Bestattungsfeierlichkeiten Tut-ench-Amuns gebrauchte Material vor, das dann zusammengetragen und in die Gefäße gesteckt worden war.

So besaßen wir drei verschiedene Beweisstücke: den unter den Felsen gefundenen Fayencebecher, die verzierten Goldblättchen aus dem kleinen Schachtgrab und dieses wichtige Versteck des Materials der Totenfeier, die Tut-ench-Amun alle aufs bestimmteste mit diesem Teil des »Tals« in Verbindung zu bringen schienen. Ein vierter Beweis kommt noch hinzu. Ganz in der Nähe dieser Funde hatte Davis das berühmte Versteck des Echnaton entdeckt. Es enthielt die Überreste des Ketzerherrschers, die in Eile von El-Amarna hergeschafft und hier zu ihrer Sicherheit verborgen worden waren; daß Tut-ench-Amun selbst für ihre Überführung und Wiederbestattung verantwortlich war, können wir mit ziemlicher Sicherheit daraus schließen, daß eine Anzahl seiner Tonsiegel hier gefunden wurde.

Im Besitz all dieser Beweise waren wir fest überzeugt, daß das Grab Tut-ench-Amuns noch zu finden sei und daß es nicht weit von der Talmitte gelegen sein müsse. Ob wir Tut-ench-Amun fanden oder nicht, jedenfalls war uns klar, daß ein planmäßiges und erschöpfendes Durchsuchen des inneren »Tals« eine leidliche Aussicht auf Erfolg bot, und wir waren im Begriff, unsere Pläne für ein sorgfältig vorbereitetes Unternehmen im Winter 1914/15 abzuschließen, als der Krieg ausbrach und diese Pläne zunächst zurückgestellt werden mußten.

Während der folgenden Jahre beanspruchte die Kriegsarbeit fast alle meine Zeit; doch gab es gelegentlich Pausen, in denen ich kleine Ausgrabungen ausführen konnte. So z. B. räumte ich im Februar 1915 das Innere des Grabes Amenhoteps III. vollständig aus, das zum Teil im Jahr 1799 von Devilliers, einem der Mitglieder von Napoleons »Commission d'Egypte«, ausgegraben und später von Theodor Davis wieder ausgegraben worden war. Im Verlauf

Abb. 5 Das Felsengrab der Königin Hatschepsut

dieser Arbeit machten wir die interessante Entdeckung von unversehrten Grundsteinbeigaben außerhalb des Eingangs und kamen hierdurch und durch andere im Grab gefundene Stücke zu dem Schluß, daß es ursprünglich von Thutmosis IV. angelegt und daß die Königin Teje dort wirklich bestattet worden war.

Als ich im folgenden Jahr während eines kurzen Urlaubs in Luksor weilte, war ich auf einmal ganz unerwartet in eine andere Arbeit hineingeraten. Die Abwesenheit von Beamten als Kriegsfolge, ebenso wie das durch den Krieg selbst entstandene Sinken der allgemeinen Moral hatte natürlich zu einem starken Wiederaufleben der Tätigkeit der eingeborenen Grabräuber beigetragen, und Unternehmungen waren nach allen Richtungen hin im Gange. Eines Nachmittags kam die Nachricht ins Dorf, an einer einsamen und wenig besuchten Stelle der Westseite des Hügels oberhalb des Königstals sei ein Fund gemacht worden. Sofort bewaffnete sich ein zweiter Trupp von Grabräubern und machte sich nach der betreffenden Stelle auf den Weg; es kam zu einem lebhaften Gefecht, wobei die erste Abteilung geschlagen und vertrieben wurde. Aber sie schwor Rache.

Zur Vermeidung weiterer Unruhen kamen die Dorfältesten zu mir und baten mich, die Sache in die Hand zu nehmen. Es war schon spät am Nachmittag. Eilig sammelte ich die wenigen meiner Arbeiter, die der militärischen Aushebung entgangen waren, und machte mich mit der nötigen Ausrüstung nach dem Tatort auf den Weg, ein Unternehmen, das einen Aufstieg von über 600 Meter Höhe auf die Hügel von Kurna bei Mondschein mit sich brachte. Es war Mitternacht, als wir auf dem Schauplatz ankamen und der Führer mir das Ende eines Seiles zeigte, das an einem senkrechten Felsen hinabhing. Wenn wir hinhorchten, konnten wir die Räuber tatsächlich arbeiten hören; ich schnitt erst ihr Seil und damit das Mittel zum Entkommen ab und ließ mich, nachdem ich ein eigenes, gutes, starkes Seil befestigt hatte, über den Felsen hinunter. Sich um Mitternacht an einem Seil in ein Nest geschäftiger Grabräuber hinunterzulassen, ist ein Zeitvertreib, dem es wenigstens nicht an Reiz mangelt. Acht Mann waren an der Arbeit, und als ich unten ankam, gab es ein paar ungemütliche Augenblicke. Ich stellte ihnen die Wahl, sich vermittelst meines Seiles davonzumachen oder ohne Seil zu bleiben, wo sie waren; schließlich nahmen sie Vernunft an und entfernten sich. Den Rest der Nacht verbrachte ich an Ort und Stelle und kletterte, sobald es hell genug wurde, wieder in das Grab hinunter, um eine gründliche Untersuchung vorzunehmen.

Das Grab hatte eine höchst merkwürdige Lage. Sein Eingang war auf dem Boden einer natürlichen, vom Wasser gebildeten Felsspalte, 43 Meter unterhalb des Gipfels des Felsens und 73 Meter über der Talsohle, angelegt und so geschickt verborgen, daß weder von oben noch von unten die geringste Spur zu bemerken war. Vom Eingang aus lief in einer Länge von etwa 18 Meter ein Gang seitlich im Felsen entlang, der im rechten Winkel endete; von dort führte ein kurzer, steil abwärts angelegter Gang in eine ungefähr 6 Quadratmeter große Kammer hinunter. Das Ganze war von oben bis unten mit Schutt angefüllt, und durch diesen Schutt hindurch hatten die Räuber einen Tunnel von über 30 Meter gebohrt, gerade groß genug, daß ein Mann hindurchkriechen konnte (Abb. 5).

Es war eine interessante Entdeckung, die sehr wichtig werden konnte; so entschloß ich mich zu einer vollständigen Ausräumung. Zwanzig Tage brauchten wir dazu, obwohl Tag und Nacht in Schichten gearbeitet wurde, und ein außerordentlich schwieriges Unternehmen war es. Das Verfahren, das Grab vermittelst eines Seiles von oben zu erreichen, war ungenügend und wenig sicher; außerdem machte es den steilen Aufstieg vom Tal nötig. Natürlich war ein Zugang von der Talsohle aus vorzuziehen. Dies erreichten wir, indem wir am Eingang des Grabes eine Vorrichtung für ein Zugseil anbrachten, an dem wir uns mit Hilfe eines Flaschenzuges auf und ab ziehen konnten. Selbst dann war es kein bequemes Verfahren, so daß ich die Talfahrt immer in einem Netz machte.

Abb. 6 Arbeiterhütten über dem Grab Tut-ench-Amuns

Die Aufregung unter den Arbeitern stieg beim Fortschreiten der Arbeit. Sicherlich mußte ein so gut versteckter Platz wunderbare Schätze enthalten, und ihre Enttäuschung war groß, als sich zeigte, daß das Grab weder vollendet noch benutzt worden war. Das einzige Wertvolle, was es enthielt, war ein großer Sarg aus kristallinischem Sandstein, wie das Grab unvollendet und mit Inschriften versehen, aus denen hervorging, daß es für die Königin Hatschepsut bestimmt gewesen war. Vermutlich hatte diese mächtige Frau es als Gemahlin Thutmosis' II. für sich anlegen lassen. Später, als sie den Thron an sich riß und selbst als König herrschte, war es natürlich nötig, daß sie ihr Grab wie alle anderen Könige im »Tal« anlegen ließ – tatsächlich fand ich selbst es dort im Jahr 1903 –, und so wurde dieses Grab aufgegeben. Hätte sie sich an ihren ersten Plan gehalten, sie wäre besser daran gewesen. An dieser verborgenen Stätte hätte ihre Mumie eine leidliche Aussicht gehabt, der Ruhestörung zu entgehen; im »Tal« gab es keine. Ein König wollte sie sein, so wurde ihr das Schicksal eines Königs zuteil.

Im Herbst 1917 eröffneten wir unseren wirklichen Feldzug im »Tal«. Die Schwierigkeit bestand darin, zu wissen, wo wir anfangen sollten, denn Berge von Schutt, den die früheren Ausgräber aufgeworfen hatten, füllten den Talboden nach allen Richtungen. Auch hatte man niemals irgendwelche Aufzeichnungen gemacht, in welchen Teilen Ausgrabungen stattgefunden hatten und in welchen nicht. Zweifellos war das einzige, was Erfolg versprach, uns ganz planmäßig bis auf den Felsboden hinunterzuarbeiten. Ich schlug Lord Carnarvon vor, als Ausgang ein durch die Gräber Ramses' II., Merenptahs und Ramses' VI. bestimmtes Dreieck zu nehmen, die Gegend, in der wir das Grab Tut-ench-Amuns mutmaßen konnten.

Es war allerdings ein verzweifeltes Unternehmen, da die Stelle bis hoch hinauf von ungeheuren aufgeworfenen Schuttmassen bedeckt war. Aber ich hatte Grund zu glauben, daß der Boden darunter nie angerührt worden war, und ich war überzeugt, dort ein Grab zu finden. Im Verlauf dieser Winterarbeit entfernten wir innerhalb dieses Umkreises einen bedeutenden Teil der obersten Schichten und rückten mit unseren Ausgrabungen bis an den Fuß des Grabes Ramses' VI. vor. Hier stießen wir auf eine Reihe Arbeiterhütten, die auf einer Menge großer Feuersteinknollen errichtet waren, wie sie im »Tal« immer ein Zeichen für die Nähe eines Grabes sind.

Unser erster Gedanke war, die Aufräumungsarbeiten in dieser Richtung zu erweitern, aber dadurch hätten wir jeden Zugang zu dem oberhalb gelegenen Grab des Ramses abgeschnitten, für das die Besucher stets eine besondere Vorliebe haben. Deshalb beschlossen wir, eine günstigere Gelegenheit abzuwarten. So bestanden die einzigen Erfolge unserer Arbeit bis dahin aus einigen kleinen Ostraka, die interessant, aber nicht aufregend waren.*)

Im Winter 1919/20 nahmen wir unsere Arbeit in dieser Gegend wieder auf. Zunächst war es nötig, neuen Platz zum Abladen des Schuttes zu schaffen, und bei den Vorbereitungsarbeiten stießen wir dicht bei dem Eingang zum Grab Ramses' IV. auf mehrere kleine Stücke seiner Ausrüstung. Für dieses Jahr bestand der Plan, den ganzen von dem obengenannten Dreieck noch übriggebliebenen Teil abzutragen, und wir machten uns mit einer größeren Anzahl von Leuten an die Arbeit. Als Lord und Lady Carnarvon im März eintrafen, waren sämtliche oberen Schuttmassen fortgeschafft, und wir waren weit genug, um, wie wir meinten, auf jungfräulichen Boden überzugehen. Wir fanden bald, daß wir recht hatten, als wir gleich darauf an ein kleines Versteck kamen, das dreizehn Alabastergefäße mit den Namen Ramses' II. und Merenptahs enthielt, die wahrscheinlich aus dem Grab des letzteren stammten. So nahe an einem wirklichen Fund waren wir bisher bei all unseren Arbeiten im »Tal« noch nie gewesen, so daß wir natürlich etwas erregt waren; ich erinnere mich, daß Lady Carnarvon darauf bestand, diese Gefäße – es waren herrliche Stücke – eigenhändig auszugraben.

Mit Ausnahme des Stücks, auf dem die Arbeiterhütten standen, hatten wir jetzt das ganze Dreieck durchsucht und kein Grab gefunden. Noch hatte ich Hoffnung; doch entschlossen wir uns, diesen bestimmten Teil jetzt unberührt zu lassen, bis wir durch eine sehr frühe Wiederaufnahme im nächsten Herbst unsere Arbeit dort beenden konnten, ohne den Besuchern im Wege zu sein.

Für unseren nächsten Versuch wählten wir das kleine Seitental, in dem sich das Grab Thutmosis' III. befand. Dies beschäftigte uns vollauf während der folgenden zwei Winter, und obgleich nichts eigentlich Wertvolles gefunden wurde, machten wir eine interessante archäologische Entdeckung. Das Grab, in dem Thutmosis III. wirklich bestattet war, hatte Loret 1898 etwa in halber Höhe der Felswand an einer unzugänglichen Stelle in einer Spalte verborgen gefunden. Bei unseren Ausgrabungen unten im Tal kamen wir an ein angefangenes Grab, das nach seinen Grundsteinbeigaben ursprünglich für denselben König bestimmt war.

*) Scherben und schmale Kalksteinsplitter für Zeichen- und Schreibzwecke.

Tafel III Die Bahre mit den Kuhköpfen, Detail ▶

Vermutlich kam Thutmosis oder seinem Baumeister, während die Arbeit an diesem tiefgelegenen Grab im Gange war, der Gedanke, daß der Spalt oben im Felsen ein besserer Platz wäre. Dieser konnte jedenfalls nicht so leicht entdeckt werden, und es ist möglich, daß dies der Grund der Änderung war; wahrscheinlich ist aber die Erklärung einleuchtender, daß einer der wolkenbruchartigen Regen, die Luksor gelegentlich heimsuchen, das tiefgelegene Grab überschwemmte und dadurch Thutmosis darauf brachte, daß seine Mumie an einer höher gelegenen Stelle eine angenehmere Ruhestätte fände.

Nicht weit davon, am Eingang eines anderen verlassenen Grabes, kamen wir auf Grundsteinbeigaben, die von seiner Gemahlin Hatschepsut, einer Schwester der großen Königin gleichen Namens, herrührten. Ob wir daraus schließen können, daß sie hier bestattet wurde, ist ein strittiger Punkt; eine Königin im »Tal« zu finden, wäre gegen alle Gewohnheit. Jedenfalls eignete sich ein thebanischer Beamter, Senefer, das Grab später an.

Wir hatten jetzt mehrere Winter hindurch mit äußerst spärlichem Erfolg im »Tal« gegraben, und die Frage, ob wir unsere Arbeit fortsetzen oder anderswo nach einer günstigeren Stelle suchen sollten, wurde viel erörtert. Taten wir recht, nach diesen unfruchtbaren Jahren mit unseren Arbeiten hier fortzufahren? Mein eigenes Gefühl sagte mir, daß, solange auch nur eine Stelle undurchsucht bliebe, das Wagnis der Mühe wert sei. Es ist wahr, daß man im »Tal« in einer längeren Frist weniger finden mag als in irgendeiner anderen Gegend Ägyptens, andererseits aber wird man bei einem Glücksfall für Jahre und Jahre langweiliger und ergebnisloser Arbeit voll entschädigt.

Außerdem war noch immer die Stelle mit den Arbeiterhütten und den Feuersteinen am Fuß des Grabes Ramses' VI. (Abb. 6) näher zu untersuchen, und ich hatte stets eine Art abergläubischen Gefühls, daß gerade in dieser Ecke des »Tals« einer der fehlenden Könige, möglicherweise Tut-ench-Amun, gefunden werden könne. Jedenfalls ließ die Lagerung des dortigen Schuttes auf ein Grab schließen. Wir kamen schließlich überein, dem »Tal« noch einen Winter zu widmen und bei frühzeitigem Beginn der Arbeit den Zugang zum Grab Ramses' VI., wenn es nötig werden sollte, zu einer Zeit abzusperren, zu der dies die Besucher am wenigsten stören würde. Dies führte uns zum Winter 1922/23 und zu den Ergebnissen, die jedem bekannt sind.

◀ Tafel IV Die Rückenlehne des goldenen Thronsessels

Wir finden das Grab

5 In der Geschichte des »Tals«, wie ich sie im vorigen Kapitel wiederzugeben versucht habe, hat es nie an dramatischen Ereignissen gefehlt, und auch dieser letzte Vorgang entbehrte ihrer nicht. Denken wir uns die Lage! Dies sollte unser letzter Winter im »Tal« sein. Sechs ganze Winter hindurch hatten wir dort gegraben und Jahr für Jahr eine Niete gezogen; wir hatten monatelang in einem Zug gearbeitet und nichts gefunden; wie verzweifelt niederdrückend das sein kann, weiß nur ein Ausgräber. Wir waren nahe daran einzugestehen, daß wir geschlagen waren, und machten uns bereit, das »Tal« zu verlassen und unser Glück anderswo zu versuchen; und nun – wir hatten bei unserem letzten verzweifelten Versuch kaum die Hacke angesetzt, als wir eine Entdeckung machten, die unsere kühnsten Träume weit übertraf. Sicherlich ist noch nie in der ganzen Geschichte von Ausgrabungen so wie hier ein ganzer Grabungswinter in die kurze Spanne von fünf Tagen zusammengedrängt worden.

Ich will versuchen, den ganzen Verlauf zu erzählen. Es wird nicht leicht sein, denn das Plötzliche der Entdeckung versetzte mich in eine Art Betäubung, und die folgenden Monate waren so voller Ereignisse, daß ich kaum Zeit zum Nachdenken gefunden habe. Wenn ich alles jetzt zu Papier bringe, so wird das vielleicht dazu beitragen, mir selbst erst die rechte Klarheit über die Vorgänge und ihre ganze Bedeutung zu geben.

Ich kam am 28. Oktober 1922 in Luksor an, hatte bis zum 1. November meine Arbeiter angeworben und war bereit, anzufangen. Bei unseren letzten Ausgrabungen waren wir an der Nordostecke des Grabes Ramses' VI. stehengeblieben, und von diesem Punkt aus begann ich in südlicher Richtung zu graben. Man wird sich erinnern, daß in dieser Gegend eine Anzahl einfach gebaute Hütten standen, die wahrscheinlich von den Arbeitern benutzt worden sind, die beim Ramsesgrab beschäftigt gewesen waren. Diese Hütten standen ungefähr ein Meter oberhalb des gewachsenen Bodens und bedeckten die ganze Fläche vor dem Ramsesgrab. Sie setzten sich in südlicher Richtung fort und vereinigten sich mit einer ähnlichen Gruppe Hütten an der anderen Seite des »Tals«, die von Davis gelegentlich seiner Arbeit am Echnatonversteck aufgefunden worden waren. Bis zum Abend des 3. November hatten wir eine für unsere Untersuchungen genügende Anzahl dieser Hütten freigelegt und rissen sie nieder, nachdem wir ihre Grundrisse aufgenommen hatten. Jetzt konnten wir die darunter befindliche, ein Meter tiefe Schuttschicht wegräumen.

Kaum war ich am nächsten Morgen (4. November) an der Arbeitsstätte angelangt, als eine ungewöhnliche Ruhe, die durch Stillstand der Arbeit verursacht wurde, mir zum Bewußtsein brachte, daß sich etwas Außergewöhnliches ereignet haben mußte. Man begrüßte mich mit der Nachricht, daß unter der ersten Hütte, die man in Angriff genommen hatte, eine in den Felsen gehauene Stufe gefunden worden war. Diese Nachricht schien zu erfreulich zu sein, um ihr Glauben zu schenken; aber nach erneutem, kurzem Nachgraben zeigte sich, daß wir wirklich am Anfang eines Einschnittes standen, der etwa ein Meter unter dem Eingang zum Grab Ramses' VI. und ungefähr in gleicher Tiefe mit der jetzigen Talsohle angelegt war.

Der Einschnitt glich sehr den im Tal so häufig vorkommenden, in die Tiefe führenden Eingangstreppen, und fast wagte ich zu hoffen, daß wir endlich unser Grab gefunden hätten.

Den ganzen Tag und den ganzen nächsten Morgen wurde die Arbeit mit fieberhafter Eile fortgesetzt; doch erst am Nachmittag des 5. November gelang es uns, die den Eingang überlagernden Schuttmassen fortzuräumen und die oberen Ecken der Treppe an allen vier Seiten freizulegen.

Jetzt war es außer Zweifel, daß wir wirklich den Eingang zu einem Grab vor uns hatten, aber frühere Enttäuschungen ließen noch keine reine Freude aufkommen. Immer noch bestand die niederdrückende Möglichkeit, die nach der Erfahrung, die wir im Tal Thutmosis' III. gemacht hatten, nahe genug lag, daß das Grab unvollendet und unbenutzt sei; wenn es vollendet war, bestand doch die betrübende Wahrscheinlichkeit, daß es in alten Zeiten gänzlich ausgeplündert worden war. Andererseits war wenigstens die Möglichkeit vorhanden, daß wir ein unberührtes oder nur teilweise geplündertes Grab fänden, und mit mühsam unterdrückter Erregung beobachtete ich, wie die abwärts führenden Stufen der Treppe eine nach der anderen ans Tageslicht kamen. Der Einschnitt war an der Seite eines kleinen Erdhügels angelegt worden. Als die Arbeit fortschritt, wich die Westecke des Einschnitts unter den Abhang des Hügels zurück, war zunächst teilweise und dann vollständig überdacht und wurde zu einem drei Meter hohen und zwei Meter breiten Gang. Jetzt schritt die Arbeit schneller voran; Stufe folgte auf Stufe, und bei Sonnenuntergang wurde am Fuß der zwölften Stufe der obere Teil einer verschlossenen, mit Mörtel bestrichenen und versiegelten Tür sichtbar.

Eine versiegelte Tür ... Es war also wirklich wahr! All die Jahre geduldiger Arbeit sollten nun doch noch belohnt werden! Ich glaube, mein erstes Gefühl war die Freude, daß mein Glaube an das »Tal« nicht unberechtigt gewesen war. Mit fieberhaft sich steigernder Erregung untersuchte ich die Siegelabdrücke an der Tür zur Feststellung des Besitzers, konnte aber keinen Namen finden: die einzigen, die zu entziffern waren, bestanden aus dem wohlbekannten Siegel der Königstotenstadt, dem Schakal und den neun Gefangenen. Zweierlei war klar. Erstens bewies die Verwendung des Königssiegels mit Sicherheit, daß das Grab für eine sehr hochstehende Persönlichkeit angelegt war, und da zweitens der versiegelte Eingang von oben durch die Arbeiterhütten aus der 20. Dynastie gänzlich geschützt gewesen war, bestand genügend Grund zu der Annahme, daß es wenigstens seit jener Zeit nicht wieder betreten worden war. Damit mußte ich mich für den Augenblick begnügen.

Während ich die Siegel untersuchte, bemerkte ich am oberen Ende des Eingangs, wo einige Stücke Mörtel abgefallen waren, einen schweren hölzernen Querbalken. Um mich über die Art und Weise, wie der Durchgang abgeschlossen war, zu vergewissern, bohrte ich ein kleines Guckloch unter diesen Querbalken, gerade groß genug zum Einführen einer elektrischen Lampe. Ich entdeckte, daß der Gang hinter der Tür vom Boden bis zur Decke gänzlich mit Steinen und Geröll angefüllt war – ein weiterer Beweis für die Sorgfalt, mit der man das Grab geschützt hatte.

Es war ein Augenblick, bei dem es einen Ausgräber durchschauern konnte! Allein, abgesehen von meinen eingeborenen Arbeitern, fand ich mich nach Jahren verhältnismäßig unfruchtbarer Arbeit an der Schwelle einer vielleicht großartigen Entdeckung. Alles, buchstäblich alles konnte hinter jenem Gang liegen, und es bedurfte meiner ganzen Selbstüberwindung, um nicht den Türeingang zu erbrechen und auf der Stelle weiterzusuchen.

Etwas gab mir zu denken, und das war die Kleinheit der Öffnung im Vergleich zu den anderen Talgräbern. Die Anlage war sicher die der 18. Dynastie. Konnte es das Grab eines Vornehmen sein, der hier mit der Erlaubnis des Königs bestattet war? War es ein Königsversteck, eine verborgene Stelle, wohin eine Mumie mit ihrer Ausrüstung zur Sicherheit gebracht worden war? Oder war es wirklich das Grab des Königs, das zu finden ich so viele Jahre verwandt hatte?

Noch einmal untersuchte ich die Siegelabdrücke nach einem Anhaltspunkt, aber an dem bisher freigelegten Teil der Tür waren nur die schon erwähnten Siegel der Königstotenstadt klar zu lesen. Hätte ich gewußt, daß nur einige wenige Zentimeter tiefer ein vollkommen klarer und deutlicher Siegelabdruck Tut-ench-Amuns war, des Königs, den zu finden ich am meisten begehrte, ich hätte weiter ausgeräumt, hätte eine bessere Nachtruhe gehabt und mir fast drei Wochen Ungewißheit erspart. Es war jedoch spät und die Dunkelheit schon eingebrochen. Mit einigem Widerstreben verschloß ich die kleine Öffnung, die ich gemacht hatte, schüttete zum Schutz für die Nacht die Grube wieder zu, wählte die zuverlässigsten unter meinen Arbeitern – sie selbst waren fast ebenso erregt wie ich –, um die ganze Nacht hindurch über dem Grab zu wachen, und ritt bei Mondschein das »Tal« hinunter heim.

Natürlich hätte ich gewünscht, gleich mit den Ausräumungsarbeiten fortzufahren, um den ganzen Umfang der Entdeckung herauszufinden, aber Lord Carnarvon war in England, und aus Rücksicht auf ihn mußte ich alles Weitere bis zu seiner Ankunft verschieben. So schickte ich ihm am Morgen des 6. November folgendes Telegramm: »Habe endlich wunderbare Entdeckung im ›Tal‹ gemacht; ein großartiges Grab mit unbeschädigten Siegeln; bis zu ihrer Ankunft alles wieder zugedeckt. Gratuliere.«

Meine nächste Aufgabe bestand darin, den Eingang vor Eindringlingen zu schützen, bis er aufs neue und endgültig geöffnet wurde. Wir füllten deshalb die Öffnung bis zur Erdoberfläche wieder an und rollten oben darauf die großen Feuersteinknollen, auf denen die Arbeiterhütten erbaut waren. Bis zum Abend desselben Tages waren wir fertig, also gerade 48 Stunden seit der Entdeckung der ersten Stufe. Das Grab war verschwunden. Wie der Boden jetzt wieder aussah, war dort nie ein Grab gewesen, und es wurde mir selbst manchmal schwer, mir auszureden, daß das Ganze nicht ein Traum gewesen war.

Hierüber sollte ich bald beruhigt werden. Neuigkeiten verbreiten sich schnell in Ägypten, und schon zwei Tage nach der Entdeckung wurde ich von einem beständigen Strom von Glückwünschen, Anfragen und Anerbieten, mir zu helfen, von allen Seiten überflutet. Schon in diesem Anfangsstadium wurde es mir klar, daß ich vor einem Unternehmen stand, mit dem ich allein nicht fertig werden konnte. Ich telegraphierte daher an Callender, der mir bei verschiedenen früheren Gelegenheiten geholfen hatte, und bat ihn, wenn möglich, ohne Aufschub zu mir zu kommen; ich atmete erleichtert auf, als er schon am nächsten Tage eintraf. Am 8. hatte ich zwei Nachrichten von Lord Carnarvon als Antwort auf mein Kabel erhalten; die erste lautete: »Komme, wenn möglich, bald« und die zweite, etwas später: »Denke am 20. in Alexandrien einzutreffen.«

So hatten wir eine Frist von fast vierzehn Tagen vor uns, und wir benutzten sie für die verschiedensten Vorbereitungen, damit wir mit möglichst geringer Verzögerung imstande wären, wenn die Zeit für das Wiederöffnen herankäme, jeder sich daraus ergebenden Lage gerecht zu werden. Am Abend des 18. fuhr ich für drei Tage nach Kairo, um Lord Carnarvon zu treffen und eine Anzahl nötiger Anschaffungen zu machen, und kehrte am 21. nach Luksor zurück. Am 23. traf Lord Carnarvon mit seiner Tochter, Lady Evelyn Herbert, seiner treuen Gefährtin bei allen Arbeiten in Ägypten, in Luksor ein, und alles war bereit für den zweiten Abschnitt der Entdeckung des Grabes. Callender war während des ganzen Tages beschäftigt gewesen, die oberen Schuttschichten fortzuräumen, so daß wir am nächsten Morgen ohne Verzögerung an die Treppe gelangen konnten.

Am Nachmittag des 24. lag die ganze Treppe frei, im ganzen sechzehn Stufen, und es war möglich, eine genaue Untersuchung der versiegelten Tür vorzunehmen. Am unteren Ende waren die Siegelabdrücke viel deutlicher, und es gelang uns, ohne Schwierigkeit an mehreren den Namen Tut-ench-Amuns festzustellen. Dies erhöhte die Bedeutung unseres Fundes ungeheuer. Hatten wir, was fast sicher schien, das Grab dieses schattenhaften Herrschers ge-

Abb. 7 Tonsiegel

funden, dessen Regierungszeit mit einem der interessantesten Abschnitte der ganzen ägyptischen Geschichte zusammenfiel, so hatten wir allerdings das Recht, uns zu beglückwünschen.

Mit noch erhöhter Spannung, wenn das noch möglich war, setzten wir unsere Untersuchung des Eingangs fort. Hier tauchte zum erstenmal etwas Beunruhigendes auf. Da jetzt die ganze Tür im Licht freistand, vermochten wir etwas zu erkennen, was bisher unseren Blicken entgangen war – nämlich, daß sie an einem Teil zweimal nacheinander geöffnet und wieder geschlossen worden war; ferner, daß die zuerst entdeckten Siegel, der Schakal und die neun Gefangenen, an den wieder geschlossenen Teilen angebracht worden waren, während die Siegel Tut-ench-Amuns sich an dem Teil der Tür befanden, der noch in seinem ursprünglichen Zustand war, und folglich die waren, die das Grab ursprünglich gesichert hatten. Also war das Grab nicht vollständig unversehrt, wie wir gehofft hatten. Plünderer hatten es betreten, und zwar mehr als einmal. Nach den Hütten zu urteilen, die darüber standen, waren es Plünderer aus einer Zeit, die nicht nach der Regierungszeit Ramses' VI. lag, doch daß sie nicht alles ausgeraubt hatten, bewies der Umstand, daß das Grab wieder versiegelt worden war.*)

Dann kam ein anderes Rätsel. In den unteren Schuttschichten, die die Treppe bedeckten, fanden wir eine große Menge Scherben und zerbrochene Kasten, diese mit den Namen Echnatons, Sakerēs und Tut-ench-Amuns, und was noch aufregender war, einen Skarabäus von Thutmosis III. und ein Stück eines anderen mit dem Namen Amenhoteps III. Warum dieses Gemisch von Namen? Hieraus schien man eher auf ein Versteck als auf ein Grab schließen zu können, und in diesem Stadium unserer Arbeit neigten wir immer mehr der Meinung zu, daß wir eine Sammlung der verschiedensten Gegenstände aus dem Besitz von Königen der 18. Dynastie finden würden, die Tut-ench-Amun von El-Amarna hergebracht und hier zu ihrer Sicherheit verwahrt hatte.

So lagen die Dinge am Abend des 24. November. Am folgenden Tag sollte die versiegelte Tür entfernt werden, und Callender ließ durch Zimmerleute ein schweres Holzgitter anfertigen, das statt ihrer aufgestellt werden sollte. Der Generalinspektor der Altertümerverwaltung, Engelbach, besuchte uns im Lauf des Nachmittags und war Zeuge, wie ein Teil des letzten Schuttes vom Eingang entfernt wurde.

Am Morgen des 25. wurden die Siegelabdrücke sorgfältig kopiert und photographiert, und dann entfernten wir den wirklichen Türabschluß, der aus unbearbeiteten, vom Boden bis zum Oberbalken sorgfältig aufeinandergelegten Steinen bestand, die an ihrer Außenfläche dick mit Mörtel bestrichen waren, um die Siegel aufzunehmen.

Hierdurch kam der Anfang eines abwärts führenden Ganges (nicht einer Treppe) zum Vorschein, der von derselben Breite wie die Eingangstreppe und etwa zwei Meter hoch war. Wie ich schon durch die Öffnung im Türeingang entdeckt hatte, war dieser Gang vollständig mit Geröll und Steinen angefüllt, die wahrscheinlich von seiner Aushöhlung herrührten. Diese Abfälle zeigten ebenso wie der Türeingang deutliche Spuren von mehrmaligem Öffnen und Wiederschließen des Grabes. Der unberührte Teil bestand aus rein weißen, mit Staub vermischten Stücken, während der Teil, der durchstöbert war, sich zumeist aus dunklen Feuersteinen zusammensetzte. Augenscheinlich war an der oberen linken Seite des Ganges ein unregelmäßiger Tunnel durch die ursprünglich vorhandene Masse durchgebrochen, der in seiner Lage dem Loch im Türeingang entsprach.

Beim Ausräumen des Ganges fanden wir mit dem Schutt in der unteren Schicht vermischt Tonscherben, Siegelverschlüsse, heile und zerbrochene Alabastergefäße, bemalte Tongefäße, zahlreiche Bruchstücke von kleinen Gegenständen und Wasserschläuche; letztere waren anscheinend zum Herbeischaffen des Wassers benutzt worden, das zum Bestreichen der Türeingänge nötig gewesen war. Dies alles waren deutliche Zeichen einer Plünderung, und wir betrachteten sie mit Mißtrauen. Bis zum Abend hatten wir ein ziemliches Stück des Ganges freigelegt, sahen aber noch kein Zeichen einer zweiten Tür oder einer Kammer.

Der folgende Tag (26. November) war der Tag der Tage, so wunderbar, wie ich nur jemals einen erlebt habe und wie ich niemals wieder einen erleben kann. Am Morgen wurde das Ausräumen fortgesetzt, gezwungenermaßen langsam wegen der zerbrechlichen Gegenstände, die mit dem Schutt vermischt waren.

*) Aus späteren Beweisen ergab sich, daß das Wiederversiegeln nicht später als unter der Regierung Harembabs, also 10–15 Jahre nach der Bestattung Tut-ench-Amuns, stattgefunden haben konnte.

Dann kamen wir in der Mitte des Nachmittags, zehn Meter von der äußeren Tür entfernt, an eine zweite versiegelte Tür, die eine fast genaue Wiederholung der ersten darstellte. Die Siegelabdrücke waren hier weniger deutlich, aber doch noch als die Tut-ench-Amuns und der Königstotenstadt zu erkennen. Auch hier waren die Zeichen von Öffnen und Wiederschließen auf dem Mörtel deutlich sichtbar.

Inzwischen hatte sich bei uns die Überzeugung befestigt, daß wir im Begriff waren, ein Versteck zu öffnen und kein Grab. Die Anordnung von Treppe, Gang und Türen erinnerte uns sehr stark an das Versteck Echnatons und der Teje, das in der Nachbarschaft unserer jetzigen Ausgrabung von Davis gefunden worden war. Daß Tut-ench-Amuns Siegel dort ebenfalls vorkamen, schien ein fast sicherer Beweis, daß wir mit unserer Vermutung recht hatten. Bald sollten wir es wissen. Vor uns war die versiegelte Tür, und hinter ihr lag die Antwort auf unsere Frage.

Langsam, verzweifelt langsam, so schien es uns, wurden die Geröllreste aus dem Gang fortgeschafft, die das untere Ende der Tür versperrten, bis wir schließlich die ganze Tür frei vor uns hatten. Der entscheidende Augenblick war gekommen. Mit zitternden Händen machte ich eine kleine Öffnung in der linken oberen Ecke. Dunkelheit und Leere zeigten, soweit eine hindurchgesteckte Eisenstange reichen konnte, daß das, was hinter der Tür lag, leer und nicht wie der eben ausgeräumte Gang ausgefüllt war. Lichtproben wurden aus Vorsicht gegen möglicherweise vorhandene giftige Gase angewandt, dann erweiterte ich das Loch, führte eine Kerze hindurch und spähte hinein, während Lord Carnarvon, Lady Evelyn und Callender neben mir standen, begierig, den Urteilsspruch zu hören.

Zuerst konnte ich nichts sehen, da die aus der Kammer entweichende heiße Luft das Licht der Kerze zum Flackern brachte. Als meine Augen sich aber an das Licht gewöhnten, tauchten bald Einzelheiten im Innern der Kammer aus dem Nebel auf, seltsame Tiere, Statuen und Gold – überall glänzendes, schimmerndes Gold! Für den Augenblick – den anderen, die neben mir standen, muß es wie eine Ewigkeit erschienen sein – war ich vor Verwunderung stumm. Als Lord Carnarvon die Ungewißheit nicht länger ertragen konnte und ängstlich fragte: »Können Sie etwas sehen?« war alles, was ich herausbringen konnte: »Ja, wunderbare Dinge!« Dann erweiterten wir das Loch, so daß wir beide hindurchsehen konnten, und führten eine elektrische Lampe ein.

Nächste Seite: Abb. 8 »Wunderbare Dinge ...« (Die Vorkammer)

Eine vorläufige Untersuchung

6

Ich vermute, die meisten Ausgräber werden zugeben, daß sie ein Gefühl der Scheu, ja der Verlegenheit beschleicht, wenn sie in eine Kammer eindringen, die von frommen Händen vor soviel Jahrhunderten verschlossen und versiegelt wurde. In solchen Augenblicken hat die Zeit ganz ihre Bedeutung verloren. Dreitausend, vielleicht viertausend Jahre sind dahingegangen, seit eines Menschen Fuß zuletzt den Boden betrat, auf dem wir stehen, und doch bemerken wir die Spuren frischen Lebens rundumher – das halbgefüllte Gefäß mit Mörtel für die Tür, die geschwärzte Lampe, den Fingerabdruck auf der frisch gemalten Fläche, das auf der Schwelle zum Abschiedsgruß niedergelegte Blumengebinde; wir fühlen, es hätte erst gestern sein können. Selbst die Luft, die wir atmen, ist all die Jahrhunderte hindurch unverändert; wir teilen sie mit denen, die die Mumie zur letzten Ruhe niederlegten. Der Begriff der Zeit verschwindet durch solche kleine intime Einzelheiten, und wir fühlen uns als Eindringlinge.

Das ist wohl das Gefühl, das uns zuerst beherrscht, andere folgen in Menge und schnell – die Freude des Entdeckers, das Fieber der Erwartung, der fast überwältigende, aus Neugier geborene Drang, Siegel zu erbrechen, die Deckel von Kästen zu öffnen, der Gedanke – die reinste Freude des Forschers –, daß wir im Begriff sind, der Geschichte ein neues Blatt hinzuzufügen oder eine wissenschaftliche Frage zu lösen, die gespannte Erwartung – warum es nicht eingestehen? – des Schatzgräbers. Machte ich mir damals wirklich diese Gedanken oder habe ich mir das jetzt nachträglich eingebildet? Ich weiß es nicht. Es war die Entdeckung, die mein Gedächtnis versagen ließ, und nicht der Wunsch nach einem dramatischen Abschluß, der diese Abschweifung verursachte.

Sicher hatte man nie vorher in der ganzen Geschichte von Ausgrabungen so Wunderbares geschaut, wie uns jetzt das Licht unserer elektrischen Lampe enthüllte. Einen ungefähren Begriff davon kann sich der Leser mit Hilfe der Photographie machen, die auf Abb. 8 wiedergegeben ist; doch diese Aufnahme wurde erst gemacht, als das Grab geöffnet und elektrisches Licht eingerichtet worden war. Er mag sich vorstellen, wie sie uns erschien, als wir von unserem Guckloch in dem zugemauerten Eingang auf sie hinabschauten und den Lichtstrahl unserer Lampe – das erste Licht, das seit dreitausend Jahren die Dunkelheit der Kammer durchdrang – von einer Gruppe zur anderen wandern ließen mit dem vergeblichen Versuch, uns den Schatz zu deuten, der vor uns lag. Die Wirkung war verwirrend, überwältigend. Wir hatten uns, glaube ich, nie genau überlegt, was zu sehen, wir hoffen konnten; jedenfalls hatten wir uns nie von etwas Ähnlichem träumen lassen, eine ganze Kammer – ein ganzes Museum, so schien es uns – voller Sachen, die, teils bekannt, teils von einer Art, wie wir sie noch nie gesehen hatten, in scheinbar endlosem Überfluß aufeinandergehäuft waren.

Allmählich wurde das Bild klarer, und wir konnten einzelne Gegenstände unterscheiden. Da standen zuerst, uns gerade gegenüber – wir waren uns ihrer die ganze Zeit bewußt, konnten es aber nicht glauben –, drei große vergoldete Bahren, deren Seiten in der Form von Tierungeheuern geschnitzt waren, mit merkwürdig abgeflachten Körpern, wie es für die Zwecke nötig war, denen sie dienten, aber mit Köpfen von erstaunlicher Natürlichkeit. Tiere waren es, die einem zu jeder Zeit unheimlich vorkommen mußten; sie machten aber einen

Abb. 9 Die versiegelte Tür zwischen den Wächterstatuen

geradezu erschreckenden Eindruck, wie wir sie sahen, als unsere elektrische Lampe, gleich einem Blitzlicht, ihre glänzenden goldenen Oberflächen aus der Dunkelheit hervorzauberte, wobei ihre Köpfe auf die Wand dahinter ungeheuerlich verzerrte Schatten warfen. Dann erweckten und fesselten rechts davon zwei Standbilder unsere Aufmerksamkeit: zwei lebensgroße Statuen eines Königs in Schwarz, die sich wie Schildwachen gegenüberstanden, mit goldenem Schurz, goldenen Sandalen, mit Keule und Stab und mit der schirmenden heiligen Schlange an ihrer Stirn.

Das waren die Hauptgegenstände, die uns zuerst in die Augen fielen. Zwischen ihnen, um sie herum, oben darauf gehäuft, waren zahllose andere: außergewöhnlich schön bemalte und eingelegte Kästen; Alabastervasen, einige davon in durchbrochenen Mustern schön geschnitten; seltsame schwarze Schreine, aus deren einem eine große goldene Schlange zur geöffneten Tür herausschaute; Sträuße aus Blumen oder Blättern; Betten; schön geschnitzte Sessel; ein goldeingelegter Thronsessel; ein Haufen merkwürdiger, weißer eiförmiger Behälter; Stäbe in allen Formen und Mustern; unseren Augen am nächsten, auf der Schwelle der Kammer ein schöner Pokal in Lotosform aus durchsichtigem Alabaster; zur Linken ein wirrer Haufen umgestürzter Wagen, die von Gold und Einlagen glänzten, und hinter ihnen hervorschauend eine andere Königsstatue.

Das waren einige der Gegenstände, die vor uns lagen. Ob wir sie damals alle gleich bemerkten, kann ich nicht mit Gewißheit sagen, da wir zu erregt und verwirrt waren, um alles genau verzeichnen zu können. Jetzt kam uns in all unserer Bestürzung plötzlich der Gedanke, daß sich in diesem ganzen Gemisch von Gegenständen vor uns weder ein Sarg noch die Spur einer Mumie befand, und die vielerörterte Frage, ob Grab oder Versteck, fing von neuem an, uns zu beunruhigen. Mit dieser Frage vor Augen, prüften wir nochmals den Schauplatz vor uns und bemerkten zum erstenmal, daß zur Rechten zwischen den beiden schwarzen, Wache haltenden Figuren noch eine versiegelte Tür vorhanden war. Allmählich wurde es uns klar: Wir standen erst an der Schwelle unserer Entdeckung! Was wir sahen, war nur eine Vorkammer. Dort hinter der versiegelten Tür mußten sich noch andere Kammern, möglicherweise eine ganze Reihe von Kammern, befinden und in einer von ihnen, das stand außer allem Zweifel, würden wir den Pharao mit seiner ganzen prunkvollen Totenausstattung finden.

Wir hatten genug gesehen, und in unseren Köpfen begann sich alles zu drehen bei dem Gedanken an die Aufgabe, die uns erwartete. Wir verstopften das Loch wieder, schlossen das Holzgitter ab, das vor dem ersten Türeingang angebracht war, ließen unsere Eingeborenen zur Wache zurück, bestiegen unsere Esel und ritten schweigsam und in Gedanken versunken das »Tal« hinunter heim.

Es war sonderbar, wie sich unsere Ansichten über das widersprachen, was wir gesehen hatten, als wir uns am Abend unterhielten. Jeder von uns hatte etwas bemerkt, was der andere nicht gesehen hatte; am nächsten Tage waren wir ganz verwundert, als wir entdeckten, wieviel in die Augen Fallendes uns entgangen war. Am meisten natürlich beunruhigte uns die versiegelte Tür zwischen den beiden Statuen, und bis tief in die Nacht hinein erörterten wir die Möglichkeiten, was alles hinter dieser Tür liegen könnte. Eine einzelne Kammer mit dem Sarg des Königs? Das war das wenigste, was wir erwarten konnten. Aber warum nur eine Kammer? Warum nicht eine Reihe von Gängen und Kammern, die, wie sonst im »Tal«, zu einem allerinnersten Schrein, der Sargkammer, führten? So konnte es sein, und doch war das Grab, nach seinem Grundriß zu urteilen, den anderen Gräbern ganz unähnlich. Visionen von Kammer über Kammer, jede gleich der ersten, die wir gesehen hatten, von Gegenständen überfüllt, zogen in Gedanken an uns vorüber und ließen uns atemlos zurück. Dann kam der Gedanke an die Plünderer wieder. War es ihnen gelungen, durch diese dritte Tür hindurchzudringen? – aus der Entfernung sah sie ganz unbeschädigt aus – und war dem so, was hatten wir dann für Aussichten, die Mumie des Königs unversehrt zu finden? Ich glaube, in dieser Nacht schliefen wir alle nur wenig.

Am nächsten Morgen, 27. November, waren wir früh zur Stelle, denn es gab viel zu tun. Ehe wir mit unseren Untersuchungen weiter fortfahren konnten, war es das Wichtigste, geeignetere Beleuchtungsmittel zu beschaffen. Daher fing Callender mit dem Legen von Drähten an, um uns mit der elektrischen Hauptleitung im »Tal« zu verbinden. Während dies vorbereitet wurde, kopierten wir die Siegelabdrücke auf dem inneren Türeingang aufs sorgfältigste und entfernten dann den ganzen Verschluß. Bis zum Mittag war alles fertig. Lord Carnarvon, Lady Evelyn, Callender und ich betraten nun das Grab und untersuchten die erste Kammer (die wir später die Vorkammer nannten) genau. Am Abend vorher hatte ich an den Generalinspektor der Altertümerverwaltung, Engelbach, geschrieben, ihm den Fortschritt unserer Arbeiten mitgeteilt und ihn gebeten, zu einer amtlichen Besichtigung herüberzukommen. Leider war er gerade in Amtsgeschäften in Kene, so kam statt seiner der örtliche Inspektor, Ibrahim Effendi.

Mit Hilfe unserer starken elektrischen Lampen wurden viele Gegenstände sichtbar, die am Tag vorher für uns noch im Dunkeln geblieben waren, und es war möglich, die ganze Größe

Abb. 10 Inneres der Seitenkammer

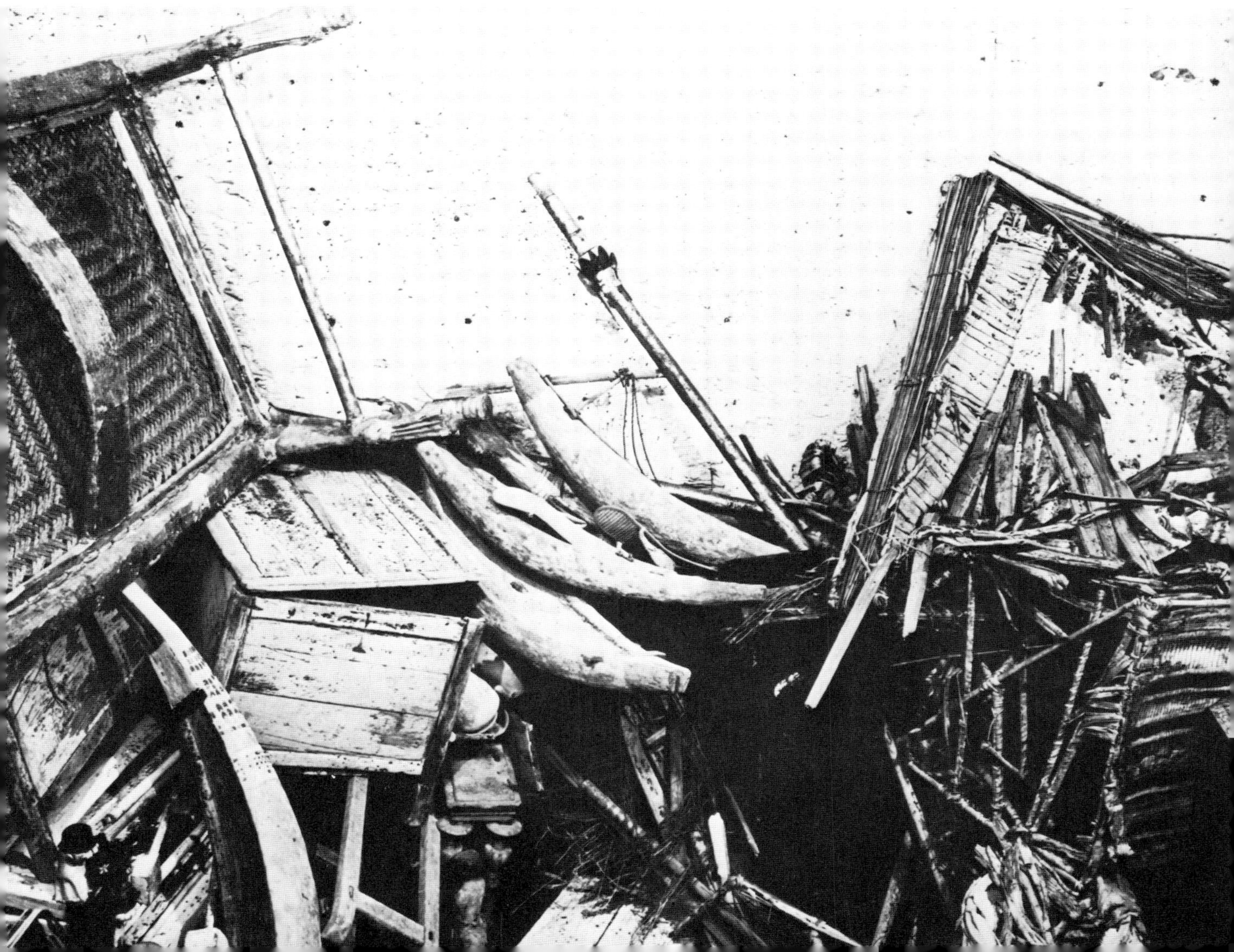

unserer Entdeckung genauer zu beurteilen. Unser erstes Ziel war natürlich die versiegelte Tür zwischen den beiden Statuen, und hier erwartete uns eine Enttäuschung. Aus einiger Entfernung gesehen, machte sie den Eindruck eines vollständig unversehrten Verschlusses; aber eine nähere Untersuchung zeigte, daß dicht über dem Boden eine Öffnung vorhanden war, gerade weit genug, einen Knaben oder einen schlanken Mann hindurchzulassen, und daß das Loch später wieder ausgefüllt und wieder versiegelt worden war. Wir sollten also nicht die ersten sein! Auch hier waren uns die Diebe zuvorgekommen, und es blieb nur noch übrig, festzustellen, wieviel Schaden anzurichten, sie Zeit und Gelegenheit gehabt hatten.

Unserer ersten Eingebung folgend, hätten wir die Tür am liebsten eingerissen, um der Sache sofort auf den Grund zu kommen; aber damit hätten wir viele der Gegenstände in der Vorkammer schwerer Beschädigung aussetzen können, ein Wagnis, das wir keinesfalls auf uns nehmen wollten. Andererseits durften wir die betreffenden Gegenstände nicht aus dem Weg räumen; denn es war von großer Bedeutung, daß ein Plan und eine vollständige photographische Aufnahme gemacht wurden, ehe wir etwas anrührten. Dies war eine Aufgabe, die eine ziemlich lange Zeit in Anspruch nehmen mußte, selbst wenn uns genügende Arbeitsmittel zur Verfügung gestanden hätten, um sofort daranzugehen, was nicht der Fall war. Widerstrebend entschlossen wir uns, diese innere, versiegelte Tür nicht zu öffnen, bis wir alle Gegenstände aus der Vorkammer entfernt hätten. Hierdurch sicherten wir uns nicht nur, was ja unsere Pflicht war, eine vollständige, wissenschaftlich genaue Aufnahme der Vorkammer, sondern wir gewannen auch freies Feld für die Entfernung des Türverschlusses, was bestenfalls immer eine heikle Aufgabe blieb.

Nachdem wir bis zu einem gewissen Grad unsere Neugier über die versiegelte Tür befriedigt hatten, konnten wir jetzt unsere Aufmerksamkeit dem zuwenden, was in der Kammer noch vorhanden war, und eine mehr ins einzelne gehende Untersuchung der Gegenstände vornehmen. Es war jedenfalls ein überwältigendes Erlebnis. In dieser kleinen Kammer eng zusammengedrängt war eine Fülle von Gegenständen, von denen jeder einzelne uns unter gewöhnlichen Umständen in Aufregung versetzt hätte und als reichlicher Lohn eines ganzen Grabungswinters angesehen worden wäre. Einiges war uns wohlbekannt, anderes war neu und seltsam, und wiederum anderes war in vollständigen und vollendeten Exemplaren vorhanden, deren Aussehen wir bisher nur nach kleinen Bruchstücken erraten hatten, die in anderen Königsgräbern gefunden worden waren.

Übrigens war der Fund nicht nur wegen seines großen Umfanges so wunderbar. Die Zeit, aus der das Grab stammt, ist in mancher Hinsicht die interessanteste in der ganzen ägyptischen Kunstgeschichte, und wir waren auf manches Schöne gefaßt. Worauf wir aber nicht gefaßt waren, das war die erstaunliche Kraft und Lebendigkeit, die einzelne dieser Gegenstände auszeichnete. Es war wie eine Offenbarung unerwarteter Möglichkeiten in der ägyptischen Kunst, und selbst bei diesem eiligen vorläufigen Überblick wurde uns klar, daß ein genaues Studium des Stoffes eine Änderung, wenn nicht gar einen Umsturz all unserer früheren Ansichten in sich schließen würde. Das gehört aber der Zukunft an. Wir können den wirklichen künstlerischen Wert erst genauer schätzen, wenn wir das ganze Grab ausgeräumt und seinen vollständigen Inhalt vor uns haben.

Was wir bei unserem Überblick zuerst bemerkten, war, daß alle größeren Gegenstände und die meisten kleineren mit dem Namen Tut-ench-Amuns beschrieben waren. Seine Siegel waren auch auf der innersten Tür; deshalb mußte es ohne den geringsten Zweifel auch seine Mumie sein, die hinter dieser Tür liegen mußte.

Dann, während wir uns noch erregt von einem Gegenstand zum anderen riefen, machten wir eine neue Entdeckung. Beim Nachschauen unter der südlichsten der drei großen Bahren bemerkten wir ein kleines unregelmäßiges Loch in der Wand. Hier war noch eine versiegelte

Abb. 11 Das stählerne Gittertor

Tür und ein Loch von Plünderern, das nicht wie die anderen wieder ausgebessert worden war. Vorsichtig krochen wir unter die Bahre und führten unsere tragbare Lampe ein. Dort lag vor uns eine weitere Kammer, die wesentlich kleiner als die erste, aber mit Gegenständen noch weit mehr überfüllt war.

Der Zustand, in dem sich diese Kammer (später die Seitenkammer genannt) befand, spottet einfach jeder Beschreibung. In der Vorkammer war doch ein Versuch gemacht worden, nach dem Besuch der Plünderer aufzuräumen, aber hier war alles in derselben Unordnung geblieben, wie sie es verlassen hatten. Man braucht wenig Einbildungskraft, sie sich bei ihrer Arbeit vorzustellen. Einer – für mehrere hätte es wahrscheinlich am Platz gefehlt – war in die Kammer hineingekrochen, hatte dann eilig, aber planmäßig den ganzen Inhalt durchwühlt, Kästen geleert, einzelnes beiseite geworfen, aufeinandergehäuft, und gelegentlich seinen Gefährten zu genauerer Prüfung in der vorderen Kammer durch das Loch zugereicht. Er hatte seine Arbeit mit der Gründlichkeit eines Erdbebens ausgeführt. Kein Fleckchen des Bodens ist leer geblieben, und kommt die Zeit zum Ausräumen, so wird es recht schwer sein, einen Anfang zu finden. Bis jetzt haben wir noch keinen Versuch gemacht, die Kammer zu betreten, sondern uns damit begnügt, von außen ihren Inhalt aufzunehmen. Sie enthält gleichfalls viel Schönes, zumeist kleinere Sachen als die Vorkammer, aber viele darunter von ungewöhnlichem künstlerischem Wert. Mehreres ist mir besonders im Gedächtnis geblieben – ein bemalter Kasten, anscheinend ebenso reizend wie der in der Vorkammer; ein wunderbarer Sessel aus Elfenbein, Gold, Holz und Lederarbeit; schön geformte Alabaster- und Fayencevasen und ein Spielbrett aus geschnitztem und bemaltem Elfenbein.

Ich glaube, daß die Entdeckung dieser zweiten Kammer mit ihrer Inhaltsfülle etwas ernüchternd auf uns wirkte. Bis jetzt hatte uns die Erregung gepackt und uns keine Zeit zum Nachdenken gelassen, aber nun wurde uns zum ersten Male klar, welche gewaltige Aufgabe vor uns lag und welche große Verantwortung wir mit ihr auf uns nahmen. Dies war kein gewöhnlicher Fund, der in einem normalen Grabungswinter erledigt werden konnte; auch gab es keinen früheren Fall, der uns zeigte, wie wir ihn handhaben sollten. Die Sache überstieg alle Erfahrung, und für den Augenblick schien es, daß mehr zu tun wäre, als Menschenkraft fertigbringen konnte.

Außerdem hatte uns die Ausdehnung der Entdeckung überrascht. Wir waren ganz unvorbereitet, der Unzahl der Gegenstände Herr zu werden, die vor uns lagen und von denen viele gefährdet waren und sorgfältigen Konservierens bedurften, ehe man sie anrühren konnte. Unendlich viel war zu erledigen, ehe wir mit den Ausräumungsarbeiten nur anfangen konnten. Große Lager von Präpariermitteln und Verpackungsstoffen mußten angelegt werden; der Rat Sachverständiger über die beste Art der Behandlung gewisser Gegenstände mußte eingeholt werden; ein Laboratorium mußte eingerichtet werden als sichere und geschützte Stelle, wo die Gegenstände behandelt, katalogisiert und verpackt werden konnten. Sorgfältige Vermessungen und vollständige photographische Aufnahmen mußten gemacht werden.

Dies waren nur einige der Aufgaben, die uns bevorstanden. Natürlich war das erste, das Grab gegen Raub zu sichern; dann konnten wir in Ruhe unsere Pläne ausarbeiten – Pläne, deren Ausführung, wie uns jetzt schon klar wurde, nicht nur einen, sondern sicherlich zwei, möglicherweise aber auch drei oder vier Winter in Anspruch nehmen würden.

Wir besaßen das Holzgitter am Anfang des Ganges, aber das genügte nicht, und ich nahm daher das Maß des inneren Eingangs für eine Tür aus starken Eisenstäben. Bis sie fertiggestellt werden konnte – aus diesem und aus noch anderen Gründen war ich genötigt, nach Kairo zu fahren –, mußten wir uns der Arbeit unterziehen, das Grab nochmals zuzuwerfen.

Unterdessen hatte sich die Neuigkeit der Entdeckung wie ein Lauffeuer verbreitet, und allerlei außergewöhnliche und phantastische Gerüchte waren darüber im Umlauf. Eine Geschichte, die unter den Eingeborenen ziemlich viel Glauben fand, behauptete, drei Flugzeuge seien im »Tal« gelandet und hätten sich mit Schätzen beladen nach einem unbekannten Ziel entfernt. Um den Gerüchten soviel wie möglich zuvorzukommen, entschlossen wir uns, zweierlei zu tun – erstens, Lord Allenby und die verschiedenen Spitzen der betreffenden Abteilungen einzuladen, herüberzukommen und das Grab zu besichtigen, und zweitens, der »Times« einen beglaubigten Bericht über die Entdeckung zu senden. Dementsprechend fand am 29. eine amtliche Eröffnung des Grabes statt, bei der Lady Allenby zugegen war – Lord Allenby war leider verhindert, Kairo zu verlassen –, ferner Abd el Aziz Bey Yehia, der Gouverneur der Provinz, Mohamed Bey Fahmy, der Mamur des Bezirkes, und eine Anzahl anderer ägyptischer Standespersonen und Beamter. Am 30. nahmen der Beirat am Ministerium für öffentliche Arbeiten, Tottenham, und der Generaldirektor der Verwaltung der Altertümer, Pierre Lacau, der am vorhergehenden Tag nicht hatte abkommen können, die amtliche Besichtigung vor. Der Berichterstatter der »Times«, Merton, war ebenfalls bei der amtlichen Eröffnung anwesend; er schickte dann die Depesche ab, die daheim so großes Aufsehen erregte.

Nachdem wir die Eingangstür mit starken Balken verschlossen hatten, wurde am 3. Dezember das Grab bis zur Oberfläche wieder zugeworfen. Lord Carnarvon und Lady Evelyn reisten am 4. nach England ab, um dort verschiedenen Verpflichtungen nachzukommen, ehe sie später hierher zurückkehrten; ich folgte ihnen am 6. nach Kairo, um dort meine Einkäufe zu machen, indem ich Callender zur Bewachung des Grabes während meiner Abwesenheit zurückließ.

Meine erste Sorge war die Eisentür; ich bestellte sie am Morgen meiner Ankunft und erhielt das Versprechen, daß sie innerhalb sechs Tagen abgeliefert werden sollte. Zu den anderen Besorgungen ließ ich mir mehr Zeit; sie gaben eine vielseitige Sammlung ab. Diese enthielt unter anderem photographisches Material, Chemikalien, ein Auto, Packkisten jeder Art nebst 32 Ballen Leinwand, gegen zwei Kilometer lange Watterollen und ebensoviel Binden. An den letzten beiden wichtigen Hilfsmitteln sollte es mir, so war ich fest entschlossen, nicht fehlen.

Während ich in Kairo war, fand ich Zeit, die Lage zu überdenken. Es wurde mir immer klarer, daß Hilfe nottat, und zwar in großem Umfang, wenn die Arbeit im Grab zur Befriedigung ausgeführt werden sollte. Jetzt war die große Frage, an wen man sich wenden sollte. Das Erste und Nötigste war das Photographieren; nichts konnte angerührt werden, ehe nicht eine vollständige photographische Aufnahme gemacht worden war, eine Arbeit, die höchste technische Geschicklichkeit verlangte. Einige Tage nach meiner Ankunft in Kairo erhielt ich ein Glückwunschtelegramm von Lythgoe, dem Kurator an der ägyptischen Abteilung des Metropolitan Museum of Art in New York, dessen Grabungskonzession in Theben sich in der Nachbarschaft unserer eigenen befand und nur durch die natürliche Gebirgswand von ihr getrennt war. In meiner Antwort fragte ich etwas zaghaft an, ob es nicht möglich wäre – wenigstens im augenblicklichen Notfall –, die Hilfe ihres photographischen Sachverständigen, Harry Burton, zu erhalten. Er telegraphierte sofort zurück, und sein Telegramm soll als Beispiel selbstloser wissenschaftlicher Mitarbeit wiedergegeben werden: »Nur zu erfreut, in jeder Weise zu helfen. Bitte, über Burton und jedes andere Mitglied unseres Stabes zu verfügen.«

Dies Anerbieten wurde später großherzigerweise von dem Aufsichtsrat und dem Direktor des Metropolitan-Museums bestätigt. Bei meiner Rückkehr nach Luksor verabredete ich demgemäß mit meinem Freund Winlock, dem Leiter der New Yorker Ausgrabungen an dieser Grabungsstelle, der bei dieser Abmachung der leidende Teil sein sollte, daß nicht nur Burton mir abgetreten werden sollte, sondern daß auch die beiden Zeichner des Unternehmens, Hall und Hauser, mir so viel Zeit widmen sollten, als für die Aufnahmen der Vorkammer und ihres Inhaltes nötig war. Ein anderes Mitglied des New Yorker Stabes und Leiter der Ausgrabungen bei den Pyramiden von Lischt, Mace, wäre ebenfalls sehr zu brauchen gewesen; er bot auf Lythgoes Anregung telegraphisch seine Hilfe an. So nahmen nicht weniger als vier Mitglieder des New Yorker Stabes dauernd oder zeitweise an der Arbeit dieses Winters teil. Ohne diese großherzige Hilfe wäre es nicht möglich gewesen, die vor uns liegende ungeheure Arbeit zu bewältigen.

Ein anderer Glücksfall war mir in Kairo beschieden. Der Direktor der staatlichen ägyptischen Abteilung für Chemie, Lucas, hatte einen dreimonatigen Urlaub angetreten, ehe er sich nach beendeter Dienstzeit von seinem Posten zurückzog; während dieser drei Monate stellte er uns seine chemischen Kenntnisse zur Verfügung, ein Anerbieten, das ich selbstverständlich sofort annahm. Dies vervollständigte unser Arbeitspersonal. Ferner sagte Dr. Alan Gardiner freundlicherweise zu, sich aller Inschriften anzunehmen, die etwa gefunden werden würden, und Professor Breasted half uns während mehrerer Besuche bei der schwierigen Aufgabe, die historische Bedeutung der Siegelabdrücke auf den Türen zu entziffern.

Am 13. Dezember war die eiserne Tür fertiggestellt, und meine Einkäufe waren beendet. Ich kehrte nach Luksor zurück, und am 15. traf alles glücklich im »Tal« ein, nachdem die Übersendung der Güter durch die Gefälligkeit der Beamten der ägyptischen Staatseisenbahn sehr beschleunigt worden war. Sie hatten erlaubt, daß sie, statt mit dem langsamen Güterzug, mit dem Schnellzug befördert wurden. Am 16. öffneten wir wiederum das Grab, am 17. wurde die eiserne Tür an dem Eingang der Vorkammer angebracht, und wir waren zum Anfang der Arbeit bereit. Am 18. fing die Arbeit wirklich an; Burton machte in der Vorkammer seine ersten Versuche, und auch Hall und Hauser begannen mit ihren Aufnahmen. Zwei Tage später traf Lucas ein und begann sofort mit seinen Versuchen zum Konservieren der verschiedenartigen Gegenstände.

Als Folge vielen Lärmschlagens wurde am 22. der europäischen und eingeborenen Presse die Erlaubnis erteilt, das Grab zu besichtigen; eine Einladung erging bei dieser Gelegenheit auch an eine gewisse Anzahl eingeborener Standespersonen in Luksor, die enttäuscht gewesen waren, als sie zu der amtlichen Eröffnung keine Einladung erhalten hatten. Wegen der Schwierigkeit, in dem vorhandenen äußerst engen Raum die Gegenstände sicherzustellen, war es damals nur möglich gewesen, eine sehr beschränkte Zahl einzuladen. Am 25. kam Mace an, und zwei Tage später, nachdem das Kopieren und die photographischen Aufnahmen genügend vorgeschritten waren, wurde der erste Gegenstand aus dem Grab ans Tageslicht gebracht.

Ein Überblick über die Vorkammer

7

In diesem Kapitel wollen wir einen ins einzelne gehenden Überblick über die Fundstücke in der Vorkammer geben; der Leser wird eine bessere Vorstellung bekommen, wenn wir dies planmäßig tun und nicht hin und her und von einem Ende zum anderen schweifen, wie wir es natürlich in der ersten Erregung nach der Entdeckung taten. Es war nur ein kleiner Raum, etwa vier zu acht Meter; wir mußten behutsam auftreten, denn ein falscher Schritt oder eine hastige Bewegung hätte unter den zerbrechlichen Gegenständen rund um uns unersetzlichen Schaden anrichten können, obgleich die altägyptischen Beamten für uns in der Mitte einen kleinen Gang freigemacht hatten.

Gerade vor uns, an der Tür – wir mußten darübersteigen, um in die Kammer zu gelangen –, lag ein schöner Prunkbecher. Er war aus weißem, halb durchschimmerndem Alabaster, mit Lotosblumen-Henkeln; diese dienen knienden Gestalten als Stütze, die die Ewigkeit darstellen. Rechts vom Eingang sahen wir zuerst ein großes zylindrisches Alabastergefäß; daneben zwei Totensträuße aus Blättern, der eine lehnte an der Wand, der andere war umgefallen, und vor ihnen weiter im Innern der Kammer eine bemalte hölzerne Truhe (Abb. 12). Diese Truhe wird wohl als eines der künstlerisch wertvollsten Stücke des Grabes gelten dürfen; bei unserem ersten Besuch wurde es uns schwer, uns von ihr loszureißen. Ihre Außenseite ist ganz von einer dünnen Gipsschicht überzogen; auf dieser Oberfläche befindet sich eine Reihe von Darstellungen, die, in leuchtenden Farben gehalten, außergewöhnlich schön gemalt sind: auf dem gewölbten Deckel Jagdszenen, auf den Längsseiten Schlachtenbilder und auf den Schmalseiten Darstellungen des Königs in Gestalt eines Sphinx, der seine Feinde mit Füßen tritt. Beschreibungen geben nur eine schwache Vorstellung von der Feinheit der Malerei, die alles Ähnliche weit übertrifft, was uns bis jetzt aus Ägypten bekannt ist. Keine Photographie könnte ihr gerecht werden; denn selbst beim Original braucht man eine Lupe, um die kleinen Einzelheiten genügend würdigen zu können, wie die Zeichnung auf den Löwenfellen oder die Verzierung an den Pferdegeschirren.

Noch aus einem anderen Grund sind die Malereien auf dieser Truhe bemerkenswert. Die Motive sind ägyptisch und ihre Behandlung ist ägyptisch. Trotzdem hinterlassen sie bei uns den Eindruck von etwas merkwürdig Unägyptischem. Wir können uns aber beim besten Willen nicht klar werden, worin der Unterschied besteht. Sie erinnern uns an anderes – z.B. an die schönsten persischen Miniaturen –, und wir müssen merkwürdigerweise an Benozzo Gozzoli denken, vielleicht wegen der lustigen kleinen Blumenbüschel, die die leeren Stellen ausfüllen. Der Inhalt der Truhe bestand aus einem seltsamen Durcheinander. Obenauf lagen ein paar Binsen- und Papyrusschilfsandalen und ein mit Perlen und Rauten von oben bis unten verziertes Königsgewand. Darunter lagen andere reichverzierte Gewänder, von denen eines mit mehr als dreitausend goldenen Rosetten besetzt ist, drei Paar reich in Gold gearbeitete Prunksandalen, eine vergoldete Kopfstütze und verschiedene andere Dinge. Dies war der erste Kasten, den wir öffneten, und sein Inhalt, dessen einzelne Gegenstände so gar nicht zueinander paßten, schien uns ziemlich rätselhaft, ganz abgesehen von der Art und Weise, wie alles zusammengepackt und zerdrückt war. Die Ursache wurde später klar, wie wir im folgenden Kapitel zeigen werden.

Indem wir einige kleine, unwichtige Gegenstände übergingen, gelangten wir darauf an die (Nord-) Schmalwand der Kammer. Hier befindet sich die versiegelte Tür, die uns auf die Folter spannte; zu beiden Seiten, den Eingang bewachend, standen die schon beschriebenen, lebensgroßen, hölzernen Statuen des Königs (Abb. 9). Seltsame und achtunggebietende Gestalten gleich vom ersten Anblick an, als sie noch von anderen Gegenständen umgeben und halb verborgen waren – so wie sie jetzt in der leeren Kammer stehen, wo nichts vorhanden ist, was das Auge ablenken könnte, und wo zwischen ihnen hindurch in der geöffneten Tür der goldene Schrein halb sichtbar wird, machen sie einen fast schmerzhaft ergreifenden Eindruck. Ursprünglich waren sie mit Leinentüchern bekleidet, was die Wirkung noch erhöht haben muß. Noch etwas anderes, recht Interessantes über diese Schmalwand. Im Gegensatz zu den anderen Wänden der Kammer war sie ganz mit Mörtel bedeckt, und bei einer genaueren Untersuchung entdeckten wir, daß sie nur eine Scheinwand, eine Art Scheidewand bildete.

Als wir uns dann der (West-) Längswand der Kammer zuwandten, sahen wir, daß der ganze Raum davor von den drei großen Bahren eingenommen wurde, deren Seiten aus Tiergestalten bestanden – merkwürdige Möbelstücke, die wir von Grabmalereien kannten, von denen wir aber nie eines in Wirklichkeit gesehen hatten. Die erste hatte Löwenköpfe, die zweite Kuhköpfe und die dritte den Kopf eines Mischwesens, halb Nilpferd und halb Krokodil. Jede war aus vier Teilen angefertigt, um besser getragen werden zu können; der Rahmen des eigentlichen Lagers war mit Haken und Riegeln an den Tierseiten befestigt, während die Füße der Tiere in ein Gestell aus vier Balken hineinpaßten. Wie bei ägyptischen Betten üblich, hatte jede eine Lehne für die Füße, aber nichts für den Kopf. Auf den Bahren, unter ihnen und rundherum war ein Gewirr kleinerer, eng aneinandergepackter, in einigen Fällen rücksichtslos übereinandergetürmter Gegenstände, von denen wir hier nur die wichtigeren anführen können.

So stand auf der nördlichsten der Bahren – der mit den Löwenköpfen – ein Bett aus Ebenholz und Flechtwerk, auf dessen Fußbrett in schöner Schnitzarbeit Hausgötter dargestellt waren; darauf wiederum lag eine Anzahl herrlich verzierter Stäbe, ein mit Pfeilen gefüllter Köcher und eine Reihe zusammengesetzter Bogen. Von diesen war einer mit Gold überzogen und mit Schriftbändern und Darstellungen von Tieren in allerfeinster Granulierarbeit geschmückt – ein Meisterstück der Goldschmiedekunst. Ein anderer, doppelt zusammengesetzter Bogen endete an beiden Spitzen in der geschnitzten Gestalt eines Gefangenen, die so angebracht war, daß ihr Hals als Kerbe für die Sehne diente. Dies sollte wohl den Gedanken versinnbildlichen, daß der König jedesmal ein paar Gefangene erdrosselte, wenn er den Bogen spannte. Zwischen Bett und Bahre standen vier Leuchter aus Bronze und Gold, gänzlich neu in der Form, bei denen sich in einer noch die Kerze aus zusammengedrehtem Leinen in der Ölschale befand; ein reizend geschnittenes Opfergefäß aus Alabaster und ein kleiner Kasten mit zurückgeschobenem Deckel und verzierten Seiten aus leuchtend türkisblauer Fayence und Gold. Wie wir später im Laboratorium fanden, enthielt dieser kleine Kasten eine Anzahl interessanter und kostbarer Sachen, unter anderem ein Priestergewand aus Leopardenfell mit goldenen und silbernen Sternen verziert und mit vergoldetem Leopardenkopf, der mit buntem Glas eingelegt war; einen sehr großen und schön gearbeiteten Skarabäus aus Gold und lapislazuliblauer Glaspaste; eine Schnalle aus Goldplatt mit Jagdszenen in unendlich feiner Granulierarbeit; Zepter aus massivem Gold und lapislazuliblauer Glaspaste; schönfarbige kleine Halskragen und Halsketten aus Fayence und eine Handvoll massiv goldener, in ein Leinentuch geknoteter Ringe, von denen später noch die Rede sein wird.

Auf dem Boden unter der Bahre standen eine große Lade aus Ebenholz, Elfenbein und Rotholz in köstlicher Zusammensetzung, die eine Anzahl kleiner Alabaster- und Glasvasen enthielt, zwei schwarze hölzerne Schreine, jeder mit der Figur einer goldenen Schlange, dem

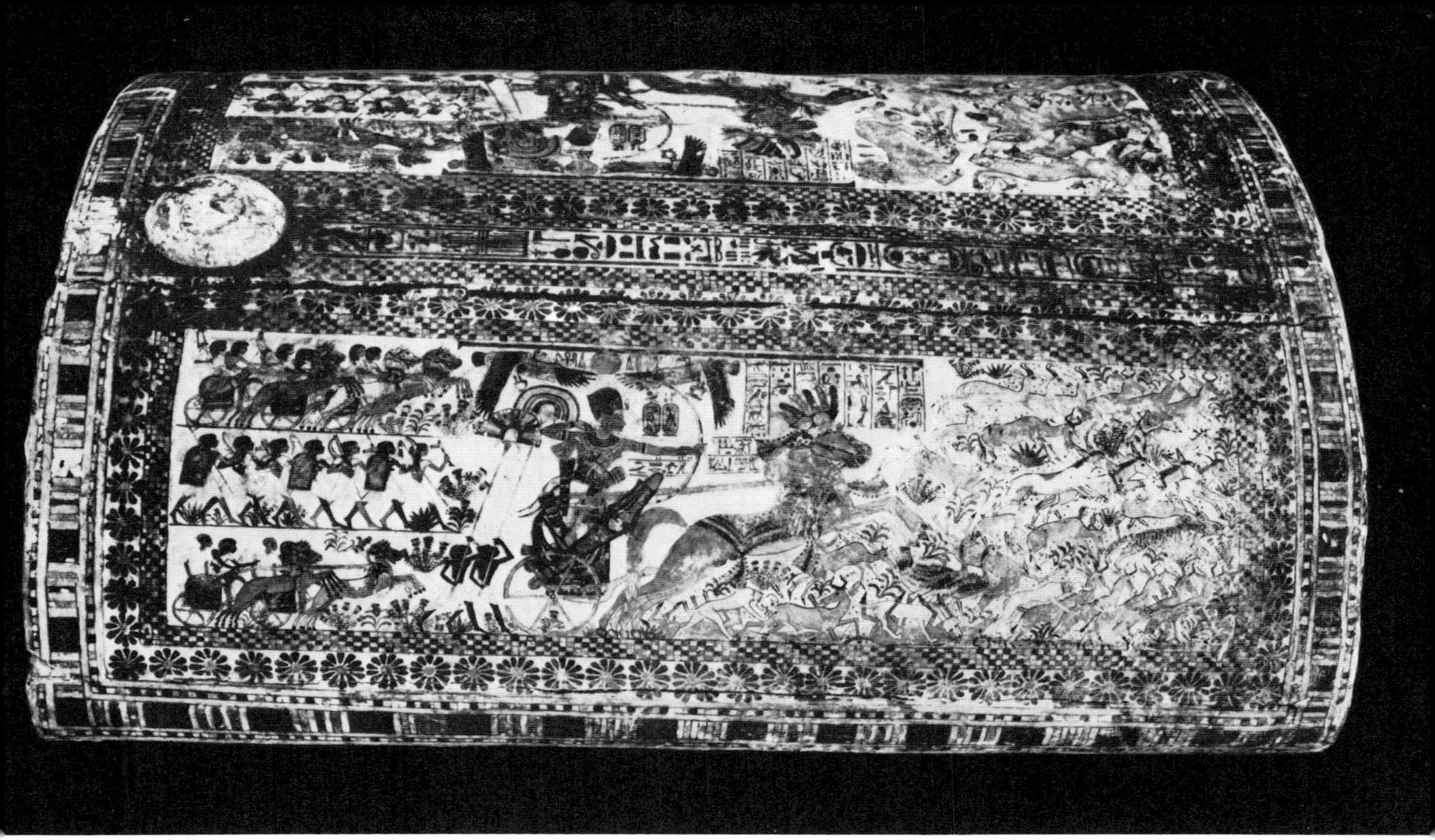

Abb. 12 Die bemalte Holztruhe

Wahrzeichen und Sinnbild des zehnten Gaues von Oberägypten (Aphroditopolis), ein wunderhübscher kleiner Stuhl mit schönen Füllungen aus Ebenholz, Elfenbein und Gold, so klein, daß ihn nur ein Kind benutzen konnte, zwei mit Elfenbein ausgelegte und mit Entenschnäbeln verzierte Klappsessel und ein Alabasterkasten, der mit einem eingeschnittenen und mit Farbe ausgefüllten Ornament verziert war.

Ein langer Kasten aus Ebenholz und weißbemaltem Holz, auf einem Gestell aus Holzstäben und mit einem an einem Scharnier befestigten Deckel, stand frei auf dem Boden vor der Bahre. Sein Inhalt war ein merkwürdiges Durcheinander. Obenauf lagen zusammengedrückt und wie Packmaterial hineingestopft Hemden und eine Anzahl Untergewänder des Königs, während darunter mehr oder weniger ordentlich nebeneinander Stäbe, Bogen und eine Menge Pfeile lagen; bei diesen waren alle Spitzen abgebrochen und das wertvolle Metall gestohlen worden. Wahrscheinlich hatte der Kasten ursprünglich nur Stäbe, Bogen und Pfeile enthalten; zu diesen gehörten nicht nur die beschriebenen auf dem Bett, sondern auch andere, die an verschiedenen Stellen der Kammer verstreut lagen. Einige der Stäbe sind sehr beachtenswerte Kunstwerke. So endete einer in einem bogenförmigen Griff, auf dem die Gestalten zweier Gefangenen mit gebundenen Armen und ineinanderverschlungenen Füßen nachgeahmt waren, der eine ein Neger, der andere ein Asiat, deren Gesichter entsprechend in Ebenholz und Elfenbein geschnitzt waren (Abb. 28). Auf einem anderen Stab waren ganz kleine schillernde Käferflügel zu einem Muster zusammengestellt, während bei noch anderen das Muster aus verschiedenfarbigen Baumrinden bestand. Bei den Stäben befanden sich eine Peitsche aus Elfenbein und vier Ellenmaße. Links von der Bahre, zwischen ihr und der

Abb. 13 Der kleine goldene Schrein

nächsten, standen ein Toilettentisch und eine Gruppe wundervoller, aus Alabaster geschnittener Salbgefäße.

Soviel über die erste Bahre. Die zweite, mit den Kuhköpfen, stand uns gerade gegenüber, als wir in die Kammer traten, und war noch mehr überhäuft. Obenauf befand sich in höchst unsicherer Lage ein zweites, weißbemaltes Holzbett, und auf diesem wieder balancierte ein Stuhl aus Binsengeflecht, der in Form und Muster äußerst modern aussah, ferner ein Sessel aus Eben- und Rotholz. Unter dem Bett, fest auf dem Rahmen der Bahre ruhend, waren unter anderem ein weißer Ziersessel, ein merkwürdiger runder Elfenbeinkasten mit Ebenholzeinlagen und ein paar vergoldete Klappern, sogenannte Sistra, die gewöhnlich mit Hathor, der Göttin der Freude und des Tanzes, in Verbindung gebracht werden.*) In der Mitte darunter lag ein Haufen eiförmiger, hölzerner Behälter, die gebratene Enten und mannigfache andere Opferspeisen enthielten.

Auf dem Boden vor der Bahre standen zwei Holzkästen, und lose auf dem Deckel des einen lagen ein kleiner Halskragen und ein Haufen Ringe; ein großer Sessel aus Binsengeflecht und ein kleinerer aus Holz und Rohr. Die Liste des Inhalts des größeren der beiden Kästen ist interessant und abwechslungsreich. Eine hieratische Inschrift auf dem Deckel erwähnt siebzehn Gegenstände in Lapislazuliblau; tatsächlich befanden sich sechzehn Opfergefäße aus blauer Fayence darin, während das siebzehnte später in einem anderen Teil der Kammer gefunden wurde. Ferner waren da, achtlos hineingeworfen, eine Anzahl anderer Fayenceschalen,

*) Dies sind zwei Attribute der Hathor. Es gibt noch viele andere.

ein paar Wurfhölzer aus Silber und Gold und an beiden Enden mit blauer Fayence verziert, ein herrliches Kästchen aus geschnitztem Elfenbein, ein Weinsieb aus Kalkstein, ein reich gemustertes, gewebtes Gewand und der größere Teil eines Prunkmieders; dieses werden wir im 10. Kapitel ausführlicher beschreiben, es ist aus mehreren tausend Stücken Gold, Glaspaste und Fayence zusammengesetzt, und wird, wenn es gereinigt ist und seine verschiedenen Teile zusammengesetzt worden sind, zweifellos das großartigste Stück seiner Art sein, das in Ägypten jemals zutage gekommen ist. Zwischen dieser und der dritten Bahre lag, nachlässig auf die Seite gekippt, ein prächtiger Sessel aus Zedernholz mit reicher und feiner Schnitzerei und mit Gold geschmückt.

Wir kommen jetzt zu der dritten Bahre, deren Seiten aus den beiden merkwürdigen Mischwesen mit geöffneten Mäulern und Zähnen und Zunge aus Elfenbein bestanden. Obendarauf stand einsam ein großer Kasten mit gewölbtem Deckel, dessen Rahmen aus Ebenholz und dessen Wände weiß gemalt waren. Er war ursprünglich für die leinenen Unterkleider bestimmt und enthielt noch eine Anzahl dieser Kleidungsstücke – Schurztücher usw. –, die meisten zusammengefaltet und in ordentliche kleine Bündel*) zusammengerollt. Unter dieser Bahre stand ein anderes großes Kunstwerk des Grabes – vielleicht das größte, das bis jetzt herausgebracht wurde –, ein Thronsessel, von oben bis unten mit Gold belegt und mit Glas, Fayence und eingelegten Steinen reich geschmückt (Abb. 2). Seine Beine sind als Löwenfüße gebildet; vorn oben sind Löwenköpfe angebracht, die in ihrer Kraft und Einfachheit bezaubernd wirkten. Herrliche, gekrönte und geflügelte Schlangen bildeten die Armstützen, und zwischen den Stäben, die die Lehne hielten, sieht man sechs aus Holz geschnitzte, vergoldete und eingelegte schirmende Schlangen. Die größte Pracht des Thrones aber bildet die Rückenlehne, und ohne zu zögern kann ich behaupten, daß sie das Schönste darstellt, was bis jetzt in Ägypten gefunden worden ist (Tafel IV).

Auf der Lehne ist eine Palasthalle dargestellt, ein Raum, der mit blumenbekränzten Pfeilern, einem Fries von Königsschlangen und einem unteren Zierstreifen in althergebrachten Motiven geschmückt ist. Von oben sendet die Sonne (Aton) ihre lebenspendenden, in Hände endenden Strahlen herab. Der König selbst sitzt in ungezwungener Haltung auf einem Thron mit Kissen und hat seinen Arm nachlässig über die Lehne gelegt. Vor ihm steht die mädchenhafte Gestalt der Königin, die anscheinend die letzte Hand an seinen Anzug legt; in einer Hand hält sie eine kleine Salbschale, und mit der anderen salbt sie zärtlich seine Schulter oder betupft seinen Kragen ein wenig mit Wohlgeruch. Eine einfache kleine häusliche Darstellung, aber wie durchdrungen von Leben und Gefühl, und voller Bewegung!

Die Farben der Rückenlehne sind außerordentlich lebhaft und wirkungsvoll. Das Gesicht und andere unbekleidete Stellen des Königs und der Königin sind aus roter Glaspaste, der Kopfschmuck aus leuchtender, türkisähnlicher Fayence. Die Gewänder sind aus Silber, das durch das Alter mit einem wunderbaren Edelrost überzogen ist. Die Kronen, Kragen, Schärpen und andere ornamentale Einzelheiten auf der Lehne sind alle mit farbigem Glas, Fayence, Karneol und einer bis jetzt unbekannten Zusammenstellung eingelegt – durchsichtigem, faserigem Kalkstein, der mit farbiger Paste unterlegt ist und im Aussehen ganz dem Millefioriglas gleicht. Der Hintergrund ist ebenso wie der Thron vergoldet. Als Gold und Silber neu und frisch waren, muß der Thron einen fabelhaft blendenden Anblick geboten haben – vielleicht zu blendend für das Auge eines an grauen Himmel und unbestimmte Färbungen gewöhnten Abendländers; jetzt, durch das Anlaufen des Metalls etwas abgetönt, bietet er eine außerordentlich anziehende, ausgeglichene Farbenwirkung.

Der Thronsessel ist, ganz abgesehen von seinem künstlerischen Wert, ein wichtiger ge-

* Bei unserm ersten Betreten des Grabes wurden diese fälschlicherweise für Papyrusrollen gehalten.

schichtlicher Beleg, da die Szenen auf ihm eine getreue Wiedergabe der politisch-religiösen Gegensätze während der Regierung Tut-ench-Amuns sind. In der ursprünglichen Auffassung – wir brauchen nur die menschlichen Arme an der Sonnenscheibe auf der Rückenlehne anzusehen – zeigt sich die reine El-Amarna-Atonverehrung. Die Königsnamen sind aber merkwürdigerweise beide gebraucht. Bei einigen ist der Name Aton ausgelöscht und durch Amun ersetzt, während bei anderen Aton unverändert stehengeblieben ist. Es ist zum mindesten seltsam, daß ein Gegenstand, der so ketzerische Zeichen an sich trug, offen in diesem Bollwerk des Amunglaubens beigesetzt wurde. Vielleicht ist es nicht ohne Bedeutung, daß sich gerade auf diesem Teil des Thrones Überreste eines Leinenüberzuges befanden. Es könnte scheinen, als ob Tut-ench-Amuns Rückkehr zum alten Glauben nicht aus rein innerer Überzeugung stattfand. Er mag den Thronsessel für zu kostbar gehalten haben, um ihn zu zerstören, und ihn deshalb vielleicht in einem der Privaträume des Palastes bewahrt haben. Es ist aber auch möglich, daß die Änderung des Namens Aton hinreichte, um die Anhänger des Amun zu befriedigen, und daß deshalb kein Grund zum Verbergen bestand.

Auf dem Sitz des Thronsessels lag der Schemel, der ursprünglich vor ihm stand, aus vergoldetem Holz und dunkelblauer Fayence; auf Oberfläche und Seitenfläche waren gefesselte, hingestreckte Gefangene dargestellt. Dies war eine im Orient altüberlieferte Vorstellung – »so daß ich deine Feinde zu dem Schemel deiner Füße mache«, singt der Psalmist –, und sicherlich ist diese Überlieferung bei gewissen Gelegenheiten zur Wirklichkeit geworden.

Vor der Bahre standen zwei Sessel, einer aus schlichtem, weißgetünchtem Holz, der andere aus Ebenholz, Elfenbein und Gold, mit Füßen in Gestalt von Entenköpfen, sein Sitz, einem Leopardenfell nachgeahmt, mit Klauen und Flecken aus Elfenbein – das schönste Stück dieser Art, das wir kennen. Dahinter lehnten an der Südwand der Kammer eine Anzahl wichtiger Gegenstände. Da war ein schreinartiger Kasten mit doppelten Türen, die durch Ebenholzriegel geschlossen wurden (Abb. 13 und 14). Er war ganz mit dickem Blattgold überzogen, und auf dem Gold war in zartem Flachrelief eine Reihe kleiner Bilder, die in reizend naiver Art Ereignisse aus dem täglichen Leben des Königs und der Königin darstellten. Auf all diesen Bildern wird hauptsächlich das gute Verhältnis zwischen Gatte und Gattin betont, das unbewußt Liebenswürdige, das die El-Amarna-Schule auszeichnet. Man würde nicht überrascht sein, auch hier zu finden, daß der Name Aton in Amun geändert worden wäre. Im Schrein befand sich ein Untersatz, auf dem ursprünglich eine Statuette gestanden haben muß; es ist gut möglich, daß sie aus Gold war und unglücklicherweise zu sehr in die Augen fiel, als daß die Plünderer sie hätten übersehen können. Der Schrein enthielt außerdem eine Halskette aus großen Gold-, Karneol-, grünen Feldspat- und blauen Glasperlen, an der ein großer goldener Anhänger in Gestalt einer seltenen Schlangengöttin angebracht war; endlich fanden wir darin noch beträchtliche Teile des schon bei einem der früheren Kästen erwähnten Prunkmieders.

Neben diesem Schrein stand eine große, geschnitzte, vergoldete und bemalte Totenfigur des Königs, und etwas weiter entfernt, hinter einem umgestürzten Wagengestell, eine merkwürdig geformte, in der Mitte und oberhalb der Ellenbogen scharf abgeschnittene Statue. Sie war genau lebensgroß und der Rumpf in augenscheinlicher Nachahmung eines Hemdes weiß bemalt. Es ist kaum zweifelhaft, daß sie eine Kleiderbüste darstellt, auf der die Gewänder des Königs und vielleicht auch seine Halskragen angepaßt wurden (Tafel II). In demselben Teil der Kammer befanden sich auch noch ein Kleiderkasten und umhergestreut Stücke eines vergoldeten Baldachins oder Schreines. Diese waren außerordentlich leicht gebaut und so gearbeitet, daß sie schnell aneinandergefügt werden konnten. Der Baldachin war wahrscheinlich für die Reise bestimmt, wurde im Zug des Königs stets mitgeführt und konnte in größter Geschwindigkeit aufgestellt werden, um dem Herrscher Schutz gegen die Sonne zu geben.

Abb. 14 Der kleine goldene Schrein, geöffnet

Vor dem Rest der Südwand und der ganzen Ostwand bis zur Eingangstür lagen die einzelnen Teile von nicht weniger als vier Wagen. Wahrscheinlich hatten die Plünderer versucht, sich die goldenen Verzierungen anzueignen, mit denen die Wagen geschmückt waren, und dabei die Wagen schrecklich durcheinandergeworfen. Aber die Plünderer allein trifft nicht die ganze Schuld an dem Durcheinander. Der Gang war viel zu eng, als daß vollständige Wagen hätten durchgeschafft werden können; um sie aber dennoch in die Kammer hineinzubringen, waren die Achsen mit Absicht in zwei Teile zersägt, die Räder abgenommen und aufeinandergehäuft und die Wagengestelle für sich gelegt worden.

Mit dem Zusammensetzen und der Wiederherstellung dieser Wagen haben wir eine ungeheure Aufgabe vor uns. Der Erfolg wird aber so glänzend sein, daß sich jede Zeit reichlich lohnen wird, die wir darauf verwenden. Sie sind von oben bis unten mit Gold bedeckt, von dem jeder Zoll entweder mit eingehämmerten Mustern und Darstellungen oder mit eingelegten Bildern aus farbigem Glas und Steinen geziert ist. Das Holz der Wagen ist in gutem Zustand und bedarf nur geringer Behandlung. Mit den Pferdegeschirren und anderen Lederteilen aber ist dies leider nicht der Fall, da das ungegerbte Leder durch die Feuchtigkeit angegriffen und zu einer schwarzen, häßlich aussehenden klebrigen Masse geworden ist. Zum Glück waren diese Lederteile fast überall mit Goldplatten besetzt, und wir hoffen mit Hilfe dieses Goldes, das gut erhalten ist, die Geschirre wieder zusammenstellen zu können. Zwischen den Wagenteilen fanden sich noch verschiedene andere kleinere Gegenstände, wie Alabasterkrüge, mehrere Stäbe und Bogen, mit Perlen besetzte Sandalen, Körbe und vier Fliegenwedel aus Pferdehaar und mit Löwenkopfgriffen aus vergoldetem Holz.

Wir haben jetzt einen vollständigen Rundgang durch die Vorkammer gemacht. Ich glaubte, alles erwähnt zu haben, aber bei der Durchsicht unserer Aufzeichnungen zeigt sich, daß wir von den 600 oder 700 Fundstücken in dieser Kammer knapp 100 angeführt haben. Nur eine vollständige Aufzählung nach unserem Zettelkatalog könnte eine hinreichende Vorstellung von dem Umfang der Entdeckung geben. Das ist in diesem Buch natürlich unmöglich. Wir müssen uns hier auf eine mehr oder weniger kurzgefaßte Beschreibung der Hauptfunde beschränken und eine in die Einzelheiten gehende Untersuchung einer späteren Veröffentlichung vorbehalten. Jedenfalls ist es unmöglich, uns jetzt schon an einen derartigen Bericht zu wagen, denn wir stehen vor Monaten, ja vielleicht Jahren von Wiederherstellungsarbeiten, wenn die Fundstücke behandelt werden sollen, wie sie es verdienen. Wir dürfen auch nicht vergessen, daß wir uns bis jetzt nur mit *einer* Kammer beschäftigt haben. Mehrere innere Kammern haben wir noch nicht untersucht; wir hoffen, in ihnen Schätze zu finden, die vielleicht alles weit übertreffen, wovon in diesem Buch die Rede ist.

Die Vorkammer wird ausgeräumt

8

Das Ausräumen der Vorkammer glich einem riesenhaften Geduldspiel. Die einzelnen Fundstücke waren so eng aufeinandergehäuft, daß es äußerst schwierig war, ein Stück zu entfernen, ohne Gefahr zu laufen, die anderen zu beschädigen. In einigen Fällen waren sie so unlösbar ineinander verstaut, daß erst sorgfältig Stützen und Gerüste gebaut werden mußten, um ein Stück oder eine ganze Gruppe von Gegenständen an ihrem Platz zu halten, wenn ein anderer entfernt werden sollte. Hierbei fürchtete man sich, sich zu bewegen, da man an eine Stütze stoßen und das Ganze zum Einstürzen bringen konnte. In manchen Fällen war ohne Versuch nicht zu sagen, ob ein Gegenstand stark genug sei, sein eigenes Gewicht zu tragen. Einige Stücke waren in bestem Zustand und noch genauso fest, wie sie bei ihrer Herstellung gewesen waren; andere wieder waren äußerst gebrechlich, und man wußte nie, ob es besser sei, sie gleich an Ort und Stelle zu konservieren oder zu warten, bis dies in geeigneterer Umgebung im Laboratorium stattfinden könnte. Wenn irgend möglich, wurde dies letzte Verfahren angewandt; in einzelnen Fällen aber würde ein Fortschaffen des Gegenstandes ohne vorhergehende Behandlung ziemlich sicher seine Zerstörung bedeutet haben.

Wir fanden z. B. Sandalen mit Perlstickereien, bei denen die Fäden gänzlich zerfallen waren. Als diese Sandalen auf dem Boden der Kammer lagen, schienen sie tadellos erhalten zu sein, versuchte man aber, eine aufzuheben, so zerfiel sie bei der Berührung. Alles, was man für seine Mühe hatte, war eine Handvoll loser, bedeutungsloser Perlen. In einem Fall wie hier mußte sofort konserviert werden: ein Spiritusofen, etwas Paraffin, ein oder zwei Stunden zum Hartwerden und die Sandale konnte ohne Schaden angefaßt und aufgehoben werden. Genauso war es bei den Totensträußen (Abb. 64). Sie waren in einem Zustand, daß sie ohne Behandlung in nichts zerfallen wären. Nach drei- oder viermaligem Bespritzen mit einer Zelluloidlösung konnten sie ohne Gefahr fortgeschafft und später fast ohne Beschädigung verpackt werden. Gelegentlich, besonders bei den größeren Gegenständen, erwies es sich als richtig, zunächst eine Behandlung an Ort und Stelle im Grab selbst vorzunehmen, die gerade genügte, um ein sicheres Fortschaffen nach dem Laboratorium zu ermöglichen, wo dann weitere wirksamere Maßnahmen getroffen werden konnten. Jeder Gegenstand stellte uns vor eine neue Aufgabe, und wie ich schon sagte, gab es Fälle, bei denen erst ein Versuch das richtige Behandlungsmittel zeigen konnte.

Die Arbeit war langsam, peinlich langsam und dabei nervenaufreibend! Man fühlte die ganze Zeit eine schwere Last von Verantwortung. Sie wird jeder Ausgräber fühlen, wenn er überhaupt ein archäologisches Gewissen besitzt. Was er findet, ist nicht sein Eigentum, das er richtig behandeln oder vernachlässigen kann, wie es ihm gefällt. Es ist ein unmittelbares Vermächtnis der Vergangenheit an die Gegenwart. Er ist nur der bevorzugte Vermittler, durch dessen Hände dieses Vermächtnis zu uns kommt; wenn er durch Sorglosigkeit, Nachlässigkeit oder Unwissenheit die Summe der Kenntnisse beeinträchtigt, die es uns hätte übermitteln können, macht er sich eines archäologischen Verbrechens erster Größe schuldig. Zerstören ist so schrecklich leicht und Wiedergutmachen so hoffnungslos! Müde oder in Eile, scheut man sich vor einer langweiligen Reinigung oder tut sie mit halbem Herzen und nachlässig. Damit hat man vielleicht die einzige Möglichkeit verpaßt, die jemals auftauchte, um wichtige wissenschaftliche Kenntnisse zu gewinnen!

Zu viele Menschen – leider befinden sich unter ihnen auch sogenannte Archäologen – stehen, wie es scheint, unter dem Eindruck, daß ein Gegenstand, der im Laden eines Händlers gekauft wird, geradeso wertvoll ist wie einer, der bei einer Ausgrabung gefunden wird. Sie wissen nicht, daß dieser Gegenstand für Forschungszwecke überhaupt erst in Betracht kommt, wenn er gereinigt, in die Bücher eingetragen, mit einer Eintragsnummer versehen und in einem wohlgeordneten Museumsschrank aufgestellt worden ist. Die Arbeit an der Fundstelle ist außerordentlich wichtig. Es ist eine unbestreitbare Tatsache, daß unsere Kenntnisse in der ägyptischen Altertumskunde um wenigstens 50 vom Hundert größer wären, als es jetzt der Fall ist, wenn jede Ausgrabung ordentlich, planmäßig und gewissenhaft ausgeführt worden wäre. In den Lagerräumen unserer Museen befinden sich zahllose Gegenstände, die imstande wären, wertvolle Auskunft zu geben, könnten sie nur sagen, woher sie stammen. Kästen über Kästen voller Bruchstücke stehen dort, die mit Hilfe einiger kurzer, bei ihrer Auffindung gemachter Angaben hätten gut wieder zusammengestellt werden können.

Ruht somit eine schwere Last der Verantwortung auf dem Ausgräber, so kann man sich unsere Gefühle bei unseren Arbeiten leicht vorstellen. Wir waren in der glücklichen Lage, die bedeutendste Sammlung ägyptischer Altertümer aufzufinden, die jemals das Licht erblickte; jetzt mußten wir uns dieses Vertrauens wert zeigen. So vieles war dabei, was mißlingen konnte. Die Gefahr eines Diebstahls z.B. hielt uns ständig in Angst. Die ganze Gegend war außer sich vor Erregung über das Grab; alle möglichen Geschichten über das Gold und die Edelsteine, die es enthielt, waren im Umlauf. Es war daher leicht denkbar, wie auch frühere Erfahrungen gezeigt hatten, daß ein ernstlicher Versuch gemacht werden würde, das Grab bei Nacht zu überfallen. Diese Gefahr einer Beraubung im Großen wurde nach menschlichem Ermessen durch ein weitläufiges Bewachungsverfahren ausgeschaltet. Tag und Nacht befanden sich im »Tal« drei voneinander unabhängige Wachgruppen, von denen jede einer anderen Obrigkeit unterstand – die staatlichen Wächter bei den Altertümern, ein Trupp von dem Mudir von Kene geschickter Soldaten und eine aus den Zuverlässigsten unseres eigenen Stabes ausgewählte Schar. Hierzu kam ein schweres Holzgitter am Anfang des Ganges und eine feste Eisentür am inneren Eingang, die beide durch vier Kettenverschlüsse gesichert waren. Damit kein Irrtum entstehen konnte, wurden die Schlüssel hierzu der dauernden Obhut eines Mitgliedes des europäischen Stabes anvertraut, der sich nie auch nur einen Augenblick von ihnen trennte, selbst nicht, um sie einem Mitarbeiter zu leihen. Vor kleinen Gelegenheitsdiebstählen schützten wir uns dadurch, daß wir alle Arbeit selbst verrichteten, die mit den Fundstücken zusammenhing.

Eine zweite, vielleicht noch größere Ursache zur Besorgnis lag in dem Zustand, in dem sich viele Gegenstände befanden. Bei einigen war es klar, daß ihre Erhaltung von sorgfältigen Maßnahmen und richtigem Konservieren abhing, und es gab Augenblicke, in denen uns das Herz bis zur Kehle heraufschlug. Über andere Verdrießlichkeiten – z.B. die Besucher – werde ich später noch etwas zu sagen haben. Bis wir mit der Vorkammer fertig waren, befanden sich unsere Nerven, um von unserer Stimmung ganz zu schweigen, in einem fürchterlichen Zustand. Doch nun spreche ich schon vom Ende, ehe wir nur zum Anfang gekommen sind. Wir müssen von neuem beginnen. Noch ist es nicht an der Zeit, die Geduld zu verlieren.

Wie leicht ersichtlich, waren photographische Aufnahmen die erste und größte Notwendigkeit. Ehe etwas anderes geschehen oder etwas angerührt werden konnte, mußten wir eine Reihe Gesamtaufnahmen machen, um das allgemeine Aussehen der Kammer wiederzugeben. Zu Beleuchtungszwecken standen uns zwei bewegliche elektrische 3000kerzige Normallampen zur Verfügung, mit deren Hilfe alle photographischen Arbeiten im Grab ausgeführt

Abb. 15 Jedes Fundstück der Vorkammer erhält eine gedruckte Nummer

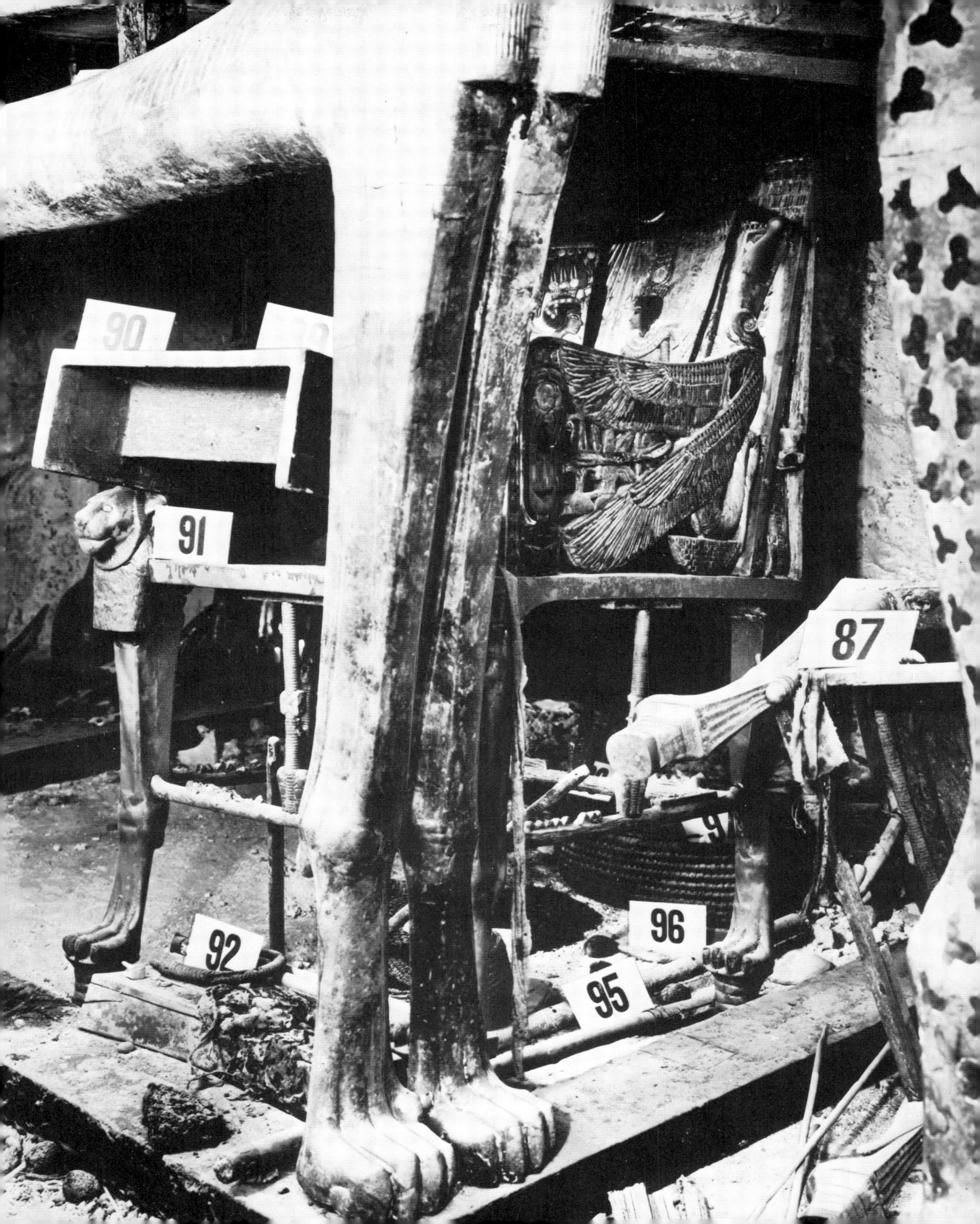
90
91
87
92
96
95

wurden. Natürlich mußte ziemlich lange belichtet werden. Aber das Licht war ausgezeichnet und sogar weit besser als Blitzlicht – in einer so übervollen Kammer ein gefährliches Unternehmen – oder reflektiertes Sonnenlicht; dies wären die beiden anderen Beleuchtungsmöglichkeiten gewesen. Zum Glück für uns befand sich ganz in der Nähe ein leeres Grab ohne Inschriften, das von Davis aufgefundene Grabversteck des Echnaton. Wir erhielten von der Regierung die Erlaubnis, es als Dunkelkammer zu benutzen. Hier richtete sich Burton ein. Allzu bequem in mancher Beziehung war es ja nicht, aber man nahm die kleinen Nachteile gern in Kauf, um die Dunkelkammer so nahe zu haben; brauchte Burton doch im Fall eines Aufnahmeversuches nur hinüberzuschlüpfen und zu entwickeln, ohne den Apparat aus seiner Stellung zu bewegen. Außerdem muß sein zeitweises, blitzartiges Auftauchen zwischen den beiden Gräbern der Menge der neugierigen Besucher, die am Grabe Wache hielten, wie eine Sendung des Himmels vorgekommen sein, denn es gab während des Winters viele Tage, an denen dies das einzige aufregende Erlebnis für sie war.

Nach der Beendigung dieser ersten Aufnahmen bestand unsere nächste Aufgabe darin, die beste Art auszudenken, wie ein Verzeichnis des Inhalts der Kammer aufgestellt werden könnte. Denn es war unbedingt nötig, später den Platz eines jeden Gegenstandes im Grab mit Hilfe dieses Verzeichnisses genau bestimmen zu können. Selbstverständlich mußte jeder Gegenstand oder jede Gruppe von Gegenständen eine eigene Nummer im Verzeichnis bekommen, auch mußte beim Herausschaffen aus dem Grab diese Nummer fest angeheftet werden; dies genügte jedoch nicht, da die Nummern nicht den Platz angeben konnten. Soweit es möglich war, sollte das Numerieren nach einer bestimmten Ordnung erfolgen, an der Eingangstür anfangen und planmäßig rund um die Kammer fortlaufen. Aber es war ganz sicher, daß viele zur Zeit noch verborgene Gegenstände im Lauf der Ausräumungsarbeiten gefunden würden, die dann außer der Reihe numeriert werden mußten. Diese Schwierigkeit wurde überwunden, indem wir an allen Gegenständen gedruckte Nummern anbrachten und sie dann in kleinen Gruppen photographierten. Jede Nummer war wenigstens einmal auf den Photographien zu sehen. Bei der Registrierung der einzelnen Fundstücke wurde jedem ein Abzug der Photographie beigegeben, die die Nummer des Fundstücks zeigte. Hierdurch war auf den ersten Blick sein ursprünglicher Platz im Grab festgelegt.

Soweit war alles gut, was die Arbeit im Innern des Grabes betraf. Außen hatten wir eine noch schwierigere Aufgabe zu lösen, nämlich für die Sachen nach ihrer Ausräumung passende Bearbeitungs- und Lagerräume zu finden. Dreierlei war unbedingt nötig. Erstens mußten wir sehr viel Platz haben. Es gab Kästen auszupacken, Aufzeichnungen und Messungen vorzunehmen, Ausbesserungen auszuführen und Versuche mit verschiedenen Konservierungsmitteln zu machen. Jedenfalls brauchten wir beträchtlichen Platz zum Aufstellen von Tischen und zur allgemeinen Lagerung. Zweitens war ein Raum nötig, der gegen Diebstahl gesichert werden konnte, denn das Laboratorium wurde eine fast ebenso große Quelle der Gefahr wie das Grab selbst, nachdem die Fundstücke aus diesem herausgebracht waren. Und endlich mußten wir uns abschließen können. Das mag weniger verständlich erscheinen, aber wir sahen voraus, was die Ereignisse des Winters uns später bestätigten, daß wir als Schaustück behandelt und nicht imstande sein würden, überhaupt etwas zu arbeiten, wenn wir uns nicht außerhalb des Bereiches der gewöhnlich von Besuchern heimgesuchten Plätze befanden. Schließlich wurde die Frage dadurch gelöst, daß wir von der Regierung die Erlaubnis erhielten, das Grab Sethos' II. zu benutzen. Damit war unser dritter Wunsch befriedigt. Dies Grab wird von den Reisenden gewöhnlich nicht besucht. Es ist in einer Ecke am äußersten Ende des »Tals« versteckt und war für unsere Zwecke äußerst passend. Da kein anderes Grab dahinter lag, konnten wir, ohne jemandem Ungelegenheiten zu bereiten, den zu ihm führenden Weg für den Verkehr absperren und uns damit vollständige Abgeschlossenheit sichern.

Abb. 16 Eine Statue, mit Binden gesichert, wird auf einer gepolsterten hölzernen Trage fortgeschafft

Dieses Grab hatte noch andere Vorteile. Einmal war es durch die überhängenden Felsen so geschützt, daß die Sonne zu keiner Tageszeit hineinscheinen konnte, so daß es selbst in der heißesten Sommerzeit verhältnismäßig kühl blieb. Außerdem war ein ziemlich großer freier Platz vor seinem Eingang, den wir später als photographischen Freilichtraum und als Tischlerwerkstatt benutzten. Im Platz waren wir sonst ziemlich beschränkt, da das Grab so lang und schmal war, daß alle unsere Arbeit am oberen Ende vor sich gehen mußte, denn der untere Teil war nur als Lagerraum zu benutzen. Auch besaß es den Nachteil, daß es weit von unserer Arbeitsstätte entfernt lag. Das waren aber nur kleine Nachteile im Vergleich zu den Vorteilen, die das Grab bot. Wir besaßen leidlich viel Raum, wir waren abgeschlossen und sicherten uns durch eine mit vielen Schlössern versehene, eine halbe Tonne schwere Eisentür.

Noch einen anderen Punkt, der sich auf die Arbeit im Laboratorium bezieht, sollte der Leser nicht außer acht lassen. Wir waren wohl 160 Kilometer von jeder größeren Stadt entfernt. Eine beträchtliche Verzögerung konnte eintreten, ehe wir frische Konservierungsmittel beschaffen konnten, wenn uns unsere Vorräte ausgingen. Die Läden in Kairo versahen uns zum größten Teil mit dem, was wir brauchten. Aber von gewissen Chemikalien brauchten wir alle in Kairo lagernden Vorräte auf, ehe der Winter vorüber war, und andere Sachen konnten zunächst nur aus England bezogen werden. Deshalb mußte beständig gesorgt und vorgesorgt werden, um ein Ausgehen der Vorräte und den Stillstand der Arbeit zu verhüten, der damit eingetreten wäre.

Bis zum 27. Dezember 1922 waren alle unsere Vorbereitungen beendet, und wir konnten mit dem Fortschaffen der Fundstücke selbst anfangen. Wir nahmen eine regelmäßige Arbeitsteilung vor. Zuerst kam Burton mit seinen photographischen Aufnahmen der numerierten Gruppen von Gegenständen. Hall und Hauser folgten mit ihren Vermessungsaufnahmen der Kammer, bei denen jeder Gegenstand in den Grundrißplan eingezeichnet wurde; Callender und ich befaßten uns mit dem vorläufigen Verzeichnis und Ausräumen und beaufsichtigten das Fortschaffen der Gegenstände nach dem Laboratorium; dort empfingen sie Mace und Lucas, die für die Aufzeichnungen im einzelnen, das Ausbessern und Konservieren verantwortlich waren.

Der erste Gegenstand, der aus dem Grab entfernt wurde, war die bemalte Holztruhe. Indem wir dann von Norden nach Süden weiterarbeiteten und so den bösen Tag hinausschoben, an dem wir das verwickelte Durcheinander der Wagen in Angriff nehmen mußten, legten wir allmählich die großen Tierbahren von den Gegenständen frei, die sie umgaben. Jedes Stück wurde bei seiner Entfernung auf eine gepolsterte, hölzerne Trage gelegt und mit Binden gut befestigt. Eine ungeheure Anzahl solcher Tragen war nötig, denn sie wurden fast immer dauernd bei den Gegenständen gelassen und nicht wieder benutzt, um ein nochmaliges Berühren zu vermeiden. Nachdem eine genügende Anzahl Tragen beladen war – dies fand durchschnittlich einmal am Tag statt –, wurde von Zeit zu Zeit ein Zug zusammengestellt und unter Bewachung nach dem Laboratorium abgesandt. Dies war der Augenblick, auf den die Zuschauermenge oben am Grab wartete. Heraus flogen die Notizbücher der Berichterstatter, knips, knips, knips machten die Photographenapparate aus allen Richtungen, und für den Durchgang der Prozession mußte ein Weg gebahnt werden. Ich glaube, im »Tal« wurden im letzten Winter mehr Filme verschwendet als in irgendeinem anderen gleich langen Zeitraum seit der Erfindung photographischer Apparate. Einmal brauchten wir im Laboratorium zu Versuchszwecken ein Stück alter Mumienleinwand. Es wurde uns auf einer Trage zugeschickt, und bis es zu uns gelangte, war es achtmal photographiert worden!

Das Entfernen und Fortschaffen der kleineren Gegenstände war verhältnismäßig einfach. Aber als wir zu den Tierbahren und Wagen gelangten, wurde es anders. Jede Bahre war aus vier Teilen zusammengefügt – den beiden Seitenstücken in Tiergestalt, dem eigentlichen Lager und dem Gestell, in das die Füße der Tiere eingelassen waren. Sie waren viel zu groß, um durch den engen Eingang hindurch zu können, und müssen stückweise in das Grab gebracht und dort zusammengesetzt worden sein. In der Tat zeigen Streifen neueren Goldes an ihren Fugen, wo der Schaden nach ihrer Aufstellung wieder gutgemacht worden war, den sie durch das Auseinandernehmen erlitten hatten. Es war klar, daß wir die Bahren wieder auseinandernehmen mußten, um sie aus dem Grab zu schaffen: keine leichte Aufgabe, da nach 3000 Jahren die Bronzehaken in den Krampen festsaßen und sich nicht bewegen lassen wollten. Schließlich gelang es uns doch, sie fast ohne Schaden auseinanderzubringen, aber zu nicht weniger als fünf arbeiteten wir daran. Zwei stützten den mittleren Teil der Bahre, zwei wurden für das Wohlergehen der Tiere verantwortlich gemacht, während der fünfte von unten arbeitete und mit einem Brecheisen die Haken nacheinander löste.

Selbst nachdem die Bahren auseinandergenommen waren, blieb nicht allzuviel Platz, die Seitenstücke in Tiergestalt durch den Gang zu schaffen. Große Sorgfalt war nötig. Doch bekamen wir sie alle ohne Unfall hindurch und verpackten sie dann gleich in Kisten, die schon vor dem Grabeingang bereitstanden.

Am schwersten war das Hinausschaffen der Wagen, die stark unter der Behandlung gelitten hatten, der sie ausgesetzt gewesen waren. Von vornherein war es nicht möglich gewesen,

Tafel V Ausschnitt eines Schlachtenbildes von der bemalten Truhe ▶

sie im ganzen in das Grab zu bringen, da sie für den Eingang zu breit waren; die Räder hatten abgenommen und die Achsen an einem Ende abgesägt werden müssen. Augenscheinlich waren sie von den Plünderern aus ihrer ursprünglichen Lage gebracht und von oben nach unten gekehrt worden. Bei dem darauffolgenden Aufräumen waren die einzelnen Teile lose aufeinandergestapelt worden. Ägyptische Wagen sind sehr leicht gebaut, und das grobe Verfahren, dem sie ausgesetzt gewesen waren, machte es außerordentlich schwer, mit ihnen umzugehen. Eine andere Schwierigkeit entstand dadurch, daß die einzelnen Teile der Geschirre aus ungegerbtem Leder hergestellt waren. Wenn dieses der Feuchtigkeit ausgesetzt wird, verwandelt es sich sofort in eine klebrige Masse; dieser Fall war eingetreten – der schwarze, leimartige Stoff, den die Zäume jetzt darstellten, war nach allen Seiten hin auseinandergelaufen und nicht nur auf die Wagenteile, sondern auf andere Gegenstände getropft, die gar nichts damit zu tun hatten. So ist das Leder fast ganz zergangen; doch besitzen wir zur Wiederherstellung der Geschirre, wie ich schon bemerkte, glücklicherweise die goldenen Verzierungen, mit denen sie bedeckt waren.

Sieben Wochen brauchten wir im ganzen, um die Vorkammer auszuräumen, und wir waren wirklich dankbar, als wir ohne Unglücksfall damit zu Ende kamen. Einmal wurde uns ein Schrecken eingejagt. Zwei oder drei Tage lang war der Himmel recht schwarz, und es schien, als ob einer jener heftigen Regenstürme bevorstand, die Theben gelegentlich heimsuchen. Bei solchen Gelegenheiten kommt der Regen in Strömen herab und die ganze Talsohle wird zu einem wilden Gießbach, wenn der Sturm länger anhält. Unter diesen Verhältnissen hätte keine Macht der Welt unser Grab vor dem Vollaufen schützen können. Obgleich aber anderswo in der Umgegend schwere Regenfälle stattgefunden haben müssen, kamen wir glücklicherweise mit einigen Tropfen davon. Einige Berichterstatter ergingen sich in höchst phantastischen Artikeln über diesen Sturm, der uns drohte. Infolge dieser und anderer entstellter Berichte erhielten wir ein geheimnisvolles Telegramm, das anscheinend von einem eifrigen Schüler des Okkultismus abgesandt worden war. Es lautete: »Im Fall weiterer Störungen gießt Milch, Wein und Honig auf die Schwelle!« Leider hatten wir weder Wein noch Honig bei uns und konnten deshalb die Anweisungen nicht befolgen. Aber trotz dieser Unterlassung entgingen wir der drohenden Gefahr. Vielleicht standen wir unter Fernbehandlung.

Natürlich konnten wir im Lauf unserer Ausräumungsarbeit mancherlei Beweise über die Tätigkeit der eigentlichen Grabplünderer sammeln. Hier ist wohl die beste Stelle, über das Ergebnis zu berichten, zu dem wir kamen.

Zunächst wissen wir durch die Siegel auf der ersten Tür, daß die Beraubungen nur wenige Jahre nach der Bestattung des Königs erfolgt sind. Auch ist uns bekannt, daß die Plünderer mindestens zweimal in das Grab eindrangen. Auf dem Boden des Ganges und der Treppe lagen Bruchstücke verstreut, die beweisen, daß der Gang zwischen der ersten und zweiten versiegelten Tür zur Zeit des ersten Plünderungsversuches leer gewesen sein muß. Ich glaube, es ist wohl möglich, daß diese erste Plünderung gleich nach den Begräbnisfeierlichkeiten stattfand. Danach wurde der Gang vollständig mit Steinen und Schutt ausgefüllt. Die nächsten Versuche wurden durch einen Tunnel gemacht, der in der linken oberen Ecke durch diese Füllung gegraben wurde. Bei diesem letzten Versuch sind die Diebe dann in alle Kammern des Grabes eingedrungen. Da ihr Tunnel aber nur sehr eng war, können sie sich auch nur mit kleineren Gegenständen davongemacht haben.

Jetzt zu den Beweisen, die wir im Innern des Grabes über den angerichteten Schaden fanden. Zunächst bestand ein seltsamer Unterschied in dem Zustand der Vorkammer und der Seitenkammer. Wie schon im vorigen Kapitel beschrieben, war in der Seitenkammer alles in wirrem Durcheinander. Auch nicht der kleinste Fleck auf dem Boden war frei geblieben. Es war ganz klar, daß die Plünderer alles von oben nach unten gekehrt hatten und daß die

◀ Tafel VI Eine der Wächterstatuen vor der Tür zur Sargkammer

Kammer sich genau in demselben Zustand befand, in dem sie sie verlassen hatten. Anders bei der Vorkammer: es ist wahr, daß auch hier ein ziemliches Durcheinander bestand, doch war es ein geordnetes Durcheinander. Hätte sich nicht der Beweis für die Plünderung aus dem Tunnel und den wiederversiegelten Türen ergeben, so hätte man zunächst meinen können, daß hier nie geplündert worden sei und daß das Durcheinander der den Orientalen eigenen Nachlässigkeit zuzuschreiben sei.

Als wir aber mit dem Ausräumen anfingen, wurde es bald ersichtlich, daß diese verhältnismäßige Ordnung die Folge eines eiligen Aufräumens war. Die Plünderer hatten hier ebenso geschäftig gehaust wie in der Seitenkammer. Teile ein und desselben Gegenstandes wurden an verschiedenen Stellen der Kammer gefunden; Sachen, die in Kästen liegen sollten, lagen auf dem Boden oder auf den Bahren; auf dem Deckel des einen Kastens befand sich ein unbeschädigter, aber zusammengedrückter Halskragen; hinter den Wagen lag an einem vollständig unzugänglichen Platz ein Kastendeckel, während der dazugehörige Kasten sich weit entfernt, in der Nähe der dritten Tür, vorfand. Offenbar hatten die Plünderer hier geradeso wie in der Seitenkammer alles umhergestreut, und jemand war nach ihnen dagewesen und hatte die Kammer wieder geordnet.

Als wir später an das Auspacken der Kästen kamen, fanden wir noch eingehendere Beweise. So war der lange weiße Kasten an der Nordseite der Kammer halb mit Stäben, Bogen und Pfeilen gefüllt, während fest darauf gepreßt verschiedenartige Unterkleider des Königs lagen. Trotzdem waren die Metallspitzen von den Pfeilen abgebrochen, und einige wurden auf dem Boden liegend gefunden. Andere Stäbe und Bogen, die anscheinend in den Kasten gehörten, lagen in gleicher Weise in der Kammer verstreut. In einem anderen Kasten befand sich eine Anzahl reichverzierter Kleider, die irgendwie zusammengepackt und hineingeworfen worden waren, und zwischen ihnen mehrere Paar Sandalen. So fest war der Inhalt des Kastens zusammengepreßt, daß der metallene Zehenriemen an einer Sandale deren Ledersohle durchbohrt hatte und sogar in die Sohle einer anderen Sandale eingedrungen war, die darunter lag. Wieder in einem anderen Kasten waren Schmucksachen und ganz kleine Statuetten auf Opfergefäße aus Fayence gepackt worden. Andere endlich waren halb leer oder enthielten nur einen Wirrwarr von kleinen Überresten leinener Kleidungsstücke.

Sichere Beweise waren außerdem vorhanden, daß dieses Durcheinander von einem eiligen Wiederverpacken herrührte und nichts mit dem ursprünglichen Inhalt der Kästen zu tun hatte. Denn auf mehreren Deckeln waren saubere kleine Aufschriften, die genau angaben, woraus der Inhalt bestehen sollte. Aber nur in einem Fall stand die Aufschrift einigermaßen im Verhältnis zu dem wirklich vorhandenen Inhalt. Diese besondere Aufschrift führte »Siebzehn (unbekannte) Gegenstände in Lapislazulifarbe« an. Im Kasten befanden sich sechzehn Opfergefäße in dunkelblauer Fayence und ein siebzehntes lag in einiger Entfernung auf dem Boden der Kammer. Diese Aufschriften werden bei unseren abschließenden Untersuchungen von großem Wert sein. In sehr vielen Fällen werden sie uns ermöglichen, die Gegenstände den Kästen zuzuweisen, in die sie ursprünglich gehörten. So werden wir genau erfahren, was fehlt.

Den besten aller Beweise erhielten wir durch ein kunstvolles Kleidungsstück aus Fayence, Gold und Einlagen; es war ein Prunkmieder mit einem Kragen. Der größte Teil davon wurde in dem Kasten mit den obenerwähnten Fayencegefäßen gefunden, der Brustschmuck und der größte Teil des Kragens waren in dem kleinen goldenen Schrein versteckt. Einzelne Stücke kamen in mehreren anderen Kästen zutage und waren überall auf dem Boden verstreut. Bis jetzt ist noch nichts vorhanden, woraus sich schließen ließe, in welchen Kasten dieses Fundstück ursprünglich gehörte, oder daß es überhaupt in einen gehörte. Es ist gut möglich, daß die Plünderer es aus einer der inneren Kammern in das bessere Licht der Vorkammer brachten

Abb. 17 Die Beute der Plünderer: acht in ein Tuch verknotete goldene Ringe

und es dort absichtlich in Stücke rissen. Aus diesen Tatsachen können wir uns jetzt genau die Folge der Ereignisse zusammenstellen.

Zuerst wurde in die obere linke Ecke der ersten versiegelten Tür eine Öffnung geschlagen, gerade groß genug, um einen Mann hindurchzulassen. Dann wurde mit dem Tunnel begonnen. Die Grabenden arbeiteten in einer Kette, so daß die Steine und die Körbe voll Erde von einem zum anderen nach rückwärts weitergegeben wurden. Sieben oder acht Stunden Arbeit mögen genügt haben, um sie an die zweite versiegelte Tür zu bringen; ein Loch hinein, und sie waren hindurch. Dann begann in dem Halbdunkel ein tolles Hasten nach dem Raub. Natürlich war Gold die gesuchte Beute. Aber es mußte sich in tragbarer Form befinden. Es muß sie toll gemacht haben, als sie es von allen Seiten schimmern sahen auf den vergoldeten Gegenständen, die sie nicht fortschaffen konnten, und von denen das Gold abzustreifen, sie keine Zeit hatten. Auch konnten sie bei dem matten Licht, unter dem sie arbeiteten, nicht immer zwischen Echtem und Falschem unterscheiden. Sie erkannten bei näherer

Prüfung, daß mancher Gegenstand, den sie für massives Gold hielten, nur aus vergoldetem Holz bestand. Verächtlich warfen sie ihn beiseite. Mit den Kästen verfuhren sie in einer äußerst wirksamen Weise. Ohne Ausnahme wurden sie in die Mitte der Kammer gezogen, durchwühlt und ihr Inhalt über den ganzen Boden verstreut. Was für Kostbarkeiten die Plünderer in diesen Kästen fanden und fortnahmen, werden wir nie erfahren. Aber das Durchsuchen kann nur eilig und oberflächlich gewesen sein, denn viele massiv goldene Gegenstände sind übersehen worden. Von einem sehr wertvollen Gegenstand wissen wir allerdings, daß sie sich ihn aneigneten. In dem kleinen goldenen Schrein befindet sich ein Fußgestell für eine Statuette aus vergoldetem Holz mit dem noch vorhandenen Abdruck der Füße (Abb. 14). Die Statuette selbst ist verschwunden, und es besteht kaum ein Zweifel, daß sie aus massivem Gold und wahrscheinlich sehr ähnlich der goldenen Statuette Thutmosis' III. in der Gestalt des Amun war, die sich in der Carnarvon-Sammlung befindet.

Nachdem die Diebe sich die Vorkammer gründlich vorgenommen hatten, wandten sie ihre Aufmerksamkeit der Seitenkammer zu. Sie schlugen ein Loch in die Tür, gerade groß genug, um durchkriechen zu können, und wühlten und plünderten dort ebenso gründlich, wie sie es in der äußeren Kammer getan hatten.

Dann und anscheinend nicht eher wandten sie sich nach der Sargkammer und machten ein ganz kleines Loch in die versiegelte Tür, die sie von der Vorkammer trennt. Wieviel Schaden sie dort anrichteten, werden wir später erfahren; aber soviel wir jetzt sagen können, scheint er geringer als in der Vorkammer zu sein. Vielleicht sind sie gerade an diesem Punkt in ihrem Vorgehen gestört worden. Wir besitzen ein sehr interessantes kleines Beweisstück, das diese Auffassung zu rechtfertigen scheint.

Wir erinnern daran, daß wir bei unserer Beschreibung der Gegenstände der Vorkammer (Kapitel 7) erwähnten, daß einer der Kästen eine Handvoll Goldringe enthielt, die in ein Tuch eingeknotet waren (Abb. 17). Gerade sie waren geeignet, einen Dieb anzulocken; ihr eigentlicher Wert war bedeutend, und trotzdem konnten sie recht leicht versteckt werden. Wer Ägypten besucht hat, wird sich folgenden Vorgangs erinnern: Wenn man einem Fellachen Geld gibt, nimmt er gewöhnlich ein Ende seines Kopftuches, legt die Münzen in eine Falte, dreht diese zwei- oder dreimal zusammen, um die Münzen festzuhalten, und verknotet endlich zur Sicherheit den so entstandenen Beutel. Die Ringe waren ganz in derselben Art zusammengepackt – dieselbe lose Falte im Tuch, dasselbe Umdrehen, um einen Beutel zu bilden, und derselbe lose Knoten. Das war ohne Frage das Werk eines der Diebe. Er hatte nicht sein eigenes Kopftuch – die Fellachen der damaligen Zeit trugen keine –, sondern eine in dem Grab aufgelesene Schärpe des Königs dazu benutzt und die Ringe darin befestigt, um sie bequemer tragen zu können. Wie kommt es nun, daß dieses kostbare Bündel mit Ringen im Grab zurückgelassen und nicht mit fortgenommen wurde? Es war wohl das letzte, was ein Dieb vergessen konnte; selbst bei einer plötzlichen Überraschung war es nicht schwer genug, seine auch noch so eilige Flucht zu behindern. Fast sind wir gezwungen, daraus zu schließen, daß die Diebe entweder im Grab ertappt oder bei ihrer Flucht eingeholt, jedenfalls aber mit einem Teil der Beute erwischt worden sind. Ist dem so, dann erklärt sich auch das Vorhandensein gewisser anderer Schmuckstücke und Goldarbeiten, die zu wertvoll waren, um zurückgelassen, und zu groß, um übersehen zu werden.

Jedenfalls scheint die Kunde von der Ausraubung zu Ohren der betreffenden Beamten gelangt zu sein. Sie kamen zum Grab, um eine Untersuchung vorzunehmen und den Schaden wiedergutzumachen. Aus irgendeinem Grund scheinen sie in ebenso großer Eile wie die Diebe gewesen zu sein. Ihre Aufräumungsarbeiten wurden jämmerlich ausgeführt. Die Seitenkammer ließen sie rücksichtslos so, wie sie war, und gaben sich nicht einmal die Mühe, das Loch in der Tür auszufüllen. In der Vorkammer wurden die kleineren Gegenstände, mit denen der Boden bedeckt war, aufgekehrt, zusammengepackt und wieder in die Kästen hineingepfercht – dies ist das einzige richtige Wort dafür –, ohne daß der Versuch gemacht wurde, die Sachen zu ordnen oder in die für sie ursprünglich bestimmten Kästen zurückzulegen. Einige Kästen wurden gepreßt vollgepackt, andere fast leer gelassen. Auf einer der Bahren wurden zwei große Zeugbündel niedergelegt, in denen ein Wirrwarr von Sachen eingewickelt war. Aber die kleinen Stücke wurden nicht einmal alle aufgesammelt! Die Stäbe, Bogen und Pfeile wurden verstreut liegengelassen, auf einen Kastendeckel warf man einen zerknüllten Kragen mit Anhänger und einen Haufen Fayenceringe. Auf dem Boden lagen ein Paar leicht zerbrechliche Sandalen aus Perlstickerei, eine am einen Ende der Kammer und die andere am anderen. Die größeren Gegenstände wurden nachlässig an die Wand geschoben oder aufeinandergestapelt. Jedenfalls zeugt das von keiner Ehrfurcht weder vor den Gegenständen noch vor dem König, dessen Eigentum sie darstellten. Da die Beamten so schlecht Ordnung geschafft haben, wundert man sich, daß sie sich überhaupt die Mühe gaben, aufzuräumen. Eines müssen wir ihnen zugute halten. Sie selbst begingen keine Diebereien, was sie leicht hätten tun können. Das können wir mit ziemlicher Bestimmtheit annehmen, denn sie packten viele kleine Wertsachen, die sie leicht hätten verbergen und damit stehlen können, wieder in die Kästen.

Nachdem sie mit der Vorkammer fertig waren – soweit wenigstens, wie es in ihrer Absicht lag –, wurde das Loch in der dritten Tür wieder ausgefüllt, mit Mörtel bestrichen und das Siegel der Königstotenstadt darauf gedrückt. Sich wieder zurückwendend, verschlossen und versiegelten sie dann die Vorkammer, füllten den Tunnel der Plünderer durch den Schutt im Gang aus und setzten die erste Tür wieder instand. Welche weiteren Schritte sie unternahmen, um eine Wiederholung des Verbrechens zu verhindern, wissen wir nicht, aber wahrscheinlich verschütteten sie den Eingang zum Grab vollständig. Bessere politische Zustände im Land mögen einen neuen Einbruch in das Grab in der nächsten Zeit verhindert haben. Auf die Dauer aber konnte das Grab nichts als das Unbekanntsein seiner Lage vor weiteren Plünderungsversuchen retten. Es steht jedenfalls sicher fest, daß in der Zeit zwischen dem Wiederverschließen und unserer Entdeckung keine Hand die Siegel an der Tür berührt hat.

Besucher und Presse

9

Für Altertumsforschung allgemeines Interesse – das war für die meisten von uns neu und verwirrend! In der Vergangenheit haben wir glücklich und zufrieden unseren Forschungen nur selbst daran interessiert gelebt. Von anderen erwarteten wir kaum mehr als laue Höflichkeit gegen unser Werk. Jetzt plötzlich finden wir, daß die ganze Welt an uns Anteil nimmt und so stark nach Einzelheiten verlangt, daß besondere Berichterstatter mit hohen Gehältern abgesandt worden sind, uns zu interviewen, über jede unserer Bewegungen zu berichten und, hinter Ecken verborgen, uns Geheimnisse abzulauschen. Wie ich schon sagte, verwirrt uns das, bringt uns sogar in Verlegenheit! Wir wundern uns manchmal selbst darüber, wie das möglich geworden ist. Wir mögen uns wundern, aber ich glaube, niemand wird eine genaue Antwort auf diese Frage finden. Man muß annehmen, daß zur Zeit unserer Entdeckung die allgemeine Öffentlichkeit mit Reparationsneuigkeiten, Konferenzen und Mandaten übersättigt war und gelangweilt einen neuen Unterhaltungsstoff suchte. Auch hat der Gedanke an verborgene Schätze für die Mehrzahl der Menschheit etwas Verlockendes. Was der Grund oder die verschiedenen Gründe auch sein mögen, gewiß ist, daß keine Macht der Welt uns mehr vor dem Licht der Öffentlichkeit schützen konnte, das jetzt auf uns niederstrahlte, seit das erste Telegramm an die »Times« veröffentlicht war. Wir waren hilflos und mußten uns damit abfinden, so gut wir konnten.

Bald wurde uns in nicht mißzuverstehender Weise klar, welche Unannehmlichkeiten wir zu erwarten hatten. Telegramme regneten von allen Teilen des Erdballs auf uns nieder. Nach einigen Wochen folgten Briefe, eine wahre Sintflut, die seitdem ununterbrochen angehalten hat. Staunenerregendes war darunter. Mit Glückwunschbriefen fing es an, dann folgten Anerbieten, Hilfe zu leisten, vom Grundrißzeichnen bis zu den Diensten eines Kammerdieners, Ersuchen um Andenken – selbst einige wenige Sandkörner vom Äußeren des Grabes würden nur zu dankbar angenommen werden –, Anerbieten von phantastischen Geldsummen für die Berechtigung von Filmaufnahmen bis zum Patent für Kleidermoden, Ratschläge zum Konservieren der Altertümer und das beste Verfahren, böse Geister und Naturgewalten zu beschwichtigen, Zeitungsausschnitte, kurze Abhandlungen, vermeintlich witzige Mitteilungen, strenge Anklagen wegen Entweihung, Ansprüche auf Verwandtschaft – »gewiß sind Sie der Vetter, der 1893 in Camberwell wohnte, und von dem wir seitdem nie etwas hörten«. Die Aufzählung könnte noch lange fortgesetzt werden. Durchschnittlich zehn bis fünfzehn solcher einfältiger Mitteilungen erhielten wir den ganzen Winter über tagtäglich. Wir besitzen einen ganzen Sack von ihnen; wenn man Zeit dazu hätte, würden sie Stoff für eine interessante psychologische Studie abgeben. Was soll man sich z.B. unter einem Menschen vorstellen, der ernsthaft anfragt, ob die Entdeckung des Grabes Licht auf die angeblichen belgischen Kongogreuel geworfen hat?

Dann kamen unsere Freunde, die Berichterstatter der Zeitungen. Sie strömten in großen Mengen in das »Tal« und wandten all ihre gesellschaftlichen Talente an – diese waren beachtlich –, um auch den letzten Rest der Einsamkeit oder Wüstenlangweile zu vertreiben, den wir noch hatten. Gewiß taten sie ihre Arbeit gründlich, denn jeder war es sich selbst und seiner Zeitung schuldig, sich täglich mit Nachrichten zu versehen. Wir waren hoch erfreut, als wir in Ägypten von Lord Carnarvons Entschluß hörten, alle Veröffentlichungen über die Funde in die Hände der »Times« zu legen.

Eine andere, vielleicht die ernstlichste Verlegenheit, in die uns das Bekanntwerden in der Öffentlichkeit brachte, war die verhängnisvolle Anziehungskraft, die das Grab auf Besucher ausübte. Wir wollten ja gar nicht geheim tun und hatten keine Bedenken gegen Besucher als solche – tatsächlich gibt es kaum etwas Erfreulicheres, als verständnisvollen Menschen seine Arbeit zu zeigen. Wie die Lage sich aber entwickelte, wurde uns bald klar, daß wir den ganzen Winter damit verbringen würden, Führer zu spielen, und nie zum Arbeiten kämen, wenn nicht irgend etwas geschähe, die Besucher abzuschrecken. Dies war sicherlich in der Geschichte des »Tals« ein neues Kapitel. Besuche von Touristen hatte es stets gekannt, aber bis dahin war dies eine ernsthafte Beschäftigung gewesen und keine Gartengesellschaft. Die Touristen hatten mit Reiseführern bewaffnet gewissenhaft so viel Gräber besucht, wie die Zeit oder ihr Dragoman ihnen erlaubte, hatten ihr Frühstück schnell erledigt und waren weitergeeilt, um anderswo in neuen Sehenswürdigkeiten zu schwelgen.

Diesen Winter waren Dragoman und Zeitplan gleich mißachtet. Viele der bekanntesten Sehenswürdigkeiten blieben unbesucht. Das Grab zog an wie ein Magnet. Schon zu früher Morgenstunde fing die Pilgerfahrt an. Besucher kamen zu Esel, auf Sandkarren oder in Zweispännern und begannen sich für den Tag im »Tal« häuslich einzurichten. Um den Rand der oberen Grabeinfassung führte eine niedrige Mauer, und hier ergriff jeder Besitz von seinem Platz, in Erwartung der Dinge, die da kommen sollten. Manchmal mit Erfolg, öfters ohne, aber auf die Geduld der Touristen schien das keinen Einfluß zu haben. Dort saßen sie den ganzen Morgen, lasen, unterhielten sich, strickten, machten Aufnahmen vom Grab und voneinander und waren ganz zufrieden, wenn sie schließlich irgend etwas aus dem Grab flüchtig sehen konnten. Groß war jedesmal die Aufregung, wenn wir hinaufsagen ließen, daß etwas aus dem Grab herausgeschafft werden würde. Bücher und Strickzeug wurden beiseite geworfen, die ganze Batterie der Apparate machte die »Rohre frei« und wurde auf den Eingang gerichtet. Manchmal waren wir wirklich in Angst, daß die ganze Mauer nachgeben und die Besuchermenge in das offene Grab stürzen würde. Von oben gesehen, muß es wirklich ein großartiger Eindruck gewesen sein, wenn so Merkwürdiges wie die großen vergoldeten Tiere an den Bahren allmählich aus der Dunkelheit in dem Tageslicht auftauchten. Wir, die sie heraufbrachten, waren zu sehr besorgt, sie aus der Enge des Grabes unbeschädigt herauszubringen, als daß wir an diesen Eindruck dachten. Aber zunächst ein allgemeines »Ah«, dann ein Durcheinander von Ausrufen zeigte uns die Wirkung, die die Fundstücke auf die Wartenden ausübten.

Nichts war gegen die gelegentlichen Besucher einzuwenden, die sich damit begnügten, von oben zuzuschauen, und wenn irgend möglich, erwiesen wir ihnen den Gefallen, die Gegenstände offen aus dem Grab zu bringen. Wirklich unangenehm und störend waren dagegen die vielen Leute, die aus dem einen oder anderen Grund im Grab herumgeführt werden mußten. Diese Schwierigkeit kam so allmählich und von hinterrücks über uns, daß lange Zeit niemand von uns sich klarmachte, was die unvermeidliche Folge sein mußte; aber schließlich wurde die Arbeit dadurch tatsächlich zum Stillstand gebracht.

Selbstverständlich erfolgte zu Anfang die formelle Besichtigung durch die zuständigen Behörden. Diese waren natürlich willkommen. Ebenso waren wir stets freudig bereit, andere Archäologen zu empfangen. Sie hatten ein Recht darauf, das Grab zu besuchen. Es machte uns große Freude, ihnen alles zu zeigen, was zu sehen war. Soweit gab es keine Schwierigkeiten und wird es auch später keine geben. Der Verdruß fing mit den Empfehlungsbriefen an. Sie wurden von unseren Freunden ohne Übertreibung zu Hunderten geschrieben – wir wußten gar nicht, daß wir so viele Freunde hatten –, von Freunden unserer Freunde, von

Abb. 18 Besucher am Grab

Leuten, die wirklich ein Anrecht auf uns hatten, und von Leuten, die überhaupt keines besaßen, aus diplomatischen Gründen von Ministern oder Staatsbeamten in Kairo, ganz zu schweigen von selbstgeschriebenen Empfehlungsbriefen, die entweder kurz Einlaß in das Grab forderten oder uns ganz klar und offen bewiesen, wie unbillig es sei, sie abzuweisen. Eine erfinderische Persönlichkeit fing sogar einen Telegraphenboten ab und versuchte beim Überbringen des Telegramms Einlaß zu erlangen. Jeder Reisende wurde von dem Wunsch befallen, das Grab zu sehen. Die Frage, wie das zu erreichen sei, wurde ein regelrechtes Gesprächsthema in den Hotels von Luksor. Alle, die das Grab gesehen hatten, rühmten sich dessen öffentlich. Für die vielen, die es nicht gesehen hatten, wurde es eine Sache persönlicher Eitelkeit, auf irgendeine Art eine Empfehlung an uns zu erwirken. Das Ganze nahm solchen Umfang an, daß einige amerikanische Reisebüros tatsächlich Fahrten nach Ägypten zur Besichtigung des Grabes anzeigten.

Man kann sich denken, daß alles dies uns in eine höchst unangenehme Lage versetzte. Es gab einige Besucher, denen wir aus Klugheit Einlaß gewähren mußten, und andere, die wir nicht abweisen konnten, ohne nicht nur sie selbst zu verletzen, sondern auch die, deren Empfehlungen sie brachten. Wo sollten wir die Grenze ziehen? Es war klar, daß etwas geschehen mußte, da, wie ich schon sagte, die ganze Arbeit im Grabe plötzlich zum Stillstand gebracht worden war. Schließlich überwanden wir diese Schwierigkeit, indem wir davonliefen. Zehn Tage nach dem Öffnen der dritten Tür warfen wir das Grab wieder zu, verschlossen und versperrten das Laboratorium und verschwanden eine ganze Woche lang. Damit wurden die Besuche vollständig abgebrochen. Als wir die Arbeit wieder aufnahmen, war das Grab selbst unwiderruflich geschlossen, und wir machten es zur festen Regel, daß im Laboratorium überhaupt keine Besuche erlaubt werden sollten.

Diese ganze Besucherfrage ist eine Taktfrage. Wir sind ihretwegen schon in schwere Ungelegenheiten geraten. Man hat uns Rücksichtslosigkeit, schlechte Manieren, Selbstsucht, Grobheit und eine ganze Menge anderer Dinge vorgeworfen. Daher ist es vielleicht gut, wir äußern uns über die Schwierigkeiten, die damit verbunden sind. Es sind zweierlei. Einmal entsteht durch die Anwesenheit einer Anzahl von Besuchern eine ernste Gefahr für die Gegenstände selbst; wir, die für sie verantwortlich sind, haben nicht das Recht, sie dieser Gefahr auszusetzen. Wie könnte es anders sein? Das Grab ist klein und übervoll. Früher oder später – es geschah tatsächlich mehr als einmal im vergangenen Jahr – kann ein Fehltritt oder eine hastige Bewegung des Besuchers einen Schaden anrichten, der nie wieder gutzumachen ist. Der Fehler liegt nicht am Besucher, er kennt nicht und kann auch gar nicht die genaue Lage und Beschaffenheit eines Gegenstandes kennen. Der Fehler liegt an uns, die wir ihn dorthin ließen. Unglücklicherweise verursacht ja gerade der Besucher am leichtesten solche Schäden, der größtes Interesse und höchste Begeisterung zeigt. Er wird erregt, und in seiner Begeisterung über einen Gegenstand kommt es vor, daß er zurück- und auf einen anderen Gegenstand tritt oder an ihn stößt. Selbst wenn kein eigentlicher Schade entsteht, wird durch das Umhergehen einer großen Menge Besucher im Grab Staub aufgewirbelt, und das allein ist schon schädlich für die Gegenstände.

Das ist die erste Gefahr, die besonders in die Augen fällt. Die zweite entsteht durch den Verlust an Arbeitszeit, den die Besucher verursachen. Sie ist nicht so unmittelbar ersichtlich, aber in mancher Hinsicht bedeutend ernster. Dem einzelnen Besucher wird diese Ansicht ungeheuer übertrieben erscheinen, er wird kaum glauben können, daß die halbe Stunde, die er in Anspruch nahm, in der Arbeit eines ganzen Grabungswinters sehr viel bedeuten kann. Das ist ganz richtig, soweit es die eine bestimmte halbe Stunde betrifft. Aber wie steht es mit den neun anderen Besuchern oder den Besucherscharen, die am selben Tage erschienen? Genau gerechnet, haben er und sie fünf Stunden unseres Arbeitstages in Anspruch genommen; tatsächlich sind es sogar mehr als fünf Stunden, denn in den kurzen Pausen zwischen den Besuchen ist es unmöglich, irgendeine ernsthafte Arbeit aufzunehmen. Wider alle Absichten ist ein ganzer Tag verlorengegangen. Im letzten Winter gab es viele Tage, an denen tatsächlich zehn verschiedene Gesellschaften zu uns kamen. Wenn wir jeder Bitte hätten nachgegeben und jede Möglichkeit, irgend jemand zu beleidigen, hätten vermeiden wollen, so wäre kein Tag vergangen, ohne daß die Zahl zehn noch weit übertroffen worden wäre. Mit anderen Worten, es hätte zeitweise ganze Wochen gegeben, in denen überhaupt keine Arbeit geleistet worden wäre. Tatsächlich ist es im letzten Winter dahin gekommen, daß wir den Besuchern ein Viertel unserer ganzen Zeit schenkten. Die Folge war, daß wir unsere Arbeit um einen ganzen Monat länger, als unsere Absicht war, bis in die heiße Jahreszeit fortsetzen mußten. Der Hitze im Mai im »Tal« kann man wahrlich nicht mit Gleichmut entgegensehen, ganz abgesehen davon, daß sie ersprießliche Arbeit nicht fördert.

Aber weit mehr als unsere eigene Unbequemlichkeit stand auf dem Spiel: eine wirkliche Gefahr für die Gegenstände selbst. Feine, zerbrechliche Altertümer sind gegen jeden Tem-

Abb. 19
Lord Carnarvon gibt ein Gabelfrühstück neben dem Grab

peraturwechsel äußerst empfindlich und müssen aufs sorgfältigste geschützt werden. In unserem Fall war der Unterschied zwischen der Stickluft in der Vorkammer, der wechselnden Temperatur draußen und dem trockenen, luftigen Grab, das wir als Laboratorium benutzten, sehr empfindlich. Einzelne Gegenstände wurden dadurch angegriffen. Es war äußerst wichtig, daß sie sobald als irgend möglich konserviert wurden. In einigen Fällen war außerdem eine versuchsweise Behandlung nötig, die sehr sorgfältig beaufsichtigt werden mußte. Daß durch andauernde Unterbrechung Gefahr entsteht, ist klar, und ich brauche dies daher hier nicht weiter auszuführen. Was würde ein Chemiker denken, wenn wir ihn bitten wollten, einen schwierigen Versuch abzubrechen, um uns in seinem Laboratorium herumzuführen? Was würde ein Chirurg sagen, wenn man ihn mitten in einer Operation unterbräche? Und der Kranke? Was würde um alles in der Welt ein Geschäftsmann sagen – vielmehr was würde er nicht sagen –, wenn nacheinander zehn verschiedene Gesellschaften im Lauf des Vormittags zu ihm kämen, von denen jede erwartete, in seinen Räumen herumgeführt zu werden?

Sicherlich sind die Ansprüche auf Nachsicht bei der Altertumsforschung ebenso berechtigt wie bei jeder anderen wissenschaftlichen Forschung, ja sogar – darf ich es sagen? – wie bei der geheiligten Wissenschaft des Gelderwerbs. Warum sollen wir für grob gelten, wenn wir uns beständigen Unterbrechungen widersetzen, weil unsere Arbeit statt in einer großen Stadt in unbesuchten Gegenden ausgeführt wird? Ich glaube, der Grund liegt wirklich darin, daß das allgemeine Urteil die Archäologie überhaupt für keine eigentliche Arbeit hält. Ausgraben ist eine Art von Vergnügen. Ist der Ausgräber reich genug, so führt er es mit seinem eigenen Geld, oder, wenn er andere Leute zu einem Kostenbeitrag überreden kann, mit ihrem Geld aus. Alles, was er zu tun hat, besteht darin, das Leben in einem schönen Winterklima zu genießen und eine Schar Eingeborener zu bezahlen, die für ihn die Sachen aufzufinden haben. Schuld an dieser Auffassung ist zum großen Teil der Laienarchäologe, der Mann, der selten die Arbeit mit seinen eigenen Händen ausführt, sondern sogar oft abwesend ist, wenn wirklich eine Entdeckung gemacht wird. Das Leben des ernsthaften Ausgräbers ist oft eintönig und, wie ich im nächsten Kapitel zu zeigen hoffe, ebenso schwer wie das irgendeines anderen Mitglieds der menschlichen Gesellschaft.

Ich habe über diesen Punkt mehr geschrieben, als ich beabsichtigte, aber für uns ist er tatsächlich von größter Bedeutung. Mit dem Grab ist uns eine Gelegenheit gegeben wie noch keinem Altertumsforscher je zuvor. Wenn wir sie voll ausnutzen wollen – und ein Mißlingen würde uns mit vollem Recht den Fluch aller kommenden Geschlechter von Altertumsforschern einbringen –, so ist es unbedingt nötig, daß man uns ohne Störung arbeiten läßt. Es ist durchaus nicht der Fall, daß alle unsere Besucher sich wirklich oder auch nur ein wenig für Archäologie interessieren. Nur zu viele treibt bloße Neugier oder, was noch schlimmer ist, der Wunsch, das Grab zu besuchen, weil es jetzt Mode ist. Solche Leute wollen imstande sein, ihren Freunden zu Hause groß und breit davon zu erzählen, oder aber den weniger glücklichen Reisenden gegenüber zu prahlen, denen es nicht gelang, eine Empfehlung zu erhalten. Können wir uns irgend etwas vorstellen, was uns mehr in Wut bringt, als wenn wir ganz in eine schwierige Aufgabe vertieft sind und eine halbe Stunde unserer kostbaren Zeit einem Besucher opfern müssen, der alle nur denkbaren Hebel in Bewegung gesetzt hat, um Zutritt zu erlangen, und den man beim Fortgehen ganz deutlich sagen hört: »Na, da war doch wirklich nicht viel zu sehen!« Solche Reden haben wir tatsächlich letzten Winter, und zwar mehr als einmal gehört.

Im kommenden Arbeitswinter werden die Besucher jedenfalls weit weniger zu sehen haben. Es wird ganz unmöglich sein, in die Sargkammer zu gelangen, da auch der kleinste vorhandene Platz von einem Gerüst eingenommen sein wird. Die stückweise Entfernung des Schreines ist außerdem ein viel zu heikles Unternehmen, um Unterbrechungen zu gestatten. Im Laboratorium wollen wir uns mit nur einem Gegenstand auf einmal beschäftigen, der dann verpackt und beiseite gestellt wird, sobald wir mit ihm fertig sind. Sechs Kisten mit Fundstücken aus dem Grab sind schon im Museum in Kairo ausgestellt. Wir möchten die nach Ägypten Reisenden ernstlich bitten, sich mit diesen zu begnügen, sowie mit dem, was sie draußen vor dem Grab sehen, und nicht ihr Herz daran zu hängen, in das Grab selbst zu gelangen. Wer ein wirkliches Interesse an der Altertumsforschung um ihrer selbst willen hat, wird am ersten die Berechtigung unserer Bitte verstehen. Die neugierigen Müßiggänger aber, die das Grab als Schaubude und Tut-ench-Amun nur als Unterhaltungsstoff betrachten, haben kein Recht an der Sache und bedürfen keiner Berücksichtigung. Welche Entdeckungen wir auch im nächsten Winter machen mögen, wir haben das feste Vertrauen, daß man uns erlauben wird, uns mit ihnen in geeigneter und ihrer würdiger Art und Weise zu befassen!

Arbeit im Laboratorium

10

Dieses Kapitel ist denen gewidmet – es gibt viel solche Leute –, die da meinen, daß ein Ausgräber seine Zeit damit verbringe, sich in der Sonne zu wärmen, angenehm erheitert, indem er der Arbeit anderer zuschaut, und von sonstiger Langweile befreit, indem von Zeit zu Zeit für ihn Körbe voll schöner Altertümer aus dem Innern der Erde zum Anschauen heraufgebracht werden. In Wirklichkeit ist sein Leben ganz anders! Da Einzelheiten seiner Tätigkeit wohl nur wenige kennen, ist es der Mühe wert, hier kurz davon zu sprechen, ehe wir die Arbeit im Laboratorium im letzten Winter eingehender behandeln. Außerdem wird es uns die Erklärung erleichtern, warum diese sorgfältige Laboratoriumsarbeit nötig war.

Zunächst muß man sich klarmachen, daß niemals von Körben voller Gegenstände die Rede sein kann, die dem Ausgräber zum Anschauen gebracht werden. Die erste und wichtigste Regel beim Ausgraben ist die, daß der Altertumsforscher jedes Fundstück mit seinen eigenen Händen vom Boden wegnehmen muß. Davon hängt ungeheuer viel ab. Ganz abgesehen von Beschädigungen, die möglicherweise durch ungeschickte Finger verursacht werden können, ist es sehr wesentlich, daß man das Stück an Ort und Stelle sieht. Denn man kann aus seiner Lage und aus seinem Verhältnis zu anderen Gegenständen in der Nähe viele Schlüsse ziehen. So können z.B. Merkmale für eine Zeitbestimmung vorhanden sein. Wie viele Stücke gibt es nicht in Museen mit der unbestimmten Zettelaufschrift »Wahrscheinlich Mittleres Reich«, die mit Hilfe der Anzeichen bei gleichzeitig gefundenen Gegenständen mit Leichtigkeit genau der Dynastie, der sie angehören, oder sogar der Regierung eines bestimmten Königs hätten zugeschrieben werden können. Auch kann man durch die Lage einzelner Gegenstände zueinander oft erkennen, zu welchem Gebrauch ein bestimmter Gegenstand angefertigt wurde. Weiter können sich hieraus Einzelheiten ergeben, die für seine spätere Wiederherstellung wichtig sind.

Nehmen wir z.B. die kleinen Bruchstücke gezahnter Feuersteine, die in so ungeheuren Mengen in den Stadtruinen des Mittleren Reichs gefunden werden. Wir können raten, wozu sie gebraucht wurden, und sie bilden mit dem Zettel: »Feuersteinsplitter von einer Sichel« ganz interessante Museumsstücke. Man sollte einmal, so wie ich es erlebte, eine vollständige Sichel im Boden finden, ihre hölzernen Teile in einem solchen Zustand, daß jede Berührung den Beweis zerstören würde, daß es jemals eine Sichel gewesen ist. Da gibt es zwei Möglichkeiten. Durch sorgfältige Handhabung und Anwendung von Konservierungsmitteln ist es möglich, die Sichel im ganzen aus dem Boden herauszubringen. Sollte sie aber zu sehr auseinandergefallen sein, so kann man sie wenigstens messen und abzeichnen, so daß man hiernach die Holzteile neu herstellen kann. In beiden Fällen erhalten wir ein vollständiges Museumsstück, das archäologisch tausendmal mehr wert ist als die Handvoll unzusammenhängender Feuersteinstückchen, die wir sonst bekommen hätten. Dies dürfte ohne weiteres erklären, wie wichtig es ist, an Ort und Stelle Schlüsse zu ziehen; wir werden über andere und noch schlagendere Beispiele berichten, wenn wir zu den verschiedenen Arten von Material und zu seiner Behandlung kommen.

Noch eins, ehe wir weitergehen. Dadurch, daß man die genaue Lage eines Gegenstandes oder einer Gruppe von Gegenständen notiert, erhält man häufig bestimmte Anzeichen, die einen instand setzen, anderswo ähnliche Gegenstände aufzufinden. Dazu gehören z.B. die Grundsteinbeigaben. Bei jeder Bauanlage wurde in der Anordnung der Beigaben ein bestimmter Plan verfolgt, und hat man erst eine gefunden, ist es ganz einfach, die anderen nachzuweisen.

Also muß ein Ausgräber jeden Gegenstand an Ort und Stelle sehen und sorgfältige Aufzeichnungen machen, ehe das Stück entfernt wird. Wenn nötig, muß er sofort Konservierungsmittel anwenden. Unter diesen Umständen ist es von großer Wichtigkeit, daß man in engster Fühlung mit den Ausgrabungen bleibt. Ferienfahrten und Ruhetage kommen nicht in Frage. Solange die Arbeit im Gang ist, muß man den ganzen Tag über zur Stelle und zu jeder Stunde des Tages erreichbar sein. Unsere Arbeiter müssen wissen, wo sie uns jeden gegebenen Augenblick finden können, und sie müssen vollkommen klar darüber sein, daß die Nachricht von einer Entdeckung ohne Verzögerung an uns weiterzugeben ist.

Bei einem wichtigen Fund werden wir wahrscheinlich erfahren, daß etwas geschehen ist, ehe wir den Bericht darüber wirklich erhalten. Denn Neuigkeiten verbreiten sich fast augenblicklich und üben eine merkwürdige seelische Wirkung auf unsere ganze Arbeiterschaft aus. Sie arbeitet dann nicht gerade schneller, aber anders und viel stiller. Die gewöhnlichen Arbeitslieder verstummen. Einen kleineren Fund können wir häufig im voraus aus dem Verhalten des Überbringers der Nachricht erraten. Nichts könnte ihn veranlassen, geradewegs zu uns zu kommen und uns offen zu sagen, was er gefunden hat. Um jeden Preis muß er daraus etwas Geheimnisvolles machen. Er treibt sich deshalb selbstbewußt um uns herum und zeigt dadurch der ganzen Welt genau an, was geschehen ist. Schließlich macht er noch mehr Wesens von sich, indem er uns beiseite winkt und die Neuigkeit zuflüstert. Aber auch dann noch ist es schwer, etwas anderes als einen ganz ungenauen Bericht aus ihm herauszubringen. Ehe wir nicht am Fundort selbst sind, ist es nicht möglich, genau herauszubekommen, was gefunden worden ist. Daran ist vor allem die Liebe des Ägypters zum Geheimnisvollen um seiner selbst willen schuld. Derselbe Mann wird seinen Freunden bei der ersten Gelegenheit alles über den Fund erzählen; dabei gehört es mit zum Spiel, daß sie gleichzeitig vorgeben, nichts davon zu wissen. Teilweise ist auch die Aufregung daran schuld. Nicht daß der Arbeiter ein wirkliches Interesse an den Dingen selbst nähme, sondern weil er seine Arbeit als Glückspiel betrachtet. Die meisten Ausgräber arbeiten mit dem sogenannten »Bakschisch«-Verfahren: d.h. sie zahlen ihren Arbeitern neben ihren Löhnen für alles, was sie finden, Sonderbelohnungen. Das ist keine ideale Einrichtung, aber es hat zwei Vorteile: es trägt dazu bei, die Sicherheit der Gegenstände, besonders der kleineren, leicht zu verbergenden, zu vergrößern, die für uns zu Zeitbestimmungen höchst wertvoll sein können. Sie veranlaßt die Leute, eifriger bei der Arbeit und sorgfältiger in der Art der Ausführung zu sein, wenn die Belohnung mehr für eine sichere Handhabung, als dem Wert des Gegenstandes entsprechend gezahlt wird.

Aus diesen und vielen anderen Gründen, die wir noch anführen könnten, ist es überaus wichtig, daß wir stets in der Nähe der Arbeit bleiben. Selbst wenn für den Augenblick nichts gefunden wird, wird uns nicht viel Zeit zum Müßigsein übrigbleiben. Erstens muß jedes Grab, jedes Bauwerk, sogar jede eingestürzte Mauer aufgezeichnet werden; und haben wir es mit Schachtgräbern zu tun, so kann dies beträchtliche Turnübungen in sich schließen. Die Schächte können zwischen drei und vierzig Meter tief sein, und ich berechnete einmal, daß ich im Lauf eines Grabungswinters fast tausend Meter im Tauklettern mit den Händen zurückgelegt hatte. Dazu kommt das Photographieren. Jeder Gegenstand, der irgendeinen archäologischen Wert hat, muß aufgenommen werden, ehe er entfernt wird. In manchen Fällen muß eine ganze Reihe von Aufnahmen gemacht werden, um die verschiedenen Abschnitte des Ausräumens festzulegen. Viele dieser Aufnahmen werden niemals gebraucht werden; aber wir können nie voraussagen, ob nicht eine Frage an uns herantritt, durch die ein anscheinend nutzloses Negativ zu einem wertvollen Zeugen wird. Photographische Aufnahmen sind in jeder Hinsicht unbedingt nötig, sie gehören vielleicht zu den strengsten Pflichten eines Ausgräbers. Bei einer bestimmten Arbeit habe ich an einem Tage nicht weniger als fünfzig Negative aufgenommen und entwickelt.

Wenn es möglich ist, sollte sich dieser Teil der Arbeit – Vermessung und Photographie – in den Händen besonderer Sachverständigen befinden. Der Grabungsleiter findet dann Zeit, sich dem zu widmen, was wir die Feinheiten in der Ausgrabung nennen. Es wird ihm gelingen, »mit seiner Arbeit zu spielen«, wie ein Fachgenosse sich einmal ausdrückte. Bei jeder Ausgrabung tauchen beständig Rätsel und Fragen auf, und manche werden sich nur lösen lassen, wenn man das Gelände der Grabungsstelle wieder und wieder abgeht, es von jedem Standpunkt aus betrachtet und bei jeder Beleuchtung prüft. Die Bedeutung einer Mauergruppe, der Beweis, daß ein Bauwerk wieder aufgerichtet und ein Grundriß durch den ursprünglichen Baumeister geändert worden ist, die Bedeutung eines Wechsels in der Erdoberfläche, wo Reste einer späteren Zeit über die Bauten einer früheren gelagert sind, der Sinn einer besonderen Beschaffenheit des Schuttes an der Oberfläche oder in der Schichtung eines Ruinenhügels: diesen und Dutzend anderen Fragen steht der Ausgräber gegenüber. Von seiner Fähigkeit, sie zu beantworten, hängt es ab, ob er als Archäologe steht oder fällt.

Wenn er ferner von Vermessungen und photographischen Arbeiten befreit ist, wird er den allgemeinen Arbeitseinrichtungen mehr Zeit und Überlegung widmen und viel Zeit und Geld sparen können. Manche tausend Mark sind infolge eines mangelhaften Arbeitsplanes verschwendet worden. Mancher Ausgräber hat seinen eigenen Schutt wieder fortschaffen müssen, weil es ihm im ersten Augenblick an Überlegung fehlte. Die Frage der Verteilung der Arbeiter bedarf sorgsamer Beachtung. Viel Arbeitsvergeudung kann vermieden werden, wenn man die Leute von einer Stelle zur anderen schickt, genau wann und wo sie gebraucht werden, und niemals mehr an einem bestimmten Teil der Arbeit läßt, als wirklich nötig sind, sie in stetigem Fluß zu halten. Die Anzahl der Arbeiter, die ein einzelner Grabungsleiter übersehen kann, hängt natürlich von den Arbeitsverhältnissen ab. Bei einem großen und mehr oder weniger unfruchtbaren Unternehmen, wie dem Freilegen einer Pyramide, kann er eine fast endlose Zahl beaufsichtigen. Bei Felsengräbern kann er vielleicht noch fünfzig übersehen. Dagegen bei flachen Gräbern – z.B. bei einem vorgeschichtlichen Friedhof – können schon zehn ihn recht unbequem in Bewegung halten. Die Anzahl der Leute, die er beschäftigen kann, hängt auch großenteils von der Lage und dem Gelände der Ausgrabungsstelle ab.

Soviel über die Pflichten im Freien, der tatsächlichen Leitung seiner Ausgrabungen. Aber es gibt noch ganz andere Pflichten zu erfüllen. Seine Freistunden und Abende sind ganz und gar ausgefüllt, wenn er mit seiner Arbeit in Fühlung bleiben will. Seine Aufzeichnungen, seine fortlaufenden Vermessungen und sein Verzeichnis der Fundstücke müssen auf dem laufenden gehalten werden. Photographien sind zu entwickeln, Abzüge zu machen und von beiden, Aufnahmen und Abzügen, ein Verzeichnis anzulegen. Es gilt, zerbrochene Stücke auszubessern, Gegenstände zu behandeln, die in gefährdetem Zustand sind, ein Konservierungsverfahren zu überlegen und Perlen wieder aufzureihen. Dann kommen die Innenaufnahmen, denn jeder einzelne Gegenstand muß im bestimmten Verhältnis zu seiner Größe und in manchen Fällen von verschiedenen Seiten aufgenommen werden. Die Reihe könnte fast bis zur Unendlichkeit fortgesetzt werden und würde noch eine Anzahl anderer Beschäftigungen in sich schließen, die scheinbar nur entfernt mit Archäologie zusammenhängen, so z.B. Rechnung führen, bei den Leuten den Arzt spielen und ihre Streitigkeiten schlichten. Die Arbeiter haben natürlich einen Tag in der Woche frei, und der Ausgräber wird wahrscheinlich bei Anfang des Winters der Meinung sein, daß er sich ebenfalls einmal in der

Abb. 20 Zwei Paar Ohrringe vor der Wiederherstellung

Woche einen Feiertag gönnen kann. Nach der ersten Woche ist er gewöhnlich genötigt, diesen Gedanken aufzugeben; er wird den freien Tag für eine zu gute Gelegenheit zum Aufarbeiten halten, als daß er ihn vergeuden möchte.

So gestaltet sich in großen Zügen das Leben des Ausgräbers. Es gibt in seiner Arbeit gewisse Einzelheiten, besonders bei den Aufzeichnungen und beim ersten Konservieren der verschiedenen Arten von Fundstücken, auf die wir etwas näher eingehen möchten. Dies sind Dinge, über die der Durchschnittsleser wahrscheinlich wenig weiß. Durch die Beschreibung unserer Laboratoriumsarbeit im letzten Winter können sie gut erläutert werden.

Holzsachen z.B. sind selten in gutem Zustand und bieten manche Schwierigkeiten. Feuchtigkeit und die weiße Ameise sind ihre Hauptfeinde, und bei ungünstigen Verhältnissen wird vom Holz nichts übrig sein als ein Haufen schwarzen Staubes oder eine Hülle, die bei Berührung zerfällt. Im ersten Fall ist alles, was uns zu tun übrigbleibt, in unsere Aufzeichnungen einzutragen, daß Holz vorhanden war; im anderen Fall werden wir gewöhnlich gewisse Aufschlüsse erzielen können. Jedenfalls können Messungen vorgenommen werden. Die Überreste einer aufgemalten Inschrift werden uns vielleicht den Namen des Eigentümers angeben. Sie zu zerstören, würde ein einziger Lufthauch oder ein Berühren genügen, aber man kann sie abschreiben, wenn man sich ohne Verzögerung daranmacht. Dann wiederum wird es Fälle geben, in denen die hölzerne Umrahmung oder der Kern eines Gegenstandes verdorben ist und nur die Reste der Verzierungen in Elfenbein, Gold, Fayence – die ursprünglich seine Oberfläche bedeckten – verstreut liegengeblieben sind. Durch sorgfältige Aufzeichnungen über die genaue gegenseitige Lage dieser abgefallenen Verzierungen, die durch Anpassen und Zusammenfügen später ergänzt werden können, wird es oft möglich sein, die genaue Größe und Form des Gegenstandes herauszubekommen. Indem wir dann die ursprünglichen Verzierungen an einem neuen hölzernen Kern anbringen, werden wir anstatt eines Durcheinanders von Elfenbein-, Gold- und Fayencebruchstücken, die nutz- und zwecklos sind, einen Gegenstand haben, der in jeder Hinsicht so gut wie neu ist. Wenn das Holz sich nicht auf der allerletzten Stufe des Zerfalls befindet, ist seine Erhaltung durch Anwendung von flüssigem Paraffin immer möglich. Durch dieses Mittel kann ein sonst in Stücke zerfallender Gegenstand vollkommen fest werden, so daß er gut zu handhaben ist.

Natürlich wechselt der Zustand des Holzes je nach der geographischen Lage der Fundstelle. Zu unserem Glück aber ist Luksor in dieser Beziehung vielleicht der günstigste Ort in ganz Ägypten. Wir hatten zwar bei unserem Grab Schwierigkeiten mit dem Holz, aber sie rührten nicht von dem Zustand her, in dem wir es ursprünglich fanden, sondern von dem Zusammenschrumpfen, das später durch die Luftveränderung eintrat. Das ist bei einem einfachen Holzgegenstand nicht allzu bedenklich. Aber die Ägypter liebten besonders, eine dünne Stuckschicht aufzutragen, die sie dann mit Darstellungen bemalten oder mit Blattgold überzogen. Der Stuck fing natürlich an, sich zu lösen und zu werfen, wenn das Holz sich zusammenzog, und damit bestand die Gefahr, daß große Teile der Oberfläche verlorengehen würden. Die Aufgabe ist schwer. Farbe und Blattgold auf dem Stuck festzuhalten, ist leicht, aber gewöhnliche Konservierungsmittel können nicht Gips auf Holz festhalten. Hier nahmen wir wiederum Paraffin zu Hilfe, wie wir später zeigen werden.

Der Zustand der Gewebe ist verschieden. Leinwand ist in einigen Fällen so stark, als ob sie vom Webstuhl käme, während sie in anderen Fällen durch die Feuchtigkeit fast ganz in eine zähe Rußmasse verwandelt ist. Bei unserem Grab war die Schwierigkeit bedeutend erhöht durch die schlechte Behandlung, der die Leinwand ausgesetzt gewesen war; dazu kam, daß viele Gewänder mit Verzierungen von Goldrosetten und Perlstickereien bedeckt waren.

Perlstickereien bilden an und für sich schon eine verwickelte Aufgabe und werden vielleicht die Geduld des Ausgräbers mehr auf die Probe stellen als jedes andere Material, mit dem er

Tafel VII Wandbild in der Sargkammer: Eje, wie er »dem König den Mund öffnet« ▶

umzugehen hat. Sie kommen sehr häufig vor, denn die Ägypter hatten eine leidenschaftliche Vorliebe für Perlen. Es bildet keineswegs eine Ausnahme, wenn wir bei einer einzigen Mumie eine Ausstattung von mehreren Halsketten, zwei oder drei Halskragen, einem oder zwei Gürteln und außerdem noch einen vollständigen Satz von Arm- und Fußringen finden. In solchen Fällen sind viele Tausende von Perlen benutzt worden. Darin liegt eine Geduldsprobe, da bei der Erhaltung und Wiederherstellung der Perlarbeiten jede einzelne Perle wenigstens zweimal in die Hand genommen werden muß. Sehr sorgfältiges Arbeiten ist nötig, um die ursprüngliche Anordnung der Perlen zu erhalten. Die Fäden, auf denen sie aufgereiht waren, sind ausnahmslos zerfallen. Trotzdem werden die Perlen meistens in der richtigen Anordnung liegen, wie sie zueinander gehören. Wenn man vorsichtig den Staub fortbläst, so wird es vielleicht möglich sein, die ganze Länge der Halskette oder des Kragens zu verfolgen und die genaue Anordnung der Perlen zu erhalten. Das Wiederaufreihen kann an Ort und Stelle stattfinden, sobald ein Teil freigelegt ist – bei einem mehrreihigen Gürtel brauchte ich einmal zwölf Nadeln und Fäden zu gleicher Zeit. Noch besser ist es, die Perlen eine nach der anderen auf ein Stück Pappe zu bringen, auf der sich eine dünne Plasticinschicht befindet. Das hat den Vorzug, daß für die fehlenden oder fragwürdig liegenden Perlen die nötigen Zwischenräume in entsprechender Größe gelassen werden können.

Wo es bei sehr kunstvoll gearbeiteten Stücken nicht möglich ist, die Perlen so aufzureihen, wie sie gefunden werden, muß eine sorgfältige Aufzeichnung gemacht und das Aufreihen später vorgenommen werden. Dies wird dann nicht in genauer Reihenfolge, Perle an Perle, sondern in Übereinstimmung mit dem ursprünglichen Muster und der Zeichnung erfolgen. Wiederaufreihen von Perlen ist eine langweilige Arbeit! Meist müssen wahrscheinlich auch eine Reihe von Versuchen gemacht werden, ehe man die richtige Art herausfindet, mit dieser Aufgabe fertig zu werden. Bei einem Kragen z. B. kann es nötig sein, unabhängig voneinander drei Fäden zum Aufziehen jeder Perle zu benutzen, wenn die Reihen glatt liegen sollen. Die Erneuerung fehlender oder zerbrochener Teile wird bei einer Wiederherstellung manchmal notwendig sein. Ich fand einmal einen Satz von Arm- und Fußringen, bei denen die Perlenreihen durch durchbohrte vergoldete Holzstäbchen getrennt waren. Das Holz dieser Zwischenglieder war vollständig zerfallen, so daß nur die Hülle aus Blattgold übrig war. Ich schnitzte neue Holzstücke in gleicher Form, brannte mit einer rotglühenden Nadel Löcher aus und bedeckte die neuen Stäbchen mit dem ursprünglichen Gold. Derartige auf tatsächlichen Beweisen beruhende Wiederherstellungen sind vollkommen gerechtfertigt und wohl der Mühe wert. Wir sind dadurch in der Lage, dem Museum anstatt eines Brettes voll bedeutungsloser Perlen, oder, was noch schlimmer ist, anstatt einer rein willkürlichen und frei erfundenen Wiederherstellung einen Gegenstand zu übergeben, der, an sich reizvoll, einen sehr bedeutenden archäologischen Wert besitzt.

Mit Papyrus umzugehen ist oft schwer. Bei seiner Behandlung sind mehr Verbrechen begangen worden als bei jedem anderen Zweig der Altertumsforschung. Ist er in einigermaßen gutem Zustand, so sollte man ihn mehrere Stunden in ein feuchtes Tuch wickeln. Dann kann er unter einer Glasplatte leicht geglättet werden. Brüchige Rollen werden sicherlich beim Aufrollen in kleine Stücke zerfallen und sollten nie angerührt werden, ohne daß viel Zeit und Raum zur Verfügung steht. Sorgfältige und planmäßige Arbeit wird das richtige Einsetzen fast aller Stücke sichern, während ein oberflächliches Ordnen, das in Pausen zwischen anderen Arbeiten und womöglich noch von verschiedenen Händen ausgeführt wird, niemals einen befriedigenden Erfolg haben und sogar mit der Zerstörung höchst wertvoller Beweise enden kann. Wäre z. B. der Turiner Papyrus*) sorgfältig behandelt worden, gleich

*) Ein aus der 19. Dynastie stammender, für die ägyptische Geschichte außerordentlich wertvoller Papyrus, der die nach Dynastien geordneten ägyptischen Könige von dem ersten Herrscher Menes an aufzählt.

◀ Tafel VIII Eine der vier Schutzgöttinnen an den Ecken des Sarkophags

nachdem er aufgefunden worden war, was für einen Reichtum an Aufschlüssen hätte er uns geben können, und wieviel Kummer wäre uns erspart geblieben!

Stein bietet in der Regel wenig Schwierigkeiten bei der Grabungsarbeit. Kalkstein wird sicherlich Salze enthalten, die ausgelaugt werden müssen; aber das kann auch später in einem Museum geschehen, und wir brauchen uns hier damit nicht aufzuhalten. Ebenfalls können Fayencen, Ton- und Metallgegenstände gewöhnlich einer späteren Behandlung überlassen bleiben. Hier wollen wir uns nur mit Arbeiten beschäftigen, die sofort ausgeführt werden müssen.

Reichliche und ins einzelne gehende Aufzeichnungen sollten in jedem Stadium dieser vorbereitenden Arbeiten gemacht werden. Es können ihrer gar nicht genug sein, denn obschon uns eine Sache im Augenblick ganz klar erscheinen mag, so folgt daraus keineswegs, daß es so bleibt, wenn die Zeit kommt, um unser Material durchzuarbeiten. Bei Arbeiten in Gräbern sollten soviel Aufzeichnungen wie möglich gemacht werden, während alles noch an Ort und Stelle ist. Fängt man dann mit Ausräumen an, so sollten Notizblatt und Bleistift zur Hand sein und jede neue Kleinigkeit vermerkt werden, sobald sie uns begegnet. So oft liegt die Versuchung nahe, die Aufzeichnungen hinauszuschieben, bis wir die Arbeit beendet haben, die uns gerade beschäftigt; aber das ist gefährlich! Es kann etwas dazwischen kommen, und es ist mehr als wahrscheinlich, daß die betreffende Aufzeichnung nie gemacht wird.

Jetzt wollen wir uns ins Laboratorium begeben und einige der Theorien praktisch durchführen, die wir im vorstehenden entwickelt haben. Man wird sich erinnern, daß das Grab Sethos' II. uns zur Verfügung gestellt worden war. Dort hatten wir uns mit unserem Zettelverzeichnis und unseren Konservierungsmitteln eingerichtet. Das Grab war lang und schmal, so daß nur der vordere Teil zur Arbeit benutzt werden konnte und der innere dunklere Teil nur als Lagerraum zu gebrauchen war. So wie die Gegenstände auf den Tragen hereingebracht waren, wurden sie im mittleren Raum niedergesetzt und zugedeckt, bis sie gebraucht wurden. Dann wurden sie der Reihe nach zur Untersuchung in den Arbeitsraum gebracht. Nachdem man sie abgestaubt hatte, wurden ihre genauen Maße, die vollständigen archäologischen Aufzeichnungen und die Kopien von Inschriften auf den Zetteln eingetragen. Dann folgte das nötige Ausbessern und Konservieren, worauf sie zum Photographieren vor den Eingang gebracht wurden. War dies alles erledigt, so wurden die Gegenstände zum Schluß in das tiefste Innere des Grabes gestellt, um dort zu warten, bis sie endgültig verpackt würden.

In den meisten Fällen wurde der Versuch einer abschließenden Behandlung nicht vorgenommen. Das war ganz unmöglich, da Monate, ja wahrscheinlich Jahre von Wiederherstellungsarbeiten erforderlich sind, wenn das vorhandene Material vollkommen ausgenutzt werden soll. Alles, was wir hier vornehmen konnten, bestand in einer vorläufigen Behandlung, die allenfalls hinreichte, die Gegenstände so instand zu setzen, daß sie mit Sicherheit eine Reise aushalten können. Eine endgültige Wiederherstellung muß in einem Museum vorgenommen werden. Dazu ist ein besser eingerichtetes Laboratorium und ein größerer Stab geschickter Mitarbeiter nötig, als wir jemals hoffen können, im »Tal« zusammenzubringen.

Als sich das Laboratorium mit Fortschreiten der Jahreszeit mehr und mehr füllte, wurde es zusehends schwieriger, mit der Arbeit nachzukommen. Nur durch gründliche Beobachtung aller Einzelheiten und durch genaues Festhalten an einem bestimmten Arbeitsverfahren gelang es uns, Schwierigkeiten zu vermeiden. Sowie ein Gegenstand im Laboratorium anlangte, wurde seine Nummer in ein Buch eingetragen und in demselben Buch ein fortlaufender Bericht über die aufeinanderfolgenden Stadien seiner Behandlung geführt. Jeder der größeren Gegenstände hatte schon im Grab seine eigene Eintragungsnummer erhalten. Als diese Gegenstände aber im Laboratorium nochmals bearbeitet wurden, machte sich ein ausführliches Verfahren mit Unternumerierung nötig. Ein Kasten konnte z.B. fünfzig Stücke enthalten, von denen jedes jederzeit mit Sicherheit festzustellen sein mußte. Wir unterschieden sie durch Anwendung einzelner Buchstaben oder, wenn erforderlich, durch eine Zusammenstellung von Buchstaben. Beständige Sorgfalt war nötig, um zu verhindern, daß diese kleineren Gegenstände von ihren Erkennungszetteln getrennt wurden, besonders in Fällen, die eine längere Behandlung erforderten. Es geschah öfters, daß zusammengehörende Teile eines Gegenstandes, die im Grab verstreut lagen, unter zwei oder mehr Nummern eingetragen wurden. In solchen Fällen waren Rückverweise in den Aufzeichnungen nötig. Die fertigen Zettel wurden der Reihe nach in Schränkchen geordnet, in deren Fächern wir am Ende des Winters die vollständige Geschichte eines jeden Gegenstandes aus dem Grab besaßen. Sie enthielt:

1. die Maße, Maßstabzeichnungen und archäologische Aufzeichnungen,
2. Aufzeichnungen über die Inschriften von Dr. Alan Gardiner,
3. Aufzeichnungen von Lucas über das angewendete Konservierungsverfahren,
4. ein Lichtbild, das die genaue Lage des Gegenstandes im Grab wiedergab,
5. ein Maßstablichtbild oder eine Reihe Bilder, die den Gegenstand allein darstellten,
6. handelte es sich um Kästen, eine Reihe von Ansichten, die das Ausräumen in seinen verschiedenen Stadien zeigten.

Soviel über unser Arbeitsverfahren. Jetzt wollen wir uns der Einzelbehandlung einer Auswahl der Altertümer zuwenden. Das erste Stück, das eine Behandlung erforderte, war die prächtige, bemalte Truhe (Abb. 12 und Tafel V) Hätten wir auch das ganze Grab durchsucht, wir hätten schwerlich ein einziges Stück gefunden, das eine noch größere Aufgabe an uns stellte. Deshalb ist es wohl der Mühe wert, eine ausführliche Beschreibung ihrer Behandlung zu geben. Unsere erste Sorge betraf die Truhe selbst, die mit dünnem Stuck überzogen und von oben bis unten mit Darstellungen in leuchtenden Farben bedeckt war. Mit Ausnahme einer leichten, durch Zusammenziehen erfolgten Lockerung in den Fugen war das Holz vorzüglich erhalten. Der Stuck war an den Ecken und an den Rissen etwas abgesprungen, aber doch noch in leidlich festem Zustand; die Farbe vollkommen fest, wenn auch an einigen Stellen etwas verblaßt, ohne eine Spur von Abnutzung. Nur wenig Behandlung schien notwendig. Der Staub wurde von der Oberfläche entfernt, die verblaßten Stellen der Malerei wurden durch Benzin aufgefrischt und die ganze Truhe wurde von außen unter besonderer Berücksichtigung der empfindlichen Stellen an den Rissen mit einer Lösung von Zelluloid in Amylalkohol bespritzt, um den Stuck am Holz festzuhalten. Für den Augenblick schien dies alles zu sein, was nötig war. Aber es war die erste Erfahrung im Grab, die wir mit der Verbindung von Holz und Stuck machten, und wir sollten enttäuscht werden. Drei oder vier Wochen später bemerkten wir, daß die Risse in den Fugen sich weiteten und daß an anderen Stellen die Gipsschicht Neigung zum Abspringen zeigte. Man sah deutlich, was vorlag. Infolge des Wechsels zwischen der feuchten Wärme im Grab und der trockenen Luft des Laboratoriums hatte das Holz sich von neuem zusammengezogen, und der Stuck, der nicht nachgeben konnte, war im Begriff, sich ganz vom Holz zu lösen. Ernste Gefahr bestand, daß große Teile der bemalten Oberfläche verlorengingen. Durchgreifende Mittel waren nötig, und nach vielen Überlegungen entschlossen wir uns zur Anwendung geschmolzenen Paraffins. Es gehörte Mut dazu, diesen Schritt zu wagen; aber der Erfolg gab uns vollkommen recht. Das Paraffin durchdrang Stuck und Holz und verband beides fest. Was den Einfluß auf die Farben anbetraf, so schienen sie nur noch leuchtender als zuvor zu werden. Später wandten wir dieses Verfahren bei einer Anzahl anderer Gegenstände aus Holz und Stuck an und waren mit dem Erfolg äußerst zufrieden. Es ist dabei wichtig, daß die Oberfläche gewärmt und das Paraffin beinahe zum Kochen gebracht wird; sonst erstarrt es und kann nicht eindringen. Da wir keinen Ofen hatten, benutzten wir die ägyptische Sonne für diese Zwecke und fanden, daß sie vollkommen heiß genug ist. Überflüssiges Paraffin kann durch Anwärmen oder durch Benzin entfernt werden. Ein anderer Vorteil besteht darin, daß die im Stuck vorhandenen Blasen, während das Paraffin noch warm ist, wieder glattgedrückt werden können und fest haften bleiben. In sehr schlimmen Fällen kann es nötig sein, die Blasen von hinten mit heißem Paraffin vermittels eines Tropfglases auszufüllen.

Soviel über das Äußere der Truhe. Jetzt wollen wir den Deckel abheben und sehen, was das Innere uns bringen wird. Das ist ein aufregender Augenblick, denn überall sind wunderbare Sachen. Dank dem eiligen Wiedereinpacken durch die antiken Beamten ist nichts vorhanden, was uns auf den Inhalt eines jeden Kastens vorbereiten könnte. Es wird dem Leser einen Begriff geben, wie schwer die Sachen zu handhaben waren, wenn ich erkläre, daß es mich drei Wochen schwerer Arbeit kostete, um auf den Boden der Truhe zu gelangen. Das erste, was wir sahen, waren zur Rechten ein Paar Binsen- und Papyrusschilfsandalen; unter ihnen eine vergoldete Kopfstütze, und noch weiter unten eine wirre Masse von Leinenzeug, Leder und Gold, womit wir zunächst noch nichts anzufangen wissen. Zur Linken, zu einem Bündel zusammengedrückt, ein prächtiges Königsgewand und in der oberen Ecke roh geschnittene Perlen aus dunklem Harz. Das Kleid stellte uns vor das ernste Rätsel, ein Rätsel, das beständig wiederkehrte –, wie man am besten Stoffe behandeln soll, die bei der Berührung zerfallen und die doch mit reichem und schwerem Schmuck verziert sind. Im vorliegenden Fall ist das ganze Gewand mit einem Netz aus Fayenceperlen und mit goldenen Zierstücken in Rautenform bedeckt, die jedes zweite Viereck ausfüllen. Diese Perlen und Rauten waren ursprünglich am Gewand festgenäht, sind jetzt aber lose. Viele sind umgedreht, da sie anscheinend beim Reißen des Fadens abgesprungen sind. An den Säumen des Gewandes sind Borten aus ganz kleinen Glasperlen in verschiedenen Farben. Die obere Seite des Stoffes täuschte sehr. Sie sah ziemlich fest aus. Versuchte man aber, den Stoff aufzuheben, so zerfiel er in der Hand. Wo er aber an der Unterseite mit anderen Gegenständen in Berührung gekommen war, befand er sich in noch schlimmerem Zustand.

Die Frage, wie Stoffe zu behandeln seien, war bei unserem Grab außerordentlich verwickelt infolge der schlechten Behandlung, der sie ausgesetzt gewesen waren. Wären sie flach ausgebreitet oder sauber zusammengefaltet gewesen, so hätte man verhältnismäßig einfach mit ihnen verfahren können. Wir hätten es tatsächlich leichter gehabt, wenn sie so auf dem Boden herumgestreut geblieben wären, wie die Plünderer sie hatten liegenlassen. Nichts hätte für unsere Zwecke schlimmer sein können, als wie sie beim Aufräumen behandelt worden waren, wobei die verschiedenen Gewänder zerdrückt, zusammengeballt, ineinandergefaltet und mit anderen, in einigen Fällen ganz andersartigen Gegenständen fest in Kästen hineingepreßt worden waren.

Bei diesem Gewande wäre es ein leichtes gewesen, die ganze obere Seite durch ein Verfahren zu erhärten und sie dann in einem Stück zu entfernen; aber dagegen sprachen ernste Bedenken. Erstens schloß es ziemlich große Gefahr für das, was darunterliegen konnte, in sich. Denn beim Auspacken dieser Truhe mußten wir beständig auf der Hut sein, in unserer Begeisterung bei der Behandlung oder Entfernung eines Gegenstandes einem darunterliegenden noch kostbareren keinen Schaden zuzufügen. Wenn wir aber den oberen Teil des Kleides erhärteten, so hätten wir die Gelegenheit ernstlich gefährdet, über seine Größe und Form etwas zu erfahren, von den einzelnen Verzierungen ganz zu schweigen. Bei der Behandlung all dieser Gewänder gab es zwei Möglichkeiten. Etwas mußte geopfert werden, und wir hatten uns zu entscheiden, ob dies der Stoff oder die Verzierung sein sollte. Durch Konservieren wäre es gut möglich gewesen, große Stücke des Stoffes zu retten; doch bei diesem Verfahren hätten wir unvermeidlich die darunter befindlichen Perlstickereien in Unordnung gebracht und beschädigt. Opferten wir andererseits den Stoff und zupften ihn vorsichtig Stück für Stück heraus, so konnten wir in der Regel das ganze Muster der Stickerei wiederherstellen. Diesen Plan befolgten wir gewöhnlich. Später wird es im Museum möglich sein, ein neues Gewand in genau derselben Größe herzustellen, auf dem die ursprünglichen Ausschmückungen – Perlstickerei, Goldrauten oder sonst etwas – angebracht werden können. Wiederherstellungen dieser Art besitzen einen größeren archäologischen Wert als wenige Stücke des erhaltenen Stoffes oder eine Sammlung loser Perlen und Rauten.

Die Größe des in dieser Truhe enthaltenen Gewandes kann mit ziemlicher Genauigkeit nach den Ausschmückungen berechnet werden. Am unteren Saum befand sich eine Borte aus kleinen, zu einem Muster zusammengesetzten Perlen. Die genauen Einzelheiten des Musters konnten wir feststellen. Von der Borte hing eine Reihe Perlenschnüre in gleichmäßigen Zwischenräumen herab, von denen jede einen großen Anhänger hatte. Hieraus läßt sich die Länge des Saumes berechnen, indem der Zwischenraum zwischen den Schnüren mit der Summe der Anhänger vervielfältigt wird. Das ergibt die Weite des Gewandes. Dann können wir die ganze ausgeschmückte Fläche mit Hilfe der dabei benutzten Anzahl von Rauten berechnen, und wenn wir diese Fläche durch das uns bekannte Maß des Saumes teilen, erhalten wir ziemlich genau die Länge. Das setzt natürlich voraus, daß das Gewand überall die gleiche Weite hat. Im allgemeinen ist das der Fall, wie durch eine Anzahl einfacher Gewänder bestätigt wird, bei denen wir die genauen Maße feststellen konnten.

Das war eine lange Abschweifung! Aber sie war nötig, um von den Aufgaben einen Begriff zu geben, die an uns herantraten. Jetzt können wir zur Truhe zurückkehren und mit der Untersuchung ihres Inhalts selbst beginnen. Zuerst entfernten wir die Binsensandalen, die sich in wunderbar festem Zustand befanden und keine Schwierigkeit boten. Dann kam die vergoldete Kopfstütze an die Reihe, und darauf entfernten wir sehr vorsichtig das Gewand. Es gelang uns, einen großen Teil der nach oben liegenden Seite mit Hilfe einer Zelluloidlösung heil herauszubekommen; kleine Stücke des Bortenmusters aus Perlen konservierten wir durch Wachs, um uns später danach richten zu können. Dann folgte, was wir die zweite Schicht in der Truhe nennen können. Hier lagen zunächst drei Paar Sandalen, oder genauer, zwei Paar Sandalen und ein Paar Pantoffeln. Sie waren aus Leder, mit Gold reich verziert und kunstvoll gearbeitet. Leider ließ ihr Zustand viel zu wünschen übrig. Einmal hatten sie durch das Einpacken gelitten. Noch schlimmer aber war es, daß das Leder zum Teil weich geworden und zergangen war. Hierdurch waren die Sandalen zusammen- und an andere Gegenstände angeklebt, so daß es äußerst schwierig war, sie aus der Truhe herauszunehmen. Ihre Wiederherstellung war daher eine schwere Aufgabe. Wir retteten den noch vorhandenen Goldschmuck mit Hilfe einer Lösung aus Kanadabalsam, den wir so dick wie möglich auftrugen. Es wird aber später wahrscheinlich besser sein, neue Sandalen anzufertigen und auf ihnen die alten Verzierungen anzubringen.

Unter den Sandalen lag ein Haufen ganz verdorbener Stoffe, die meist einer Rußmasse glichen; sie waren dicht mit Rosetten und Rauten aus Gold und Silber besät. Das Ganze stellte leider eine Anzahl Königsgewänder dar. Man kann sich vorstellen, wie schwierig der Versuch war, eine einigermaßen verständliche Aufzeichnung vorzunehmen. Aber in den verschiedenen Größen und Formen der Rauten lag eine wesentliche Hilfe. Es waren wenigstens sieben verschiedene Kleidungsstücke. Eins war ein Mantel aus imitiertem Leopardenfell mit vergoldetem Kopf und silbernen Flecken und Klauen, während zwei andere einen Kopfschmuck darstellten, der Falken mit ausgebreiteten Flügeln ähnelte. Mit den Gewändern war eine Anzahl anderer Gegenstände eng zusammengepackt, und zwar zwei kleine Fayencekragen aus Perlen mit Anhängern, zwei Kappen oder Säcke aus feiner Perlstickerei, die fast ganz zer-

Abb. 21 Der Inhalt des Kastens Nr. 54 mit den verstreuten Teilen des Prunkmieders

fallen waren, ein kleines Holzschild mit hieratischer Aufschrift: »Papyrus- (?) Sandalen Seiner Majestät«, ein Handschuh aus einfachem Leinen, der Fausthandschuh eines Bogenschützen, Gewebe aus bunten Fäden, eine doppelte Halskette aus großen flachen Fayenceperlen und eine Anzahl leinene Gürtel oder Schärpen. Unter den Gewändern war eine Schicht von Zeugrollen und Polstern; hierunter wiederum lagen auf dem Boden der Truhe zwei Bretter, die an einer Seite ein Loch zum Aufhängen hatten und deren Zweck noch fraglich ist.

Mit sehr geringen Ausnahmen – zu denen die Binsensandalen gehören – waren die Kleider in dieser Truhe die eines Kindes. Unser erster Gedanke war, daß der König Kleider hatte aufbewahren lassen, die er als Knabe getragen hatte. Aber später fanden wir auf einem der Gürtel und auf einer der Rauten an einem Kleid die Zeichen des Königs. Er muß diese Kleider demnach getragen haben, nachdem er König geworden war. Hieraus würde sich ergeben,

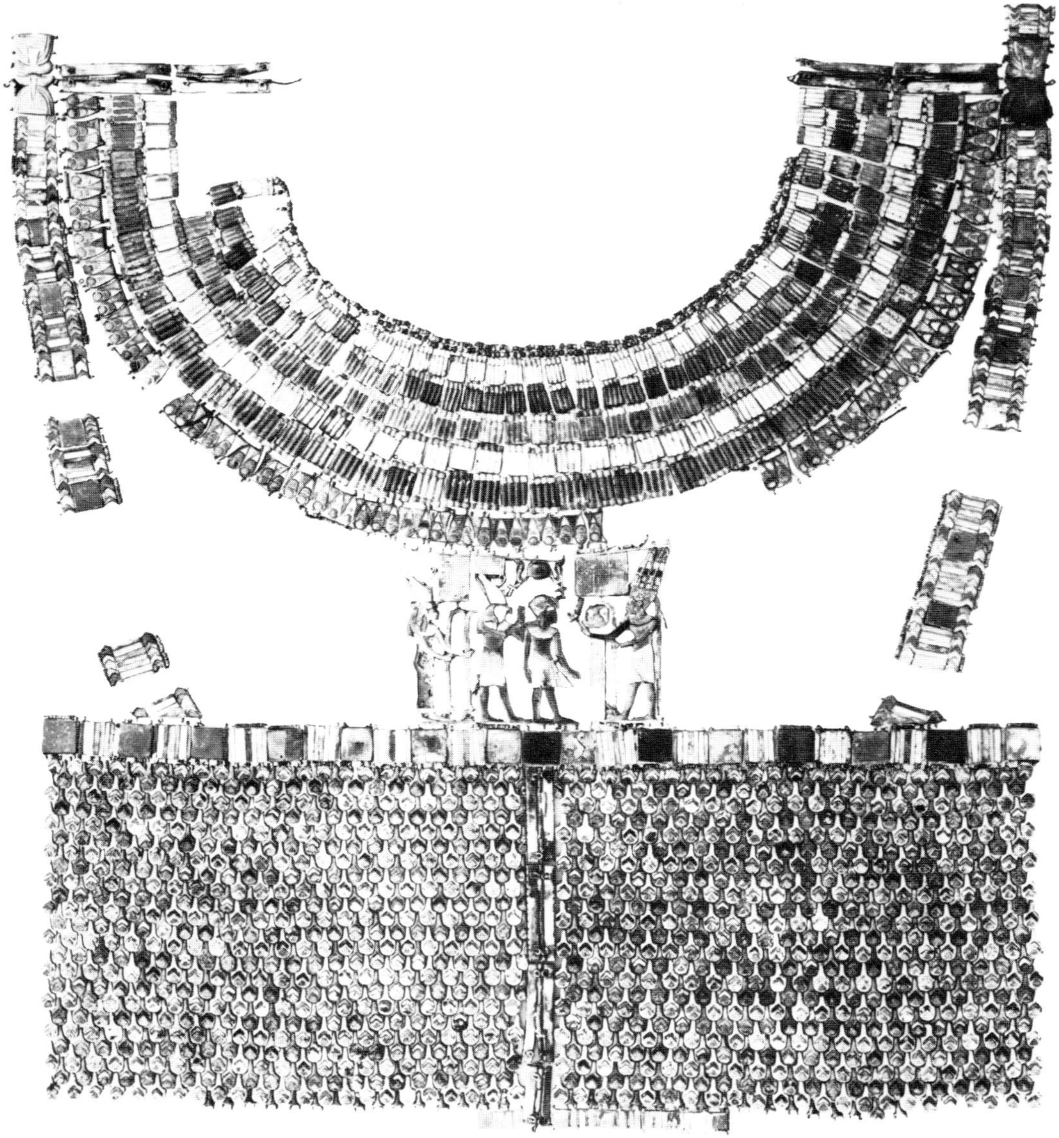

Abb. 22 ... und das Prunkmieder nach der Wiederherstellung

daß er noch ein Knabe war, als er die Thronfolge antrat. Zu dieser Frage liefert uns eine auf dem Deckel eines anderen Kastens angebrachte Aufschrift eine interessante Antwort, die folgendermaßen lautet: »Die Schläfenlocke (?) des Königs als Knabe.« Wir sind sehr gespannt, welches Alter sich ergeben wird, wenn wir die Mumie sehen. Jedenfalls ist der König stets als ein ganz junger Mann dargestellt, wo er auf der Grabausstattung zu sehen ist.

Noch etwas anderes über die in dieser Truhe und in anderen Kästen gefundenen Kleider. Viele sind mit Mustern aus bunten Leinenfäden verziert, einige sind wie Teppiche gewebt, die den im Grab Thutmosis' IV.*) gefundenen Resten ähneln. Aber es gab darunter zweifellos auch Handstickereien. Die Stoffe aus diesem Grab werden für die Geschichte der Weberei von größter Wichtigkeit sein und bedürfen sorgfältigsten Studiums.

*) Carter und Newberry, *Tomb of Thutmosis IV*. Tafeln I und XXVIII. Nr. 46526–46529.

Das Auspacken der anderen Kästen zu beschreiben würde zu weit führen. In allen herrschte das gleiche Durcheinander. Viele enthielten fünfzig bis sechzig verschiedene Stücke, von denen jedes seine eigene Kartennummer erhalten mußte. Beim Auspacken mangelte es niemals an aufregenden Augenblicken, denn man wußte nie, ob man nicht auf einen prächtigen goldenen Skarabäus, eine Statuette oder ein schönes Schmuckstück stoßen würde. Die Arbeit ging natürlich langsam vonstatten, denn zeitweise waren mehrere Stunden nötig, die genaue Anordnung eines Kragens, einer Halskette oder einer Goldverzierung herauszubringen. Alles war gewöhnlich mit dem Staub von zerfallenen Stoffen bedeckt. Die Halskragen verursachten häufig Mühe. Wir fanden im ganzen acht in dem Blatt- und Blumenmuster von El-Amarna, und es bedurfte großer Sorgfalt und Geduld, die genaue Anordnung der verschiedenen Arten der Anhänger herauszubekommen. Alle diese Kragen bedürfen noch längerer Behandlung, um ihre ursprünglichen Farben zurückzugewinnen, und bedeutende Wiederherstellungsarbeiten an den zerbrochenen und fehlenden Teilen sind nötig, bis sie zum Schluß wieder aufgereiht werden können. Bei einem Fall hatten wir Glück; eine kunstvolle dreireihige Halskette mit einem vergoldeten Brustschild an der einen und einem Skarabäusanhänger an der anderen Seite lag flach auf dem Boden eines Kastens, so daß wir Perle für Perle herausholen und auf der Stelle in ihrer ursprünglichen Reihenfolge wieder aufziehen konnten.

Die mühsamste Wiederherstellungsarbeit, die wir leisten mußten, galt dem schon mehrfach erwähnten Prunkmieder. Es war außerordentlich kunstvoll gearbeitet und bestand aus vier Teilen: dem eigentlichen Mieder, das mit Gold und Karneol belegt und mit Rand- und Schulterbändern aus Gold und farbigen Einlagen versehen war, einem Halskragen in der üblichen Nachahmung von Gold-, Karneol-, grünen und blauen Fayenceperlen, und zwei prächtigen Tafeln in durchbrochenem Gold mit farbiger Einlage, von denen eine die Brust, die andere den Rücken schmückte. Prunkmieder dieser Art sind ungemein oft auf den Denkmälern abgebildet und gehörten zur Königstracht, aber noch nie vorher war ein vollständiges Stück gefunden worden. Leider waren die einzelnen Teile arg durcheinandergeworfen, so daß es bei der Wiederherstellung Stellen gab, über die wir nicht ganz klar werden konnten. Das meiste wurde im Kasten 54 gefunden, aber, wie schon in Kapitel 7 bemerkt, befanden sich auch Teile in dem kleinen goldenen Schrein und in den Kästen 101 und 115. Einzelne Stücke wurden sogar auf dem Boden der Vorkammer, des Ganges und der Treppe gefunden. Es war interessant, die Art und Weise herauszubekommen, wie alles ineinanderpaßte, und Abb. 22 zeigt unseren Wiederherstellungsversuch.

Abb. 21 zeigt das Prunkmieder, wie es ursprünglich im Kasten 54 auf mehreren Opfergefäßen aus Fayence lag. Dadurch erhielten wir das Muster und die Anordnung mit den oberen und unteren Borten aus eingelegten Goldtäfelchen und konnten auch an zwei oder drei verschiedenen Stellen seine genaue Breite feststellen. Ferner konnten wir sehen, daß die oberste Reihe des Halskragens an den Schulterbändern befestigt war und daß die goldenen Stäbchen auf den Schultern in die Enden der Schulterbänder hineinpaßten. Die genaue Anordnung des Kragens stellte sich durch die im Goldschrein gefundenen Teile heraus. Die Tafeln lagen ebenfalls im Goldschrein neben den Stücken des Kragens. Daß sie wirklich an den Kragen gehörten, bewies die Rundung an ihren oberen Rändern. Es waren noch andere goldene Stäbchen außer den für die Schultern bestimmten vorhanden, und die an ihnen für die Fäden angebrachten Löcher, die genau mit denen der Schuppenteile übereinstimmten, zeigten, daß sie zum Mieder selbst gehört haben müssen. Diese und die Schulterstäbchen wurden in gleicher Weise durch verschiebbare Nadeln zusammengehalten, die befestigt wurden, nachdem das Mieder angelegt war. Unsere jetzige Wiederherstellung ist nur versuchsweise zum Zweck der Aufnahme erfolgt. Der einzige, wirklich fragliche Punkt dabei ist aber, ob die goldenen Stäbchen so, wie hier gezeigt wird, an die Vorder- oder Rückseite des Panzers gehören oder an die Seiten. Wir haben sie an diesen Stellen angebracht, weil die Stäbchen verschiedene Größe haben und weil es durch keinerlei Zusammenstellung möglich wird, die zwei gleichen Längen herauszubekommen, die für die Seiten nötig sind. Andererseits waren Vorder- und Rückseite des Mieders, wie wir wissen, von verschiedener Breite. Es fehlt noch eine Anzahl Stücke, wir hoffen aber, daß sie noch in der innersten oder der Seitenkammer auftauchen.

Der größte Teil unserer Arbeit im Laboratorium während des Winters betraf die Kästen, deren verworrenen Inhalt wir zu ordnen suchten. Die einzelnen, größeren Stücke waren viel leichter zu behandeln. Einige waren in sehr gutem Zustand und mußten nur von außen gereinigt und aufgezeichnet werden. Anderen wieder mußte wegen kleinerer, für den Transport nötiger Ausbesserungen ziemlich viel Aufmerksamkeit zugewandt werden.

Allen Bodenkehricht und alle Bruchstücke, die wir beim Zusammenkehren und Durchsieben der letzten Staubschicht aus Vorkammer und Gang erhalten hatten, sammelten wir in einem Kasten, und nicht selten fanden wir dort das Stück Einlage, oder was es sonst sein mochte, nach dem wir gerade für unsere Wiederherstellungsarbeiten suchten. An die Wagen haben wir uns noch nicht herangetraut. Das muß später in Kairo geschehen, denn sie bestehen aus vielen Teilen, deren Sortieren und Behandlung einen größeren Arbeitsraum erfordern, als wir im »Tal« einrichten können.

Am Ende des Winters trat die Frage des Verpackens an uns heran, was immer eine ängstliche Sache ist, in diesem Fall aber durch den ungeheuren Wert der Fundstücke besonders wichtig war. Sie sowohl vor Staub wie vor wirklicher Beschädigung zu schützen, war äußerst wichtig. Jeder Gegenstand wurde daher erst in Watte oder in Leinen oder in beides gewickelt, ehe man ihn in seine Kiste legte. Leicht zerbrechliche Teile, wie die Stücke des Thronsessels, die Beine der Stühle und Betten, oder die Bogen und Stäbe wurden mit schmalen Binden umwickelt, für den Fall, daß sich etwas beim Versand loslösen sollte. Sehr empfindliche Gegenstände wie die Totensträuße und die Sandalen, die keine gewöhnliche Verpackung vertragen konnten, wurden in Kleie gelegt. Große Sorgfalt wurde darauf verwendet, alles in streng geordneten Gruppen zusammenzuhalten, alle Gewebe in einer Kiste, alle Schmucksachen in einer anderen usw. Es ist gut möglich, daß ein oder zwei Jahre vergehen, ehe die Kisten wieder ausgepackt werden, und dann wird es viel Zeit und Arbeit ersparen, wenn sich alle Gegenstände derselben Art zusammen in einer Kiste befinden. Im ganzen wurden neunundachtzig Kisten gepackt. Um aber die Gefahr beim Transport zu verringern, wurden diese wieder in vierunddreißig Packkisten untergebracht.

Dann kam die Frage der Beförderung. Am Flußufer wartete ein Frachtdampfer der Altertümerverwaltung, aber vom Laboratorium zum Fluß führte ein neun Kilometer langer unebener Weg mit unangenehmen Windungen und gefährlichen Steigungen. Drei Beförderungsmittel standen uns zur Verfügung, Kamele, Lastträger oder eine Decauville-Feldbahn. Wir entschlossen uns für die Feldbahn, in der Hoffnung, daß bei ihr die Kisten am wenigsten gestoßen würden. Also wurden sie auf eine Anzahl flacher Wagen geladen, und am Abend des 13. Mai waren sie bereit, ihre Fahrt das »Tal« hinunter anzutreten, denselben Weg, den sie vor 3000 Jahren unter so ganz anderen Verhältnissen schon einmal gemacht hatten.

Bei Anbruch des nächsten Morgens setzten sich die Wagen in Bewegung. Wenn wir hier von Bahn sprachen, darf der Leser sich nicht vorstellen, daß wir den ganzen Weg bis zum Fluß hinunter feste Schienen gelegt hätten. Denn das würde viele Monate gedauert haben. Wir mußten die Schienen im Gegenteil streckenweise legen und sie ununterbrochen hinter den Wagen abbrechen und davor wieder legen, während die Wagen sich vorwärts bewegten. Fünfzig Arbeiter waren dauernd dabei beschäftigt; jeder hatte seinen bestimmten Posten, das Schieben der Wagen, das Legen der Schienen oder das Vorschaffen der freigewordenen Schienen. Eine solche Bahn scheint langweilig zu sein, aber es ist wunderbar, wie rasch man damit vorwärts kommt. Am 15., früh 10 Uhr, – nach fünfzehnstündiger Arbeit – war die ganze Entfernung zurückgelegt, und die Kisten waren sicher auf dem Frachtboot verstaut. Auf dem unebenen Weg durch das »Tal« gab es einige ängstliche Augenblicke, aber nichts Ernsteres geschah. Es stellt dem Eifer unserer Arbeiter ein gutes Zeugnis aus, daß tatsächlich die ganze Arbeit in so kurzer Zeit und ohne irgendeinen Unglücksfall geleistet wurde. Es sei hinzugefügt, daß die Arbeit unter sengender Sonne und bei einer Temperatur von über 37 Grad im Schatten geleistet wurde. Die Eisenschienen konnten daher beinahe nicht angefaßt werden, so heiß waren sie.

Bei der Flußfahrt standen die Kisten unter der Obhut einer von dem Mudir der Provinz abgeordneten militärischen Begleitmannschaft, und nach siebentägiger Reise gelangte alles sicher in Kairo an. Dort packten wir einige der wertvollsten Gegenstände wieder aus, um sie sofort auszustellen. Der Rest der Kisten bleibt im Museum bis zu der Zeit liegen, wo es uns möglich sein wird, die endgültigen Wiederherstellungsarbeiten aufzunehmen.

Abb. 23 Transport der Fundstücke aus dem Grab

Das Öffnen der versiegelten Tür

11

Mitte Februar war unsere Arbeit in der Vorkammer beendet. Mit Ausnahme der beiden Wache haltenden Statuen, die wir in bestimmter Absicht stehengelassen hatten, war alles in das Laboratorium gebracht worden. Jeder Zoll des Bodens war gekehrt und nach der letzten Perle durchsiebt worden. Die Vorkammer war nun vollständig ausgeräumt und leer. Endlich waren wir so weit, das Geheimnis der versiegelten Tür zu lösen.

Dafür wurde Freitag, der 17. Februar festgesetzt. Der Verabredung gemäß trafen sich um 2 Uhr vor dem Grab alle, die bevorzugt waren, bei der Feierlichkeit zugegen zu sein. Zu ihnen gehörten Lord Carnarvon, Lady Evelyn Herbert, der Minister der öffentlichen Arbeiten, Exzellenz Abd el Halim Pascha Suliman, der Generaldirektor der Altertümerverwaltung, Lacau, Sir William Garstin, Sir Charles Cust, der Leiter der ägyptischen Abteilung am Metropolitan-Museum in New York, Lythgoe, Professor Breasted, Dr. Alan Gardiner, Winlock, Mervyn Herbert, Richard Bethell, der Generalinspektor der Altertümerverwaltung, Engelbach, drei ägyptische Inspektoren der Altertümerverwaltung, der Vertreter der Regierungspresse und die Mitglieder unseres Stabes – im ganzen etwa zwanzig Personen. Um 2.15 Uhr war die ganze Gesellschaft versammelt; wir entledigten uns unserer Röcke und zogen den schrägen Gang ins Grab hinunter.

In der Vorkammer war alles vorbereitet. Sie muß denen, die sie seit der Öffnung des Grabes nicht wieder besucht hatten, einen seltsamen Anblick geboten haben. Um die Statuen vor Schaden zu schützen, hatten wir sie mit Brettern verkleidet. Zwischen ihnen hatten wir eine kleine Plattform errichtet, gerade hoch genug, um an den oberen Teil der versiegelten Tür reichen zu können, denn wir hatten uns entschlossen, von oben nach unten zu arbeiten, weil es der sicherste Weg war. In geringer Entfernung hinter der Plattform war eine Schranke, und hinter ihr hatten wir Stühle für die Zuschauer aufgestellt in der Voraussetzung, daß die Arbeit mehrere Stunden dauern könne. Auf jeder Seite waren Gestelle für unsere Lampen angebracht, deren volles Licht auf die Tür fiel. Denken wir jetzt daran zurück, so können wir uns vorstellen, was für ein seltsames Bild die Kammer geboten haben muß! Ich glaube aber nicht, daß uns damals solche Gedanken kamen. Nur eins wußten wir: Dort vor uns war die versiegelte Tür, und wenn wir sie jetzt öffneten, so würden wir Jahrtausende überbrücken. Wir würden uns in Gegenwart eines Königs befinden, der vor 3000 Jahren herrschte. Als ich die Plattform bestieg, waren meine eigenen Gefühle seltsam gemischt und meine Hand zitterte, als ich den ersten Schlag führte.

Zuerst suchte ich den hölzernen Querbalken über der Tür, brach dann den Mörtel sehr vorsichtig ab und nahm die kleinen, die oberste Schicht bildenden Steine heraus. Die Versuchung, jeden Augenblick innezuhalten und hineinzuschauen, war unbezwinglich! Nachdem ich, nach ungefähr zehn Minuten, ein Loch gemacht hatte, das groß genug war, führte ich eine kleine elektrische Lampe hindurch. Staunenerregendes enthüllte ihr Licht! Kaum ein Meter von der Tür entfernt, stand dort etwas, was sich so weit wie man nur sehen konnte erstreckte und den Eingang in die Kammer versperrte. Allem Anschein nach war es eine Mauer aus massivem Gold!

28

Für den Augenblick wußten wir nicht, welche Bewandtnis es mit dieser Mauer habe. Ich fing deshalb an, das Loch so schnell zu erweitern, wie ich es nur wagen konnte. Das war ziemlich schwierig, da die Mauer nicht aus gleichförmigen, viereckigen und gleichmäßig aufeinandergelegten Steinblöcken bestand, sondern aus rohen Stücken in verschiedener Größe, einige so schwer, daß man alle Kraft anwenden mußte, um sie zu heben. Wenn das auf den Steinen von oben ruhende Gewicht entfernt wurde, kamen viele in eine so gefährliche, unsichere Lage, daß die geringste falsche Bewegung sie hätte ins Innere auf den Inhalt der Kammer stürzen lassen. Außerdem versuchten wir, die Siegelabdrücke auf dem dicken Mörtel der Tür zu erhalten, was die Schwierigkeit bedeutend erhöhte, die Steine zu entfernen. Mace und Callender halfen mir jetzt, und jeder Stein wurde nach einem regelrechten Plan entfernt. Mit einem Stemmeisen lockerte ich ihn leicht, während Mace ihn hielt, damit er nicht herunterfiel; dann hoben wir ihn beide heraus und reichten ihn Callender zu, der ihn an einen der Vorarbeiter weitergab. Dieser wieder gab ihn weiter durch eine Kette Arbeiter den Gang hinauf und ganz aus dem Grab hinaus.

Nach der Entfernung einiger weniger Steine war das Geheimnis der goldenen Mauer gelöst. Wir waren am Eingang der Sargkammer des Königs! Was uns den Weg versperrte, war die Wand eines riesigen Schreines, erbaut, um den Sarg zu decken und zu schützen. Jetzt konnten auch die Zuschauer in der Vorkammer diesen Schrein im Schein der Lampen sehen. Wie ein Stein nach dem anderen entfernt und die goldene Außenseite des Schreins allmählich sichtbar wurde, konnten wir wie durch eine elektrische Leitung das Prickeln der Erregung spüren, in das die Zuschauer hinter der Schranke gerieten. Wir, die wir arbeiteten, waren wahrscheinlich weniger erregt, denn unsere ganze Kraft wurde durch unsere Aufgabe in Anspruch genommen – die Mauer ohne Unfall einzureißen.

Wenn ein einziger Stein auf die empfindliche Oberfläche des Schreines gefallen wäre, hätte er unersetzlichen Schaden anrichten können. Sobald daher das Loch groß genug war, sorgten wir für vermehrten Schutz, indem wir eine Matratze hinter die Tür hingen. Zwei Stunden schwerer Arbeit brauchten wir, um die versiegelte Tür oder wenigstens so viel davon, als für den Augenblick nötig war, niederzureißen. An einer Stelle, nahe am unteren Ende, mußten wir mit der Arbeit für eine Weile innehalten, um die zerstreuten Perlen einer Halskette zu sammeln, die die Plünderer aus der inneren Kammer geholt und auf der Schwelle hatten fallen lassen. Das war eine schwere Geduldsprobe für uns, denn es ging langsam, und wir waren alle äußerst gespannt auf das, was sich in der Sargkammer befinden mochte. Aber endlich war auch diese Arbeit erledigt, die letzten Steine wurden entfernt, und der Weg in die innerste Kammer lag offen vor uns.

Während wir die Steine der versiegelten Tür forträumten, hatten wir bereits bemerkt, daß der Boden der Sargkammer über ein Meter tiefer als der der Vorkammer lag. Da sich zwischen Tür und Schrein nur wenig Raum befand, war es also keineswegs leicht, die Sargkammer zu betreten. Zum Glück war dieser Teil der Kammer frei von Fundstücken. Ich konnte mich deshalb hinablassen und rückte mit der tragbaren Lampe in der Hand vorsichtig bis an die Ecke des Schreines vor und schaute dahinter. An der Ecke versperrten zwei schöne Alabastergefäße den Weg; aber ich sah, daß wir ungehindert bis an das Ende der Kammer gelangen konnten, wenn diese entfernt wurden. Ich nahm sie daher weg, nachdem ich sorgfältig die Stelle, an der sie standen, bezeichnet hatte – mit Ausnahme des Prunkbechers des Königs waren sie aus schönerem Material und von anmutigerer Form als irgendein bis jetzt entdecktes Fundstück –, und reichte sie rückwärts in die Vorkammer. Lord Carnarvon und Lacau folgten mir jetzt. Wir tasteten uns vorsichtig in dem engen Gang zwischen Schrein und Mauer entlang und ließen den Draht unserer Lampe nachlaufen. Es war ohne allen Zweifel die Sargkammer, in der wir standen. Vor uns türmte sich einer der großen vergoldeten Schreine auf, unter

Abb. 24 Lord Carnarvon und Howard Carter bei der Öffnung der Tür zur Grabkammer

die die Könige gelegt wurden. So ungeheuer war dieses Bauwerk (wie wir später fanden 5,0:3,30 und 2,73 Meter hoch), daß es fast die ganze Kammer ausfüllte; nur ein Zwischenraum von ungefähr 65 Zentimeter trennte es an allen vier Seiten von den Wänden, während sein Dach fast bis zur Decke reichte.

Von oben bis unten war es mit Gold überzogen, und in seine Seiten waren Füllungen aus leuchtend blauer Fayence eingelassen, auf denen wieder und wieder die Zauberzeichen dargestellt waren, die ihm Stärke und Sicherheit verleihen sollten. Auf dem Boden rund um den Schrein standen Totengaben, und an der Nordseite fanden sich die magischen Ruder, die der König brauchte, um sich über die Gewässer der Unterwelt fahren zu lassen (Abb. 25). Die Wände der Kammer waren, ungleich denen der Vorkammer, mit bunten Darstellungen und Inschriften in leuchtenden Farben, aber anscheinend etwas flüchtig in der Ausführung geschmückt.

Diese letzten Einzelheiten müssen uns erst später aufgefallen sein, für den Augenblick war unser einziger Gedanke nur der Schrein und seine Unversehrtheit. Waren die Diebe in ihn eingedrungen und hatten sie die Grabstätte des Königs erbrochen? An der Ostseite waren die großen Flügeltüren verschlossen und verriegelt, aber nicht versiegelt. Sie mußten uns die Frage beantworten! Eilig zogen wir die Querriegel zurück und schlugen die Türen auf. Im Innern befand sich ein zweiter Schrein mit ähnlich verriegelten Türen, und auf diesen Riegeln befand sich ein unversehrtes Siegel! Wir beschlossen, das Siegel nicht zu erbrechen, denn unsere Zweifel waren behoben, und wir konnten nicht weiter eindringen, ohne das Denkmal zu gefährden. Ich glaube, in diesem Augenblick wünschten wir gar nicht, das Siegel zu lösen, denn schon beim Öffnen der Türen fühlten wir uns als Eindringlinge. Dieses Gefühl wurde vielleicht durch den ergreifenden Eindruck eines mit goldenen Rosetten verzierten leinenen Bahrtuches verstärkt, das über den inneren Schrein herabhing. Wir fühlten, daß wir in Gegenwart des toten Königs waren und ihm Ehrfurcht erweisen mußten. In unserer Phantasie konnten wir die Türen der nachfolgenden Schreine sich eine nach der anderen öffnen sehen, bis der allerinnerste den König selbst enthüllte. Sorgfältig und so leise wie möglich schlossen wir die große Flügeltür und schritten weiter zum anderen Ende der Kammer.

Dort wartete unserer eine Überraschung, denn östlich von der Sargkammer gewährte eine niedrige Tür Einlaß zu einer weiteren Kammer, die kleiner als die äußeren und nicht so hoch war. Dieser Durchgang war, ungleich den anderen, weder verschlossen noch versiegelt. Von unserem Standpunkt war es möglich, eine genaue Übersicht über den Inhalt dieser neuen Kammer zu gewinnen. Ein einziger Blick genügte, uns zu zeigen, daß sich hier die größten Schätze des Grabes befanden. Dem Eingang gegenüber, an der anderen Seite, stand das schönste Denkmal, das ich jemals gesehen habe – so wunderbar schön, daß man vor Staunen und Bewunderung den Atem anhielt! In der Mitte dieses Denkmals stand ein großer schreinartiger Kasten, der ganz und gar mit Gold überzogen und oben von einer Hohlkehle aus Uräusschlangen abgeschlossen war. Ihn umgaben freistehende Standbilder der vier Schutzgöttinnen der Toten, anmutige Gestalten mit schützend ausgebreiteten Armen, so natürlich und lebendig in ihrer Haltung, so voll Mitgefühl und Erbarmen im Ausdruck ihrer Gesichter, daß man das Anschauen fast als Entweihung empfand. Jede dieser Schutzgöttinnen schützte den Schrein an einer Seite. Während aber zwei ihren Blick fest auf das ihrer Obhut Anvertraute gerichtet hielten, war den anderen beiden ein Ausdruck ergreifender Natürlichkeit verliehen. Sie schauten, ihre Köpfe zur Seite wendend, über die Schultern nach dem Eingang, als ob sie gegen eine Überraschung wachsam sein müßten. Es liegt eine schlichte Größe über diesem Denkmal, und ich schäme mich nicht, einzugestehen, daß es mir unmöglich war, auch nur ein Wort herauszubringen. Ohne Zweifel ist es der Schrein, der die

 Abb. 25 Magische Ruder zwischen dem äußersten Schrein und der Nordwand der Grabkammer

194
193
192
191
190
189
188
187
186
185
184
183

Kanopen*) enthält, die Krüge, die eine so wichtige Rolle bei den Einbalsamierungsgebräuchen spielen.

Noch eine Anzahl anderer wunderbarer Sachen befand sich in der Kammer. Aber damals wurde es uns schwer, sie genauer anzusehen, so unwiderstehlich wurden unsere Augen wieder und wieder von den lieblichen kleinen Göttinnen angezogen. Unmittelbar vor dem Eingang lag die Gestalt des Schakalgottes Anubis auf seinem Schreine, in leinene Gewänder gehüllt und auf einem tragbaren Schlitten, und hinter ihm der Kopf eines Stieres auf einem Untersatz – beides Sinnbilder der Unterwelt. An der Südwand der Kammer standen viele schwarze Schreine und Kästen, die alle verschlossen und versiegelt waren, außer einem, dessen geöffnete Türen Statuen Tut-ench-Amuns, auf schwarzen Leoparden stehend, enthüllten. An der Rückwand standen noch andere schreinartige Kästen und Miniatursärge aus vergoldetem Holz, die zweifellos Totenstatuetten des Königs enthalten. In der Mitte der Kammer zur Linken des Anubis und des Stieres stand eine Reihe prächtiger Kästen aus Elfenbein und Holz, mit Gold und blauer Fayence eingelegt und verziert; ein anderer, dessen Deckel wir aufhoben, enthielt einen herrlichen Fächer aus Straußenfedern mit elfenbeinernem Griff, so frisch und fest, als ob er gerade angefertigt worden wäre. In verschiedenen Teilen der Kammer verstreut befand sich eine Anzahl Schiffsmodelle, vollständig mit Segeln und Tauwerk versehen, und an der Nordseite noch ein Wagen.

Das war nach einem schnellen Überblick der Inhalt der Schatzkammer. Wir suchten ängstlich Anzeichen von Plünderungen, aber äußerlich waren keine zu sehen. Ohne Zweifel müssen die Diebe eingedrungen sein, aber sie können höchstens zwei oder drei Kästen geöffnet haben. Die meisten Kästen tragen, wie gesagt, noch ihre unversehrten Siegel, und alle Gegenstände in der Kammer befinden sich, zum Glück ganz im Gegensatz zu denen der Vor- und Seitenkammer, noch genau an demselben Platz, an den sie zur Zeit der Bestattung gestellt worden sind.

Wieviel Zeit wir zu diesem ersten Überblick über die Wunder des Grabes brauchten, vermag ich nicht zu sagen, aber sie muß denen endlos erschienen sein, die in der Vorkammer harrten. Nicht mehr als drei auf einmal konnten mit Sicherheit eingelassen werden, und nachdem Lord Carnarvon und Lacau herausgekommen waren, gingen die anderen paarweise hinein: zuerst Lady Evelyn Herbert, als einzige anwesende Dame, mit Sir William Garstin, und dann nacheinander die übrigen. Es war interessant, von der Vorkammer aus zu beobachten, wie sie einer nach dem anderen in der Tür auftauchten. Allen glänzten die Augen, und alle nacheinander erhoben ihre Hände, wie in unbewußter Unfähigkeit, mit Worten die Wunder zu beschreiben, die sie sahen. Ja, sie waren nicht zu beschreiben, und hätten uns auch Worte zur Verfügung gestanden, so war doch die Bewegung zu tief, die sie in uns erweckten, um sie anderen mitteilen zu können. Es war ein Erlebnis, das keiner von uns Anwesenden sicherlich jemals vergessen kann, denn in unserer Phantasie waren wir bei den Bestattungsfeierlichkeiten eines längst verstorbenen und fast vergessenen Königs zugegen gewesen. Ein Viertel nach 2 Uhr waren wir in das Grab hinuntergestiegen, und als wir drei Stunden später erhitzt, staubig und ermüdet wieder heraus in das Tageslicht traten, erschien uns das »Tal« selbst verändert und in einem besonderen Licht. Uns war die Freiheit wiedergegeben.

Einer der nächsten Tage war für eine Besichtigung des Grabes durch die Ägyptologen festgesetzt worden, und zum Glück konnten die meisten anwesend sein, die sich im Land befanden. Am nächsten Tage beehrten die Königin von Belgien und ihr Sohn Prinz Alexander, die zu diesem Zweck nach Ägypten gekommen waren, uns mit einem Besuch. Bei dieser

*) Bei der Balsamierung wurde das Gehirn des Toten mit einem Haken durch die Nasenlöcher herausgezogen, die Bauchhöhle geöffnet und die Eingeweide entfernt, die neben der Mumie in Krügen (Kanopen) bestattet wurden.

Gelegenheit waren Lord und Lady Allenby nebst einer Anzahl anderer auserwählter Gäste zugegen. Eine Woche später wurde das Grab aus den früher angeführten Gründen geschlossen und noch einmal zugeschüttet.

Hier endet unsere vorläufige Arbeit am Grab Tut-ench-Amuns.

Nun zu der vor uns liegenden. Im Winter 1923/24 wird unsere erste Aufgabe sein, und sie ist schwierig und angstvoll, die Schreine in der Sargkammer auseinanderzunehmen. Nach dem Papyrus Ramses' IV. ist es wahrscheinlich, daß es nicht weniger als fünf solcher Schreine geben wird, einer in den anderen gebaut, ehe wir an den Steinsarg kommen, in dem der König ruht. In dem Raum zwischen diesen Schreinen hoffen wir, noch eine Anzahl schöner Gegenstände zu finden. Bei der Mumie, die, wie wir glauben und hoffen, von den Plünderern unberührt geblieben ist, darf man mit Bestimmtheit die Kronen und andere Kronjuwelen eines Königs von Ägypten erwarten. Wie lange diese Arbeit in der Sargkammer dauern wird, können wir jetzt noch nicht sagen, aber sie muß beendet werden, ehe wir an die allerinnerste Kammer herangehen, und wir müssen uns glücklich schätzen, wenn wir beide in einem Winter ausräumen können. Ein weiterer Winter wird sicherlich für die Seitenkammer mit ihrem wirren Durcheinander an Gegenständen nötig sein.

Die Einbildungskraft versagt bei dem Gedanken, was das Grab alles noch enthüllen mag; denn die bisher aufgeführten Fundstücke stellen nur ein Viertel – und wahrscheinlich das am wenigsten Wichtige – der Schätze dar, die es enthält. Viele Augenblicke der Erregung sind uns noch bis zur Beendigung unserer Aufgabe vorbehalten. Voll Eifer sehen wir der Arbeit entgegen, die vor uns liegt.

Ein Schatten muß unvermeidlich auf ihr liegen, ein Schmerz, den die ganze Welt mit uns empfinden wird – nämlich, daß es Lord Carnarvon nicht vergönnt war, den vollen Genuß seines Werkes auszukosten*): bei der Vollendung dieses Werkes aber möchten wir, die wir es auszuführen haben, das Beste in uns seinem Andenken weihen.

*) Lord Carnarvon starb am Morgen des 5. April 1923 (Anm. d. Verl.).

Tut-ench-Amun

12

So oft uns eine archäologische Entdeckung vor eine ferne Zeit und ihre Menschen stellt, wenden wir uns instinktiv zuerst den Dingen zu, die uns am unmittelbarsten berühren, nämlich den ewig menschlichen. Eine verdorrte Lotosblume, ein Liebeszeichen, ein schlichtes Hausgerät bringen uns die Vergangenheit viel näher als Zahlen oder Urkunden, die in konventionellem Stil die Heldentaten eines unbekannten »Königs der Könige« rühmen.

Das gilt auch von den Entdeckungen im Grab Tut-ench-Amuns. Über den knabenhaften König als Herrscher wissen wir nur wenig, von seinen Neigungen und Anlagen aber können wir uns jetzt ein Bild machen. In seiner Eigenschaft als Priester und irdischer Stellvertreter des großen Sonnengottes Rē bleibt uns der junge Pharao ziemlich fremd. Als Mensch aber, als begeisterter Jäger, als eifriger Sportsmann, ist er uns lieb und vertraut geworden.

Die religiösen Anschauungen der Völker sind je nach Zeit, Umständen und Erziehung verschieden, und besonders die geistige Einstellung zum Tod und seinen Mysterien kann primitiv oder verfeinert und vergeistigt sein. Mit steigender Kultur drücken sich Liebe, Mitleid, Trauer und Schmerz zarter und unterschiedlicher aus. Das beweisen die griechischen Grabreden und die römischen Grabinschriften. Bei den alten Ägyptern kommt die zartere Stimmung der Trauer noch wenig zum Ausdruck. Denn sie wird überwuchert von einer Fülle herkömmlicher, bis ins einzelne geregelter Zeremonien, die sich auf dem Glauben an das Fortleben nach dem Tod aufbauen. Ihn zu stärken und eindringlich zu machen, scheute man kein Opfer. Das Leben nach dem Tod scheint dem alten Ägypter immer wichtiger gewesen zu sein als das irdische. Wer die Denkmäler auch nur oberflächlich betrachtet, wird erstaunt sein über die verschwenderische Freigebigkeit, mit der man die Toten für ihre letzte geheimnisvolle Fahrt ausstattete.

Wenn aber auch Herkommen und kultische Sitte die Bestattungsbräuche der alten Ägypter bestimmten, wie der Inhalt des Tut-ench-Amun-Grabes deutlich zeigt, so blieb doch Raum für den Ausdruck persönlicher Trauer in dem Totengesang der Trauernden, der zugleich dem Toten gegen die Gefahren der Unterwelt Kraft verlieh. Dieses menschliche Empfinden ist auch durch die geheimnisvollen Symbole eines vielgestaltigen Totenkultes nicht verdeckt worden. Diese persönliche Trauer kommt im Grab des Tut-ench-Amun stärker als in irgendeinem anderen zum Ausdruck, und sie mutet uns fast modern an. Der winzige Kranz auf dem Sarg, der schöne alabasterne Prunkbecher mit seiner rührenden Inschrift, die gewiß vom König selbst am Wasser geschnittenen und als Kostbarkeit aufbewahrten Binsen, diese und andere Fundstücke erzählen uns eindringlich vom Schmerz der Lebenden um ihren geliebten Toten.

Leise weht die Wehmut des allzu frühen Hinscheidens durch das Grab. Der jugendliche, lebens- und genußfreudige König hatte im frühen Jünglingsalter vielleicht unter erschütternden Umständen seine letzte Reise aus der hellen, strahlenden ägyptischen Sonne in das Dunkel der ungeheuren Unterwelt antreten müssen. Der Schmerz um ihn findet einen zarten, anmutigen Ausdruck, der noch nach mehr als dreitausend Jahren unsere Teilnahme erregt.

Wie schon erwähnt, scheint das kurze Leben des Königs nicht leicht und die Zeit seiner Regierung politisch sehr unruhig gewesen zu sein. Möglicherweise war er das Werkzeug

Abb. 26 Tut-ench-Amun auf der Entenjagd; Detail von dem kleinen goldenen Schrein (Abb. 13)

dunkler politischer Mächte, die hinter den Kulissen wirkten. Aber dies ist nur eine Vermutung auf Grund der spärlichen Tatsachen, die uns sein Grab offenbart. Dagegen gewinnen wir durch zahlreiche Darstellungen auf den Gegenständen seiner Grabausstattung klaren Einblick in seinen Geschmack und seine Neigungen. Sie schildern lebensvoll das zärtliche Verhältnis Tut-ench-Amuns zu der jungen Königin, seine Liebe zum Sport und seine Leidenschaft für das königliche Vergnügen der Jagd.

Kann es etwas Rührenderes geben als das reizende Bild auf dem Thronsessel? (Tafel IV) Hebt es uns nicht für Augenblicke hinweg über den Abgrund der Jahrtausende? Anches-en-Amun, die reizende mädchenhafte Gattin, ist dargestellt, wie sie den Halskragen des Königs mit duftenden Essenzen betupft, oder wie sie die letzte Hand an seinen Anzug legt, ehe er sich zu einer Amtshandlung in den Palast begibt. Besonders rührend ist auch das Blumenkränzchen, das noch einen Schimmer seiner einstigen Farben bewahrt hat, jener letzte Gruß, der dem Bild des toten Jünglings auf die Stirn gelegt wurde, als man ihn in seinen Steinsarg bettete. Eine Szene aus dem täglichen Leben des Königspaares zeigt die Darstellung auf einem kleinen goldenen Schrein (Abb. 26). Dort sehen wir Tut-ench-Amun von einem jungen Löwen begleitet mit Pfeil und Bogen auf der Wildentenjagd. Die jugendliche Königin hockt zu seinen Füßen, reicht ihm mit einer Hand einen Pfeil und macht ihn mit der anderen auf eine besonders fette Ente aufmerksam. Auf dem gleichen Schrein bietet ihm die reizende Gattin geweihte Spenden dar, Amulette, Blumen und Halskragen. Oder die Königin begleitet den Gatten auf einem Jagdausflug in einem aus Schilfbündeln geflochtenen Boot. Zärtlich stützt sie ihn, als wäre er ermüdet von schweren Staatsgeschäften. Dann wieder die köstlich spielerische kleine Darstellung des jungen Paares in seinem Heim. Auf dem Lager ruhend, träufelt er ihr duftendes Öl auf die Hand.

Zwischen dem Steinsarg des Königs und dem ihn umhüllenden Grabschrein fanden wir einen goldenen Wedel (Abb. 27), wie wir ähnliche von Bildern aus römischer Zeit kennen und wie sie noch heute im Vatikan gebräuchlich sind. Der Handgriff zeigt in einem schönen getriebenen Flachrelief Tut-ench-Amun auf der Straußenjagd, um die Federn zu einem Fächer zu erbeuten. Auf der Rückseite kehrt der König triumphierend von der Jagd heim. Seine Begleiter tragen die erlegten Strauße, während er selbst die Federn zu dem Wedel unterm Arm hält.

Überall begegnen wir Tut-ench-Amun in seinen sportlichen Vergnügungen. Das Bogenschießen scheint er wie andere Könige der damaligen Zeit besonders geliebt zu haben, worauf außer Wurfhölzern und anderem Jagdgerät ein überaus prunkvoller Galabogen hinzudeuten scheint. Er ist vergoldet und mit Filigranwerk sowie mit Einlagen von Halbedelsteinen und Glasflüssen reich verziert. In einem langen Kasten in der Vorkammer lag eine Anzahl Bogen in erlesener Ausführung, darunter zusammengesetzte, die mit einem feinen, aus Rindenstücken gebildeten Muster übersponnen waren, sowie mehrere Pfeile in edelsten Formen. Zwischen den goldenen Schreinen, die den Steinsarg schützten, also in unmittelbarer Nähe des Königs, fanden wir weitere Bogen und Pfeile. Die Scheide eines schönen goldenen Dolches, der innerhalb der Mumienhülle um den Körper des Königs gegürtet war, trägt goldgetriebene Reliefs wilder Tiere. Selbst das Gefäß für Schönheitsmittel ist mit Bildern von Stieren, Löwen, Hunden, Gazellen und Hasen bedeckt. Überall wiederholt sich die Darstellung seiner Jagdhunde in Szenen, die auf seine Liebe zum Sport im Freien deuten.

Offenbar waren damals die weiten Sumpfflächen, die Wüstenränder und das Buschwerk der Wüstentäler in der Umgebung Thebens reich an Wild. So konnte der jugendliche König im Boot auf Sumpfvögel aller Art sein Geschoß richten oder in die Wüste auf seinem Streitwagen zur Jagd ausziehen. Seine Höflinge folgten in Wagen, das Gefolge lief nebenher. Vielleicht auch wurde damals Wild in Gehegen gezogen. Auf jeden Fall ging Tut-ench-Amun

Abb. 27 Tut-ench-Amun auf der Straußenjagd; Relief auf einem goldenen Wedel

mit Pfeil und Bogen viel auf Jagd, und seine Jagdhunde wurden auf das gesichtete Wild gehetzt.

Von der Jagdliebe des Königs erzählt ferner eine entzückende, lebensprühende Skizze, die dicht am Eingang zum Grab gefunden worden ist. Sie rührt vermutlich von einem Steinmetz her, der beim Bau des Grabes beschäftigt war, und ist in ein dünnes Stück Kalkstein gezeichnet. Sie stellt den König dar, wie er mit Hilfe seiner Hunde einen Löwen mit dem Speer erlegt. Nach diesem Beweis hohen Könnens eines einfachen Steinmetzen erwarteten wir natürlich höchste Vollendung von den Werken der Künstler, die im Dienst der kunstliebenden und sachverständigen Herrscher Ägyptens standen. Die Schätze in Tut-ench-Amuns Grab haben unsere Erwartungen voll erfüllt.

Eine der ganz großen künstlerischen Kostbarkeiten ist die bemalte hölzerne Truhe Nr. 21, die in der Vorkammer gefunden wurde (Abb. 12). Wände und Deckel tragen auf Stuck, noch jetzt in frischen Farben leuchtend, eine Reihe ausgezeichnet gemalter Bilder. Der gewölbte Deckel trägt Jagdszenen, die den König auf seinem Streitwagen zeigen. Von prächtig aufgezäumten, sich bäumenden Rossen gezogen, stürmt er wilden Wüstentieren nach, und entsetzt fliehen Antilope, Strauß, Hyäne und Löwe. Zwischen wild dahinstürmenden Tieren und den Füßen ihrer Verfolger stehen in reizvollem Gegensatz Büschel lieblicher Wüstenpflanzen. Wunderbar kraftvoll ist die Todesangst des gehetzten Wildes zum Ausdruck gebracht. Einzelheiten, z.B. in der Gruppe der verfolgten Löwen, stehen auf einer erstaunlichen Höhe. Die speerdurchbohrten Tiere in ihrem Todeskampf sind von großartiger Kraft. Ins Herz getroffen, stürzt der König der Tiere nach einem letzten, verzweifelten Sprung kopfüber zur Erde. Ein anderer Löwe, dem der Speerschaft in den geöffneten Rachen drang, versucht ihn mit der Tatze zu packen. Zerbrochen hängt zwischen den Fängen eines dritten ein Speer,

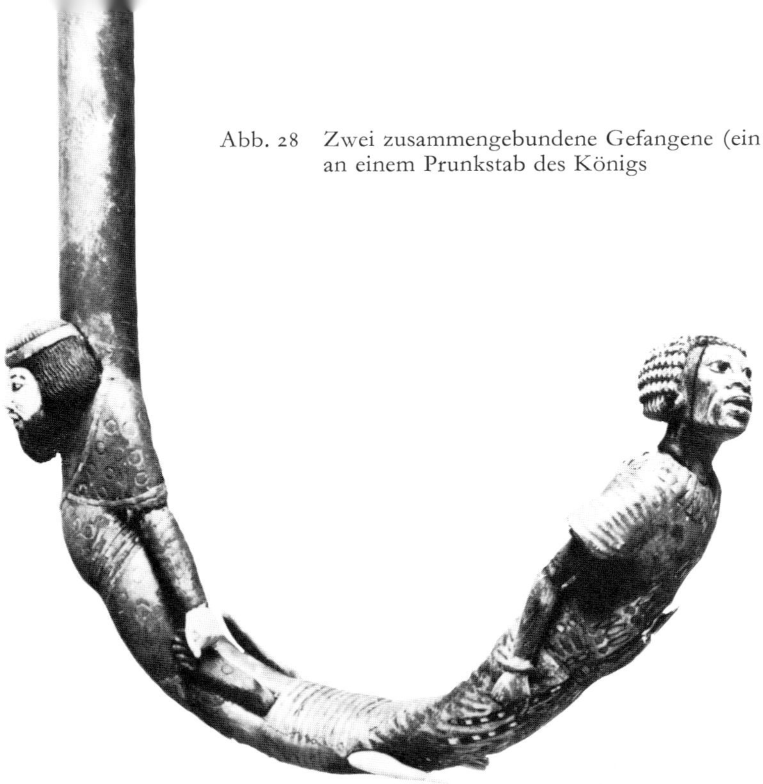

Abb. 28 Zwei zusammengebundene Gefangene (ein asiatischer und ein afrikanischer) an einem Prunkstab des Königs

und mit eingezogenem Schweif schleicht ein Löwenjunges ängstlich davon. Dazwischen liegen verwundete Opfer in qualvollen Stellungen. Wenn wir auch an der geschichtlichen Wahrheit dieser Vorgänge zweifeln können, über ihren Wert als getreues Abbild der Liebhabereien und Neigungen des Königs kann man nur einer Meinung sein. Diese wunderschönen Bilder mit ihrer feinen, kleinmalerischen Ausführung sind in der Tat prächtige Jagdstücke, die die Erregung der Jagd wie die wilde Freude des jungen Jägers trefflich zum Ausdruck bringen.

Die Längsseiten der Truhe tragen höchst bewegte Bilder des Tut-ench-Amun mit seinem Gefolge in der Schlacht. Auf den Schmalseiten ist der junge Pharao als Sphinx, in Gestalt eines Löwen mit Menschenkopf, dargestellt, wie er seine besiegten afrikanischen und asiatischen Feinde niedertritt. Die Kraft, die Phantasie und die dramatische Bewegtheit dieser Bilder sind außerordentlich und finden in der gesamten ägyptischen Kunst kein Gegenstück. Hier ist der mächtige Herrscher der äußeren Wirkung wegen nicht als schmächtiger Jüngling dargestellt, sondern in kraftvoller Männlichkeit auf seinem Streitwagen, Schrecken und Tod um sich verbreitend (Tafel V). Es entspricht durchaus der Überlieferung, die ägyptischen Könige in ihrer kriegerischen Größe darzustellen. In diesem Fall ist sie wohl nur die übliche Huldigung eines Hofmalers. Denn daß Tut-ench-Amun persönlich an Schlachten teilgenommen hat, ist bei seiner Jugend unwahrscheinlich. Aber auch er war wohl wie alle orientalischen Könige und Eroberer solchen Künstlerschmeicheleien nicht unzugänglich.

Zeichen zarterer Empfindungen dürfen wir nach früherer Erfahrung kaum in der Hinterlassenschaft eines Pharao erwarten. Um so überraschender und anmutender fanden wir die schlicht menschlichen Darstellungen auf den Gegenständen der Grabausstattung Tut-ench-Amuns. Hier lernen wir ihn als frischen, liebenswürdigen Jüngling kennen, dessen Liebhabereien Pferde, Hunde, Sport und militärischer Prunk sind.

Trotzdem mußte natürlich die ernste Seite seines Königsberufes auch zur Geltung gebracht werden. Die üblichen in Gold gearbeiteten Bilder an den Kriegswagen, die afrikanischen und asiatischen Gefangenen an den geschnitzten Griffen der Prunkstäbe (Abb. 28) und viele andere Stücke im Grab zeigen den furchtbaren Pharao, der »seine Feinde zum Schemel seiner Füße macht«. So kommt auch hier, freilich zurückhaltender als in anderen Gräbern, der stolze, kraftbewußte Geist des ägyptischen Königtums zu seinem Recht.

Die Silbertrompeten in der Vorkammer und in der Sargkammer, die den Legionen der ägyptischen Armee zugeeignet waren, sprechen eindringlich zu unserer Phantasie. Mag Tut-ench-Amun auch nur unbeträchtliche militärische Interessen gehabt haben, er wird doch inmitten seiner Generale, Staatsbeamten und Höflinge mit militärischem Gepränge über seine unabsehbaren Legionen Parade abgehalten haben.

Seine Mumie wie seine Statuen zeigen ihn als schmächtigen Jüngling mit großem Kopf, im Körperbau dem Träumer Echnaton gleichend, der aller Wahrscheinlichkeit nach nicht nur sein Schwiegervater, sondern auch sein wirklicher Vater war.

So wird durch den Spaten des Ausgräbers Schritt für Schritt die Welt der Vergangenheit offenbar. Stets aber wächst mit fortschreitender Erkenntnis unser Erstaunen, vielleicht auch unser Kummer über die Unveränderlichkeit der menschlichen Natur während der Jahrtausende. Auf bemalter Truhe, verziertem Sessel, auf Schrein, Grabkapelle und Tempelwand zieht das Leben des alten Ägypten in fremd und seltsam anmutendem Gepränge an uns vorüber. Eine hohe Kunst schlägt die Brücke zu unserem Herzen und bringt unsere modernen Empfindungen zum Klingen. Erkennen wir nicht in dem königlichen Sportsmann, dem Hundeliebhaber, dem jungen Gatten und der schlanken Frau Wesen wieder, die in ihren menschlichen Gefühlen und Leidenschaften uns selbst nahe verwandt sind?

So lernen wir, die Gegenwart nicht zu überschätzen und unsere Zeit weniger selbstgefällig und philosophischer zu betrachten. Noch manche Gemeinsamkeit mag uns mit jenen fernen Jahrhunderten verbinden, ohne bisher erkannt zu sein. Diese ihre geistige und seelische Erbschaft in uns aber schafft unser Mitgefühl mit dem jungen Tut-ench-Amun, mit seiner Königin und mit seinem ganzen Leben. Diese Gefühle sind es auch, die den Wunsch nach Enthüllung der politischen Ränke erwecken, die ihn verfolgt haben mögen, während er mit seinen Jagdhunden Sumpfland und Wüste durchpirschte, oder während er mit der lächelnden Königin im Röhricht Enten erlegte. Noch ist das Geheimnis seines Lebens dunkel. Die Nebel sind in Bewegung, aber sie werden sich vielleicht nie zerteilen.

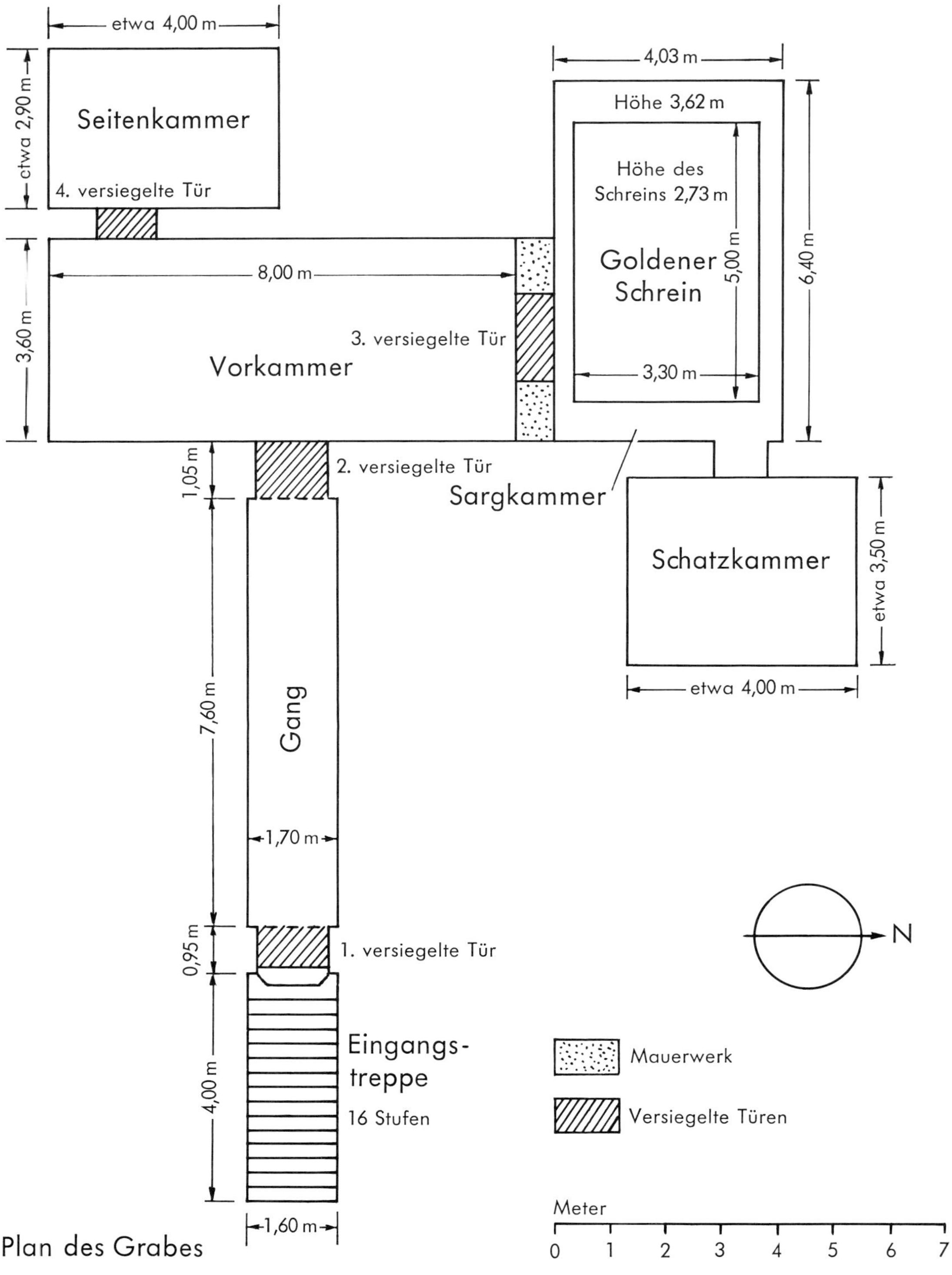

Plan des Grabes

Grab und Sargkammer

13

Furcht und Ehrfurcht vor dem Tod wurzelten tief im Geist der alten Welt. Sie haben sich von Geschlecht auf Geschlecht vererbt, haben sich in der Mythologie aller Zeiten und Völker ausgewirkt und sind auch der christlichen Welt nicht fremd. Von Urbeginn an beängstigt den Menschen die geheimnisvolle, unabänderliche letzte Notwendigkeit, in die das Menschenschicksal mündet. Das unlösbare Rätsel des Todes hat Leben und Kunst ewig beschäftigt, und ewig versuchte menschliche Vernunft menschliche Todesfurcht zu besiegen. So entstand aus der Angst der Glaube. Der Mensch klammerte sich an ihn, um Trost und Schutz gegen die Gefahren zu finden, die in dem dunkeln Abgrund des Unbekannten lauern. Der einzige Lichtschein in der Angst der Finsternis war das Bewußtsein, daß die Hinterbliebenen mit ihrer Zuneigung und Liebe die Verbindung zwischen Toten und Lebenden aufrechterhielten. Diese Zuversicht sollte in den Bestattungsbräuchen zum Ausdruck kommen. Sie erscheint in dem Wunsch – so auch in Jakobs Befehl an seinen Sohn –, daß die Gebeine bei der Sippe in der geliebten Heimat ruhen sollten. Wissenschaftliche Forschung hat gezeigt, daß solche Wünsche aus uralter Zeit auf uns gekommen sind. Die Mittel, dieser großen Frage gegenüber Beruhigung zu finden, sind von den ältesten Zeiten an oft gewechselt worden, die ursprüngliche Überlieferung aber ist geblieben. Im Niltal erwuchs so aus dem einfachen Erdgrab die gewaltige Pyramide mit ihrem Totentempel. Seit dieser großartigsten und eindrucksvollsten Form der Totenehrung haben die Sitten sich unzählige Male geändert, bis wir zu den heutigen einfachen Gräbern mit ihren schlichten Inschriften und Blumenkränzen gekommen sind. Eine der interessantesten Übergangsformen bilden die Gräber des Neuen Reiches im alten Ägypten.

Viele Bestattungsbräuche aus älterer ägyptischer Zeit waren in das Neue Reich von Theben übernommen worden. Wo man sie aufgegeben hatte, geschah es nur, um sie durch noch wirksamere zu ersetzen. Man gab den Toten noch reichlicheren Hausrat und noch mehr persönlichen Besitz mit ins Grab. Außerdem bestattete man die Königsmumien nicht mehr dort, wo ihr Grabmal stand und ihnen kultische Verehrung erwiesen wurde, sondern in tief in den Felsen gehauenen unterirdischen Räumen, weit entfernt von den Kapellen. In der 18. Dynastie beschränkte man sich darauf, die Grabkammer selbst mit den für den Toten unentbehrlichen Texten auszustatten. Später, unter der 19. und 20. Dynastie, bedeckte man auch die Wände der zur Grabkammer, der sogenannten »Goldenen Halle«, führenden Gänge und Vorkammern über und über mit ausgewählten Texten und Szenen, die den heiligen Büchern »Amduat«, »Die Pforten«, »Die Höhlen« und »Hymnen an den Sonnengott« entnommen wurden.

Die meisten dieser unterirdischen Felsenräume, im ganzen etwa achtundzwanzig, liegen in dem öden Tal der Könige. Die dazugehörigen Totenkapellen dagegen, teilweise große Tempel, wurden am Wüstenrand errichtet. Hier feierte man die Toten- und Opferfeste für den verstorbenen Herrscher, während »Osiris« (d.h. der Verstorbene) weit entfernt im »Tal« einsam in seinem »stillen Haus«, versiegelt in seinem Grab ruhte.

In den Grabtempeln der Ebene finden sich neben religiösen Darstellungen Berichte über Leben und Regierung des Herrschers, in den Gräbern und den unterirdischen Vorräumen des »Tales« aber nur Inschriften, die das Totenreich betreffen und Grüße der Götter des Westens an den Verstorbenen enthalten.

In ihrer Anlage zeigen die thebanischen Felsgräber eine stetig vorwärtsschreitende Entwicklung. In der Zeit Thutmosis' IV. erreicht sie ihren Höhepunkt, indem sie in einen bestimmten, gelegentlich wohl noch erweiterten, aber grundsätzlich doch während der Blütezeit des Neuen Reiches nicht mehr verlassenen Typus ausmündet. Von da an finden sich zwar noch vorübergehend Erweiterungen der Pläne, aber sie verschwinden schnell wieder, und der Grabplan gerät allmählich in Verfall. Nur bei den Gräbern der sogenannten Ketzerkönige, die der Aton- oder monotheistischen Religion anhingen, hatte man sich von dem herkömmlichen Muster des Neuen Reiches freigemacht. Es ist deshalb nicht erstaunlich, daß das Grab Tut-ench-Amuns nicht in der gewohnten Art angelegt ist, obwohl er zu der alten Religion, der Amunverehrung, zurückgekehrt war. Haremhab hingegen, der sich nach Tut-ench-Amun und Eje des Throns bemächtigte und die 19. Dynastie gründete, führte im Gegensatz zu diesen beiden Königen bei seinem Grab im »Tal« die alte Anlage in allen Einzelheiten wieder ein. Es zeigt den Übergang von den winklig geführten Gräbern der 18. Dynastie zu den geradlinig in das Innere der Felswand führenden der 19. und der folgenden Dynastien.

Keine komplizierten Gänge, keine steilen Stufen, keine irreführende Schachtanlage, keine Vorhalle, keine in die Tiefe führenden Gänge, keine Grabhalle, keine Krypta, keine vier Schatzkammern nach dem alten thebanischen Plan – das Grab Tut-ench-Amuns besteht nur aus einer steilen Eingangstreppe, einem abwärtsführenden Gang, einer Vorkammer mit Seitenraum, einer Sargkammer und einer Schatzkammer, alle klein und sehr schlicht (siehe den Plan, Seite 104). Es stimmt mit dem thebanischen Plan der Gräber des Neuen Reiches nur in der Orientierung überein und darin, daß allein die Sargkammer in Gold, entsprechend ihrer Bezeichnung als »Goldene Halle«, ausgemalt ist, und daß Wandnischen für die Zauberfiguren der vier Himmelsrichtungen vorhanden sind.

Die Malereien an den Wänden unterscheiden sich von allen anderen im »Tal« gefundenen; sie erinnern in mancher Hinsicht an die Bilder im Grab seines Nachfolgers, des Königs Eje. Auch der Stil der Malerei ist nicht thebanisch und weist deutlich auf El-Amarna. Im Gegensatz hierzu zeigt die künstlerische Ausschmückung im Grab des Haremhab eine so auffallende Verwandtschaft mit der Kunst der anderen Königsgräber im »Tal«, daß Maspero vermutete, es sei von dem gleichen Künstler ausgeführt wie das Grab Setis, das etwa fünfundzwanzig Jahre später angelegt wurde.

Sowohl die Sargkammer wie die vier Schreine, der Sarkophag, die Särge und die Mumie liegen ziemlich genau von Ost nach West (Abweichung im November 1925 vier Grad vom magnetischen Nord). Die Türen der Schreine sollten ursprünglich, wie die Richtungsmarken zeigen, nach West liegen. Daß sie dennoch nach Osten gehen, kommt wahrscheinlich daher, daß der Zugang zu den Flügeltüren sonst äußerst schwierig gewesen und daß man dann auch nicht imstande gewesen wäre, die Gegenstände, die zwischen dem äußeren und dem zweiten Schrein gefunden worden sind, an diesen Platz zu bringen. Im nächsten Kapitel soll noch von weiteren Gründen für die falsche Lage des Schreins die Rede sein.

Die Sargkammer bildet ein Rechteck, dessen Längsseiten (Nord und Süd) rechtwinklig zu der Vorkammer verlaufen. Obgleich der Boden der Kammern verschieden hoch ist, scheinen doch Vor- und Sargkammer ursprünglich ein Raum gewesen zu sein, der erst später durch eine Mauer geteilt wurde. In dieser Mauer liegt die Tür, vor der die beiden beschriebenen Wächterstatuen standen (Abb. 9). Die Wände der Sargkammer sind mit Stuck überzogen, die Sockel weiß, die Wände gelb bemalt. An der Decke ist der Fels nur roh behauen. Merkwürdigerweise sind in der Nordostecke der Decke Spuren von Rauch zu sehen, die offenbar von einer Öllampe oder einer Fackel herrühren.

Die Errichtung der Zwischenwand, die die Vorkammer von der Sargkammer trennt, und das Tünchen und Bemalen der Kammer selbst kann wohl erst nach der Beisetzung des

Königs, dem Schließen des Sarkophags und dem Aufstellen der vier Schreine erfolgt sein. Ein Überführen und Aufstellen des Sarges wäre nach dem Aufführen der Mauer bei der geringen Größe der Türöffnung unmöglich gewesen. Außerdem gehen Mörtelbewurf und Malerei an der inneren Seite der Zwischenwand genau in den Mörtelbewurf und die Malerei der anderen Kammerwände über. Folglich muß das Bewerfen und das Ausmalen der Kammer nach der Aufstellung der Schreine ausgeführt worden sein. Die durch die Enge des Raumes erschwerte Arbeit erklärt auch deren rohe Ausführung.

Die Wände sind mit kleinen braunen Pilzen bewachsen, deren Keime wahrscheinlich mit dem Mörtel oder den Leimfarben eingeführt wurden. Die Feuchtigkeit des Mörtels lieferte den Keimen Nahrung, nachdem die Kammer versiegelt war.

Die Malereien an den Wänden stellen Bestattungs- und andere religiöse Szenen dar. Ungewöhnlich ist dabei, daß hier auch der Nachfolger des Toten, der König Eje, abgebildet ist, wie er die Bestattungsfeier seines toten Vorgängers oder Mitregenten leitet.

Das Bild an der Ostwand zeigt den Leichenzug. Die Königsmumie ruht in ihrem Schrein auf einer löwengestaltigen Bahre. Der Schrein steht auf einem Boot, das Höflinge auf einem Schlitten zum Grab ziehen. Die Totenbahre gleicht der im Sarkophag unter den Särgen gefundenen, während der Schrein dem ähnelt, der den Kanopenkasten und die Krüge in der Schatzkammer enthielt. Über dem toten König hängen üppige Blumengirlanden, auf dem Boot ruht vor dem Schrein eine Sphinx. Vor und hinter dem Schrein trauern die Göttinnen Nephthys und Isis. Bug und Heck des Bootes sowohl wie die beiden Seiten des Schreins sind mit roten und weißen Wimpeln besteckt. Den Zug der Höflinge und Staatsbeamten eröffnet eine Gruppe von fünf Vornehmen, dann folgen zwei Gruppen von je zwei hohen Beamten, darauf zwei an der Tracht kenntliche Wesire und zum Schluß ein Höfling. Jeder trägt um die Perücke oder um den geschorenen Kopf eine weißleinene Stirnbinde, wie man sie gewöhnlich auf Abbildungen von Leichenzügen in Gräbern von Privatleuten sieht. Sie sind noch heute in Ägypten gebräuchlich, um bei Beerdigungen die Verwandten des Verstorbenen von seinem Hausgesinde zu unterscheiden. Eine Inschrift über der Prozession lautet: »Die Höflinge des königlichen Hauses ziehen mit dem Osiris König Tut-ench-Amun nach dem Westen. Sie verkünden: ‚O König! Komme in Frieden! O Gott! Du Schirmherr des Landes.‘«

Dieser Spruch deutet auf den noch heute im Niltal beliebten Brauch, den Verstorbenen als Beweis besonderer Teilnahme mehrmals um das Grab herumzutragen. Das Bild erinnert an die Stelle im Ersten Buch Moses, Kapitel 50, Vers 4 bis 7: »Da nun die Leidetage aus waren, redete Joseph mit Pharaos Gesinde und sprach: Habe ich Gnade vor euch gefunden, so redet mit Pharao und sprechet: Mein Vater hat einen Eid von mir genommen und gesagt: Siehe, ich sterbe. Begrabe mich in meinem Grabe, das ich mir im Lande Kanaan gegraben habe. So will ich nun hinaufziehen und meinen Vater begraben und wiederkommen. Pharao sprach: Ziehe hinauf und begrabe deinen Vater, wie du ihm geschworen hast. Also zog Joseph hinauf, seinen Vater zu begraben. Und es zogen mit ihm alle Knechte Pharaos, die Ältesten seines Hauses und alle Ältesten des Landes Ägypten.«

Von historischem Interesse ist in der Ostecke der Nordwand das Bild des Königs Eje mit den Königsabzeichen und dem Leopardenfell des Sempriesters. König Eje vollzieht hier die Zeremonie der »Mundöffnung« an dem Osiris Tut-ench-Amun (Tafel VII). Auf einem Tisch zwischen dem lebenden und dem toten Herrscher liegen Ritualgegenstände ausgebreitet: eine Hacke, ein menschlicher Finger, der Hinterschenkel eines Stiers, ein Fächer aus einer einzigen Straußenfeder und ein unbestimmbarer, zwei Federn ähnlicher Gegenstand. Dies alles wird überragt von fünf Gold- und Silberschalen, die wohl Weihrauchkügelchen enthalten haben, ähnlich den in der Vorkammer gefundenen. In der Mitte der Nordwand steht Tut-ench-Amun mit Perücke, Stirnbinde und weißem Schurz vor der Göttin Nut, »der

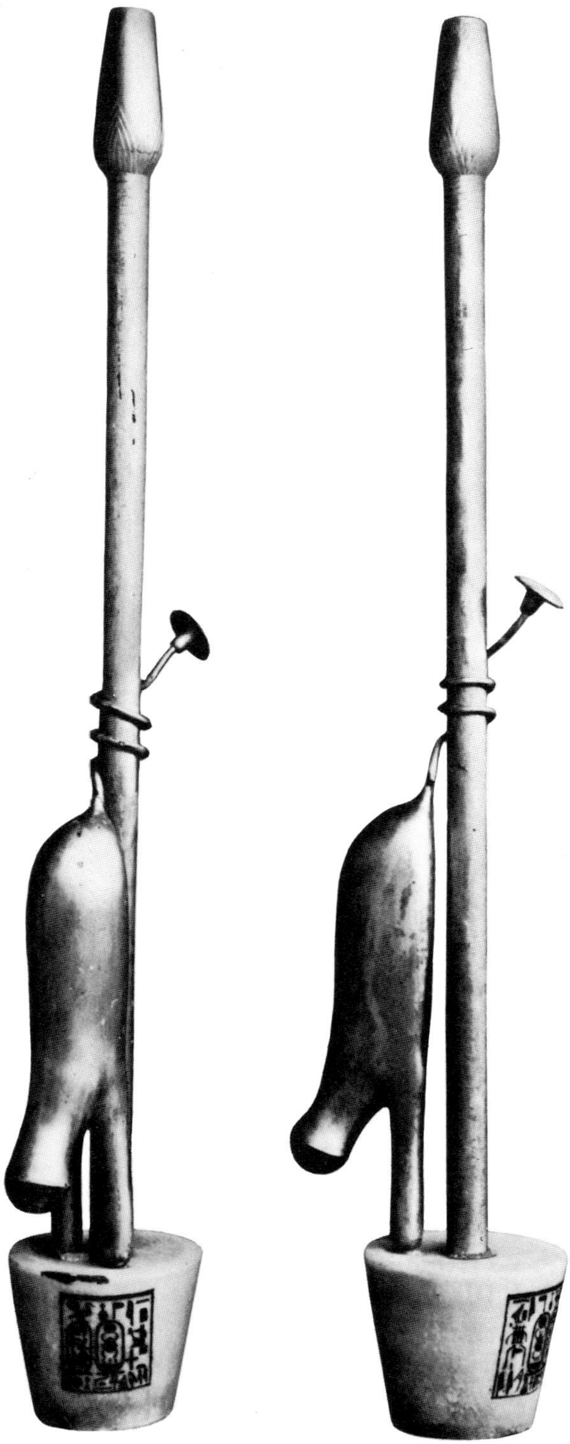

Himmelsgöttin, der Herrin der Götter«, die »Gesundheit und Odem seinen Nasenlöchern spendet«. Auf der dritten Darstellung der Nordwand, in der Westecke, umarmt Tut-ench-Amun, gefolgt von seinem »Ka« (Schutzgeist), den Osiris.

Die Vignetten an der Westwand sind Kapiteln des Buches »Amduat« (»das, was in der Unterwelt ist«) entnommen und kommen auch auf den Wandmalereien im Grab des Königs Eje in dem »Wadjen« genannten Seitental von Biban-el-muluk vor. Hierzu kommen noch eine Reihe von heiligen Hundskopfaffen, die Cheprebarke des Rē und eine Prozession von fünf Gottheiten; Maa, Nebt-uba, Heru, Ka-schu und Nehes.

Die Südwand mit der ursprünglich versiegelten Tür ist nur teilweise aufgemauert und besteht im übrigen aus Felsgestein. Sie ist mit Abbildungen des Königs vor verschiedenen Gottheiten bemalt. In der westlichen Ecke ist Tut-ench-Amun in der Königshaube zwischen Anubis und Isis dargestellt. Hier spricht die Göttin Isis die gleichen Sprüche wie die Göttin Nut auf dem Bilde an der Nordwand. Hinter Anubis steht Isis mit den Symbolen des Wassers in den Händen, begleitet von drei »großen Gottheiten, Herren der Duat« (der Unterwelt).

Diese Malereien, so grob und konventionell sie auch sind, haben doch nicht den strengen Charakter der in der Ausführung sorgfältigeren Texte und Bilder in den anderen thebanischen Königsgräbern; auch gegenständlich sind sie nicht so gleichartig wie jene. So darf man sie wohl als Werke der Übergangszeit zwischen der Amarna- und der jüngeren thebanischen Kunst ansehen. Das gleiche gilt von den kunstgewerblichen Arbeiten der Grabbeigaben.

Vorkammer, Seitenkammer und Schatzkammer sind durchaus schlicht gehalten, und der Fels ist wie in dem Gang gut behauen, aber unpoliert.

Nun zu dem Inhalt der Sargkammer. Bei unserem Eindringen fanden wir neben dem

Abb. 29 Die beiden merkwürdigen Anubis-Embleme (Tierfelle, die an lotusförmigen Stangen hängen und in Untersätzen aus Alabaster stehen)

kleinen Loch, das die Diebe gebohrt hatten, und das später von den altägyptischen Beamten wieder geschlossen wurde, Teile zweier Halsketten, die wohl einer der Diebe verloren hatte. Rings um den großen Schrein, der fast den gesamten Raum ausfüllte, lagen verschiedene Gegenstände und Sinnbilder. Eine flüchtige Untersuchung zeigte, daß die Räuber in dieser Kammer wenig Schaden hatten anrichten können. Nur die Flügeltüren des großen Schreins hatten sie geöffnet, um hineinzuschauen. Die Siegel der Weinkrüge zwischen dem Schrein und den Wänden der Kammer waren erbrochen. Immerhin hatte die Sargkammer durch den Einbruch der Diebe nur wenig gelitten, dagegen war aus der Schatzkammer dahinter eine beträchtliche Zahl von Gegenständen gestohlen worden.

Ein ganz auserlesen schönes Stück fanden wir in der Südostecke. Auf einem durchbrochenen Untersatz stand eine Lampe in der Form unserer Abendmahlskelche, aus reinem durchscheinenden Alabaster gearbeitet und an den Seiten von einem Geschlinge aus den Symbolen »Vereinigung« und »Ewigkeit« umrankt. Die kelchartige Schale ist für das Öl und einen schwimmenden Docht bestimmt; sie ist vollkommen schmucklos. Wird die Lampe aber erleuchtet, so schimmern durch den Stein in strahlenden Farben Bilder des Königs und der Königin. Zunächst konnten wir uns diese überraschende Wirkung nicht erklären. Es scheint, daß zwei Schalen ineinandergepaßt sind, deren innere an ihrer Außenseite das in Transparentfarben gemalte Bild trägt, das nur sichtbar wird, wenn die Lampe angezündet ist.

Unter dieser einzigartigen Lampe lag eine mit Binsen umwickelte silberne Trompete. Sie war vom Alter nachgedunkelt, aber noch unversehrt und hätte mit weithallendem Ton das »Tal« erfüllt, wenn sie geblasen worden wäre. Ein Gewirr von Blütenkelchen und Kelchblättern, Titel und Namen Tut-ench-Amuns und Abbildungen der Gottheiten Rē, Amun und Ptah sind in feinster Ausführung eingraviert. Es ist nicht unwahrscheinlich, daß damit auf eine Gliederung des Feldheeres in drei Armeekorps angespielt wird, deren jedes unter dem Schutz eines dieser Götter stand, wie wir das von dem Heer Ramses' II. wissen. An der phönizischen Küste, am Hundsfluß (Nahr-el-Kelb), stehen noch jetzt drei Denksteine aus der Zeit dieses Königs, die den Göttern Rē, Amun und Ptah geweiht und wahrscheinlich von den gleichnamigen Truppenkörpern gestiftet worden sind. Ein vor kurzem in Beisan in Palästina gefundener Denkstein bezeugt ebenfalls diese Einteilung des Heeres. Wir dürfen wohl annehmen, daß die Silbertrompete mit ihrem Goldbeschlag für militärischen Gebrauch bestimmt war. Die Gliederung des Heeres in drei unter dem Schutz der Götter Rē, Amun und Ptah stehende Korps würde dann also schon in der 18. Dynastie bestanden haben.

An der Ostseite des Schreins sind zwei schwere Flügeltüren angebracht. Sie sind mit Ebenholzriegeln verschlossen, die sich in kupfernen Krampen schieben. Ihre Füllungen sind mit seltsamen Gestalten geschmückt – Dämonen ohne Kopf, Hütern der Höhlen der Unterwelt. Vor den Türen stand eine herrliche dreiarmige Lampe in Blumenform; sie ist aus einem einzigen durchscheinenden Alabasterstück geschnitten. Die drei lotosförmigen Schalen mit ihren Stielen und Blättern wachsen aus einem gemeinsamen runden Fuß heraus und versinnbildlichen wohl die thebanische Dreiheit, ähnlich dem Tricerion oder dreiarmigen Leuchter, der die christliche heilige Dreifaltigkeit bedeutet. Davor an der Ostseite stand die dem Amun heilige Gans *(Chenalopex Aegyptiacus)*, die aus Holz geschnitzt, mit schwarzem Harz bestrichen und in Leinen gehüllt war. Neben ihr lehnten zwei vor Alter zerfallene Binsenkörbe und ein Weinkrug mit der Inschrift: »Jahr fünf. Wein vom Gute des (?) Tut-ench-Amun, von dem westlichen Fluß. Vorsteher der Weinbauer, Cha.«

Auf dem Boden, zwischen dem Schrein und der Nordwand, lagen magische Ruder (Abb. 25), die die Barke des Königs über die Gewässer der Unterwelt bringen sollten. Zwei eigenartige Gebilde aus schwarzgestrichenem Holz schlossen diese Reihe von Rudern ab: ein von zwei Pylonen umrahmter »Hes-Krug« und eine Doppelfeder zwischen zwei kleinen

Schreinen, in denen sich mit Natron bzw. Harz gefüllte Fayenceschalen befinden. An der Westwand der Kammer hingen in der Nord- und Südecke an lotosförmigen Stäben von etwa 1,50 Meter Länge (Abb. 29) goldene Wahrzeichen des Anubis. Die Stäbe standen in alabasternen Gefäßen auf Binsenmatten. Sie sollten wohl den Toten auf seinem Weg durch die Unterwelt geleiten; denn Anubis, der Schakal, wanderte ja im Dunkel, und Rē sandte ihn einst aus, Osiris zu bestatten. Die Bedeutung dieser Symbole freilich ist dunkel. Mögen sie doch in einer Zeit entstanden sein, die der des Tut-ench-Amun nicht weniger fern ist als die unsrige der seinen. Zusammen mit diesen Emblemen wurden vier vergoldete Holzgegenstände gefunden, die möglicherweise zusammengewickelte Leichentücher darstellen. Dr. Alan Gardiner weist allerdings darauf hin, daß das Bild des gleichen Gegenstandes in der Hieroglyphenschrift »Erwachen« bedeutet. Man könnte daher diese Symbole auf das Erwachen des Toten beziehen. Neben ihnen fanden sich auf dem Boden vier Gefäße aus ungebranntem Ton, in denen sie wohl einst gestanden haben. In der Südwestecke lehnte ein riesiger Blumenstrauß (Abb. 64) aus Zweigen der Persea *(Mimusops Schimperi)* und Olive *(Olea Europaea)*.

Als wir die Ebenholzriegel des großen Schreins zurückschoben, schlugen die Türen auseinander, als ob sie erst gestern geschlossen worden wären. Ein zweiter Schrein ward sichtbar, ähnlich dem ersten, nur fehlten die blauen Einlagen. Auch hier die gleichen verriegelten Türen, aber das Siegel unversehrt. Es trug noch den Namen des Tut-ench-Amun und den Schakal über den neun Feinden Ägyptens. Über dem Schrein hing noch auf seinen alten Stützen ein leinenes Bahrtuch, das vom Alter gebräunt war. Wie mit Sternen besät, flimmerte es von aufgenähten vergoldeten Bronzeblättchen in Form von Margeriten, die durch ihr Gewicht den schwerhängenden Stoff zerrissen hatten. Der leuchtende Goldschrein selbst ist mit feinziselierten Reliefs, Szenen aus dem Buch »Von dem, was in der Unterwelt ist«, bedeckt. Dies Buch war ein Führer für das Jenseits und sollte dem Verstorbenen den Weg weisen und die bösen Mächte zeigen, die ihm auf seiner Reise in die unterirdischen Gefilde begegnen. Zwei Wege in das Land der Seligen nennt das Buch, einen zu Wasser, einen zu Lande. Aber auch Abwege, die zu siedenden Feuerflüssen führen, kennt es und warnt davor.

Das Bahrtuch zeigte klar, daß wir in unmittelbarer Nähe des toten Königs waren. Waren die Grabräuber, nachdem sie Vorkammer, Seitenkammer, Sargkammer und Schatzkammer erreicht hatten, etwa bis zu dem König gedrungen? Der unberührte Schrein, das unverletzte Siegel antworteten: Nein. Hier, wußten wir, kamen wir an eine Stelle, die noch keine Hand seit der Beisetzung des Pharao berührt hatte. Hier sahen wir Dinge, die seit fast 3300 Jahren unangetastet und unversehrt geblieben waren. Endlich war erreicht, was wir kaum zu hoffen gewagt hatten. Nun sollten wir letzten Aufschluß bekommen über die Bräuche bei Königsbestattungen. Zehn Jahre mühevoller Arbeit waren also nicht umsonst gewesen, und der Erfolg übertraf bei weitem unsere Erwartung.

Vor den Türen des Schreins stand ein Gefäß zur Aufbewahrung von wohlriechenden Salben und Ölen aus reinem durchscheinenden Alabaster (Kalzit), ein erlesenes Meisterstück in durchbrochener Arbeit, mit Gold und Elfenbein verziert. Eine Verknüpfung von Papyrus und Lilie, den Wappenpflanzen Ober- und Unterägyptens, bringt in einem dem Ägypter vertrauten Bilde die Vereinigung beider Landesteile zum Ausdruck. Mit der Einfügung zweier reizender Figuren des weichlichen Nilgottes in dieses Ornament hat sich der große Meister selbst übertroffen. Sie versinnbildlichen den oberen und den unteren Nil. Mit den Blumenranken umfassen sie zugleich zwei schlanke Zepter, um die sich zwei Königsschlangen mit der roten und der weißen Krone der »Beiden Länder« ringeln. Über den Rand des Gefäßes breitet ein Geier seine Schwingen aus. Bedauerlicherweise hat es wohl eine gärende Substanz enthalten, die das empfindliche Gefäß gesprengt hat. Vor diesem schönen Kunst-

 Abb. 30 Goldene Statuette des etwa 12jährigen Königs auf der Spitze eines röhrenförmigen Stabs

werk stand, teilweise zugedeckt von herabgefallenen Stücken des Bahrtuches, ein zweites Gefäß, das auch noch dadurch bemerkenswert ist, als es in seinem Stil einen Einfluß der Mittelmeerkunst auf die ägyptische zeigt. Es ist eine aus verschiedenen Alabasterarten geschnittene Salbbüchse, deren Inhalt noch Form und Duft bewahrt hat. Die zylindrische Büchse ruht auf vier Figuren, die afrikanische und asiatische Gefangene darstellen, und wird von zwei Säulen mit Besköpfen flankiert. Auf dem Deckel liegt ein Löwe mit lang heraushängender roter Zunge (Tafel IX). Die Bilder auf der Büchse sind in feinen Linien eingeschnitten und mit Farben ausgefüllt. Sie stellen Stiere, die in einer Wüstenlandschaft von Löwen überfallen, Antilopen, die von Hunden gejagt werden, Gazellen und Hasen dar.

Zwischen den Schreinen, in der rechten und linken Ecke, lagen zahlreiche Prunkzepter und Waffen, Keulen und Bogen, einige sorgfältig mit Leinen umwickelt. Wohl die kostbarsten Stücke sind der goldene und silberne Stab, dünne, röhrenartige Schäfte. Beide tragen zierliche Statuetten des jugendlichen Herrschers, die ebenfalls aus Gold bzw. Silber gegossen und sorgfältig ziseliert sind (Abb. 30). Die edle Anmut dieser Figürchen in ihrer vornehmen und doch jugendlichen Haltung ist unbeschreiblich. Eine Meisterhand von höchstem Können offenbart sich in ihnen. Aller Wahrscheinlichkeit nach wurden diese Gold- und Silberstäbe bei Feierlichkeiten und Aufzügen verwendet.

Eine Anzahl gebogener Stäbe, mit vielfarbigen Baumrinden, buntschillernden Käferflügeln und breiten, von Spiralbändern umsäumten Goldstreifen belegt, sind vollendet schön ausgeführt. Einer dieser Stäbe ist vollständig mit Einlagen von Elfenbein und Ebenholz überzogen. Schmale Streifen mit Blumenornamenten gliedern ihn, während die beiden Enden mit Jagdszenen in Elfenbein geschmückt sind. Unter den Stäben, die mehr für den persönlichen Gebrauch des Königs bestimmt waren, befand sich ein einfacher glatter Goldstock mit einem Knauf aus lapislazulifarbigem Glas mit der Inschrift: »Nimm dir den Stab von Gold, auf daß du deinem geliebten Vater Amun folgen mögest, dem geliebtesten unter den Göttern.« Ein anderer, dessen Griff mit Filigranwerk und Einlagen aus Glasfluß geschmückt ist, heißt »der schöne Stab Seiner Majestät«; der dritte ist ein einfacher Rohrstock mit breiten, goldenen Zwingen und mit geflochtenem Golddraht umwunden. Zunächst ist die reiche Verzierung eines so einfachen Rohres erstaunlich, aber die rührende Inschrift gibt Aufschluß: »Ein Rohr, das Seine Majestät mit eigener Hand schnitt.« Die übrigen Stöcke des Königs, Keulen, Zepter (ägyptisch Uas), gebogene und gegabelte Stäbe aus Holz mit vergoldetem Stucküberzug, waren wohl für religiöse und zeremonielle Zwecke bestimmt.

Trug so die Ausrüstung in der Sargkammer auch meist religiösen Charakter, so ließ sie doch tiefe Einblicke in die Vergangenheit zu und überlieferte uns Werke edelster und reinster Kunst, wenn sie auch dem Kult des Aberglaubens geweiht war. Eine fein ausgebildete Kunst wird hier in den Dienst eines von Aberglauben erfüllten Totenkultes gestellt. Man gewinnt in der Tat einen starken Eindruck von der einzigartigen Sorge um das Wohl des Toten. Die ganze Kammer und ihre Ausstattung führen uns aufs schönste in die Gedankenwelt der alten Ägypter ein. Mit der Furcht vor den Göttern und den unholden Geistern, die sie sich selbst schafft, verbindet sich zartes Empfinden und Liebe zu den Toten. In ihrer strengen Schönheit wäre diese Grabstätte eines Gottes würdig gewesen, nicht nur seines Stellvertreters auf Erden, der erst durch seinen Tod einging zu den »Herren des Westens«.

Die Ausstattung der Sargkammer ist wie die der Vorkammer in zwei Gruppen einzuteilen, in Beigaben persönlichen und solche religiösen Charakters. Die persönlichen bringen die Neigungen des jungen Königs zum Ausdruck, die religiösen den Glauben seiner Zeit. Jene waren in stillem Gedenken an den Toten niedergelegt, diese sollten seinem Schutz in den Gefahren der Unterwelt dienen. War doch selbst der Sonnengott, wenn er nachts jene dunklen Stätten durchwanderte, von allerlei Spuk umdroht.

Hier bleiben freilich viele Fragen offen. Manche im Grab niedergelegte Symbole, deren Sinn uns heute noch dunkel ist, mögen den alten Thebanern ebenso unverständlich gewesen sein. Oft hätten sie gewiß selbst nicht sagen können, warum sie sie ihren Toten mitgaben. Sie waren ihnen aus alten Zeiten vor Tut-ench-Amun überliefert, aber ihr Sinn war längst verlorengegangen. Nur daß der Verstorbene sie brauchte, wußten sie noch.

Unter den Ausrüstungsgegenständen für die Begegnung mit den dunklen Mächten der Unterwelt und zu deren Überwindung gab es in der Kammer noch magische Figuren in kleinen Nischen, die nach Norden, Süden, Osten und Westen sahen. Das verlangte das religiöse Ritual des »Totenbuchs« zum Schutz des Grabes und seines Bewohners. Auf diesen magischen Figuren stehen Beschwörungsformeln, die den »Feind des Osiris (des Verstorbenen) verscheuchen sollen, in welcher Gestalt er auch komme«. Und sie haben ihren Zweck erfüllt. Denn von den siebenundzwanzig in dem »Tal« beigesetzten Herrschern aus der Zeit der ägyptischen Weltmacht war einzig Tut-ench-Amun dreiunddreißig Jahrhunderte lang unberührt von profanen Menschenhänden geblieben. Amon Rē hat seinen Liebling vor raubgierigen Eindringlingen geschützt und sie in sein Heiligtum nicht eingelassen. Er hat Tut-ench-Amun dafür belohnt, daß er zu ihm aus den Tempeln des Aton zurückkehrte und die Tempel des Amon-Rē wiederherstellte.

Ausräumen der Sargkammer und Öffnen des Sarkophags

14 Die Arbeit des zweiten Winters begann im Laboratorium, wo Mace an die vom letzten Winter zurückgebliebenen Wagen und Prunkbahren heranging. Während er sie konservierte und verpackte, machte ich mich mit Callender daran, die beiden vor dem Eingang der Grabkammer stehenden Wächterstatuen zu entfernen. Dann mußte ich die Wand zwischen Sarg- und Vorkammer abtragen.

Anders hätten wir an die großen Schreine in der Sargkammer nicht herangekonnt und manche von den Grabbeigaben nicht entfernen können. Das Arbeiten war auch so in dem engen Raum noch schwierig genug, da wir immer einen der vier Schreine aus dem nächsten herausheben mußten.

Außer der Beschränktheit des Raumes und der darin lastenden Hitze bereitete uns das außerordentliche Gewicht der verschiedenen Schreinteile und Türen große Mühe. Sie bestanden aus $5^1/_2$ Zentimeter dicken Eichenbrettern*), die mit einem wunderbar feinen Goldstuck überzogen waren. Diese Bretter hatten sich im Lauf der dreitausenddreihundert Jahre in der trockenen Luft etwas zusammengezogen, der Stuck dagegen hatte sich ein ganz klein wenig ausgedehnt. So war zwischen den Brettern und dem Belag ein Zwischenraum entstanden, und bei leisester Berührung bestand Gefahr, den Goldstuck einzudrücken und damit abzustoßen. Es erschien uns zunächst rätselhaft, wie wir die einzelnen Schreine, die zwischen 5 und 15 Zentner wogen, in dem sehr engen Raum heben, auseinandernehmen und fortschaffen sollten, ohne sie zu beschädigen.

Eine weitere große Schwierigkeit bestand darin, daß die Schreinteile mit verborgenen hölzernen Zapfen mit den Rahmenhölzern und Deckplatten verbunden waren. Wir mußten die Fugen zwischen den Teilen erweitern, um die einzelnen Zapfen zu finden, dann eine feine Säge einführen und die Zapfen von den dicken Brettern lostrennen. Dann erst gelang es uns, den ersten Schrein auseinanderzunehmen. Kaum hatten wir diese Schwierigkeit überwunden und hofften nun, daß es leichter sein würde, die inneren Schreine auseinanderzunehmen, da entdeckten wir ein neues Hindernis. Schon der nächste Schrein verlangte ganz andere Behandlung, denn seine Zapfen, auf denen der Name des Königs steht, bestanden aus massiver Bronze, die nicht einfach durchgesägt werden konnte. Wir mußten uns etwas anderes ausdenken. So stießen wir entgegen unserer Erwartung immer auf neue und unvorhergesehene Hemmnisse.

Zum Beispiel nahm das Gerüst mit der Winde, das wir hatten aufstellen müssen, den gesamten freien Raum ein, so daß kaum Platz zum Arbeiten blieb. Wir stießen uns an die Köpfe, klemmten uns die Finger, mußten uns wie die Wiesel in die Kammer hinein- und wieder hinausschlängeln und in den schwierigsten Stellungen arbeiten. Wenn ich nicht irre, nahm einer der hervorragenden Chemiker, die uns bei dem Konservieren halfen, beim Verzeichnen der seltenen Grabstücke auch einige von unseren profanen Gegenständen mit auf. Immerhin bin ich froh, feststellen zu können, daß wir uns selbst mehr beschädigt haben als die Schreine.

*) Für die Feststellung der Holzart als Eichenholz bin ich L. A. Boodle vom Jodrell-Laboratorium, Königl. Gärten Kew, zu Dank verpflichtet.

Unsere Aufgabe während des zweiten Arbeitswinters bestand also in folgendem: Zuerst hatten wir die Wächterstatuen aus der Vorkammer herauszuschaffen. Dann war die Ziegelmauer zwischen Vorkammer und Sargkammer abzutragen, die mit schweren Holzbalken durchzogen und auf beiden Seiten mit einer harten Stuckschicht bedeckt war. Hierauf mußten wir die großen Schreine in der Kammer auseinandernehmen und endlich den herrlichen gelben Quarzitsarg mit den sterblichen Resten des Königs freilegen. Dieses Unternehmen erforderte vierundachtzig Tage schwerer körperlicher Arbeit. Einen Begriff vom Umfang der Arbeit wird es geben, wenn ich sage, daß der äußerste Schrein, der fast die ganze Sargkammer ausfüllte, 5,20 Meter lang, 3,35 Meter breit und 2,75 Meter hoch ist, und daß die vier Schreine zusammen ungefähr achtzig Teile umfassen. Jeder einzelne erforderte eine andere Art der Behandlung, um ihn mit der geringstmöglichen Gefahr auch nur zu berühren.

Durch das Abtragen der Wand wurde der große äußere Schrein völlig freigelegt. Damit gewannen wir erst eine Vorstellung von seiner Großartigkeit, seiner prachtvollen Vergoldung und der Schönheit der blauen Fayenceeinlagen mit ihren vergoldeten Schutzemblemen. Nun galt es zunächst, die Grabbeigaben, die zwischen Wand und Schrein aufgestapelt waren, herauszunehmen und in das Laboratorium zu schaffen. Dann waren als Vorbereitung für das Auseinandernehmen des äußeren Schreins unser primitives Gerüst und die Winde aufzustellen. Darauf mußten die schweren Flügeltüren des äußersten Schreins ausgehängt werden, die mit kupfernen Zapfen in den Angeln hingen, eine schwierige und gewagte Arbeit, da das Gebälk etwas gehoben werden mußte, um für das Aushängen der Scharniere Raum zu schaffen. Als nächstes hoben und entfernten wir die drei Dachteile, die durch Zapfen auf dem Sims befestigt waren. Darauf nahmen wir das aus Hohlkehle und Rundstab bestehende Gesims auseinander. Es war in vier Teilen gearbeitet; diese waren durch Zapfen mit den Schreinwänden verbunden und an den vier Ecken mit schweren S-förmigen Dübeln zusammengehalten, von denen jeder genau bezeichnet war mit Nordost, Südwest usw.

Nach dem Gesims mußten die Seitenwände des Schreins in Angriff genommen werden. Ihre einzige Stütze waren nur noch das von uns errichtete Gerüst und die Eckpfeiler, mit denen sie durch Zapfen zusammenhingen. Sie waren verhältnismäßig leicht abzunehmen. Das Hinausbringen aber war zunächst unmöglich; wir mußten sie an die Wände lehnen, bis wir Platz genug für ihren Transport geschafft hatten, das heißt, bis nach vollendetem Auseinandernehmen der inneren Schreine. Mit dem Entfernen der Eckpfeiler war unsere erste Aufgabe beendet, der äußerste Schrein war beseitigt.

Das nächste und sehr heikle Problem bot uns das leinene Bahrtuch, das den zweiten Schrein vollständig bedeckte. Sein Gewebe war morsch, die herabhängenden Enden waren durch ihr eigenes Gewicht und durch die aufgenähten Metallplättchen gerissen. Glücklicherweise bewährte sich Duropren (eine Mischung von Chlor und Gummi in einer organischen Zylinlösung) nach einem Versuch Dr. Alexander Scotts zum Versteifen des verdorbenen Stoffes. Es machte das Gewebe so widerstandsfähig, daß wir es auf eine Holzstange rollen und in das Laboratorium bringen konnten; später sollte der Stoff mit neuem Futter versehen werden.

Nachdem das Bahrtuch und seine hölzernen Stützen entfernt waren, konnten wir an den zweiten Schrein gehen, ein schönes, vergoldetes Stück, das fast ganz dem ersten gleicht; nur fehlen die blauen Fayenceeinlagen. Seine Türflügel waren oben und unten mit Zapfen befestigt und sorgfältig mit einem Strick verschlossen, der durch zwei metallene Krampen lief und versiegelt war (Abb. 3). Das Tonsiegel war unverletzt. Es trug Abdrücke zweier verschiedener Stempel. Der eine zeigte den Vornamen Tut-ench-Amuns, Neb-cheperu-Rē, über dem Schakal auf den neun Feinden, der andere das Amtssiegel der königlichen Totenstadt, den Schakal über den neun Feinden ohne irgendwelche Zusätze oder königliche Insignien. Mit großer Vorsicht wurden die Stricke gelöst und die Türflügel zurückgeschlagen (Abb. 31). Da kam ein dritter, ebenfalls versiegelter und unversehrter Schrein zutage, dessen Siegelabdrücke die gleichen waren wie auf dem zweiten Schrein.

Wieder glaubten wir, daß das Öffnen der nächsten Türe die Lösung des Geheimnisses brächte, das die Jahrhunderte eifersüchtig bewahrt hatten. Mit unterdrückter Erregung ging ich an das Öffnen des dritten Schreins, und ich werde diesen spannenden Augenblick unserer mühsamen Arbeit wohl nie vergessen. Ich zerschnitt den Strick, entfernte das kostbare Siegel, zog die Riegel zurück, öffnete die Türen, und ein vierter Schrein stand vor uns. Auch er glich den anderen, nur war er noch prächtiger und schöner gearbeitet als der dritte. Welch unbeschreiblicher Augenblick für einen Archäologen: Wieder standen wir vor dem Unbekannten! Was barg nun dieser Schrein? In heftiger Erregung zog ich die Riegel der letzten unversiegelten Türen zurück; langsam schlugen sie auf. Vor uns stand, den ganzen Schrein ausfüllend, der ungeheure gelbe Quarzitsarg, unberührt, als hätten fromme Hände ihn eben erst geschlossen! Welch unvergeßlicher herrlicher Anblick, noch gesteigert durch das Glitzern des Goldes auf den Schreinen! Über das Fußende des Sarkophags breitete schützend eine Göttin Arme und Flügel, als wollte sie den Eindringling abwehren. In Ehrfurcht standen wir vor diesem beredten Zeichen einer Gedankenwelt, die vor mehr als dreißig Jahrhunderten lebendig war und noch heute von der treuen und zärtlichen Sorge der Lebenden um den Toten erzählt.

Nun war es an der Zeit, die drei Schreine auseinanderzunehmen und herauszuschaffen. Erst dann konnten wir uns der Arbeit am Steinsarg selbst widmen. So mühten wir uns noch einen Monat lang, nahmen erst den zweiten, dann den dritten Schrein auseinander, bis der innerste, der letzte und kleinste, ganz freigelegt war und als goldene Kapelle vor uns stand. Die Flügeltüren und die Westwand sind mit Flachreliefs geschmückt. Geflügelte Schutzgöttinnen bewachen in erhabener Ruhe und Größe den Toten. Die übrigen Wände des Schreins sind mit religiösen Inschriften bedeckt.

Zwischen dem dritten und dem innersten Schrein fanden wir zwischen Prunkbögen und Pfeilen ein Paar besondere Prachtstücke von Straußenfederwedeln – wie wir sie auf ägyptischen Reliefs so häufig hinter dem Könige hergetragen sehen –, einen zu Häupten und den anderen längs der Südseite des innersten Schreins. Der am Kopfende ist mit Goldblech belegt (Abb. 27) und auf den beiden Griffseiten mit Darstellungen geschmückt. Die eine zeigt, wie Tut-ench-Amun in »der östlichen Wüste von Heliopolis« in Begleitung seines Lieblingshundes vom Wagen aus Strauße jagt, um die Federn für die Wedel zu erbeuten; die andere behandelt die Rückkehr des jungen Jägers, »des Herrn der Kraft«; zwei Diener schleppen zwei getötete Strauße vor ihm her, während er die Federn selbst unter dem Arm trägt. Der zweite, größere und vielleicht noch prächtiger strahlende Wedel besteht aus Ebenholz mit Goldbelag und ist mit Türkis, Lapislazuli, karneolfarbenem Glas und durchscheinendem Alabaster reich besetzt. Die Platte, in der die Federn steckten, trägt die Namen und Titel Tut-ench-Amuns. Leider sind von den Straußfedern beider Fächer nur noch Überreste vorhanden. Aber was die Insekten von ihnen übriggelassen haben, zeigt, daß jeder Fächer zweiundvierzig Federn enthalten hat, die ursprünglich weiß und braun gewesen waren.

Das Dach und die Hohlkehle des innersten Schreins bestehen, im Unterschied zu den drei äußeren, aus einem Stück. So war es doppelt schwierig, dies gewichtige Stück in dem engen Raum hochzuwinden und zu drehen. Es kostete uns mehrere Tage harter Arbeit, das Dach in die Vorkammer zu befördern, wo es noch jetzt steht. Viel leichter war das Auseinandernehmen der Seitenteile, Pfeiler und Türen des innersten Schreins. Hiermit war unsere achtzigtägige Arbeit beendet.

Abb. 31 Howard Carter beim Öffnen der Tür des zweiten Schreins

Eins war uns bei unserer Arbeit klar: Die altägyptischen Handwerker hatten es beim Aufbau der Schreine in dem engen Raum auch recht schwer gehabt. Immerhin war ihre Aufgabe vielleicht etwas leichter als unsere, da in ihrem Fall das Holz noch frischer und biegsamer, die Goldverzierungen aber noch fester und stärker waren. Offenbar hatten sie zunächst die einzelnen Teile der vier Schreine in genauer Reihenfolge an den vier Wänden der Kammer aufstapeln müssen; die Teile und Füllungen des äußersten Schreins also zuerst, die des innersten Schreins zuletzt. Dann haben sie sicher erst den innersten Schrein aufgestellt und zuletzt den äußersten. Die Zimmermanns- und Schreinerarbeiten sind mit großer Geschicklichkeit ausgeführt. Jedes Stück ist sorgfältig mit Nummer und Orientierungszeichen versehen. Die Schöpfer der Schreine sind bestimmt große Meister gewesen. Das Aufstellen aber ist offenbar in Eile und von durchaus unzuverlässigen Leuten ausgeführt worden, denn die einzelnen Teile sind verwechselt und nach den verkehrten Himmelsrichtungen hin aufgestellt, so daß die Schreintüren sich nach Osten statt nach Westen öffneten und das Fußende nach Westen gerichtet war statt nach Osten. Dieser Fehler mag ihnen verziehen sein, denn die Kammer war klein und dunkel. Andere Nachlässigkeiten sind aber unverzeihlich. Die Goldverzierungen sind beschädigt, tiefe Eindrücke von Hammerschlägen sind heute noch auf ihnen sichtbar. An einigen Stellen sind ganze Stücke abgeschlagen, und Holzspäne und anderer Abfall sind nie weggeräumt worden.

Das Abheben des Daches vom letzten Schrein legte die Deckplatte des Sarkophags bloß, die Entfernung der Seitenteile befreite das großartige Steindenkmal vollends. Wir fühlten uns überreich belohnt im Anblick des freistehenden, herrlichen Sarges, dieses Kunstwerkes aus einem einzigen imposanten Block edelsten gelben Quarzits. Er ist 2,75 Meter lang, 1,50 Meter breit und 1,50 Meter hoch.

Es war am 3. Februar, als wir dieses Meisterwerk, das zu den besten seiner Art gehört, völlig überblickten. Sein Gesims ist reich gegliedert in Hohlkehle, Rundstab und Inschriftenfries. Die Hochreliefs der vier Schutzgöttinnen Isis, Nephthys, Neith und Selket halten an den vier Ecken ihre weit ausgebreiteten Flügel und ihre geöffneten Arme schützend um den Sarg (Tafel VIII). Um die Basis läuft eine Fußleiste, die mit den Schutzzeichen des Osiris und der Isis bedeckt ist. Die Ecken des Sarges ruhten auf Alabasterplatten. Zwischen dem letzten Schrein und dem Steinsarg lagen keine Totenbeigaben, nur ein Ded-Symbol an der Südwand, das »Kraft« oder vielleicht »Schutz« für den Besitzer bedeutet.

Als unser Licht auf dieses herrliche Denkmal fiel, beleuchtete es den in verschiedenen Formen laut werdenden letzten feierlichen Ruf zu Göttern und Menschen. Wir fühlten hier vor dem Sarg des jungen Königs die Erhabenheit, die auch noch dem Tod eignet. Tiefe, ehrfurchtsvolle Stille herrschte in der Gruft. Die Zeit schien erwartungsvoll stillzustehen. Ich glaubte, den Augenblick zu erleben, da sie den königlichen Toten in den Sarg betteten; so frisch, so unberührt von der Zeit schien das alles, daß wir, je mehr wir um uns schauten, um so stärker mit hineingezogen wurden in das Leid dieses Todes und den Wunsch, daß der Abgeschiedene ungehindert durch die grauenvollen Gänge der Unterwelt zu voller Glückseligkeit eingehen möge, zu dem unseren machten, jenen vier Göttinnen an den Sargecken gleich, die für ihn zu sprechen schienen, indem sie ihn schützend umfingen. Sind sie nicht ein zu Stein gewordenes ägyptisches Klagelied? Der Sargdeckel besteht aus rötlichem Granit und ist der Farbe des Steinsarges durch Bemalung angeglichen. Er ist in der Mitte gesprungen und war fest in die abgestumpften oberen Ecken eingebettet. Der Sprung war so sorgfältig ausgefüllt und im Ton übermalt, daß wir keinen Augenblick zu glauben brauchten, es sei von unbefugter Hand geschehen. Zweifellos sollte ursprünglich eine Quarzitplatte benutzt werden. Ob ein unvorhergesehener Zwischenfall das verhindert hat oder was sonst für ein Grund vorlag, wird nicht aufzuklären sein. Jedenfalls wirkt diese roh gearbeitete

Granitplatte durchaus behelfsmäßig. Der Sprung erschwerte den letzten Teil unserer Arbeit, das Abheben des Deckels, wesentlich. Aber auch diese Schwierigkeit wurde überwunden. Wir legten Winkeleisen an, die genau um die Seiten der Platte paßten, und konnten sie so hochwinden. Bei dieser letzten feierlichen Handlung hatten wir viele Zuschauer. Anwesend waren: der Gouverneur der Provinz Kena und Mohamed Zaglul Pascha (Unterstaatssekretär der öffentlichen Arbeiten); E. S. Harkneß (Vorsitzender des Aufsichtsrats des Metropolitan Museum of Art, New-York); Dr. Breasted (Professor der Ägyptologie und der orientalischen Geschichte an der Universität Chicago); der Oberinspektor der Altertümerverwaltung in Oberägypten; A. M. Lythgoe (Kurator der ägyptischen Abteilung des Metropolitan Museum of Art, New-York); Professor Newberry (Ehrenlektor für ägyptische Kunstgeschichte an der Universität Liverpool); Dr. Alan Gardiner; H. E. Winlock (Direktor der ägyptischen Expedition des Metropolitan Museum of Art, New-York); Norman de Garies Davies (von demselben Museum); Dr. Douglas Derry (Professor der Anatomie in der medizinischen Fakultät der ägyptischen Universität); Robert Mond; G. Foucart (Direktor des französischen archäologischen Instituts); Bruyère (Leiter der französischen Expedition); Major J. J. Astor; Mace; Callender; Lucas; Burton; Bethell und ein Direktorialassistent des Museums in Kairo.

Seltsames mag das Tal der Könige gesehen haben, seit es zum Bestattungsort der Könige des thebanischen Neuen Weltreichs wurde. Mir scheint, unser Erlebnis im »Tal« war keins von den ganz bedeutungslosen. Für uns war es auf jeden Fall eins der ganz großen Erlebnisse, das wir seit der Entdeckung im November 1922 ersehnt hatten, als wir wußten, daß wir am Grab Tut-ench-Amuns standen. Da war keiner, der nicht von dem feierlichen Ernst des Augenblicks ergriffen war und der sich nicht voll andächtiger Erwartung fragte: »Wie werden wir den König finden?«

Das Gerät zum Aufwinden der Platte war in Bereitschaft. Ich gab den Befehl. Unter tiefem Schweigen hob sich die riesige Platte mit ihrem Gewicht von mehr als 25 Zentnern. Das Licht fiel in den Steinsarg. Der erste Blick in sein Inneres verwirrte und enttäuschte uns zunächst. Nichts war zu sehen als deckende feine Leinentücher. Aber als die Platte höher emporgewunden war, als wir die verhüllenden Leinentücher eins nach dem anderen wegziehen konnten und als das letzte entfernt war, da brachen wir alle in einen Ruf erstaunten Entzückens aus! Strahlend war das Bild, das sich uns bot! Ein goldenes Abbild des jungen knabenhaften Königs in herrlichster künstlerischer Ausführung lag im Sarg. Es war der Deckel des wunderbaren mumienförmigen Sarges (Abb. 32), der, etwa 2,25 Meter lang, auf einer niedrigen Totenbahre mit Löwenköpfen ruhte. Der Mumiensarg füllte den ganzen Steinsarkophag. So war zu vermuten, daß er der äußerste einer Reihe von Särgen war, die einer in dem anderen lagen und deren innerster die sterblichen Reste des Königs umschloß. Zwei geflügelte Göttinnen, Isis und Neith, umfassen den Sarg. Der reiche Goldstuck ist so strahlend, als käme er eben aus der Werkstatt. Außerordentlich geschickt wird die Wirkung dadurch erhöht, daß die sehr flachen Reliefs auf dem Körper einen starken Kontrast bilden zu dem Kopf und den Händen des Königs, die aus schwerem Gold in vollendeter Bildhauerarbeit plastisch ausgearbeitet sind. Die über der Brust gekreuzten Hände halten die königlichen Insignien: Krummstab und Wedel (Geißel), die in tiefblauer Fayence ausgelegt sind. Die Gesichtszüge sind wundervoll in Gold getrieben, die Augen aus Aragonit und Obsidian, Augenbrauen und Lider mit lapislazulifarbigem Glas eingelegt. Fast unheimlich wirklich erschien die Gestalt. Der mit Federmustern verzierte Sarg hatte seinen leuchtenden Goldton bewahrt, das Metall des Gesichtes und der Hände aber hatte einen leichten Edelrost angesetzt und erweckte so den Eindruck der Totenblässe. Die Stirn des jungen, knabenhaften Königs ist mit den beiden Königssymbolen, der Schlange und dem Geier, geschmückt, den Wahrzeichen Ober- und Unterägyptens. Beide sind in leuchtenden Farben herrlich ausgeführt.

Nächste Seite · Abb. 32 Der goldene Kopf des Königs vom ersten Sarg

Was aber in all der kostbaren Schönheit den tiefsten Eindruck machte, das war der rührende kleine Blumenkranz, der Abschiedsgruß der jugendlichen Witwe an ihren geliebten Gatten. All die königliche Pracht, all die königliche Herrlichkeit, all der Glanz und Schimmer des Goldes verblaßt gegen die armen verdorrten Blumen, die noch in dem blassen Schein ihrer einstigen Farben schimmerten. Sie sprachen am eindringlichsten von der Flüchtigkeit der Jahrtausende.

So waren wir über die steile Treppe, den Gang, die Vorkammer und die Sargkammer zu den goldenen Schreinen und dem Steinsarg vorgedrungen und standen nun vor seinem Inhalt, einem vergoldeten Sarg in Gestalt des jungen Königs. Als Osiris ist er dargestellt, der Unsterblichkeit gewiß. Der klare, furchtlose Blick scheint von dieser Gewißheit zu zeugen. Mancherlei Gedanken löste dies Osirisbild in uns aus. Tiefe Stille umfing uns, aber wir glaubten, durch sie noch den geisterhaften Schritt der scheidenden Klagenden zu hören.

Wir löschten die Lampen, stiegen die sechzehn Stufen hinauf und erblickten wieder den blauen ägyptischen Himmel, den die Sonne strahlend beherrscht. Aber nur mit Mühe konnten wir unsere Gedanken loslösen von der Pracht des dahingegangenen Pharao und seiner letzten Bitte auf dem Sarg, die sich uns in das Herz geschrieben hatte: »O Mutter Nut! Breite deine Flügel über mich aus wie die unvergänglichen Sterne.«

Die Prunkwagen

15

Je tiefer wir in unsere Entdeckung eingedrungen waren, um so mehr war unsere Bewunderung für die Geschicklichkeit der altägyptischen Handwerker und für ihre Leistungen bei den verhältnismäßig primitiven Mitteln der damaligen Zeit gestiegen.

Daß sie tüchtige Wagenbauer waren, war schon aus den Malereien der Grabkapellen zu ersehen gewesen und aus den Wagen, die im 19. und 20. Jahrhundert gefunden worden waren.

Ein Wagen in der ägyptischen Sammlung in Florenz und ein zweiter im Museum zu Kairo, den Theo M. Davis im Grab des Jua und der Tua gefunden hat, legen von dieser Geschicklichkeit beredtes Zeugnis ab. Beide sind gut gebaut, stark und dabei außerordentlich leicht. Das Rahmenwerk besteht aus gebogenem Holz, ist mit Leder zugleich verstärkt und verziert. Sie waren bei all ihrer Schönheit Gebrauchswagen vornehmer Thebaner und durchaus einfach gegen den Prunkwagen, der im Grab Thutmosis' IV. entdeckt wurde. Auch dieser Wagen wurde von Davis gefunden und steht im Museum zu Kairo. Leider haben Grabplünderer ihn sehr beschädigt. Räder, Achsen und die Deichsel sind zerstört, aber der guterhaltene Wagenkasten ist nicht nur ein Muster der Wagenbaukunst, sondern auch kunstgewerblich ein Meisterwerk. Er ist innen und außen mit Schlachtenbildern und Ornamenten verziert, die in flachem Relief auf den Füllungen zwischen dem Rahmenwerk sitzen. Diese Füllungen sind ungewöhnlich dünn, mit Leinwand und Stuck überzogen und waren gewiß auch einmal vergoldet. Von ihrer ganzen Pracht können wir uns jetzt eine Vorstellung machen, nachdem wir die besser erhaltenen Stücke aus Tut-ench-Amuns Sargkammer kennen.

Hier lagen sie durcheinandergeworfen, aufeinandergeschichtet, leider auch zum Teil beschädigt. Die Diebe hatten versucht, die wertvollen Goldbeschläge abzureißen, und waren unsanft mit ihnen umgegangen. Aber nicht alle Beschädigungen an den Prunkwagen sind den Plünderern zuzuschreiben. Der Grabeingang war zu eng, um sie hineinzubringen. Sie mußten also zerlegt und die Achsen sogar durchsägt werden (Abb. 33). Immerhin sind die Zerstörungen nicht allzu verhängnisvoll, sogar die Fußteppiche sind noch teilweise vorhanden. Einige Metallverzierungen fehlen, und das Leder ist durch die feuchte Wärme der Kammer zu einer zähen Masse geschmolzen. Im übrigen erstrahlen sie noch in dem Goldschmuck, der sie von oben bis unten bedeckt und allenthalben mit getriebenen Bildern und Ornamenten verziert ist, während an den Rändern Bänder mit Einlagen in Halbedelstein und Glasfluß herablaufen.

Wie allen Wagen aus dieser Zeit fehlt auch unseren Prunkwagen der Sitz. Der königliche Wagenlenker pflegte beim Fahren zu stehen. Die Rückseite ist offen, so daß der Lenker schnell auf- und abspringen konnte. Der Boden besteht aus einem Ledergeflecht, über das ein Tierfell oder eine wollige Matte gebreitet wurde. Dieser elastische Wagenboden ersetzt die Federung, wie sie in Europa übrigens auch erst seit dem 17. Jahrhundert in Gebrauch ist. Vorher wurden die Wagenkasten mit langen Lederriemen in das Wagengestell eingehängt. Noch eine besondere Bequemlichkeit weisen die ägyptischen Wagen auf: Die Räder und die Radachse sind möglichst weit nach hinten geschoben, wodurch die Elastizität der Deichsel vorteilhaft ausgenutzt wurde.

Die Achse und die zwei Räder bilden das eigentliche Wagengestell. Die Achse saß unter der hinteren Kante des Wagenkastens. Da aber der Wagenkasten zugleich auf der Deichsel ruht und diese dauernd an der Achse befestigt ist, so diente die Deichsel nicht nur zum Einspannen der Pferde, sondern bildete zugleich auch einen Teil des Wagengestells. Soweit sie unter dieses zu liegen kam, ist sie so gebogen, daß der Boden des Wagens annähernd waagerecht stand, wenn der Wagen mit Pferden bespannt war. Die Last des Wagenkastens und des Lenkers verteilte sich also auf die Räder und die Pferde. Da aber der Fahrer in seinem Kasten ziemlich weit rückwärts stand, hatten die Räder und das Wagengestell den größten Teil der Last zu tragen. Der Kasten wurde mit Lederriemen an der Achse und an dem unteren Deichselende festgebunden und außerdem von dicken Ledergurten gehalten, die vom oberen Rand zur Deichsel gespannt wurden.

Der Bau der Räder mit ihren sechs Speichen verrät große mechanische Kenntnisse. Wir sind seitdem auf diesem Gebiete wenig fortgeschritten. Die Räder sind so leicht und doch so stark als möglich. Naben und Speichen sind von einer Haltbarkeit, wie sie bei einem hölzernen Rad irgend erreichbar ist.

Die Kostbarkeit unserer Tut-ench-Amun-Wagen verbietet uns, sie zwecks einer genauen Untersuchung auseinanderzunehmen. So habe ich mich an die Bruchstücke eines Rades gehalten, das Lord Carnarvon im Grab Amenhoteps III. in Wadjēn – einem Seitental des Tals der Könige – gefunden hat. Dies Rad stammt zweifellos aus derselben königlichen Werkstatt und ist höchstens fünfundzwanzig Jahre früher entstanden als die Wagen des Tut-ench-Amun. Neben diesen Radstücken wurden einige Teile vom Rahmenwerk des Wagenkastens gefunden sowie einige Überreste der Geschirrsättel. Alle diese Stücke gleichen im Bau denen der Wagen Tut-ench-Amuns. Von dem Rade sind Teile der Nabe, die unteren Speichenenden sowie die beiden Buchsen, an denen noch Stücke der Lederbindung hingen, erhalten. Die Konstruktion ist folgende: Nabe und Speichen sind aus sechs V-förmigen Winkelhölzern zusammengesetzt. Die zusammenlaufenden Spitzen dieser Hölzer bilden die Nabe, ihre Arme die Speichen. Jede Speiche besteht also der Länge nach aus zwei Hälften, die Nabe dagegen aus sechs segmentförmigen Stücken. Jeder dieser Segmentteile trägt an den Seitenkanten je ein Stemmloch. Diese Stemmlöcher passen an die der anschließenden Segmente. So entstehen zu beiden Seiten der Nabe je sechs Zapfenlöcher. In diese sind dann schwalbenschwanzförmige Klammern eingesetzt, die die Nabe mit den Buchsen verbinden. Diese ungewöhnlich langen Buchsen hatten die Aufgabe, das Rad auch dann, wenn sich der Wagen zur Seite neigte, in senkrechter Stellung zur Achse zu erhalten, aber sie hatten auch konstruktive Bedeutung. Denn die Zapfen, mit denen sie in der Nabe verklammert waren, hielten zugleich deren verschiedene Teile zusammen und sicherten damit ihre Fügung. Nach der Zusammensetzung wurden Nabe, Buchsen und Speichen mit frischem Leder umwickelt. Wenn dieses trocknete und sich zusammenzog, preßte es die einzelnen Teile fest aneinander. Ich hoffe, es ist deutlich geworden, daß sich dieses sinnreich konstruierte Rad in gleicher Weise durch geringes Gewicht wie durch Festigkeit des Verbandes und eine bei maßvoller Belastung noch gesteigerte Haltbarkeit auszeichnete. Die Tischlerarbeit ist so exakt ausgeführt, daß die Fugen dem bloßen Auge kaum sichtbar werden, obgleich die Räder unsanft genug behandelt worden sind. Die Speichen scheinen mit Zapfen an dem Radkranz befestigt zu sein, und das Splittern ist durch einen vorspringenden Rand verhütet. Die Radreifen sind aus Leder.

Die Kunst des Wagenbaues hängt zum großen Teil von der Wahl des Materials ab. Die alten Ägypter benutzten genau wie wir jetzt noch für die verschiedenen Teile verschiedene Hölzer. Das Holz wurde künstlich (mechanisch) gebogen. Durch die Verwendung mannigfachen Materials beschäftigte der Wagenbau verschiedene Handwerke. In den altägyptischen

Abb. 33 Die Prunkwagen in der Vorkammer

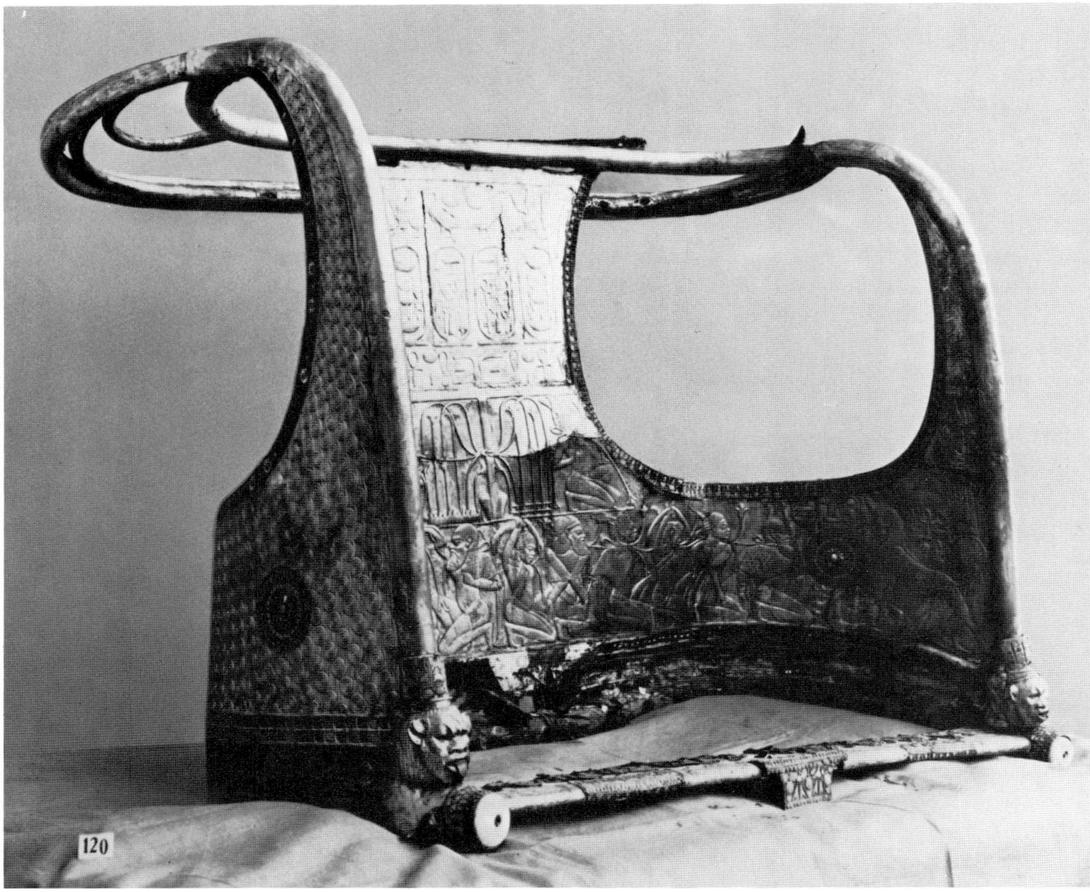

Abb. 34 Der Kasten des ersten Prunkwagens

Wandmalereien und auf Reliefs können wir Zimmerleute, Stellmacher, Sattler und andere Handwerker in allen Teilen ihrer Wagenbauarbeit sehen.

Das Joch am Ende der Deichsel, das an den auf den Widerrist der Pferde aufgelegten Geschirrsätteln befestigt wurde, diente wie zum Anschirren des Gespanns so auch zur Stützung des Wagens; es hielt die Pferde ferner in gleichem Abstand von dem Wagen wie voneinander. Um ein Ausbrechen der Pferde nach der Seite zu verhindern, waren zwischen Zügel und Brustgeschirr Stäbe mit sporenartigen Stacheln angebracht, und zwar offenbar nur an der Außenseite. Denn bei den Wagen Tut-ench-Amuns haben sich immer nur zwei solcher Stäbe gefunden.

Aus verschiedenen Abbildungen des Königs auf seinem Wagen wissen wir, daß die Pferde kostbare Schabracken und Halsstücke und einen Busch von Straußenfedern auf dem Kopf trugen (Abb. 12 u. 27, Tafel V). Im Grab fanden wir jedoch keine solchen Stücke. Das eigentliche Ledergeschirr, offenbar ein Sielengeschirr, war leider vollkommen zerstört. Aber da der größere Teil der Ausschmückung – Goldblech in getriebener Arbeit – vorhanden ist, kann mit Hilfe von Bildern das Hauptsächliche rekonstruiert werden. Bis jetzt wissen wir noch nicht, was für eine Art Gebiß benutzt wurde. Gerade von den Metallgegenständen hatten ja die Räuber soviel als möglich mitgenommen, und darunter offenbar auch die Gebisse. Aus der Gangart und der Haltung der Pferde auf der bemalten Truhe im Grab ist auf einen sehr scharfen Gebißtyp zu schließen. Die Zügel liefen anscheinend durch Ringe am Brustgeschirr und waren so lang, daß sie um den Leib des Fahrers geschlungen werden konnten, wenn er sich die Arme zur Verteidigung freimachen wollte; denn der König fuhr stets allein in seinem Wagen. Scheuklappen gab es auch – mehrere Paare sind im Grab gefunden worden. Die Wagen wurden reichlich mit Köchern voller Pfeile versorgt, denn der Bogen war die Hauptwaffe. Was den Königswagen besonders kenntlich machte, war ein goldener Sonnenfalke am Ende der Deichsel. Er war sozusagen die Standarte des Königshauses, die ebenso wie der Straußfederbusch nur den Pferden des Königs und der königlichen Prinzen vorbehalten war.

Die vier in der Vorkammer gefundenen Wagen (die der Schatzkammer sind noch nicht geborgen) sind in Gebrauchswagen und Prunkwagen zu scheiden. Die Gebrauchswagen sind offen und leichter gebaut als die Prunkwagen und wurden wohl bei Jagden oder militärischen Übungen verwendet. Die vergoldeten Prunkwagen mit den kostbaren Schabracken und Prunkgeschirren müssen bei festlichen Aufzügen außerordentlich pomphaft gewirkt haben. Die strahlende östliche Sonne wird sich blitzend in dem blanken Metall widergespiegelt haben. Eine Denkinschrift Echnatons besingt den Wagen des Königs, als er ausfuhr, die Stadtgrenzen zu bestimmen: »Seine Majestät bestieg seinen goldenen Wagen wie Aton, wenn er an dem Himmelsrand emporsteigt und das Land mit seiner Liebe erfüllt...«.

In prachtvoller Schönheit unter dem strahlenden ägyptischen Himmel stoben sie im Schmuck der reichausgelegten Prunkgeschirre mit wehenden Federbüschen dahin, ein Strahlen von Festlichkeit, Farbe, Glanz und Reichtum! Wohl nie hat eine Zeit oder ein Volk diese Schönheit des prachtliebenden ägyptischen Volkes übertroffen. Denkmäler und Gräber sagen dies eindringlich.

Wie aus Abb. 34 ersichtlich, sind die Kästen der Prunkwagen nicht nur an der Rückseite offen, auch seitlich sind halbrunde Öffnungen angebracht. An den oberen Rand des Wagenkastens schließt sich ein zweiter Rand, der simsartig vorragt. Den Zwischenraum füllen Darstellungen in durchbrochener Arbeit: Gefangene zu beiden Seiten des bekannten Symbols der Vereinigung der beiden Länder. Die Verkleidung der Wagenkästen ist außen in Gold getrieben und mit herkömmlichen Ornamenten ausgelegt, einmal mit einem Spiralmuster, das andere Mal mit einem Federmuster, Spiralbändern und Rosetten. Dazu kommt bei beiden je ein Streifen mit dem Namen des Königs. Auch innen fehlen sie nicht. Sie werden hier von dem Symbol der Vereinigung getragen, an das in einem Fall Gefangene der Nord- und Südländer gebunden sind. Darunter sitzt ein wundervoller Bildstreifen. Er zeigt Gefangene, die mit auf dem Rücken gefesselten Händen demütig vor Tut-ench-Amun knien. Triumphierend zertritt der als Löwe mit Menschenkopf dargestellte Sieger Ägyptens Feinde. So konventionell dieser immer wiederkehrende Vorwurf auch ist, stets ist die Ausführung individuell in den Einzelheiten. Die Macht des Herrschers in dieser Form darzustellen, war überlieferte Sitte. Es erschien den alten Ägyptern natürlich, den Feind zu demütigen, Hochherzigkeit kannte der Eroberer nicht. Mit ungezügelter Phantasie wurde der Pharao auf den Schlachtenbildern gefeiert, die von größter Lebendigkeit und Mannigfaltigkeit sind.

Der andere Wagen ist außen und innen mit Ornamenten, Federmustern, Spiralbändern und Rosetten geschmückt. Außerdem sind mit Einlagen verzierte runde Platten aus Silber und Gold unten an der Verkleidung befestigt.

An allen Wagen sind die Seitenöffnungen der Kästen mit Blumenfriesen aus eingelegten Halbedelsteinen, Glas und Fayence umrahmt. An der Stelle, wo der Wagenkasten auf der

Abb. 35 Ein Paar Fliegenwedel

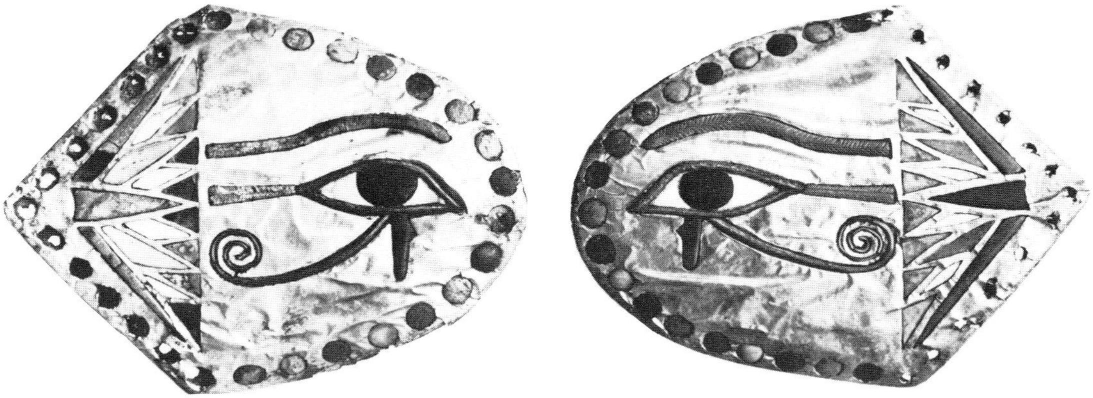

Abb. 36 Ein Paar Scheuklappen

Achse ruht, sitzen reichgeschnitzte Steinknäufe. An einem der Wagen ist der Knauf mit dem fratzenhaften Kopf des Gottes Bes bedeckt (Abb. 34). Über den hölzernen Achsen liegen in Zwischenräumen Reifen von Gold mit Blumenmustern und den Namen feindlicher Länder in reichen Glas- und Halbedelsteineinlagen. Speichen, Nabe und Radkranz sind sämtlich mit dünnem Blattgold belegt, die Radreifen bestehen aus Leder. Die hölzernen Deichseln sind schmucklos bis auf einen Goldknauf an dem Ende, an dem der goldene Sonnenfalke des Königs befestigt ist. Die Scheibe auf dem Kopf des Sonnenfalken trägt in getriebener Arbeit eine Zeichnung, die die Vornamen des Königs enthält. Da die Pharaonen als die irdischen Stellvertreter des Sonnengottes galten, so scheint mir die Annahme nicht zu kühn, daß diese Darstellung ihre Abstammung von der Sonne versinnbildlichen soll. Die geschwungenen, an der Wagenstange befestigten Holzjoche sind mit Gold belegt. Ihre Enden sind einmal als gefangene Feinde gestaltet.

Die Enden der Geschirrsättel, an denen die Joche befestigt sind, tragen wieder den Kopf des Gottes Bes, durch dessen weitgeöffneten Mund die Gurtenriemen laufen. Sie erinnern damit wohl nicht zufällig an die lang heraushängende Zunge, mit der Bes dargestellt zu werden pflegt. Über den Rücken der Sättel sind Mittelstücke mit Rollen aus Aragonit angebracht, die mit schöner rotgoldener Filigranarbeit verziert sind. Daß wir an jedem Wagen zwei sporenartige Stachel fanden, sagte ich schon; auch Fliegenwedel aus Roßhaar fehlen nicht (Abb. 35). Abb. 36 zeigt einige der ornamentierten Scheuklappen.

So haben die Prunkwagen der alten Ägypter unseren Staatskarossen zum mindesten an Pracht und Feierlichkeit nicht nachgestanden.

Das Öffnen der drei Särge

(Winter 1925/26)

16

Soviel hatten uns die Erfahrungen gelehrt, daß es ratsam war, mit der Arbeit in dem Grab Tut-ench-Amuns sofort nach dem Abnehmen der großen Hitze wieder anzufangen. Denn wir wollten mit größtmöglicher wissenschaftlicher Genauigkeit vorgehen können, ohne dauernd von Besuchern unterbrochen zu werden; dennoch sollte das Grab in der Reisezeit dem Publikum so früh als möglich freigegeben werden. Unsere Erwägung war ganz richtig, denn zwischen dem 1. Januar und dem 15. März 1926 kamen über 12000 Besucher in das Grab, und ich erhielt 278 Gesuche um Besichtigung der Gegenstände und unserer Arbeit im Laboratorium.

Nachdem ich alles besorgt hatte, was wir für die Arbeit des Winters brauchten, verließ ich London am 23. September und traf am 28. in Kairo ein. Auch da gab es mancherlei zu erledigen, ehe ich nach Luksor fahren konnte. Leider traf ich den Generaldirektor der Altertümerabteilung, Lacau, in Kairo nicht an, er war auf Urlaub in Europa. Aber am 1. Oktober konnte ich mit Edgar, Lacaus Vertreter am Museum, verabreden, daß die elektrische Beleuchtung in dem Tal der Königsgräber bis zum 11. Oktober fertiggestellt sein sollte. Auch sonst besprachen wir den allgemeinen Arbeitsplan dieses Winters.

Zunächst hatten wir selbstverständlich den Satz von Särgen aus dem Steinsarkophag zu nehmen, die einzelnen Särge zu öffnen und zu untersuchen. Dann sollten uns Dr. Douglas Derry und Dr. Saleh Bey Hamdi bei der Untersuchung der Mumie helfen. Endlich, wenn noch Zeit übrigblieb, war der Inhalt der Schatzkammer zu durchsuchen, auszuräumen und zu verzeichnen. Mehr als genug Arbeit also für den Winter, da jeder Gegenstand zur Überführung nach Kairo konserviert und verpackt werden mußte. Den letzten Teil unseres Planes, die Bearbeitung der Schatzkammer, konnten wir nicht ausführen, da der Zustand und die Menge der an der Königsmumie gefundenen Gegenstände dies unmöglich machten. Schon das Heben und Öffnen der drei Särge beanspruchte, wie sich herausstellte, viel mehr Zeit, als wir erwartet hatten.

Wir hatten verabredet, daß Lucas mit mir am 6. Oktober nach Luksor fahren und bei den Konservierungsarbeiten seine Tätigkeit als Chemiker wiederaufnehmen sollte.

Nun fragte es sich, ob Lacau bei dem Auswickeln der Mumie zugegen zu sein wünschte. Da er aber nicht vor Ende November in Ägypten zurückerwartet wurde, bat ich ihn, um Verzögerungen zu vermeiden, durch Kabel um Mitteilung seiner Rückkehr. Außerdem fragte ich an, ob er im gegebenen Falle mit seiner Vertretung durch Edgar bei der Untersuchung einverstanden wäre.

Am folgenden Tag traf Lacaus Antwort ein, er wünsche, bei der Untersuchung der Königsmumie zugegen zu sein, und hoffe, die Verzögerung würde mir keine Ungelegenheit verursachen. Daraufhin verabredet ich mit Dr. Derry und Dr. Saley Bey, sie sollten ihr Kommen nach Luksor ebenfalls bis zum 10. November verschieben.

Bei archäologischen Arbeiten trifft gewöhnlich das Gegenteil von dem ein, was man erwartet. So dauerte allein die Arbeit an den Särgen bis zum 10. November, und wir waren gerade bis zur Untersuchung der Mumie gekommen, als Lacau und die beiden Doktoren eintrafen.

Am 3. Oktober besuchte ich mit Lucas die Tut-ench-Amun-Ausstellung im Museum zu Kairo, um sie vom Standpunkte des Konservierens aus zu studieren. Denn das Konservieren ist nicht nur eine sehr interessante, sondern auch eine äußerst wichtige Frage bei der Beschäftigung mit Altertümern, besonders wenn es sich um so empfindliche handelt. Der Thron war zweifellos seit seiner Aufstellung im Museum nachgedunkelt. Wir beschlossen, ihn mit heißem Wachs zu behandeln, verschoben dies aber bis zum Frühling. Alle Gegenstände, die das Paraffinwachsverfahren zuließen, haben entschieden dadurch gewonnen; wir konnten feststellen, daß es das weitaus wirksamste und beste ist.

Die Presse bedeutet sicherlich eine große und notwendige Macht in der modernen Zivilisation. Eine verständnisvolle und kluge Berichterstattung ist für wissenschaftliche Forschungen durchaus notwendig. In unserem Falle aber erwies es sich, daß die Pressevertreter mehr wissen wollten, als vorhanden war, und daß die ägyptische Regierung nicht die geeigneten Maßnahmen für eine entsprechende Berichterstattung getroffen hatte.

Ehe ich Kairo verließ, hatte ich eine erfreuliche Unterredung mit Sr. Exzellenz Abd el Hamid Pascha Bedawi, Königlichem Rat bei dem Ministerium der öffentlichen Arbeiten, dem ich meine Pläne vortrug, und der sie restlos billigte. Am nächsten Abend reiste ich mit Lucas nach Luksor und hatte dort eine Zusammenkunft mit dem Bey, dem Mamur von Luksor und Tewfik Effendi Bulos, dem Oberinspektor der Altertümerabteilung für Oberägypten. Am nächsten Tag ging es nach dem Dorfe Gurna, dem westlichen Theben.

Trotz der Hitze war es angenehm, wieder in der bekannten und doch immer wieder neuen Umgebung zu sein, die noch tief in ihrem Sommerschlaf lag. Grab, Lagerraum und Laboratorium waren in bester Ordnung. Mit großer Freude sahen wir, daß jeder von unseren Leuten inzwischen seine Pflicht erfüllt hatte, nachdem wir alle während der Sommerpause die Angst nicht losgeworden waren, es könnte nicht so sein.

Ich beauftragte nun meine Vorarbeiter (Reis), etwa 25 Männer und 75 Knaben anzuwerben, um am nächsten Morgen das Freilegen des Grabeinganges zu beginnen.

Der Anfang der Arbeit eines neuen Winters ist nicht so einfach, wie man wohl denkt. Die ersten Tage vergehen meist nur mit Vorbereitungen, mit Instandsetzen und Versuchen der verschiedenen Werkzeuge und Geräte. Denn die Arbeitsverhältnisse sind nicht so einfach wie in Europa. Die meisten Bequemlichkeiten und Vorrichtungen fehlen, und alles muß vorher bedacht und vorbereitet sein. Die Hauptschwierigkeit in der Wüste besteht darin, daß man sich mit sehr einfachen Instrumenten behelfen und sich den gegebenen Verhältnissen anpassen muß. Selbst die aus Europa beschafften Werkzeuge erweisen sich an Ort und Stelle oft als nicht ganz passend und müssen geändert werden. Auch das Anlernen der Arbeiter erfordert Zeit und Mühe. So vergehen mehrere Tage mit mühsamen Vorbereitungen. Erfreulich sind dann gewöhnlich die strahlenden Gesichter der Vorarbeiter, wenn sie anfangen, ihre neuen Instrumente zu verstehen und zu benutzen.

Am 10. Oktober, 6 Uhr 30 früh, wurde mit dem Freilegen des Grabeinganges begonnen. Die Männer und Knaben gingen mit großem Eifer daran, den Schutt fortzuschaffen, der zum Schluß des letzten Arbeitswinters als Schutz über der Eingangstreppe aufgehäuft worden war. Sie arbeiteten wie die Ameisen. Obwohl die Wärme im »Tal« zwischen 35 und 45 Grad Celsius schwankte und die Luft grau war von Staub, erlahmten sie nicht in ihrem Eifer und ihrer Begeisterung. Es war ein Vergnügen, sie arbeiten zu sehen.

Eine weitere Anzahl von Jungen wurde zum Fortschaffen des Schuttes angenommen, und am folgenden Tag war der Grabeingang frei. Wir verbanden unsere elektrische Leitung mit der in den Königsgräbern und konnten nun die Besichtigung des Innern vornehmen.

Zuerst befreiten wir die Türen von dem wasserdichten Holzverschluß, der aus Bohlen von türkischer Eiche und Tannenbrettern bestand, und durch den das hölzerne Schutzgitter am

Gangeingang geschützt war. Am Ende des Ganges entfernten wir die Platte vor der festverschlossenen Eisentür und betraten wieder Vorkammer und Sargkammer.

Auch diesmal überwältigte uns wieder das Geheimnis des Grabes, die Scheu und die Ehrfurcht vor dem längst Vergangenen und noch immer Mächtigen. Selbst während rein mechanischer Betätigungen an seinem Werke verliert der Archäologe dieses Gefühl nie ganz.

Erfreulich war, daß kein Staub in das Grab gedrungen war, seit wir es im vergangenen Jahr verschlossen hatten. Nur einige Körnchen Mörtel hatten sich von der Decke losgelöst und waren auf das neue schwarze Tuch gefallen, mit dem ich den Sarkophag bedeckt hatte.

Die verschiedenen Mittel, die wir im Grab angewendet hatten, um die Insekten zu vertreiben, hatten wirklich die meisten vertilgt. Nur die kleinen fischähnlichen Insekten, die sich häufig an dunklen Orten vorfinden, lebten noch. Sonst war unser Kampf gegen das kleine Getier erfolgreich gewesen, und wir waren von dieser Plage befreit.

Wieder beleuchteten nun unsere starken elektrischen Lampen den großen Quarzitsarg. Unter der Glasplatte, die ich zum Schutz darübergelegt hatte, wurde der vergoldete Sarg sichtbar. Von Mal zu Mal vertieft sich der Eindruck, den der Anblick dieses Kunstwerkes macht, und die Gewohnheit stumpft das Entzücken nicht ab.

Nachdem wir mit Befriedigung den guten Zustand des Grabes festgestellt hatten, verschlossen wir es wieder und gingen zum Laboratorium. Auch hier fanden wir die schwere Holzplatte, die den Eingang geschützt hatte, in Ordnung. Innen war alles frei von Staub und Insekten und ebenso wie im Lagerraum in bester Ordnung.

So hatte unser Arbeitswinter angefangen. Das schlafende »Tal« hatte zwei Tage lang von Arbeitslärm und übermütigen Knabenstimmen widergehallt. Nun lag es wieder in Ruhe da, und Ruhe wird in ihm herrschen, bis die Winterzugvögel in sein goldenes Schweigen eindringen.

Die Vorkammer war ihrer schönen Ausstattung beraubt, die Sargkammer ihrer goldenen Schreine entblößt, nur der offene Steinsarg mit den inneren Särgen und dem Geheimnis, das er barg, stand noch unberührt.

Nun hatten wir den Deckel von dem ersten, dem äußersten Sarg abzuheben, solange er noch im Steinsarge stand.

Der große vergoldete Holzsarg in Mumienform mit der Königshaube (chat) ist 2,25 Meter lang. Gesicht und Hände sind aus starkem Blattgold. Der Sarg ist mit einem Federmuster bedeckt, also ein sogenannter Rischisarg. Die Form der Rischisärge war in der Zeit der 17. Dynastie und auch schon früher üblich. Das Neue Reich bringt mit der 18. Dynastie eine neue Art von Sargausschmückung, aber nur an den Särgen von Beamten und einfachen Leuten. An Königssärgen lebt der alte Brauch mit geringen Abwandlungen, zu denen der Zusatz gewisser Schutzgottheiten gehört, fort. Das ist auffällig; denn im allgemeinen wechseln die höheren Gesellschaftsklassen die Mode häufiger als die niederen. Vermutlich wird ein religiöser Gedanke das Festhalten an der Überlieferung bei der Beisetzung des Königs gefordert haben. Man mochte wohl meinen, daß die Göttin Isis den zu Osiris gewordenen König schützend mit ihren Flügeln umfing, wie sie es einst an ihrem toten Gatten getan hatte.

Eine sorgfältige Untersuchung des Sarges ergab, daß die silbernen Griffe am Deckel noch fest genug waren, um diesen zu halten. Es waren zwei an jeder Seite, und sie konnten ohne Gefahr zum Abheben benutzt werden. Der Deckel war mit zehn starken silbernen Zapfen befestigt, von denen an Kopf- und Fußende je einer, an den Seiten je vier saßen. Sie paßten in entsprechende Vertiefungen an der Wandung der unteren Sarghälfte ein und waren in ihnen mit Hilfe kräftiger goldköpfiger Silbernägel befestigt. Wie sollten wir nun die Zapfen entfernen, ohne den Sarg aus seiner Lage zu verrücken; füllte er doch das Innere des Steinsarkophags fast ganz aus; der schmale Zwischenraum, der sich noch am Kopf- und am Fußende besonders verengte, schien daher das Herausziehen der Zapfen fast unmöglich zu machen. Aber mit einiger Mühe und Vorsicht gelang es uns trotzdem; der Zapfen am Kopfende ließ sich freilich nur zur Hälfte herausziehen; er mußte durchgefeilt werden, ehe sich auch seine untere Hälfte entfernen ließ.

Die nächste Aufgabe war das Aufstellen des Krans zum Heben des Deckels. Er bestand aus einem hohen Gerüst, an dem zwei Flaschenzüge mit je drei Rollen und selbsttätiger Bremsvorrichtung angebracht waren. Die Flaschenzüge wurden über der Mitte des Deckels und über den beiden Doppelgriffen eingestellt, dann mit Schlingen an den Griffen des Sargdeckels befestigt, und so eine genaue Gewichtsverteilung hergestellt. Damit war die Gefahr vermieden, daß der Deckel beim Emporziehen an die Steinwände des Sarkophags anstieß.

Das war wieder einer von den aufregenden Augenblicken. Aber der Deckel kam mit Leichtigkeit hoch und machte einen zweiten herrlichen Sarg frei. Er war von einer feinen, aber gebräunten, morsch gewordenen Leinendecke verhüllt. Auf dem Leinentuch lagen Girlanden aus Oliven und Weidenblättern, Kornblumen und blauen Lotosblüten ausgebreitet. Ein kleiner Kranz hing über den Stirnemblemen, ebenfalls über dem Leinentuch (Abb. 37). Unter dem Tuch waren an mehreren Stellen die reichen vielfarbigen Glasverzierungen sichtbar, die in die schöne Goldarbeit eingelassen waren.

Da wir während des Sommers das zweckmäßigste Verfahren ausgeprobt und uns die entsprechenden Instrumente besorgt hatten, ließ sich an einem Morgen erledigen, was sonst wohl mehrere Tage beansprucht hätte. Wir verschlossen das Grab wieder, bis Harry Burton kam, um seine photographischen Aufnahmen zu machen.

Soweit ging alles vorschriftsmäßig, aber nun entdeckten wir etwas recht Beunruhigendes. Soweit man durch die Lücken der Leinenhülle sehen konnte, hatte der zweite Sarg unter der Einwirkung von Feuchtigkeit gelitten, und die prachtvolle, meisterhafte Einlegearbeit schien sich teilweise abzulösen. Das brachte mich etwas aus der Fassung, denn nun lag die Vermutung nahe, daß wir die Königsmumie weniger gut erhalten finden würden, als wir gehofft hatten. Am 15. Oktober traf Burton ein, und am 17. morgens war der zweite Sarg mit dem Leinentuch und den Blumen photographiert, wie er noch im ersten Sarg und in dem Steinsarkophag lag.

Jetzt begann die Überlegung, wie wir den zweiten Sarg und den unteren Teil des ersten am besten heben könnten, was bei der Tiefe des Sarkophages außerordentlich schwierig war. Soviel war klar, der äußere und der zweite Sarg mußten zusammen herausgehoben werden, denn beide durften wir nur sehr vorsichtig berühren. Der Flaschenzug wurde wieder angewandt, Eisenstifte wurden in die Zapfenlöcher des ersten Sarges eingelassen, und das Hochheben war somit ermöglicht.

Trotz des ungeheuren Gewichtes, das wir bedeutend unterschätzt hatten, gelang es, die Särge über den Rand des Sarkophags emporzuwinden und ein Brett darunterzuschieben. Die Enge und die Niedrigkeit des Raumes hemmten uns sehr, auch der vergoldete Stuck des äußeren Sarges mußte sorgsamst geschont werden.

Nachdem alles registriert war, konnte ich den Kranz und die Girlanden entfernen und das Leinentuch wegnehmen. Wieder ein aufregender Augenblick. Das herrlichste Werk alter Sargmacherkunst, das jemals erblickt wurde, enthüllte sich uns. Wieder war der Pharao in Gestalt des Osiris dargestellt, aber nie hatten wir ihn mit so tiefer Innerlichkeit und in so vollendeter Schönheit gesehen. Aufgebahrt in dem offenen äußeren Sarg, lag er nun auf unserem neu errichteten Gestell in feierlicher königlicher Pracht und Würde.

Kranz und Girlande waren im Andenken an »die Kränze, dargebracht dem Osiris bei seinem sieghaften Verlassen der Gerichtshalle zu Heliopolis« niedergelegt. Ein Anklang, wie

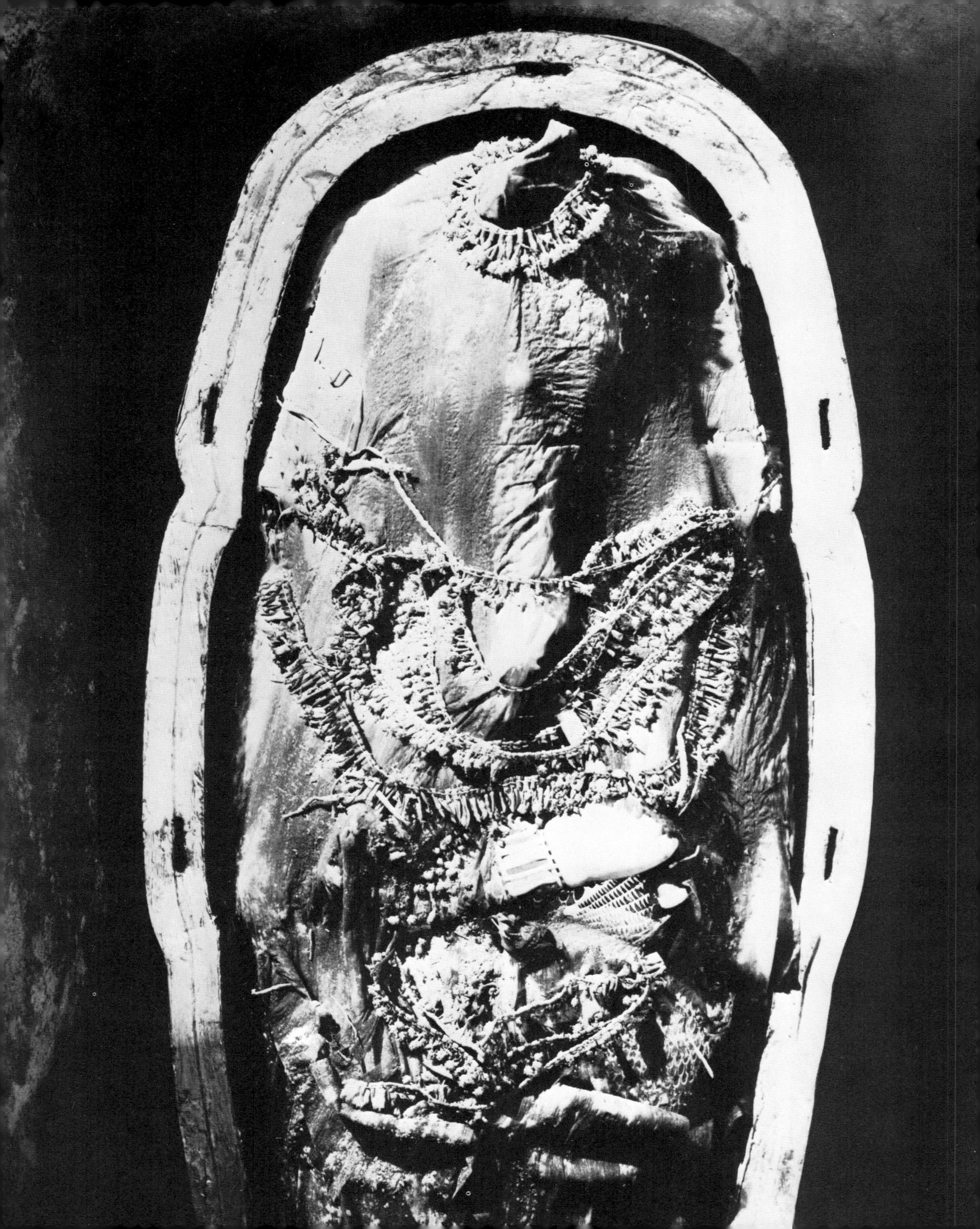

Dr. Gardiner bemerkte, an »die Krone der Gerechtigkeit« (2. Tim. 4, 8). Sie wirken wie Abbildungen zu der Beschreibung des Plinius von den altägyptischen Blumenkränzen. Die sorgfältige und kunstvolle Arbeit an den Kränzen deutet ziemlich sicher darauf hin, daß bei den alten Ägyptern, genau wie heute, die Blumenbinderei ein ausgebildetes Handwerk war. Die schweren Goldverzierungen des zweiten, 2 Meter langen Sarges sind mit Jaspis-, Lapislazuli- und Türkisennachahmungen aus Glas belegt. Als Osiris gestaltet und nach Art der Rischisärge mit einem Federornament geschmückt, gleicht er im wesentlichen dem ersten Sarg; nur in einigen Einzelheiten weicht er ab (Abb. 1). So trägt der König hier das Königskopftuch, und statt der Göttinnen Isis und Nephthys umfangen ihn die geiergestaltige Nechbet und die schlangengestaltige Buto mit ihren Flügeln. Die außerordentliche Feinheit und Würde der Auffassung und die erlesene Kunst der Ausführung sind das Charakteristische dieses erhabenen Meisterwerkes.

Plötzlich standen wir wieder vor einer schwierigen Frage, ähnlich wie vor einem Jahre bei der Ausschälung der Schreine. Wieder kam alles anders als erwartet. Wieder galten Erfahrungen nichts, und neue mußten gesammelt werden. Wir hatten an dem zweiten Sarg die gleichen Griffe zum Herablassen und Heben vermutet wie an dem äußeren. Die Enttäuschung war bitter, als wir keine fanden, und die Verlegenheit groß. Denn der zweite Sarg schien außerordentlich schwer, und seine kostbar verzierte Außenwand war sehr empfindlich. Er paßte zudem so genau in den äußeren offenen Sarg, daß man nicht den kleinen Finger hätte dazwischenbringen können. Auch hier war der Deckel mit goldköpfigen Silberstiften befestigt. Aber sie waren nicht zu entfernen, solange der Sarg noch in dem äußeren stand. Er mußte ganz aus diesem herausgehoben werden, ehe weiteres unternommen werden konnte. Wie sollten wir nun den schweren und durch die Feuchtigkeit so gefährdeten Sarg heben?

Möglicherweise befindet man sich während der Arbeit in einem so erregten Zustand, daß man die Gefahr einer Schädigung der kostbaren, seltenen Gegenstände übertreibt. Andererseits wäre uns vieles erhalten geblieben, wenn die älteren Ägyptologen etwas weniger sorglos und übereifrig vorgegangen wären, ganz abgesehen davon, daß ihnen die zweckmäßigen Instrumente fehlten. Aber auch bei der größten Vorsicht ist kein Mensch vor einem unglücklichen Zufall sicher. Mitten in der ersprießlichsten Arbeit hören wir plötzlich ein kleines Krachen – Stückchen von der äußeren Verzierung fallen ab. Unsere Nerven sind fast schmerzhaft gespannt. Was tun? Jeder Zentimeter in dem engen Raum ist von unseren Leuten besetzt – oder der Deckel hebt sich, die aufgeregten Arbeiter lassen sich in ihrem Erstaunen über die neuen und schönen Dinge ablenken und vergessen einen Augenblick ihre Pflicht. Welchen unersetzlichen Schaden vermag ein solcher Augenblick anzurichten!

So haften diese Gefahren und Ängste oft am tiefsten in der Erinnerung des Archäologen, wenn er sich seine Eindrücke rückblickend vergegenwärtigt. Nur wer sich in einer ähnlichen Lage befunden hat, kann die nervenzerrüttende Spannung und das angstvolle Verantwortungsgefühl begreifen. In unserem Fall kam noch hinzu, daß wir nicht beurteilen konnten, ob das Holz des Sarges noch fest genug hielt, um seine Last zu tragen. Nach zwei Tage langem Beraten und Studieren war unser Plan fertig. In Ermangelung von Griffen mußten wir die metallenen Stifte benutzen, die den Deckel geschlossen hielten. Allerdings war der Raum zwischen dem äußeren und dem zweiten Sarge so eng, daß die Nägel sich nur 6 Millimeter weit herausziehen ließen. Aber das genügte doch, um starke Kupferdrähte an ihnen zu befestigen, die dann in das Gerüst eingehängt wurden. In den breiten oberen Rand des äußeren Sarges wurden darauf starke Metallösen eingeschraubt, so daß er unter dem zweiten Sarg an den über die Rollen laufenden Seilen herabgelassen werden konnte.

Am nächsten Tag gingen wir einen Schritt weiter und kamen damit zu einem der wichtigsten Augenblicke bei dem Ausräumen des Grabes. Der äußere Sarg wurde unter dem

Abb. 37 Das Bahrtuch über dem zweiten Sarg, mit Kranz und Blumengewinden bedeckt

inneren in den Sarkophag herabgelassen, statt den inneren Sarg aus ihm emporzuwinden. Denn zu dem umgekehrten Verfahren war die Decke des Grabes zu niedrig. Außerdem wurde die Gefahr einer übermäßigen Belastung der alten Silberstifte dadurch geringer. Das Verfahren erwies sich als erfolgreich. Einen Augenblick blieb der zweite Sarg an den zehn starken Drahtschlingen frei in der Luft hängen. Wieder wurden feste Bretter über die Öffnung des Sarkophags geschoben, und nun stand der zweite Sarg auf einer festen Unterlage, frei und für uns bequem erreichbar. Nach der Entfernung der Drähte und der Winde machte Burton seine Aufnahme, und wir konnten an das Heben des Deckels gehen.

Wie schon gesagt, war die ganze Außenseite mit ihren Zieraten in einem sehr gefährdeten Zustand. Jede Arbeit an ihr mußte möglichst vermieden werden. Unsere vier Metallösen, die als Griffe dienen sollten, schraubten wir daher an Stellen ein, an denen sie keinen dauernden Schaden anrichten konnten. Die Ösen verbanden wir mit dem Hebegerät, die goldköpfigen Silbernägel wurden herausgezogen, und langsam hob sich der Deckel empor. Als er hoch und frei genug hing, wurde er zur Seite gewunden und auf ein bereitstehendes Holzgestell niedergelassen. Jetzt erblickten wir einen dritten Sarg, der wiederum Osirisgestalt zeigte, aber zunächst von einem fest anliegenden, rötlichen Leinentuch fast ganz verdeckt war. Nur das goldgehämmerte Antlitz war frei. Um Hals und Brust lag ein wunderbarer Halsschmuck aus Perlen und Blumen, die auf eine Papyrusunterlage genäht waren. Ein Leinentuch war um das Kopftuch gefaltet.

Burton machte sofort seine Aufnahmen, und ich entfernte den kleinen Blumenkragen und das Leinentuch. Und nun kam die erstaunlichste Überraschung! Dieser dritte, 1,85 Meter lange Sarg bestand aus massivem Gold. Das Geheimnis des ungeheuren Gewichts war gelöst. Jetzt begriffen wir, weshalb weder der erste Sarg noch der Deckel des zweiten das Gewicht wesentlich vermindern konnten. Auch jetzt war die Last noch so groß, daß acht starke Männer sie kaum zu heben vermochten.

Das Gesicht des goldenen Sarges (Abb. 38) ist wiederum das des Königs; aber die Züge sind, obwohl immer noch konventionell, wie das der Darstellung als Osiris entspricht, so doch jugendlicher als an den anderen Särgen. Im übrigen gleicht der Sarg dem ersten mumienförmigen. Er hat also das Federmuster der Rischisärge. Dazu kommen geflügelte Figuren der Isis und Nephthys sowie der Nechbet und Buto, der Schutzgottheiten Ober- und Unterägyptens. Diese letzteren treten in ihrem mit schimmernden Einlagen aus Halbedelsteinen gefüllten Zellenwerk aufs stärkste hervor. Auch der übliche breite Kragen ist in Zellentechnik ausgeführt. Über ihm lag lose eine doppelte Halskette aus großen, scheibenförmigen, roten und gelben Gold- und blauen Fayenceperlen in leuchtender Pracht. Die feinsten Einzelheiten der Ausführung waren unkenntlich unter einer schwarzen, pechartigen Schicht, die sich aus den geronnenen Salbölen gebildet hatte. Aber glücklicherweise war das unvergleichliche Kunstwerk nur vorübergehend davon entstellt und konnte vollkommen gereinigt werden. Immerhin füllte diese schwarze, feste Masse den ganzen Raum zwischen dem zweiten und dritten Sarg fast bis zum Deckel aus.

Die allzu reichlich verwendeten heiligen Öle hatten zweifellos die obenerwähnten Beschädigungen an den äußeren Särgen verursacht, denn äußere Einflüsse kamen in dem luftdicht verschlossenen Sarkophag nicht in Frage. Auch das Leinentuch und der Blumenkragen mit den Fayenceperlen, die so wohlerhalten aussahen, hatten gelitten und zerfielen bei der leisesten Berührung.

Endlich hoben wir den dritten Sarg zusammen mit dem Unterteil des zweiten von dem Sarkophag und brachten beide in die Vorkammer, wo sie handlicher für uns standen und uns erst ihre ganze Schönheit offenbarten. Der einzigartige, wunderbare Sarg ist 1,85 Meter lang und aus $2^1/_2$ bis $3^1/_2$ Millimeter starkem, massivem Gold. Sein Goldwert allein ist ungeheuer.

Abb. 38 Der Oberteil des dritten, goldenen Sargs

Solche unerhörten Reichtümer gab man den Pharaonen mit in ihr Grab! Welche ungeheuren Schätze mögen einst in den siebenundzwanzig Gräbern des »Tales« verborgen gewesen sein, wenn Tut-ench-Amun, einer der unbedeutendsten, schon mit dieser überwältigenden Fülle von Kostbarkeiten bestattet worden war. Kein Wunder, daß Grabräuber durch diese unermeßlichen Goldschätze zu äußerster Verwegenheit aufgereizt wurden! Die armen am Grabbau beschäftigten Handwerker, Wasserträger und Bauern, die den ans Märchenhafte grenzenden Reichtum der Gräber sahen, werden wohl die Hauptbeteiligten bei den Raubzügen gewesen sein. Berichte von Plünderungen während der späteren Ramessidenzeit (1200–1000 v. Chr.) sind in verschiedenen Urkunden (Papyrus Abbott, Amherst, Mayer und Turiner Papyrus) aufgezeichnet, die in Theben in der Mitte des vorigen Jahrhunderts entdeckt worden sind. Wahrscheinlich hatten die Diebe bei dem erfolglosen Einbruch in das Grab Tut-ench-Amuns auf das Gold gehofft, das, jedoch ihnen unerreichbar, die Schreine, der Sarkophag und die Särge verwahrten.

Nun gingen wir daran, die zerbrechlichen Beigaben aus dem zweiten Sarge zu bergen und zu konservieren. Sie wurden mit einem Pinsel leicht abgestäubt und mit warmem Wasser und Ammoniak gewaschen. Nach dem Trocknen trugen wir mit einem langen Pinsel einen dicken Paraffinüberzug heiß auf. Das abgekühlte, hart gewordene Wachs hielt jeden Gegenstand fest an Ort und Stelle, und so konnten wir an die Stücke herangehen, ohne eine Gefahr für sie fürchten zu müssen. Soll der betreffende Gegenstand dann in Behandlung genommen werden, so kann der Wachsüberzug durch Erhitzen sofort wieder entfernt werden. Außerdem wirkt das Schmelzen des Wachses reinigend auf das behandelte Stück.

Die nächste Arbeit erforderte ziemlich viele Vorbereitungen und Versuche. Es handelte sich darum, die beste und schnellste Art zur Erweichung der verhärteten Salböle zu finden. Denn solange die Särge aneinanderklebten, war kein Weiterarbeiten möglich. Zunächst analysierte Lucas die geronnenen Öle. Ihr Aussehen war schwarz und pechähnlich. An den dünnen Stellen der Schicht, auf dem Sargdeckel zum Beispiel, war die Masse hart und spröde. An dickeren Stellen dagegen, also zwischen den Särgen, war sie weich und zäh. In gewärmtem Zustand duftete sie durchdringend, aber angenehm, ähnlich wie Holzpech. Eine vollständige chemische Analyse war im Augenblick natürlich nicht möglich. Die vorläufige Untersuchung aber ergab hauptsächlich Fette und Harz. Mineralische oder bituminöse Bestandteile waren nicht festzustellen, und selbst das Holzpech, das wir nach dem Geruch vermuteten, konnte nicht nachgewiesen werden. Sicher mußte die Masse nach der Art, wie sie an den Seiten des dritten Sarges heruntergelaufen war, flüssig oder halbflüssig gewesen sein. Mithin mußte sie auch wieder schmelzbar oder auflösbar sein, nur war das unter den gegebenen Umständen nicht möglich. Wir entschlossen uns deshalb, den Deckel zu heben und den Sarginhalt zu untersuchen, ehe wir einen Versuch mit stärkeren Mitteln unternahmen. Glücklicherweise war die Fuge zwischen Sarg und Deckel erkennbar, aber es war schwer an sie heranzukommen. Am Fußende war es sogar völlig unmöglich, weil hier der zweite und dritte Sarg dicht aneinanderstießen.

Der Deckel war mit acht Goldzapfen an dem Sargkasten befestigt, an jeder Seite vier, die mit Nägeln in den entsprechenden Vertiefungen festgehalten wurden. Nur nach Entfernung der Nägel also war der Deckel zu heben. Aber bei der Schmalheit des Zwischenraumes war mit Zangen nicht heranzukommen. So mußten wir die Goldnägel leider opfern und stückweise entfernen. Dann wurde der Deckel an seinen Goldgriffen gehoben und die Mumie des Königs aufgedeckt.

In solchen Augenblicken versagt die Sprache, tausend Gefühle bestürmen den ehrfürchtigen Forscher und Menschen. Der Archäologe aber hat sein Gefühl zu unterdrücken und nur zu forschen. Was vor uns lag, waren die irdischen Reste eines jugendlichen Pharao, der bisher nicht mehr als ein schattenhafter Name gewesen war. Die sauber und sorgfältig gearbeitete Mumie füllte das ganze Innere des Goldsarges aus. Wieder waren große Mengen jetzt verhärteter und geschwärzter Salböle über sie ausgegossen. Den Gegensatz zu dieser düsteren schwarzen Masse bildete die strahlende, fast pomphafte Goldmaske des Königs (Tafel X). Sie bedeckte den Kopf und die Schultern und war ebenso wie die Füße nicht mit Salbölen übergossen worden. Die Mumie war als Osiris gestaltet. Die Goldmaske ist mit künstlerischer Vollendung gehämmert und ein Meisterstück antiker Bildniskunst. Das Gesicht zeigt den Ausdruck ergreifender Trauer und Ruhe und erzählt erschütternd von allzu früh vollendeter Jugend. Die Stirn ist geschmückt mit den in massivem Gold ausgeführten Königsabzeichen, dem Geier der Nechbet und der Schlange der Buto, den Sinnbildern der beiden Königreiche des jungen Herrschers. Das Kinn trägt den traditionellen Osirisbart aus Gold und lapislazulifarbenem Glas. Um den Hals liegt eine dreifache Kette aus Ringen von gelbem und rotem Gold sowie aus blauer Fayence; über der Brust hängt an biegsamen, mit Gold durchzogenen Bändern ein Skarabäus aus schwarzem Harz. Er ruht zwischen den Händen und trägt das Bild eines Phönix und den dazugehörigen Zauberspruch. Die Hände sind aus poliertem Gold und liegen gekreuzt über der Brust. Als besondere Stücke gearbeitet, sind sie an die Leinenumwicklung angenäht und umfassen die Geißel und den Krummstab, die Abzeichen des Osiris. Das Leinentuch, das den unteren Teil der Mumie bedeckte, war mit reichausgelegten goldenen Bändern geschmückt. Über ihnen schwebte ein in goldenem Zellenwerk gearbeiteter Seelenvogel, der seine ausgebreiteten Schwingen über den Toten breitete. Unter der Einwirkung der geronnenen Öle ließen sich Gliederung und Glanz der goldenen Bänder kaum erkennen. Sie teilten damit das Schicksal vieler anderer Gegenstände in dem Sarg.

So viel konnten wir immerhin sehen, daß die Bänder aus schwerem Gold bestanden, von Perlenschnüren zusammengehalten wurden und göttliche Willkommenssprüche trugen. Auf dem in der Mitte herablaufenden Band stand: »Die Himmelsgöttin Nut, die große, die Gottesmutter, spricht: ›Ich bin deine Mutter, die deine Schönheit geschaffen hat, o Osiris, König, Herr der Länder, Neb-cheperu-Rē; deine Seele lebt, deine Adern sind stark. Du atmest die Luft und gehst aus als ein Gott, indem du ausgehst wie Atum, o Osiris, Tut-ench-Amun. Du gehst aus, und trittst ein mit Rē....‹ Der Gott der Erde, der Götterfürst Geb, spricht: ›Mein geliebter Sohn, Erbe des Osiristhrones, König Neb-cheperu-Rē, wie trefflich ist dein Adel, wie mächtig ist dein Königsthron; dein Name ist in dem Mund der Untertanen (Rechit), deine Unendlichkeit ist in dem Mund der Lebenden, o Osiris, König Tut-ench-Amun, dein Herz ist in deinem Körper ewiglich. Er ist an der Spitze der Lebenden, wie Rē bleibt im Himmel.‹« Die Sprüche auf den Querbändern beginnen mit den Worten: »Geehrt vor Anubis, Hapi, Kebeh-senuf, Dua-mutef« und »Gerechtfertigt vor Osiris«.

Diese Streifen begleitend und mit ihnen verbunden laufen an den Seiten der Mumie von den Schultern bis zu den Füßen festonartig Bänder herab, die aus schmalen, mit Einlagen geschmückten Goldplättchen bestehen und durch Perlenreihen zusammengehalten werden. Die Plättchen haben die Form der Symbole des Osiris und der Isis, von schlangenumwundenen Sonnenscheiben und von Namensringen des Königs. Nach ihrer Reinigung stellte sich heraus, daß sie teilweise der Grabausstattung des Königs Sakerē entstammen, denn einige von den Plättchen tragen auf der Rückseite den Spruch vom »Herzen«, in dem der Name des Sakerē vorkommt. Man kann ganz deutlich erkennen, daß der Name mehrfach nachträglich getilgt und geändert worden ist. Weiter zeigte sich nach der Reinigung der Verzierung, daß die Goldbänder wohl nach Maß gemacht waren, daß die Mumie aber größer wurde, als man angenommen hatte. Man hat daher aus den Gehängen Teile herausgeschnitten und andere eingefügt, um sie der Mumie anzupassen.

Trotz der an der Mumie gefundenen Götterembleme stellt die Maske unverkennbar Tut-ench-Amun dar mit seinen anmutigen, sanften Gesichtszügen, wie sie an seinen sämtlichen Statuen und Särgen wiederkehren. Sie erinnern teilweise an seinen Schwiegervater Echnaton, aber noch stärker, und besonders im Profil, an die große Königin Teje, Echnatons Mutter. Diese auffallende Ähnlichkeit scheint unsere Vermutungen über Tut-ench-Amuns Verwandtschaft mit jenen beiden durchaus zu bestätigen.

Merkwürdig ist, daß bei der verschwenderischen Anwendung von Salbölen, die offenbar als Weihe des toten Königs vor seinem Eingehen zu dem großen Gott Osiris in die Unterwelt unerläßlich waren, an der Mumie und an dem innersten Sarg gerade Kopf und Füße des Königs sorgfältig von ihnen verschont worden waren. Nur an dem äußersten Sarge war etwas Öl auf die Füße gegossen worden. Die Sitte der Totensalbung bei den alten Ägyptern erinnert lebhaft an jenes rührende Ereignis im Hause des Aussätzigen: »Da kam ein Weib, die hatte ein Glas mit ungefälschtem Nardenwasser«, und an die Worte Christi: »Sie ist zuvor gekommen, meinen Leichnam zu salben zu meinem Begräbnis.« (Markus 14, Vers 8.)

Nachdem Burton seine photographischen Aufnahmen gemacht hatte, konnten wir den Zustand der Ausstattungsgegenstände und der Mumie genauer untersuchen. Wedel (Geißel) und Krummstab waren fast gänzlich zerstört und zu Staub verfallen. Die Fäden, mit denen die Hände und die Verzierungen an das Leinentuch genäht gewesen waren, waren vermorscht, und so fielen die einzelnen Teile bei der leisesten Berührung auseinander. Der schwarze Harzskarabäus hatte sich wohl zusammengezogen und war voller feiner, kleiner Risse. So mußten die äußeren Schmuckgegenstände Stück für Stück entfernt und für eine spätere Reinigung und Zusammenstellung auf eine Unterlage gebracht werden. Je weiter wir vordrangen, um so deutlicher erkannten wir, daß sich die Mumienhülle und die Mumie selbst in einem furchtbaren Zustand befanden. Von Salbölen durchtränkt, waren sie durch die Tätigkeit der darin enthaltenen Fettsäuren vollständig verkohlt.

Das Schlimmste war aber, daß Maske und Mumie durch das verhärtete Salböl fest an dem Boden des Sarges klebten, und wir sie selbst mit der größten Anstrengung nicht fortbewegen konnten. Was sollten wir tun?

Daß Hitze die schwarze Masse erweichen konnte, wußten wir. So hofften wir auf die starke Mittagssonne. Aber auch eine mehrstündige Erhitzung durch die sengende Sonne bei 65 Grad Celsius blieb ohne Erfolg. Andere Mittel zur Loslösung standen uns nicht zur Verfügung. Also mußten wir die Mumie an Ort und Stelle untersuchen. Das taten wir denn auch, und zunächst blieb die Frage ungelöst, wie später der Goldsarg aus dem zweiten Sarg und die Goldmaske von der Mumie entfernt werden sollten.

Es mußten sich wohl annähernd zwei Eimer voll Salbölen über den Goldsarg und ebensoviel über die Mumie ergossen haben. Um die Masse zum Schmelzen zu bringen, bedurfte es einer ziemlich hohen Temperatur. Sollten nun die wunderbaren Werke altägyptischer Kunst- und Handfertigkeit nicht beschädigt werden, so mußten wir das Innere des Goldsarges mit Zinkplatten auslegen, die erst bei 520 Grad Celsius schmelzen. Dann wurden die Särge umgekehrt auf ein Gestell gelegt und der äußere durch dauernd feuchtgehaltene Tücher vor übermäßiger Hitze geschützt. Hierauf stellten wir mehrere Paraffinlampen unter ihnen auf. Die Hitze wurde genau nach dem Schmelzpunkt des Zinks reguliert. Den Wachsüberzug auf der Außenseite des zweiten Sarges benutzten wir als Pyrometer. Solange er unter den feuchten Tüchern nicht schmolz, war keine Beschädigung zu befürchten.

Obwohl 500 Grad Celsius erreicht wurden, vergingen doch mehrere Stunden, ehe eine Wirkung eintrat. Sobald wir die leiseste Bewegung bemerkten, löschten wir die Lampen, ließen die Särge auf dem Gestell hängen, und nach einer Stunde begannen sie sich zu lösen. Wir konnten den Holzsarg von dem Goldsarg abheben, so daß nur noch dieser auf dem Gestell verblieb. Er war kaum zu erkennen, nur eine tropfende, klebrige, pechartige Masse war zu sehen, die selbst mit Hilfe von Lösungsmitteln schwer zu entfernen war. Am wirksamsten erwies sich übrigens Aceton.

Auch die Innenwand des Goldsarges, an der noch die Goldmaske klebte, wurde durch ein zusammengefaltetes, feuchtgehaltenes Tuch geschützt und das Gesicht dick mit nasser Watte bedeckt. Sie war der im Sarginnern angesammelten starken Hitze ausgesetzt gewesen und konnte verhältnismäßig leicht freigemacht und herausgehoben werden. Die noch an ihrer Rückseite haftende Masse konnte schließlich mit Hilfe einer Gebläselampe und reinigender Lösung entfernt werden.

Kehren wir nun zurück zu unserer Arbeit an dem ersten Sarg, der noch aus dem Sarkophag zu heben war. Auch er wurde an dem Kran hochgezogen und dann auf den oberen Rand des Sarkophags eine Holzplatte geschoben. Auf dieser trugen wir ihn in das Laboratorium, wo der Deckel schon behandelt wurde. Er war sehr schwer und bestand offenbar wie die Schreine aus Eichenholz. Leider hatte er unter der Feuchtigkeit der flüssigen Öle gelitten. Der vergoldete Stucküberzug hatte Blasen gezogen, sich geworfen und war an manchen Stellen vollkommen von dem Holzgrund abgelöst. Glücklicherweise ist dieser Schaden gutzumachen. Die Zwischenräume sind mit flüssigem Paraffinwachs auszufüllen, und bei gehöriger Zeit, Geduld und Sorgfalt ist er wiederherzustellen und die verzierte Oberfläche heil und fest zu machen.

Zuletzt verblieb noch im Sarkophag die vergoldete, bettartige Bahre mit Löwenkopf und -füßen. Sie hatte den ersten (äußeren) Sarg getragen und bestand aus starkem, schwerem, mit Goldstuck überzogenem Holz. Erstaunlich war, daß sie vollkommen heil geblieben, nachdem sie über mehr als dreißig Jahrhunderte lang die Last der 25 Zentner schweren Särge getragen hatte. Wir spannten breite Gurte unter sie, und dies herrliche Stück altägyptischer Konstruktionskunst stieg aus dem Sarge hervor. Die Bahre ist ungefähr 30 Zentimeter hoch,

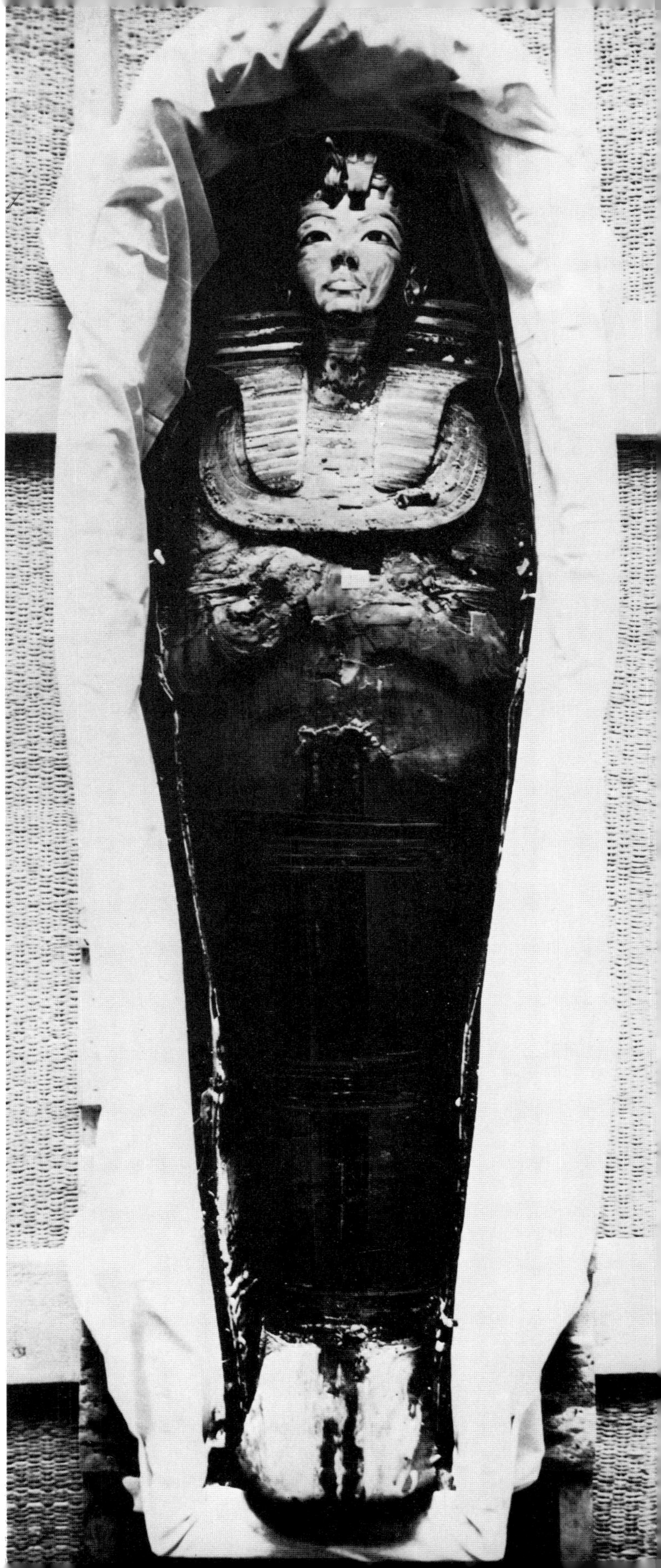

Abb. 39 Die Königsmumie in ihrem Sarg

2,25 Meter lang und paßt sich in geschwungener Linie der Form des Sarges an. Das Mittelteil ist mit einem Flachrelief bedeckt, das ein Netzgitter nachahmt, ähnlich den Seilnetzen an den heutigen sudanesischen Angaribs (Bettstellen). Die Fugen des Gestells haben sich kaum gelockert, ein Zeugnis für die Güte des Holzes und die ausgezeichnete Schreinerarbeit.

Auf dem Boden des Sarkophags, unter der Bahre, fanden wir eine Anzahl Holzspäne, die noch Spuren von Goldstuck trugen. Zuerst konnten wir uns ihren Ursprung nicht erklären, aber nach genauer Untersuchung stellte sich heraus, daß die Stuckschicht ebenso gemustert war wie die am Fußende des ersten (äußersten) Sarges. Sie sind offenbar mit einem scharfen Zimmermannswerkzeug abgehackt, weil das Fußende des Sarges zu hoch war, um den Deckel anschließen zu lassen. So wurde es einfach abgeflacht; der Schreiner hat hier ziemlich nachlässig gearbeitet. Die Verstümmelung des Sarges bemerkten wir erst, als die Öle entfernt waren, und sie war wohl auch der Grund dafür, daß das Fußteil mit Salböl begossen war. Das widersprach offenbar den religiösen Bräuchen und sollte nur die entstellenden Schrammen verbergen.

Außer den Spänen fanden wir im Sarkophag noch einige Lappen, einen starken Holzhebel, Teile von Blumengirlanden, die wohl bei der Bestattung herabgefallen waren, und ein beispiellos köstliches Werk religiöser Kunst, ein kostbar verziertes, in Gold und Silber ausgeführtes Salbgefäß.

Jetzt waren Sargkammer und Sarkophag geleert.

Wir gönnten uns nun eine Pause des Nachdenkens und des Überlegens, was das Grab Tut-ench-Amuns uns über die Bräuche bei der Bestattung eines Pharao gelehrt hatte.

Das Augenfälligste ist wohl die unendliche Sorgfalt und der ungeheure Reichtum, mit der die alten Ägypter ihre Könige bestatteten. Schranke um Schranke errichteten sie, um die toten Herrscher vor der Berührung profaner Hände zu bewahren. Und dennoch vermochten alle Aufwendungen an Mühe und Kosten räuberische Habsucht nicht fernzuhalten.

Goldene, reichverzierte Schreine wurden von hervorragenden Handwerkern ausgeführt, jeder Schrein versiegelt, einer in den anderen und alle um einen großen Steinsarkophag gestellt, der aus einem Block kunstvoll gearbeitet war. Der Sarkophag wiederum enthielt die drei großen, mumienförmigen Holz- und Goldsärge, die den Toten als Osiris im Schutze geflügelter Gottheiten darstellten. Jedes Stück legte Zeugnis ab von vollkommenster Kunst und geschmackvollstem Kunsthandwerk im Dienste religiöser Mysterien und geheimnisvoller Totenriten. Tief im Innern ruhte der König, mit zahllosen Amuletten und persönlichem Schmuck bedeckt und verschwenderisch gesalbt. Fürsorge für sein Wohlergehen in der Unterwelt und Verehrung seiner königlichen Ruhmestaten gaben ihm liebevollste und kostbarste Zeichen in üppiger Fülle mit in den Sarg.

Staunend steht der Mensch von heute vor solchem Denkmal alter Kunst und alten Reichtums: Mühevolles Anlegen von Felsgräbern, sorgsamste Schreinerarbeit, köstliches Stuckwerk und Vergoldung der Schreine und Särge, kostbare Goldschmiedekunst, künstlerische Bildhauerarbeit am Steinsarkophag, mühevoller Transport zur Grabstelle und in ihr Inneres hinein, fleißige Arbeit ungezählter Künstler, Handwerker und Arbeiter, verschwenderischste Freigebigkeit der Hinterbliebenen – all das erzählt das Grab des Tut-ench-Amun. Und noch kennen wir es nicht ganz, noch bergen zwei Kammern ihre Geheimnisse.

Einiges über ägyptische Totenbräuche

17

Für die alten Ägypter war zweifellos die bedeutungsvollste Feier, die ihrer wartete, die Bestattung. Das tiefe Verlangen nach einem schönen Begräbnis lebte in jedem Ägypter, vom Pharao bis zum einfachsten Bauer. Schon bei Lebzeiten begann er seinem Stand angemessene Vorbereitungen, und sein letzter Wunsch war, die Hinterbliebenen möchten diese Vorbereitungen würdig vollenden.

Ein etwa vierzig Jahrhunderte altes, literarisches Werk aus dem Mittleren Reich, das die Geschichte eines Mannes namens Sinuhe erzählt, veranschaulicht in würdevoller Einfachheit recht gut die altägyptische Auffassung von der Totenbestattung: »Du hast des Tages gedacht, wo man begraben und zur Ehrwürdigkeit geleitet wird. Ein Abend wird dir gewidmet mit Zederöl und mit Binden von der Hand der Tait (Göttin der Weberei). Man macht dir den Leichenzug am Tage der Beerdigung, die Mumienhülle ist aus Gold und ihr Kopf aus Lapislazuli; und der Himmel (der Schrein) ist über dir, und du bist auf einen Schlitten gelegt. Die Ochsen ziehen dich, und die Sänger gehen vor dir. Man vollzieht die Tänze der Muu an der Tür deines Grabes, man rezitiert dir die Opfersprüche, und man schlachtet an deinen Opfersteinen.«*)

Dieses Zeugnis von Zustimmung und Vertrauen der alten Ägypter zu ihren Totenriten mag als allgemein im Volke herrschend angesehen werden; aber es hat zu allen Zeiten Pessimisten gegeben; das gilt auch für Ägypten. So beklagt ein altägyptisches Trauerlied das Zwecklose prunkvoller Leichenbestattung:

»Die da bauten aus Granit, die eine Halle mauerten in der Pyramide, die da Schönes leisteten in dieser schönen Arbeit ... ihre Opfersteine sind ebenso leer wie die der Müden, die auf dem Uferdamme sterben ohne einen Hinterbliebenen.«**)

So gehen Optimismus und Pessimismus in der Betrachtung der letzten Dinge nebeneinander her, nur daß der letztere ungleich seltener auftritt.

Klarer sehen wir in die Totenbräuche.

Daß die Großen ihre Felsengräber schon bei ihren Lebzeiten bauen ließen, sagten wir bereits. Die Königin Hatschepsut hatte sich als Gemahlin Thutmosis' II. ihr Grab im Westen der thebanischen Berge angelegt. Später übernahm sie selbst die Regierung, und nun ließ sie sich im Tal der Könige ein neues Grab bauen. Auch Haremhab besaß ein Grab als Feldherr des Heeres, begann aber den Bau eines neuen, nachdem er sich des Thrones bemächtigt hatte.

Recht bezeichnend ist auch der Erlaß, den der achtzehnjährige Echnaton veröffentlichte, als er in seinem sechsten Regierungsjahre die Grenzsteine seiner Stadt Echetaton (El-Amarna) errichtete:

»Es soll für mich ein Grab gemacht werden in dem ›Ostberg‹ Mein Leichenbegängnis soll in ihm (gemacht) werden in unzähligen Jubiläen, die Aton, mein Vater, mir bestimmt hat. Und das Leichenbegängnis der großen königlichen Gemahlin Nofret-ēte soll in ihm gemacht

*) Adolf Erman, Literatur der Ägypter, S. 50.
**) Adolf Erman, Die ägyptische Religion, S. 143.

werden in unzähligen Jahren ... (und auch das Grab) der Königstochter Meritaton soll in ihm gemacht werden in unzähligen Jahren*).«

Ferner bestimmte Echnaton: Sollte er, seine Gemahlin Nofret-ēte oder seine älteste Tochter Meritaton »in einer anderen Stadt« sterben, so seien sie dennoch nach dem Ostberg zu bringen und dort beizusetzen in dem von ihm angelegten Grabe.

Hatschepsut ließ sogar nicht nur ihr Felsengrab, sondern auch ihren Sarkophag schon bei Lebzeiten beginnen. Und wenn der auf einem Turiner Papyrus enthaltene Plan des Grabes Ramses' IV. es so wiedergibt, wie es wirklich war, so müssen sogar die vergoldeten Holzschreine und andere Stücke der Grabausstattung schon zu Lebzeiten des Königs fertiggestellt worden sein.

In der Hauptsache wurden sie freilich, wie der Fundbestand zeigt, erst nach dem Tode angefertigt, wenn auch der Abgeschiedene seine vorbereitenden Anordnungen gegeben hatte. Das geht ganz deutlich daraus hervor, daß auf der Grabausstattung immer der Name, Titel und Rang verzeichnet ist, den der Tote bei seinem Ableben trug. Nur ausnahmsweise finden wir Gegenstände aus der Lebenszeit des Bestatteten in den Gräbern vor.

Die Grabbeigaben Tut-ench-Amuns wenigstens beweisen hinreichend, daß die meisten nach seinem Tode, während der Zeit des Einbalsamierens und anderer Beisetzungsvorbereitungen, angefertigt sind. Denn die Grabstatuen, Särge und die Maske zeigen Spuren rascher Arbeit und stellen den König, wie die Mumie lehrt, im Alter seines Todes dar.

Der Thronsessel, auf dem der König seinen ursprünglichen, mit Aton zusammengesetzten Namen führt (Abb. 2), stammt freilich noch aus dem Palast von Amarna, und auf den goldenen und silbernen Prunkstäben (Abb. 30) ist der König zur Zeit seiner Thronbesteigung dargestellt.

So hing es denn hauptsächlich von dem Nachfolger ab, wie die Stücke der Grabausstattung die nicht bei Lebzeiten hergestellt werden konnten, ausfielen.

Herodot beschreibt die Einbalsamierung und die ägyptischen Totenbräuche zu seiner Zeit, also ungefähr neun Jahrhunderte nach dem Tode des Tut-ench-Amun. »Stirbt eine angesehene Persönlichkeit, so bestreichen sich die Frauen des Hauses die Köpfe, ja sogar die Gesichter mit Erde. Dann verlassen sie den Toten, stürzen aus dem Haus und durchziehen die Stadt mit geschürzten Röcken, entblößen die Brust und schlagen sich. Alle weiblichen Verwandten schließen sich dem Zug an und tun das gleiche. Auch die Männer gürten sich und schlagen sich die Brust. Nach diesen Zeremonien tragen sie den Leichnam fort zur Einbalsamierung.« Und weiter schreibt er: »Es gibt in Ägypten Männer, die sich mit der Kunst des Balsamierens befassen und diese als Geschäft betreiben. Wird ihnen ein Toter gebracht, so zeigen sie verschiedene Holzmodelle von Leichnamen, die nach der Natur bemalt sind. Am vollkommensten finden sie ihn ausgeführt, wenn er dem gleicht, dessen Name ich in diesem Zusammenhang aus Frömmigkeit nicht aussprechen will**). Ein zweites, einfacheres Verfahren des Einbalsamierens ist weniger kostspielig und ein drittes ganz billig. Alle drei schlagen die Balsamierer den Hinterbliebenen vor und lassen sie wählen. Nach der Wahl wird das Geschäft abgeschlossen, die Leiche übergeben, und die Balsamierer gehen an die Arbeit.« Dann berichtet Herodot, wie Gehirn und Weichteile behandelt werden, und fährt in der Beschreibung des vollkommensten Balsamierungsverfahrens fort: »Siebzig Tage lang wird der Körper in Natron gelegt und vollkommen damit zugedeckt. Nicht länger darf die Prozedur dauern***), dann wird der Körper gewaschen, von Kopf bis zu Fuß mit feinen Leinenbinden umwickelt und mit Harz bestrichen, das die Ägypter statt Leim benutzen. In

*) N. de G. Davies: *The Rock Tombs of El Amarna.* V. S. 30.

**) Gemeint ist zweifellos Osiris, der große Totengott.

***) Andernfalls würde das Natron das Fleisch zerfressen und in eine breiige Masse verwandelt haben.

Tafel IX Löwenkopf von der alabasternen Salbbüchse ▶

diesem Zustand wird er den Verwandten übergeben. Die legen ihn in einen Holzbehälter von menschlicher Form, der zu diesem Zweck angefertigt worden ist. Der Behälter wird verschlossen und aufrecht in einer Grabkammer an die Wand gestellt.«

Wenn diese Beschreibung des griechischen Geschichtschreibers auch aus späterer Zeit stammt, so lehrt uns archäologische Forschung doch, daß sie genau auch auf die Bräuche früherer Zeit paßt. Sicherlich hat diese Sitte Mißbräuche mit sich gebracht. Die Umgebung der Grabstätten mag von hungrigen Balsamierern und niederen Geistlichen bevölkert gewesen sein, die die Hinterbliebenen auszunutzen strebten. Bei der Bestattung der geheiligten Person eines Königs wurde die Einbalsamierung gewiß im Palast selbst oder in entsprechenden Nebenräumen unter besonderer Aufsicht prunkvoll und feierlich ausgeführt.

Herodots Angabe über die Balsamierungszeit bestätigt eine Inschrift auf dem Denkstein eines hohen Beamten der Zeit Thutmosis'III., die Gardiner veröffentlicht hat.*) Sie gibt wertvollen Aufschluß über die ungefähr hundert Jahre vor Tut-ench-Amun herrschenden Bestattungsbräuche:

»Eine schöne Bestattung kommt in Frieden, wenn deine siebzig Tage an deinem Platze des Einbalsamierens erfüllt sind, man legt dich auf die Bahre... und von makellosen Stieren wirst du gezogen, deine Straße ist mit Milch besprengt, bis du angelangt bist an der Tür zu deinem Grabe.

Insgesamt vereint, weinen liebenden Herzens die Kinder deiner Kinder. Geöffnet wird dein Mund durch den Vorlesepriester und vollzogen wird deine Reinigung durch den Sempriester. Horus richtet dir deinen Mund und öffnet dir deine Augen und Ohren, dein Fleisch und deine Knochen sind vollkommener in allem, was zu dir gehört. Es werden Sprüche und Lobpreisungen für dich gelesen. Ein Totenopfer wird dir dargebracht; dein eigenes Herz ist bei dir und deine Brust, wie du sie auf Erden hattest; du kommst in deiner früheren Gestalt wie an dem Tag deiner Geburt. Zu dir wird gebracht der Sohn, den du liebst, deine Höflinge verneigen sich vor dir. Du gehst ein in das Land, das der König gegeben, in das Grab des Westens. Zeremonien werden abgehalten für dich wie für die Ahnen, es kommen zu dir die Totentänzer in Jubel.« –

Erwähnt sei noch die bekannte Stelle im Ersten Buch Moses (Kapitel 50, Vers 2 und 3), die sich ebenfalls auf die Einbalsamierungszeit und die Totentrauer bezieht: »Und Joseph befahl seinen Knechten, den Ärzten, daß sie seinen Vater salbten. Und die Ärzte salbten Israel, bis daß vierzig Tage um waren, denn so lange währen die Salbtage. Und die Ägypter beweinten ihn siebzig Tage.«

Von der Bestattung Tut-ench-Amuns geben nur einige Gegenstände Kunde, die in großen Tonkrügen in der Erde versteckt entdeckt wurden. Theo M. Davis fand sie (1907/08) unweit vom Grab des Königs in Biban-el-muluk. Sie enthielten allerlei Dinge, die bei der Bestattung des jungen Königs verwendet waren, dann in den Krügen verpackt und beseitigt wurden, wie das bei ägyptischen Beisetzungen üblich gewesen zu sein scheint. Darunter waren Tonsiegel des Tut-ench-Amun und der Totenstadt sowie Blumenkragen, wie sie nach Abbildungen von Totenfeiern von den Trauernden getragen wurden. Auf Papyrusblätter genäht, entsprachen sie ganz den im Goldsarg gefundenen Kragen, und auch die Tongefäße gleichen denen aus dem Grabe. Aus diesem Fund ergibt sich, daß Tongefäße zerschlagen und Siegel entfernt, wie auch, daß leinene Kopftücher und Blumenkragen bei der königlichen Totenfeier getragen wurden. Aber über den Dienst der »Gottesdiener« und der »Vorlesepriester«, die doch an der Feier teilgenommen haben müssen, finden wir keinen Aufschluß. Daß jedoch König Eje, der Nachfolger Tut-ench-Amuns, als Sempriester bei der

*) *The Tomb of Amenemhet*, S. 56.

Feier fungierte, erkennen wir aus dem Bild an der Nordwand der Sargkammer (Tafel VII). Die Darstellung auf der Ostwand zeigt weiter, daß die Mumie des Königs auf einem Schlitten von Hofleuten und hohen Beamten zum Grabe gezogen wurde. Bei nicht königlichen Beisetzungen gebrauchte man Stiere.

Man muß annehmen, daß das Grab nach der Totenfeier noch lange Zeit offen und den Handwerkern überantwortet blieb. Denn die den Sarkophag umschließenden Schreine konnten erst aufgestellt werden, nachdem die großen Särge im Sarkophag untergebracht und dieser geschlossen war. Außerdem muß die Wand zwischen Vor- und Grabkammer erst nach der Aufstellung der Schreine errichtet und das Totengut erst danach in die Kammern gebracht worden sein.

Hier tut sich eine interessante Frage auf: Wo befanden sich die kostbaren Gegenstände der Kammern während der langen Zeit, die diese Arbeiten erforderten? Daß es einen Speicher im »Tal« gegeben hätte, ist uns nicht bekannt. Vielleicht wurden vorübergehend zu diesem Zweck Bauten aufgeführt, vielleicht auch wurde die Grabausstattung von der königlichen Werkstatt erst nach vollkommener Fertigstellung des Grabes geliefert. In diesem Fall hätten wir uns freilich die Leichenfeier ganz anders zu denken, als wir es gewöhnt sind. Wir hatten bisher angenommen, daß die Beigaben hinter dem Sarge getragen und damit der Leichenzug noch feierlicher und prächtiger gestaltet wurde. Nun scheint es aber doch wahrscheinlicher, daß sie nachträglich in das Grab gebracht wurden. War das Grab geschlossen, so wurde es mit dem Siegel des toten Königs, nicht mit dem des Nachfolgers, versiegelt.

Kehren wir nun zu Tut-ench-Amun zurück: Seine Mumie und seine Särge bilden bis ins Kleinste den großen Totengott Osiris nach. Das scheint ganz erklärlich. Der enge Zusammenhang zwischen Totenfeier und Osiris beruht wohl auf dem Glauben, daß Osiris dem Menschen näherstand als andere Götter, da er der einzige war, der auf Erden menschliche Todesqual litt, begraben wurde und vom irdischen Tod zur Unsterblichkeit auferstand. Die Mumie war genau in Ostwestlage bestattet und die Insignien in der Richtung der »beiden Länder«, Ober- und Unterägypten, niedergelegt. Die Amulette und religiösen Schmuckstücke waren, dem Ritual des »Totenbuches« entsprechend, gewissenhaft in die verschiedenen Lagen der Binden eingeordnet.

Wie schon im vorigen Kapitel gesagt, fanden wir die Mumie des Tut-ench-Amun nicht in gutem Zustande. Wir wissen, daß die allzu verschwenderische Anwendung von Salbölen daran Schuld trug. Aber wir wissen nun auch, daß das Begießen der Mumie mit Weihöl einen wesentlichen Bestandteil der Königstotenfeier bildete.

Daß der Körper auf das sorgfältigste balsamiert, gewickelt und mit allen Beigaben geschmückt war, ehe die Flüssigkeit über ihn ausgegossen wurde, steht fest. Aller Wahrscheinlichkeit nach war das Salben von religiöser Bedeutung und wurde vor oder während der Totenriten vorgenommen, um den toten König zu weihen oder zu reinigen, oder vielleicht um ihm den unheimlichen Weg in die dunkle Unterwelt zu erleichtern. Das ägyptische Ritual war voll von Symbolismus, und so sollte auch das Salben der Könige bei der Beisetzungszeremonie das Salben des Osiris durch die Götter symbolisieren.

Auch daß das Ausgießen der Weihöle nach einer bestimmten Vorschrift erfolgte, scheint sicher. Denn nicht nur an dem Goldsarg, sondern auch an den Hüllen der Mumie selbst, waren lediglich Körper und Beine gesalbt. Gesicht und Füße dagegen waren frei von Öl. Nur am äußersten Sarge war etwas Öl auf die Füße gegossen. Aber diese Ausnahme hat wohl, wie ich schon im vorigen Kapitel sagte, einen besonderen Grund.

Mag nun der Zweck des Salbens ein noch so heiliger gewesen sein, für die Wissenschaft war es jedenfalls recht unheilvoll. Denn es steht fest, daß der schlechte Zustand der Holz- und Metallsärge seinen Grund in der reichlichen Ölanwendung hat. Dreifach hat sie gewirkt:

Erstens hat die Zersetzung der Fette in Fettsäure bestimmte Glaseinlagen und die Kittschicht an manchen Gegenständen beschädigt. Zweitens hat das Oxydieren des Harzes eine Art Selbstverbrennung hervorgerufen, so daß das Leinen und bis zu einem gewissen Grad sogar die Gewebe und die Knochen der Mumie verkohlt sind. Drittens hat die Salbölmenge ein pechartiges Bindemittel gebildet, das Sarg und Mumie und alles Zubehör in eine einzige feste Masse verwandelte.

Der Erfolg war höchst betrüblich. Zeit und Mißgeschick haben der Wissenschaft die Ergebnisse vorenthalten, zu denen eine genaue wissenschaftliche Untersuchung und ein systematisches Auswickeln der Mumie hätten führen können. Beides war fast unmöglich.

Nun fragt man sich natürlich, ob die anderen Königsmumien des Neuen Reiches nicht in gleicher Weise gesalbt worden waren. Und ich bin geneigt, das trotz der bei ihnen vorgefundenen geringen Reste von Harzmasse anzunehmen.

Man darf nicht vergessen, daß die im Versteck zu Der-el-bahri und in dem Grab Amenhoteps II. entdeckten Königsmumien ihrer ursprünglichen Hüllen und Särge beraubt und von den Priestern der 20. und 21. Dynastie in roh gezimmerten Särgen untergebracht waren. Indem sie nun nach so kurzer Zeit aus Hüllen und Särgen befreit wurden, entgingen sie dem zerstörenden Einfluß der Öle, denen Tut-ench-Amun ungestört weiter unterworfen blieb. Mit anderen Worten, die Grabräuber verhinderten die Durchdringung und Zerstörung der zahlreichen Hüllen.

Die im Jahre 1920 von Lord Carnarvon und mir gefundenen Alabasterkrüge aus dem Besitz Ramses' II. und Merenptahs enthielten ebenfalls Salböl und beweisen, daß die Sitte des Salbens der toten Könige allgemein war. Die hieratischen Inschriften auf den Gefäßen lauten: »Bestes Öl aus Libyen«, »Bestes Öl der göttlichen Dinge« und »Fett aus Tanat«.

Ohne diesen religiösen Brauch des Mumiensalbens wären die Hüllen des Tut-ench-Amun und die Mumie mit ihren Beigaben in dem festen Goldsarg gewiß in dem Zustand erhalten geblieben wie am Tage der Beisetzung.

Fassen wir nun einmal unsere Eindrücke zusammen, und was wir bei der Entdeckung des Grabes gelernt haben. – Eins wurde aufs neue deutlich: Der unerschütterliche Glaube der alten Ägypter, daß das Wohlergehen des Toten durch die Fürsorge der Hinterbliebenen gesichert wird. Auch die seltenen Äußerungen einer pessimistischen Auffassung von der Nutzlosigkeit weiter Tempelbauten, Kapellen und Gräber vermochte die Stärke und Kraft dieses Glaubens nicht abzuschwächen.

Wir lernen weiter, daß bei der Beisetzung eines Königs der Nachfolger als Sempriester die feierliche Handlung der Mundöffnung vornahm und daß hohe Beamte und Höflinge an Stelle von Stieren die Bahre zogen.

Daß das Einbalsamieren mindestens siebzig Tage dauerte, wissen wir aus anderen Quellen. Ob die Trauerzeit damit zusammenfiel, ist noch unbekannt, nur daß die Beisetzung sofort nach beendeter Mumifizierung stattfand, scheint sicher. Auf jeden Fall aber lag zwischen einer Königsbestattung und dem Schließen des Grabes ein Zeitraum, denn die Grabkammern mußten zur Aufnahme des Totengutes vorbereitet werden. Somit können die Beigaben schwerlich in ihrer Gesamtheit im Leichenzug getragen worden sein, da doch nicht anzunehmen ist, daß man Handwerker in den Grabkammern arbeiten ließ, als schon die außergewöhnlich kostbaren und empfindlichen Kunstwerke aufgebaut waren. Man denke nur an die Schmuckkästen und Goldgefäße und stelle sich vor, daß die Arbeiter im gleichen Raum mit ihnen zu arbeiten, den Sarkophag zu schließen, die Schreine aufzustellen und die Zwischenwand zu errichten hatten. Schon der Platzmangel, den wir vorfanden, hätte das unmöglich gemacht. Außerdem spricht für diese Annahme die Tatsache, daß der äußere Schrein deutliche Mörtelspuren aufweist, die an den Grabbeigaben vollkommen fehlen.

Ferner erfahren wir, daß das Grab des verstorbenen Königs mit dessen eigenem Siegel verschlossen wurde. Das Siegel des Nachfolgers scheint also bei der Beisetzung noch nicht in Kraft gewesen zu sein; aber die Aufklärung darüber, wann es in Kraft trat, fehlt noch. Denn als das Grab des Tut-ench-Amun nach der Beraubung, also wohl kurz nach der Bestattung, wieder verschlossen wurde, benutzte man kein königliches Siegel, sondern nur das der Totenstadt. Das gleiche geschah bei der Wiederherstellung des Grabes Thutmosis' IV. durch Haremhab.

Keine volle Klarheit erlangen wir darüber, ob die Grabausstattung vor oder nach dem Tode des Pharao angefertigt wurde. Für beide Fälle gibt es Beispiele, und so müssen wir annehmen, daß manche Grabbeigaben bei Lebzeiten und sogar schon in der Jugend des Herrschers, andere aber kurz nach seinem Tode hergestellt wurden.

Eine andere sehr wichtige Tatsache, die uns deutlich wird, ist das zähe Festhalten der alten Ägypter am Osiriskult. Beharrlich wird der Mumie und ihren Särgen Osirisgestalt gegeben; immer wieder kommt in diesem Totenbrauch das Gefühl zum Ausdruck, daß das Volk sich dem Osiris näher fühlte als jeder anderen Gottheit. Auch spätere Religionsformen haben sich dem Einfluß des Osirisglaubens nicht entziehen können.

Endlich ist durch das Grab des Tut-ench-Amun eins bekanntgeworden: die Sitte der verschwenderischen Salbung der Könige, in unserem Fall eine tiefbedauerliche Sitte. Hatten wir doch gehofft, die Mumie des Königs in besserer Verfassung zu finden als früher entdeckte Mumien, die profane Hände in alten Zeiten aus ihren Särgen gerissen hatten. Die Enttäuschung war bitter. Das Schicksal zeigte ironisch lächelnd dem Forscher, daß die Grabräuber und die Priester, die die beraubten Mumien geborgen hatten, die beste Konservierungsarbeit geleistet hatten.

Untersuchung der Königsmumie

18

Die Tätigkeit des Forschers und besonders des Archäologen weist Augenblicke von überragender Bedeutung auf, und einen solchen seltenen Augenblick erlebten wir jetzt. Wir werden seiner und der auf ihn folgenden Zeit immer mit höchster Befriedigung gedenken. Nach mühseligen arbeitsreichen Jahren des Ausgrabens, Konservierens und Verzeichnens sollten unsere Augen wahrhaftig erblicken, was bisher nur unsere Phantasie erschaut hatte. Für uns selbst war unsere Arbeit von höchstem Interesse; ich hoffe aber, daß sie auch für die Archäologie nicht ohne Bedeutung ist, da wir die Kenntnis vom Zusammenhang der Totenbräuche mit den alten Mythen und Überlieferungen etwas erweitern konnten.

Am 11. November, 9 Uhr 45 Minuten vormittags, begannen wir die Untersuchung der Königsmumie in Anwesenheit von Sr. Exz. Saleh Enan Pascha (Unterstaatssekretär im Ministerium der öffentlichen Arbeiten); Sr. Exz. Said Fuad Bey el Choli (Gouverneur der Provinz Kena); Pierre Lacau (Generaldirektor der Verwaltung der Altertümer); Dr. Douglas Derry; Dr. Saleh Bey Hamdi (Direktor des Gesundheitsamtes in Alexandria); A. Lucas (Chemiker bei der Altertümerverwaltung); Harry Burton (vom Metropolitan Museum of Art, New York); Tewfik Effendi Boulos (Oberinspektor der Altertümerverwaltung in Oberägypten) und Mohamed Schaaban Effendi (Direktorialassistent am Museum in Kairo).

Nachdem der aufgelegte Schmuck und die oben beschriebenen Goldstreifen entfernt waren, lag die Königsmumie in ihren schlichten äußeren Hüllen und ihrer Goldmaske vor uns. Sie füllte das gesamte Innere des Goldsarges aus und war 1,85 Meter lang (Abb. 39).

Die äußeren Hüllen bestanden aus einem großen linnenen Bahrtuch, das dreimal längs und viermal quer mit Leinenstreifen umbunden war. Von den Längsstreifen lief einer in der Mitte und zwei an jeder Seite entlang, ganz wie die eben genannten Goldstreifen. Offenbar waren die Leinenbänder mit dem schon von Herodot erwähnten Klebstoff an dem Leinentuch befestigt. Sie waren 6 bis $9^1/_2$ Zentimeter breit und doppelt gelegt. Das mittlere Längsband begann mitten auf dem Leib und lief unter der unteren Lage der drei Querbänder hindurch, über die Füße, unter die Sohlen und unter der zweiten Lage der Querbänder zurück. An den Füßen war das Leinen auf beiden Seiten, wohl infolge Reibung an dem Metallsarg bei der Überführung ins Grab, abgescheuert. Die Mumie lag, vermutlich durch einen Stoß beim Senken in den Sarkophag, etwas zur Seite geneigt. Auch hier können wir feststellen, daß das Salböl vor dem Einsargen über die Mumie gegossen wurde; denn die Flüssigkeit war infolge der Neigung der Mumie in den beiden Seiten des Sarges verschieden hoch gestiegen.

Da die Leinenbinden infolge Verkohlung ganz morsch waren, bestrichen wir die gesamte freiliegende Oberfläche mit erhitztem Paraffinwachs, das beim Gerinnen einen dünnen Überzug bildete und die unteren Leinenschichten möglichst wenig durchdrang. Nach der Erkaltung schnitt Dr. Derry die durch das Wachs nun gefestigten äußeren Binden von oben bis unten mitten durch, so daß wir die festgewordene Lage in großen Stücken entfernen konnten. Aber damit waren die Schwierigkeiten noch nicht beseitigt. Die dicken unteren Hüllen fanden wir vielmehr in einem noch schlimmeren Zustand von Verkohlung und Zerfall. Wir hatten vergeblich gehofft, daß wir die Mumie nach Entfernung der dünnen Außenschicht, die am Sarg klebte, ausschälen und herausnehmen könnten. Aber wir fanden das Leinenzeug unter der Mumie und dem Körper selbst so von Öl durchtränkt und dadurch so fest an den Sarg gekittet, daß ein Heben nur unter allergrößter Gefahr für die Mumie gewagt werden konnte. Und selbst nachdem der größte Teil der Binden sorgfältig entfernt war, mußte die verhärtete Salbenschicht unter den Gliedern und dem Rumpf weggemeißelt werden, ehe es gelang, die Überreste des Körpers zu heben.

In besserer Verfassung als die übrigen waren die Binden an Kopf und Füßen. Sie waren von dem Öl verschont geblieben und hatten nur mittelbar durch Oxydation gelitten.

Soweit sich feststellen ließ, war die Bandagierung die übliche. Sie besteht aus einer Reihe von Binden und Tüchern sowie aus Leinenpolstern, durch die die plastische menschliche Form gewonnen werden soll. Feinstes, batistartiges Leinen ist dafür verwendet. Die zahlreichen an der Mumie gefundenen Gegenstände waren in die verschiedenen Lagen der umfangreichen Umhüllung eingebunden, so daß der König buchstäblich vom Kopf bis zu den Füßen damit bedeckt war (Abb. 42). Die größeren Stücke waren teilweise sogar durch mehrere kreuz und quer laufende Bindenlagen gehalten.

Die Untersuchung der Mumie begann notwendigerweise an den Füßen. Ich möchte meine Beschreibung jedoch, des besseren Verständnisses wegen, am Kopf beginnen und jedes Stück und jeden bemerkenswerten Umstand der Reihe nach aufzählen.

Auf dem Kopf saß ein großes kegelförmiges Polster, das wie ein moderner chirurgischer Kopfverband umwickelt war und an die Form der Atefkrone des Osiris erinnerte; nur fehlten die üblichen Hörner und Federn. Der Sinn dieses Polsters ist nicht ganz klar. Es mag wirklich eine Krone sein, möglicherweise aber ist es nur eine Art Kissen, das die Goldmaske stützen und den hohlen Raum unter dem Königskopftuch ausfüllen sollte. Denn die Maske spielt in der Ausstattung der Mumie eine große Rolle, indem sie diese mit den Bildnissen an den Särgen in Einklang bringt.

Unter diesem kronenartigen Polster lag auf der Rückseite der Maske ein Amulett in Form einer kleinen Kopfstütze *(urs)*. Es war aus Eisen gefertigt. Was es bedeuten soll, sagt das 166. Kapitel des »Totenbuches«: »Erwache aus der Ohnmacht, in der du schläfst; du triumphierst über alles, was gegen dich getan ist... Ptah hat deine Feinde niedergeworfen; sie liegen jetzt da und existieren nicht mehr.«

Derartige Amulette bestanden gewöhnlich aus Hämatit. In diesem Fall aber war reines Eisen verwendet, was uns einen kulturgeschichtlich höchst wertvollen Fingerzeig gibt. Davon später mehr.

Dicht neben dem Polster lag auf dem Schädel ein doppeltes Band (das arabische Agal), ähnlich dem Kopfband der Beduinen. Es war fest aus Pflanzenfasern geflochten und dicht mit Schnüren umwickelt, an beiden Enden saßen Schlingen. Zweifellos waren durch diese Schlingen Bändchen zum Befestigen am Hinterkopf gelaufen. Sicheres weiß man über die Bedeutung des Bandes nicht, da gleiche oder ähnliche nie aufgefunden worden sind. Möglicherweise bildeten sie einen Schutz des Kopfes vor dem Druck einer Krone.

Die Entfernung einiger Bindenlagen enthüllte ein prächtiges Diadem, das sich rings um den Kopf des Königs legte. Es ist von erlesener Schönheit; in der Form bildet es eine schlichte Kopfbinde nach. Das reichverzierte Goldband ist mit Karneolringen besetzt, in deren Mittelpunkt gehämmerte, runde Goldplättchen sitzen. Hinten sitzt der Knoten, der als eine von Blumen umgebene Scheibe gestaltet ist. Lange goldene, dem Stirnreif gleichende Bandenden hängen von ihm herab. Ähnliche, aber breitere Bänder gehen von den Enden des Reifes aus; auf ihren oberen Rändern sitzen Uräusschlangen. Die zu diesem Diadem gehörigen Abzeichen des nördlichen und des südlichen Ägypten fanden wir, vom Diadem losgelöst, am rechten und am linken Schenkel, an diesem die Schlange der Buto, an jenem den Geier

Abb. 40 Die perlenbestickte Kappe der Königsmumie

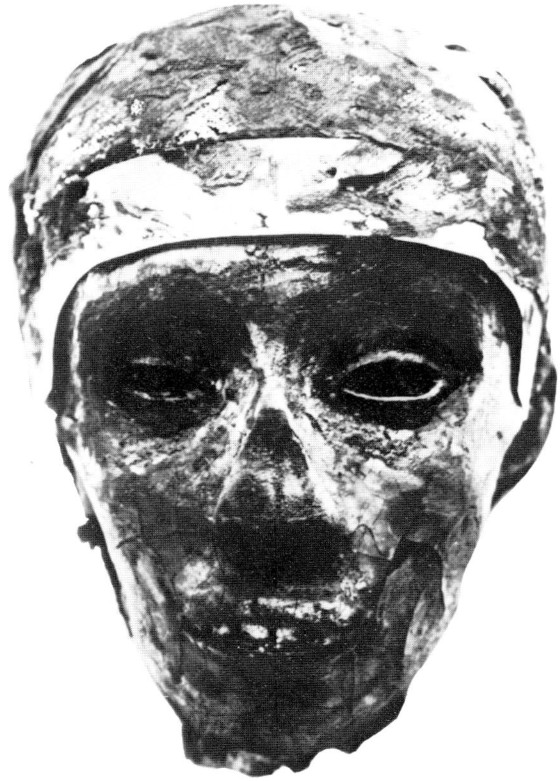

Abb. 41 Der Kopf der Königsmumie nach der Auswicklung

der Nechbet. Da die Leiche des Königs in Ost-West-Richtung mit dem Kopf nach Westen lag, waren also beide Symbole, ihrer Bedeutung entsprechend, wie auch an den Särgen, nach Norden bzw. Süden orientiert. An beiden Königsemblemen sind hinten Vertiefungen angebracht, denen T-förmige Zapfen am Diadem entsprechen. Sie sind also abnehmbar und konnten an jeder beliebigen Krone getragen werden.

Der goldene Nechbetgeier mit seinen Obsidianaugen ist ein hervorragendes Stück feinster Metallarbeit. An dem faltigen Hinterkopf und den spärlichen steifen Federn am Hinterhals ist deutlich der *Vultur auricularis Daud.*, der Gesellige Geier, zu erkennen, der heute sehr häufig in Nubien, nicht selten in Mittel- oder Oberägypten, aber nur vereinzelt in Unterägypten vorkommt.

Diese Art Diadem muß sehr alt sein. Jedenfalls geht seine Form wie auch sein Name Seschnen auf die Kopfbinden zurück, die bereits im Alten Reich, also anderthalb Jahrtausende vor dem Neuen Reich, von Männern und Frauen aller Stände getragen werden. Von alters her scheint es auch zur Grabausstattung des Ägypters gehört zu haben; denn wir finden es in Sargtexten des Mittleren Reiches erwähnt. Ferner sind drei solche Diademe in königlichen Gräbern gefunden worden: Ein ähnliches, wenn auch nicht ganz gleiches, fand Flinders Petrie in Lahun unter den Schmucksachen der Prinzessin Sat-Hathorjunut aus dem Mittleren Reich; zwei weitere von Königen der 17. Dynastie wurden in den thebanischen Pyramidengräbern entdeckt. Das eine im Grab eines Königs Antef, das andere im Grab des Sebek-emsaf. Merkwürdigerweise wurden beide von Grabdieben gefunden. Das Diadem des Sebekem-saf wird in Aufzeichnungen über die bekannte Beraubung der Königsgräber unter Ramses IX. erwähnt. Es wird darin berichtet, daß die Räuber das Diadem und die sonstigen aus dem Grab gestohlenen Gegenstände nach ihrem Metallwert untereinander teilten. Das andere Diadem fanden arabische Grabdiebe vor ungefähr einem Jahrhundert. Es ging von Hand zu Hand und endete schließlich im Museum zu Leiden.

Auf Abbildungen trägt der König ein solches Diadem meist über der Perücke zusammen mit der Atefkrone des Osiris.

Unter weiteren Bindenlagen fand sich über der Stirn des Königs ein breites Band aus poliertem Gold, das bis zu den Ohren reichte. An seinen Enden waren Schlitze angebracht. In diesen saßen Leinenbänder, deren freie Enden am Hinterkopf verknotet waren. Dieses Stirnband hatte die aus feinem batistartigen Leinen gefertigte Königshaube (Chat) festzuhalten. Die Haube selbst war leider so zerfallen, daß wir sie nur an dem Rest des zopfartigen Teils erkennen konnten, der hinten herabhing und für diese Königshaube charakteristisch ist. An die Königshaube waren wieder die königlichen Insignien genäht. Mitten über den Scheitel lief die Königsschlange hinab bis zum Hinterhaupt. Ihr Körper und Schwanz sind aus beweglichen Goldgliedern zusammengesetzt und mit feinen Perlen eingefaßt. Der Nechbetgeier gleicht den schon mehrfach beschriebenen, nur sind seine Flügel hier ausgebreitet. Er bedeckte, neben der Schlange aufragend, die Haube. Zur Herstellung der üblichen Form war die Haube unter und über den Schläfen mit Leinenpolstern ausgestopft.

Unter der Königshaube kamen weitere Leinenlagen zum Vorschein und unter diesen eine Kappe aus feinem Leinen, die sich dem geschorenen Kopf des Königs eng anschmiegte. Sie war mit Gold- und Fayenceperlen (Abb. 40) kunstvoll in Schlangenmustern bestickt, ein goldenes Stirnband ähnlich dem vorher beschriebenen hielt sie fest. Jede Schlange trägt auf ihrem Leib den Namen des Aton. Leider war das Gewebe der Haube stark verkohlt und zerfallen. Die Perlenarbeit aber hatte weniger gelitten, so daß das Muster vollständig war, solange es noch an dem Kopfe des Königs saß. Jeder Versuch, das Stück abzulösen, hätte es vernichtet; so überzogen wir es mit einer feinen Wachsschicht und ließen es an seinem Platze.

Ganz besondere Sorgfalt erforderte nun das Abnehmen der letzten Leinenhülle auf dem stark verkohlten Kopfe des Königs. Denn jede Bewegung konnte das Antlitz beschädigen, und wir waren uns unserer Verantwortung wohl bewußt. Schon bei der leisen Berührung mit einem Zobelhaarpinsel zerfielen die spärlichen Überreste des morschen Gewebes und enthüllten ein friedvolles, sanftes Jünglingsantlitz (Abb. 41). Edel und vornehm war es, gut geschnitten, mit scharf gezeichneten Lippen. Und ich darf wohl, ohne Derry und Saleh Bey Hamdi ins Handwerk zu pfuschen, sagen: Das Auffallendste an dem Gesicht war die außerordentliche Ähnlichkeit mit seinem Schwiegervater Echnaton, die schon auf seinen Statuen bemerkbar ist.

Diese starke Ähnlichkeit, die keine Zufälligkeit sein kann, stellt die Forschung vor eine ganz neue und überraschende Tatsache. Möglicherweise klärt sie manches Dunkel um Sakerē und um Tut-ench-Amun auf. Beide gelangten durch ihre Heirat mit Echnatons Töchtern auf den Thron; von ihrer Herkunft erfahren wir nichts. Ich möchte nun annehmen, daß sie illegitime Söhne des Königs waren. Ähnliche Fälle lassen sich auch sonst noch in der Königsfamilie der 18. Dynastie nachweisen. So war Thutmosis I., der Sohn Amenhoteps I. und seiner Nebenfrau Seniseneb, durch seine Heirat mit der Kronprinzessin Ahmes König geworden. Auf diese Weise wurde die Thronfolge geregelt, wenn die Königin keinen männlichen Nachkommen hinterlassen hatte.

Kurz, je tiefer man über die Ähnlichkeit des Tut-ench-Amun mit Echnaton nachdenkt, um so wichtiger erscheint sie vom Gesichtspunkt der Geschichte damaliger Zeit und der Kulturgeschichte im allgemeinen.

Nun kann diese Ähnlichkeit auf direkter Vererbung von Echnaton beruhen, aber sie kann auch noch weiter auf die Königin Teje zurückgehen. Auf jeden Fall ist in der Familie der Amenhotep und Thutmosis dieser Echnaton–Tut-ench-Amun-Typus nicht zu finden; erst in den nicht ganz konventionellen Bildnissen der Königin Teje tritt er auf. Von ihr scheinen also die körperlichen Eigenheiten Echnatons zu stammen. Natürlich könnte aber auch Tut-ench-Amun die seinen als Enkel aus einer Nebenlinie von ihr geerbt haben.

Für die Möglichkeit einer Blutsverwandtschaft beider Könige läßt sich auch die folgende Stelle eines Briefes aus dem Archiv von Amarna geltend machen.

»Tuschratta (König von Mitanni, Obermesopotamien) an Napchuria (Echnaton, König von Ägypten):

Zu Napchuria, dem König von Ägypten, meinem Bruder, meinem Schwiegersohn, der mich liebt und den ich liebe, spricht Tuschratta, der König von Mitanni, dein Schwiegervater, der dich liebt, dein Bruder: Ich befinde mich wohl, mögest auch du dich wohlbefinden! Deinen Häusern – deiner Mutter Teje, der Herrin von Ägypten – Taduchepa, meiner Tochter, deiner Frau – deinen anderen Frauen – deinen Kindern – deinen Enkeln – deinen Wagen – deinen Pferden – deinen Kriegern – deinem Lande und allem, was dir gehört, möge es sehr, sehr wohlergehen!«*)

Mit wenigen Ausnahmen (z.B. bei Ramses II.) sind es in der ägyptischen Geschichte gewöhnlich die Nachkommen der Hauptfrau, »der großen königlichen Gemahlin«, die anerkannt werden. Im Fall Echnatons sind dies also die Kinder der »großen königlichen Gemahlin« Nofret-ēte. Aus diesem Grund sind auf allen Denkmälern nur die Kinder der Nofret-ēte erwähnt, die sämtlich Töchter waren. Die Erwähnung von Echnatons »anderen Frauen« in dem zitierten Brief Tuschrattas hat man bisher immer nur als eine konventionelle Redewendung betrachtet. Das ist schwerlich richtig; bis nicht das Gegenteil wirklich erwiesen wird, werden wir durchaus annehmen dürfen, daß Echnaton ebenso wie andere ägyptische Könige Nebenfrauen hatte. Wissen wir doch auch, daß der Mitannikönig mehrere Generationen hindurch mit dem ägyptischen Königshaus durch Heiraten eng verbunden war.

Mithin ist es nicht unwahrscheinlich, daß der Sohn einer Nebenfrau zum Mitregenten und Nachfolger erwählt wurde, da Nofret-ēte keinen Sohn hatte. Seine Heirat mit der ältesten legitimen Tochter wäre dann selbstverständlich.

Jedenfalls scheint die einzige Erklärung für die Ähnlichkeit der beiden Männer vorläufig die zu sein, daß Tut-ench-Amun entweder Echnatons Sohn oder auf anderem Wege Tejes Enkel war.

Schließlich lehrt der Kopf der Mumie noch, daß trotz der damals in der Kunst vorherrschenden Neigung, an der Überlieferung festzuhalten, die besser ausgeführten Darstellungen des Königs getreue Bildnisse sind.

Um des Königs Hals waren zwei Arten symbolischer Kragen und zwanzig in sechs Schichten verteilte Amulette gelegt. Jede dieser Schichten war durch zahlreiche Bindenlagen von der anderen getrennt. Ein Falkenkragen aus getriebenem Goldblech bildete die oberste Lage. Er hing an gehämmertem Golddraht um den Hals und hatte hinten eine Art Anhänger als Gegengewicht. Derartige Halskragen waren die allerhäufigsten und gebräuchlichsten Schmuckstücke. Daß sie aber nicht nur Schmuckgegenstände waren, sondern von tieferer Bedeutung, beweist die wichtige Rolle, die sie bei allen Beisetzungen und auch bei der des

*) Knudtzon, El-Amarna-Tafeln, S. 241 (Nr. 28).

Tut-ench-Amun spielten. An diesem und an anderen noch zu beschreibenden Kragen ist, wie schon gesagt, hinten ein als Gegengewicht dienender Anhänger angebracht, den man Manchet nannte. Nach Anweisungen in den Pyramidentexten, den Sargtexten des Mittleren Reiches und einem Abschnitt des »Totenbuches« des Neuen Reiches ist dem Toten der Kragen mit seinen Anhängern auf Brust und Nacken zu legen. Sie mußten nach Form, Material und Ausführung verschieden sein, was gerade bei den Kragen des Tut-ench-Amun besonders zutage tritt.

Die zweite Schicht von Schmuckstücken bestand aus vier Amuletten, die ebenfalls an Golddrähten um den Hals hingen und in folgender Reihenfolge von rechts nach links angeordnet waren: ein Isissymbol aus rotem Jaspis, ein goldenes Osirissymbol mit Inschrift, ein Papyruszepter aus grünem Feldspat und ein zweites goldenes Osirissymbol mit Fayenceeinlagen. Dicht unter dieser Gruppe kam eine Schicht von drei Amuletten: rechts und links am Hals zwei seltsame palmblattartige, goldene Symbole und zwischen ihnen am gleichen Draht eine goldene Schlange aus dünnem Goldblech. Dann kam die vierte Schicht, die aus einem Thoth aus grünem Feldspat, einem Schlangenkopf aus rotem Karneol, einem Horus aus Lapislazuli, einem Anubis aus grünem Feldspat und einem Papyruszepter aus grünem Feldspat bestand. Auch in dieser Schicht war jeder Gegenstand mit Golddraht am Hals befestigt. Die Amulette der fünften Schicht waren sämtlich aus getriebenem Goldblech hergestellt. Alle acht Stücke hingen an Schnüren mit den Halsbinden zusammen und wiesen vier verschiedene Typen auf: eine menschenköpfige Schlange mit ausgebreiteten Flügeln, eine Königsschlange, eine doppelte Königsschlange und fünf Geier. Alle waren so um den Hals angeordnet, daß immer ein Stück das nächste etwas überdeckte, die menschenköpfige, geflügelte Schlange am rechten, Königsschlange und Nechbetgeier am linken Ende. Alte Texte auf Särgen aus der Zeit vor dem Neuen Reich nennen jedes dieser Symbole und schreiben ihnen die Lage »an seinem Kopf« vor. Zwei von den Geiern scheinen Mutgeier (*Gyps fulvus Gm.*, Weißkopfgeier), die drei anderen Nechbetgeier zu sein. Ihre Zerbrechlichkeit beweist, daß sie nicht für den Gebrauch bei Lebzeiten, sondern ausschließlich als Grabbeigabe gearbeitet sind. Unter dieser Schicht von Amuletten lag ein kleines vierreihiges Perlenhalsband, das an die letzten wenigen Binden geheftet war und die letzte Lage bildete.

Diese Fülle von Amuletten und Symbolen am Hals des Königs ist bedeutungsvoll; sie beweist, wie sehr man die Gefahren der Unterwelt für den Toten fürchtete, da sie zweifellos als Schutz gegen diese gedacht waren. Menge und Kostbarkeit der mitgegebenen Schutzamulette waren natürlich nach Rang und Reichtum des Verstorbenen und nach der Liebe seiner Hinterbliebenen verschieden. Nicht von allen diesen Symbolen kennen wir Sinn und Namen, auch die ihnen zugeschriebenen Kräfte nicht. Das eine aber wissen wir, daß sie dem Toten als Helfer und Führer mitgegeben und so schön und kostbar wie möglich ausgeführt waren.

Der auf das Osirissymbol (Ded) bezügliche Spruch im »Totenbuch« sagt: »Wer das Ded trägt, tritt in das Totenreich ein, ißt von der Osirisspeise und wird gerechtfertigt werden.« Es scheint »Festigkeit«, »Beständigkeit«, »Erhaltung« und »Schutz« zu bedeuten. Das »Totenbuch« bestimmt außerdem, daß es von Gold sein und dem Toten um den Hals gelegt werden müsse, um ihn zu befähigen, »einzutreten durch die Tore der Unterwelt ... und in der Unterwelt ein herrlicher Verklärter zu sein.« Wer aber das Isissymbol trägt, wird den Schutz der Isis und des Horus gewinnen und mit Jubel in das Königreich des Osiris aufgenommen werden. Es muß jedoch aus rotem Jaspis sein, um »das Blut, die Sprüche und die Macht der Isis« zu verkörpern. Es ist ein Zauber »als Schutz des Mächtigen gegen das, was ihm zu tun verhaßt ist.« Das Papyruszepter aus grünem Feldspat scheint »das Grünen«, »Fruchtbarkeit« und »ewige Jugend« zu bedeuten, was alles der Verstorbene in der Unter-

Abb. 42 Einige der in den Mumienbinden gefundenen Gegenstände

welt erlangen soll. Der Schlangenkopf aus Karneol ist wohl ein Talisman gegen schädliche Reptilien gewesen, die in den Gängen der Unterwelt lauerten.

Das »Totenbuch« lehrt uns außerdem, daß beim Auflegen der Amulette »mit lauter Stimme« Zaubersprüche aufzusagen waren. Bei den Amuletten und Symbolen des Tut-ench-Amun fanden wir Reste eines kleinen Papyrus, auf dem in Hieroglyphen ein Ritual stand. Er war zu morsch zum Konservieren, aber hier und da waren doch, wenn auch nur mühsam, Götternamen wie Isis und Osiris zu entziffern. Meiner Meinung nach gehörte der Text auf diesem leider unrettbaren Papyrus zu solchen Zaubersprüchen.

Sinnbilder einiger Gottheiten kamen doppelt vor, oft waren zwei zu einer Gruppe verbunden, so die der Nechbet und der Buto, möglicherweise um ihre Wirkung zu erhöhen.

Eine solche Fülle von Zauberamuletten und persönlichem Schmuck trug der König, daß eine ausführliche Aufzählung und Beschreibung über den Rahmen dieses Buches hinausgehen würde. Ich kann daher nur in Kürze die wichtigsten Gesichtspunkte herausheben. Wie wir gesehen haben, hat jedes Stück seine bestimmte Bedeutung. Nur seiner Schönheit wegen ist wohl selten oder nie ein Stück einer Mumie beigegeben. Aber Kunst und Symbol sind so miteinander verschmolzen, daß beides zur Geltung kommt. Man erhebt Gegenstände der Natur zu Symbolen, aber man gibt sie nicht getreu in ihren Einzelheiten wieder, sondern kleidet sie in ornamentale, streng symmetrische Formen. Rein lineare Gebilde kommen nur selten vor.

Nach den Kopf- und Halsschmuckstücken wenden wir uns nun denen zu, die wir auf Körper und Armen fanden.

Die Brust schmückten fünfunddreißig Gegenstände in siebzehn Gruppen, die sich auf dreizehn Schichten verteilten und in ein kompliziertes System von Leinenbinden eingewickelt waren.

Zuerst kam eine Gruppe von vier goldenen Kragen. Sie reichten vom Hals bis über die Schlüsselbeine, bedeckten die Schultern und waren mit Golddraht am Hals befestigt. Hinten hing der übliche Anhänger (Manchet) herab. Jeder einzelne Kragen bedeckte zum Teil den nächsten. Der oberste, der auf der rechten Seite lag, stellt den Nechbetgeier mit ausgebreiteten Schwingen dar. Der zweite, links liegende, vereinigt die geflügelte Butoschlange mit dem Nechbetgeier. Der dritte, noch weiter links liegende, zeigt die Butoschlange allein, aber mit weitgeöffneten Flügeln. Der vierte und äußerste lag etwas nach rechts geschoben, fast in der Brustmitte. Es ist ein »Falkenkragen« aus Röhrenperlen mit Schlußstücken in Form von Falkenköpfen. Unter diesen verschiedenen Kragen hing an einem bis zum Nabel reichenden langen Golddraht ein großer, auf einer Goldplatte aufgesetzter Skarabäus aus schwarzem Harz, in dessen Flügeldecken ein Bennuvogel aus farbigem Glas eingelegt war. Auf der Goldunterlage stand ein auf diesen Vogel bezüglicher Text.

Der Bennu ist ein Reiher der Gattung Ardeidae. Nach den vielen vorhandenen farbigen Abbildungen zu urteilen, ist es wohl *Ardea cinerea Linn.*, der Fischreiher. Er symbolisiert oft das Herz und stellt eine der vielen Formen dar, in denen der Verstorbene »nach dem Tod als lebende Seele herausgeht«. Auch mit dem Sonnengott hängt er zusammen. Aus einigen schlechten Darstellungen könnte man ihn für einen Reiher der Nachtspezies halten. Das »Totenbuch« sagt aber im 13. Kapitel: »Ich trete wie ein Falke ein und gehe aus als ein Bennu im Morgengrauen.« Mithin kann nur der Fischreiher gemeint sein, der der Frühaufsteher unter den Vögeln ist.

Auf diesen etwas spärlichen Ersatz für den bekannten Herzskarabäus folgte ein breiter Falkenkragen aus getriebenem Goldblech, dessen Körper den ganzen unteren Teil der Brust bedeckte und dessen Flügel hinaufreichten bis in die Achselhöhlen. In den auf das Jenseits bezüglichen Texten heißt er »Horuskragen«. Gewiß galt er als magisch besonders wirksam, an Schönheit wird er jedoch weit übertroffen durch einen prachtvollen Kragen gleicher Form, der dicht unter ihm fast an der gleichen Stelle lag. Dieser besteht ganz aus goldenem Zellenwerk, das mit Einlagen gefüllt ist. Dieses prächtige Werk der Goldschmiedekunst gehört zu einer Reihe von drei derartigen Kragen. Und da die beiden anderen nur wenige Schichten tiefer lagen, so werde ich auch sie gleich hier schildern. Über den beschriebenen Kragen war ein unbeschriebenes Papyrusblatt gebreitet, und unter ihm, mitten auf der Brust, lag ein zweiter »Falkenkragen« aus getriebenem Gold. Er bedeckte wie die der ersten Gruppe die Schultern und den oberen Teil der Brust.

In Höhe der Arme saß an jeder Seite ein goldenes Knotenamulett, dessen Bedeutung unbekannt ist. Rechts und links der unteren Brusthälfte lagen drei goldene Armreifen, von denen zwei mit großen tonnenförmigen Perlen aus Lapislazuli, bzw. Karneol besetzt sind, während der dritte mit einem Horusauge aus Eisen geschmückt ist. Hier begegnen wir zum zweiten Male diesem kulturhistorisch so wichtigen Metall. Die schon beschriebene Kopfstütze unter dem Haupt des Königs, dieses Horusauge und ein drittes, noch zu beschreibendes hochbedeutendes Stück liefern den ersten sicheren Beweis für die Einführung des Eisens in Ägypten, dieses Metalls, das »in Natur, Kunst und Politik« eine unendlich bedeutsame Rolle spielt und gespielt hat (Ruskin).

Nach der Entfernung weiterer dicker Leinenhüllen gelangten wir zu der achten Lage, einem sehr breiten Brustkragen aus getriebenem Goldblech in Form der Schlange der Buto. Er bedeckte die gesamte untere Brustpartie. Seine gewaltigen Schwingen reichten bis über die Schulter, und die äußersten Federspitzen bogen sich um die Halsbinden. Auch an ihm hing hinten, mit Draht befestigt, der übliche, Manchet genannte Anhänger. Damit ist der letzte der acht einfachen Metallkragen beschrieben, die an Hals und Brust des Königs gefunden wurden. Alle sind rein religiöser Natur und Symbole ewiger Ruhe. Unter dem letzten verborgen, nur durch ein unbeschriebenes Papyrusstückchen getrennt, lagen, einer über dem anderen, zwei herrliche Kragen. Sie stellen die Göttinnen Buto und Nechbet dar und bestehen aus reichem Zellenwerk wie der eben beschriebene »Horuskragen«.

Diese drei Stücke, der »Kragen des Horus«, der »Kragen der Nechbet« und der »Kragen der beiden Herrinnen« (d.i. Nechbet und Buto, um sie mit ihren ägyptischen Namen zu nennen), verdienen ihrer Ausführung wegen besondere Beachtung. Jedes besteht aus einer großen Anzahl einzelner goldener Zellen, die auf der Rückseite graviert und vorn mit dunkelfarbigem Glas ausgelegt sind. Das Glas ahmt Türkis, roten Jaspis und Lapislazuli nach. Der »Kragen des Horus« besteht aus 38 Zellen, der der »Nechbet« aus 256 und der der »beiden Herrinnen« aus 141. Sie alle sind grundsätzlich gleichgestaltet und nur nach ihrem Platz innerhalb des Flügels, der Federn oder der Federteilchen in Form und Tönung unterschieden, je nachdem sie zu Flaumfedern, Deckfedern oder Schwungfedern gehören. Jede Zelle ist oben und unten mit winzigen Ösen versehen, die, in Perlensäume eingenäht, die einzelnen Zellen zusammenhalten. So sind die einzelnen Flügelteilchen fest zu einem herrlichen und strahlenden Ganzen vereinigt, und der Kragen bleibt biegsam und geschmeidig.

Die elfte und zwölfte Schicht umschließt Schmuckstücke mehr persönlichen Charakters. Über dem oberen Brustteil hing an biegsamen Bändern von Gold und Lapislazuli ein kleiner Brustanhänger in Form eines Geiers. Mit seinen Einlagen aus grünem Glas, Lapislazuli und Karneol ist er wohl das wunderbarste Stück Goldschmiedekunst, das in dem Königsgrab gefunden wurde. Es ist sicher das Symbol der Schutzgöttin der südlichen Reichshälfte, der Nechbet von El-Kab, denn der »Gesellige Geier« ist unverkennbar. Er gleicht vollkommen dem Geier Oberägyptens an dem Diadem. Die Bänder schließen mit zwei winzigen Falken. Noch reizvoller aber ist die Rückseite des Brustanhängers. Sie zeigt als Relief auf der Brust des Geiers den Namen des Königs. Etwas tiefer (auf der Brust der Mumie) hing noch ein

Brustschmuck herab. Er hat die Form dreier Lapislazuli-Skarabäen, die mit den Vorderfüßchen die Sonnen- und die Mondscheibe halten. Die Hinterfüße umschließen das Schriftzeichen *neb*, das Symbol der Herrschaft, darunter läuft eine waagerechte Leiste, von der Margeriten und Lotosblumen herabhängen.

Zweifellos besteht hier eine mystische Beziehung zwischen den Käfern und den Sonnen- und Mondscheiben in ihren Vorderfüßen, denn der Skarabäus kommt allgemein in religiösen Texten in Verbindung mit diesen vor. Aller Wahrscheinlichkeit nach bedeutet der in der hellen Mondsichel stehende Vollmondschimmer den Mondgott Thoth. Die beiden Himmelskörper spielen in der ägyptischen Mythologie von Anfang an eine entscheidende Rolle. So stand die Sonne doch immer im Mittelpunkt der Verehrung, nicht nur für die Lebenden, sondern auch für die Toten, und für diese fast noch mehr. In dem »Totenbuch« (Kapitel 15) heißt es: »O du strahlende Scheibe, die du an jedem Tag vom Himmelsrande aufsteigst, leuchte du auf das Antlitz des Osiris (des Toten), der dich im Morgendämmern anbetet und der dich im Abendlicht besänftigt.«

Diese Schmuckgegenstände bilden wohl den Höhepunkt angewandter Kunst unter der 18. Dynastie. Symbolismus und Naturalismus verbinden sich zu einem gefälligen und reizvollen Ganzen. In dieser Hinsicht besonders ist die Ausführung der Käfer lehrreich. Sie sind zwar an sich in der allgemein üblichen Art behandelt, aber jede Einzelheit ist aufs feinste beobachtet und ausgeführt: der hornige erste Brustring und die Flügeldecken sind durchaus sachgemäß durchgeführt. An dem Kopfschild, dem breiten flachen Kopfteil, sind deutlich die eckigen Zähne in halbkreisförmiger Anordnung zu erkennen. Die gebogenen Vorderbeine sind richtig außen mit fünf starken Haken bewaffnet und wie die vier langen, dünnen Hinterbeine frei herausgearbeitet. Das letzte Paar ist leicht gebogen und endet in einer scharfen Kralle. Selbst die Gliederung der Bauchseite ist mit allen Einzelheiten wiedergegeben.

Dicht unter diesem Stück lagen unter spinnwebfeinen Binden drei weitere Schmuckstücke, eins auf der Mitte der Brust und zwei etwas tiefer auf jeder Seite. Die beiden äußeren hingen an Goldketten vom Hals herab, die Ketten endeten hinten in Lotosblüten, Karneolperlen und einem herzförmigen Anhänger. Der mittlere Brustschmuck hing an einer dreireihigen Halskette von Gold und Fayenceperlen; die Symbole des Osiris und der Isis bilden die Schließe.

Der rechte Brustschmuck hat die Form eines Sonnenfalken; der Körper besteht aus Zellenwerk mit Einlagen aus eigentümlichem grünem Stein. Der linke Brustschmuck ist ebenfalls aus Gold und mit Einlagen in leuchtendsten Farben verziert. Er scheint eine Anspielung auf die Namen des Königs darzustellen. Ein Skarabäus hält in den Vorderfüßen Mondsichel und Mondscheibe und in den Hinterfüßen die Pluralstriche und das Schriftzeichen, *heb*, »Fest«, so daß man »Cheperu-heb-jah« statt »Cheperu-neb-Rē« (in anderer Anordnung: Neb-cheperu-Rē) zu lesen hätte. Das mittlere Schmuckstück hat die Form des Udjatauges, das von dem Geier der Nechbet und der Schlange der Buto umrahmt wird. Es ist mit Einlagen aus Lapislazuli und einem nicht bestimmbaren blaßgrünen Stein, möglicherweise Epidot, verziert, die Rückseite besteht aus feingetriebenem Gold. Allen diesen Schmuckstücken sieht man an, daß sie wirklich bei Lebzeiten getragen worden sind.

Die herzförmigen Anhänger sind in Gold gefaßt und bestehen aus einem Karneol, in den die Namen des Königs eingesetzt sind. Sie erinnern damit an das Totenbuchkapitel vom »Herzen aus Karneol«: »Es ist gewährt der Seele des Osiris (des Verstorbenen), auf die Erde zu kommen und alles zu tun, was sein Genius verlangt.« Die Anordnung der letzten drei Schmuckstücke – das Horusauge in der Mitte, rechts die Sonnen- und links die Mondscheibe – scheint auf das »Augenpaar« anzuspielen. Unter dieser Bezeichnung wurden Sonne und Mond mit Osiris, Rē und anderen Gottheiten in Verbindung gebracht. »Sein rechtes Auge ist die Sonne, sein linkes der Mond.« Ich möchte hier noch erwähnen, daß die Mondscheiben auf den Schmuckstücken in diesem Grabe alle aus einer Gold- und Silbermischung hergestellt sind, während die goldenen Sonnenscheiben einen Kupferzusatz aufweisen.

Unter diesen fünf Halskragen saß die unterste Schicht. Sie lag dem Körper am nächsten, berührte ihn aber nicht, denn es waren noch mehrere Leinenlagen dazwischen, die fast zu Staub zerfallen waren. In dieser letzten Schicht von Gegenständen kam zuerst ein auserlesen schöner Kragen von feinsten blauen Glas- und Goldperlen, die in der Art einer Perlendecke zusammengefügt waren, so daß das Ganze einem Latz gleicht. Die Goldperlen sind so zwischen die blauen Glasperlen gefädelt, daß sie ein Muster von gelben Wellenlinien auf blauem Grunde ergeben. Die beweglichen Schulterstücke des Kragens bestehen aus Gold und haben Falkenform. Der Kragen ist von runden Goldstücken umsäumt und hat am unteren Rande tropfenförmige Anhänger aus Gold.

In den Binden über Brust und Bauch fanden sich zwei Gruppen von Fingerringen, über dem rechten Handgelenk fünf, neben dem linken acht Stück. Sie bestehen aus massivem Gold, Lapislazuli, mattweißem und grünem Chalzedon, Türkis und einer aus schwarzem Harz. Mehrfach ist der Name des Königs auf dem Reif zu beiden Seiten der Ringplatte oder auch an deren Unterseite eingraviert. Das geschieht selbst dann, wenn schon auf der Oberseite der Ringplatte die Namen des Königs stehen. Offenbar sollten die Ringe damit als persönliches Eigentum des Königs gekennzeichnet werden, wie man sie heute etwa stempeln würde.

Ehe ich zu den Gegenständen komme, die den Unterleib bedeckten, will ich die Ober- und Unterarme und die Hände beschreiben. Sie waren zunächst für sich gewickelt und dann mit dem Körper zusammen bandagiert. Die Unterarme lagen über dem Oberteil des Bauches, der linke ein klein wenig höher als der rechte. Die rechte Hand war über die linke Hüfte gelegt, die linke reichte bis an den Brustrand (Abb. 43). Mit in die Armhüllen gewickelt waren zwei kleine Amulettreifen, die bei der Untersuchung der Mumie zusammen mit den Leinenhüllen sofort auseinanderfielen. Aber nach der Richtung zu schließen, in der

Abb. 43 Die Unterarme des Königs mit ihrem Schmuck

sie nach jeder Seite herabfielen, hatten sie gerade über den Ellenbogen gesessen. Der rechte Armreif besteht aus dickem Golddraht und ist mit einer großen, ungeschliffenen grünen Steinperle und sechs feingearbeiteten Udjataugen von verschiedenem Material besetzt. Das linke Armband ist ein schwacher Goldreif mit einem unter drei Perlen versteckten Schlößchen und einem wunderbar geschnittenen Mentvogel aus Karneol an der gegenüberliegenden Seite. Dieser Mentvogel trägt auf dem Rücken die Sonnenscheibe und bedeutet wohl eine der mythischen Verwandlungen des Sonnengottes, wie sie im »Totenbuche«, besonders im 86. Kapitel, erwähnt sind: »Wodurch man die Gestalt eines Mauerseglers annimmt.« Zweifellos gehört der Mentvogel zur Familie der Segler *(Cypselidae)*, obgleich er in religiösen Texten bisweilen mit dem Wervogel aus der Familie der Rauch- und Hausschwalben *(Hirundinidae)* verwechselt wird. Zu den Tauben *(Columbidae)*, was auch schon behauptet worden ist, kann er auf keinen Fall gehören. Wenn er auch dem kleinen grauen Segler *(Cypsellus parvus, Licht.)* aus dem südlichen Ägypten nicht unähnlich ist, so nehme ich doch an, daß er den gewöhnlichen ägyptischen Fahlsegler *(Cypsellus pallidus, Shelley)* darstellen soll. Das besondere Merkmal dieser Vögel ist, daß sie sich in großen Kolonien in den Felsen einbauen, weit draußen in den Wüstenrändern. Am frühen Morgen kommen sie ins Niltal und fliegen spät abends in die Berge zurück. Da sie sich früh mit lautem Gezwitscher ankündigen und mit noch größerem Lärm bei Sonnenuntergang Abschied nehmen, so haben wohl die alten Ägypter sie mit der Verwandlung des Sonnengottes und mit den Geistern der Abgeschiedenen in Beziehung gebracht, die am Morgen mit der Sonne hervorkommen und nachts in die Unterwelt zurückkehren. Der auf den Mentvogel bezügliche Spruch des »Totenbuches« beginnt: »Ich bin der Mentvogel...« und schließt: »Wer dies Kapitel kennt, wird heimkehren, nachdem er am Morgen ausging.«

Beide Unterarme vom Ellenbogen bis zum Handgelenk verschwanden fast unter der Fülle von prächtigen Armreifen (Abb. 43). Sieben waren es am rechten und sechs am linken Unterarm. Alle sind reich mit Gold und Silbergold geschmückt, teils mit Skarabäen besetzt, teils mit Goldkörnchen oder durchbrochenen Karneolplättchen verziert. Die Reifen selbst tragen Blumenmuster und Ornamente in Einlagen aus Halbedelsteinen und Glasfluß. Bei einigen Stücken besteht der Reif aus Perlenketten. Ihr Durchmesser beweist, daß sie an einem sehr schlanken Arm gesessen haben. Sie sind sämtlich kein Totenschmuck, sondern zweifellos als persönliche Schmuckstücke bei Lebzeiten getragen worden.

Jeder einzelne Finger war zunächst mit feinen Leinenbinden umwickelt und dann in goldene Hülsen gesteckt. Der zweite und der dritte Finger der linken Hand trugen goldene Ringe. Die Schildfläche des einen zeigt die Mondbarke auf tiefblauem Grunde. Auf der des Zeigefingerringes ist der König in feiner Steinschneidearbeit dargestellt, wie er der Göttin der Wahrheit kniend opfert.

Über den Leib waren zehn Gegenstände in fast ebensoviel Lagen verteilt. Ich zähle sie in der Reihenfolge auf, in der wir sie fanden, und beginne mit der obersten Lage. An der linken Seite zwischen den äußeren Binden lag ein merkwürdiges λ-förmiges Amulett aus Goldblech und dicht darüber eine elliptische Goldtafel. Den Sinn dieses Amulettes kennen wir nicht. Wir wissen nur, daß in den Sargtexten des Mittleren Reiches ein gleicher Gegenstand vorkommt, der *abet* heißt, und der wohl einen Stab bedeuten soll. Da er aber dem wesentlichsten Bestandteil des Schriftzeichens für Leinenstoff, Kleidung gleicht, so scheint er sich auf die Bandagierung der Mumie zu beziehen. Das ist um so wahrscheinlicher, als die dazugehörige längliche Goldtafel genau die Schnittstelle bedeckt, die zum Entfernen der inneren Organe gemacht war, die bekanntlich besonders aufbewahrt wurden. Der nächstfolgende Gegenstand war ein T-förmiges Symbol aus Goldblech, das von der linken Seite des Unterkörpers bis über die obere Hälfte des linken Oberschenkels reichte. Meines Wissens wurde ein ähnlicher

Tafel XI Ein Paar Ohrringe des Königs ▶

Gegenstand nie gefunden, und seine Bedeutung ist unbekannt. Die Taille umschloß ein schmaler Gürtel von getriebenem Gold, dessen beide Vorderenden auf den Hüften lagen. Höchstwahrscheinlich gehörten ein Prunkschurz und ein Dolch zu ihm, die wir an den Oberschenkeln fanden. Von diesen später. Nun kam in den Hüllen der linken Seite ein flacher Kragen aus kleinen, dunkelblauen Fayenceperlen, der vom Nabel bis zur Scham reichte und halbkreisförmige Schlußstücke besaß. In den Sargtexten des Mittleren Reiches ist er unter den Kragen nicht genannt, da er aber dunkelblau ist, könnte man in ihm den »Kragen aus Lapislazuli« erkennen, der offenbar runde oder falkenförmige Schlußstücke haben konnte. Mitten auf dem Unterkörper lag ein Reif, ähnlich einem Arm- oder Fußring, aus Gold und undurchsichtigem Glas. Er gehört einer Reihe von acht Reifen – vier Paaren – an, die sich nur durch ihre Einlagen voneinander unterscheiden. Die übrigen wurden an anderen Stellen der Mumie gefunden, und zwar meist an den Oberschenkeln bis hinunter zum Knie. Sie sind alle reiner Totenschmuck.

Nachdem diese Gegenstände samt einigen sehr morschen Binden entfernt waren, stießen wir wieder auf einen Leibgürtel aus getriebenem Gold. Schräg unter ihm lag, das Heft rechts über dem Unterleib und die Scheidenspitze über dem linken Oberschenkel, ein Dolch von außergewöhnlicher Schönheit. Auf dem Griff wechseln streifenförmig leuchtend gelbe Goldkörnchenverzierungen und Einlagen aus Halbedelsteinen und Glas. Der Streifen über dem Heft trägt ein Spiralband aus Golddraht und ist mit Flechtmustern umrandet. Im Gegensatz zu dem reichverzierten Griff ist die Klinge sehr einfach gehalten, aber von edler Form und aus besonders gehärtetem Gold. In der Mitte laufen einige tiefe Rillen herab, die an der Spitze zusammenstoßen und oben von einer feingeschnittenen »Lilienpalmette« gekrönt werden. Ein schmaler Fries mit schönen, geometrischen Mustern schließt die Klinge unter dem Heft ab. Die Klinge steckt in einer reichverzierten Goldscheide, die oben durch einen Palmettenfries abgeschlossen wird; die Hauptfläche ist mit einem Federmuster bedeckt, das an der Spitze in einen gehämmerten goldenen Schakalkopf endet. Die Rückseite der Scheide weist in Hochrelief äußerst reizvoll sehr lebendige Tierszenen auf. Dies läßt vermuten, daß der Dolch zu Jagden benutzt wurde. Um den obersten Rand läuft ein Inschriftenfries mit dem Namen des Königs und darunter ein Spiralband. Unter diesem beginnt die eigentliche Darstellung mit einem jungen Steinbock, der von einem Löwen angegriffen wird. Ein galoppierendes Kalb ist von einem Jagdhund angesprungen, der dem Kalb auf dem Rücken sitzt und es in den Schwanz beißt. Ein Leopard – sein Schwanz ist geringelt – ist einem großen Steinbock auf die Schultern gesprungen und packt ihn am Hals, während ihn ein Löwe von unten her angreift. Dann folgt ein galoppierender Stier, der von einem Hund gefaßt wird, und endlich ein junges Kälbchen in eiliger Flucht. Die zwischen den höchst künstlerisch ausgeführten Tieren wachsenden Pflanzen sind durchaus konventionell behandelt. Den Abschluß bildet an der Spitze der Scheide ein zierliches Blumenornament, das ebenso wie der übrige bildliche Schmuck an Dolch und Scheide auf Beziehungen zur Kunst der Ägäischen Inseln hindeutet. Indessen zeigen die Hieroglyphen in dem Königsnamen am Knauf und in der kurzen Inschrift: »Der gute Gott, der Herr der Tapferkeit, Neb-cheperu-Rē« (Tut-ench-Amun) am Rand der Scheide, ebenso wie die Behandlung der Einzelheiten, insbesondere die Art der Tierdarstellung, daß dieser prächtige Dolch aus einer ägyptischen Werkstatt stammt, die freilich von fremder Kunst beeinflußt gewesen sein kann. Es soll hier erwähnt werden, daß die Ägäischen Inseln im 15. Jahrhundert v. Chr. unter ägyptischer Herrschaft waren. Sie wurden »die Inseln inmitten des Meeres« genannt und bildeten das Bindeglied zwischen ägyptischer, kleinasiatischer und europäischer Kunst und Kultur.

Der Gürtel, unter dem der Dolch lag, gleicht dem zuerst beschriebenen, nur die Muster sind anders. Auf dem Verschluß war der Name des Königs eingeprägt. Das Gehänge besteht

◀ Tafel XII Brustschmuck mit der »Geburt der Sonne«

aus etwa zwanzig Reihen verschiedener Fayence- und Glasperlen, die in Zwischenräumen von goldenen Verbindungsstückchen zusammengehalten wurden. Die Perlen waren zum größten Teil von den morschen Fäden abgefallen, sie können aber nach unseren Aufzeichnungen und Photographien in der ursprünglichen Anordnung wieder zusammengesetzt werden. An beiden Gürteln waren hinten in der Mitte röhrenartige Teile zur Befestigung von Tierschwänzen angebracht, wie wir sie auf den Denkmälern von den Königen bei festlichen Gelegenheiten getragen sehen. Wir fanden auch hier Schwänze, die unter der Mumie lagen und bis zu den Beinen reichten. Leider hatten sie schwer gelitten, da sie zu unterst im Sarg, fest eingebettet in die erstarrten Salböle, wie ein Fossil in seiner Gesteinsform ruhten. Sie mußten mit Hammer und Meißel freigemacht werden. Da sie aus Perlen bestanden – der eine hatte ein dichtes Netz winziger Fayenceperlen über einem Pflanzenfaserkern –, so wird ihre richtige Wiederherstellung sehr schwierig werden. Sie scheinen den von Mace und Winlock (»*The Tomb of Senebtisi*«, Seite 70ff.) gefundenen zu gleichen. In beiden Fällen waren Gürtel, Schurze und Tierschwänze ausschließlich für das Grab bestimmt. Aber es steht fest, daß sie den bei festlichen Anlässen wirklich getragenen getreu nachgebildet waren.

Noch in derselben Bindenschicht, wie die auf der Brust gefundenen drei letzten Halskragen und der kleine latzartige Perlkragen, lagen zwei weitere zu dieser Gruppe gehörende Schmuckstücke. Das erste ist ein Brustschmuck in der Form eines Udjatauges aus leuchtend blauer Fayence. Er hing an einem Halsband, an dem glänzende blaue Fayenceperlen mit gelbgoldenen glatten und rotgoldenen granulierten Röhrenperlen wechseln. Ihr greller Glanz wirkt fast barbarisch. Das zweite Schmuckstück ist ein Gürtel von dicht aneinandergereihten Röhren- und Plattenperlen in Gold und Fayence. Er muß noch gereinigt und neu aufgereiht werden. Das Interessante an diesem merkwürdigen, dicken, wulstartigen Perlgürtel ist, daß er dartut, wie die Unmasse von Perlen verwendet worden war, die bei den berühmten Funden ägyptischer Schmucksachen des Mittleren Reiches in Dahschur und Lahun gefunden wurden.

Von Kopf und Hals, von Rumpf und Armen des Königs wenden wir uns nun den Beinen zu. Sie waren in Massen von Binden und Wickeln gehüllt, um der Mumie die vorschriftsmäßige Form zu geben. Als wir diese Stück für Stück entfernt hatten, enthüllte sich uns der Schurzteil, der aller Wahrscheinlichkeit nach zu dem ersten Goldgürtel gehört, den die Mumie um den Leib trug. Er besteht aus sieben goldenen Platten, die mit farbigem Glas belegt und mit Perlkäntchen aneinandergenäht sind. Er reichte vom Unterleib bis zu den Knien und stimmte, in der Lage sowohl wie in der Form, mit den Mittelstücken der Schurze überein, die ägyptische Könige auf Denkmälern tragen. Neben ihm lag am rechten Schenkel ein ungewöhnlich schön und fein gearbeiteter Dolch in einer goldenen Scheide. Er scheint ebenfalls zu dem ersten Gürtel gehört zu haben. Der Griff des Dolches ist in Streifen gegliedert, in denen Goldkörnchenverzierungen und Einlagen von bunten Steinen miteinander wechseln. Der Knauf ist aus einem Bergkristall geschnitten. Das Erstaunliche und Einzigartige aber an dieser herrlichen Waffe ist, daß die Klinge aus Eisen besteht und noch in vollem Glanz wie Stahl schimmerte!

Dieses Auftreten des Eisens bedeutet einen der ersten Schritte zum Niedergang des ägyptischen Reiches, des Weltreiches der Bronzezeit. Das Eisen wurde wahrscheinlich zur Zeit des Tut-ench-Amun von den Hethitern aus Kleinasien nach Ägypten eingeführt. Zunächst kam es vermutlich in sehr kleinen Mengen und wurde noch als etwas Besonderes angesehen. Als etwa ein Jahrhundert später, wie eine Inschrift erzählt, in Syrien das Eisen die Bronze verdrängte, lieferte ein Hethiterkönig eine Schiffsladung Eisen an Ramses II. und sandte ihm ein Eisenschwert als Geschenk. So wurde das Eisen der erste fremde Eindringling, und von dieser Zeit an nimmt der fremde Einfluß in Ägypten zu, bis er sich schließlich

Abb. 44 Die Füße der Königsmumie mit goldenen Zehenhülsen und Sandalen

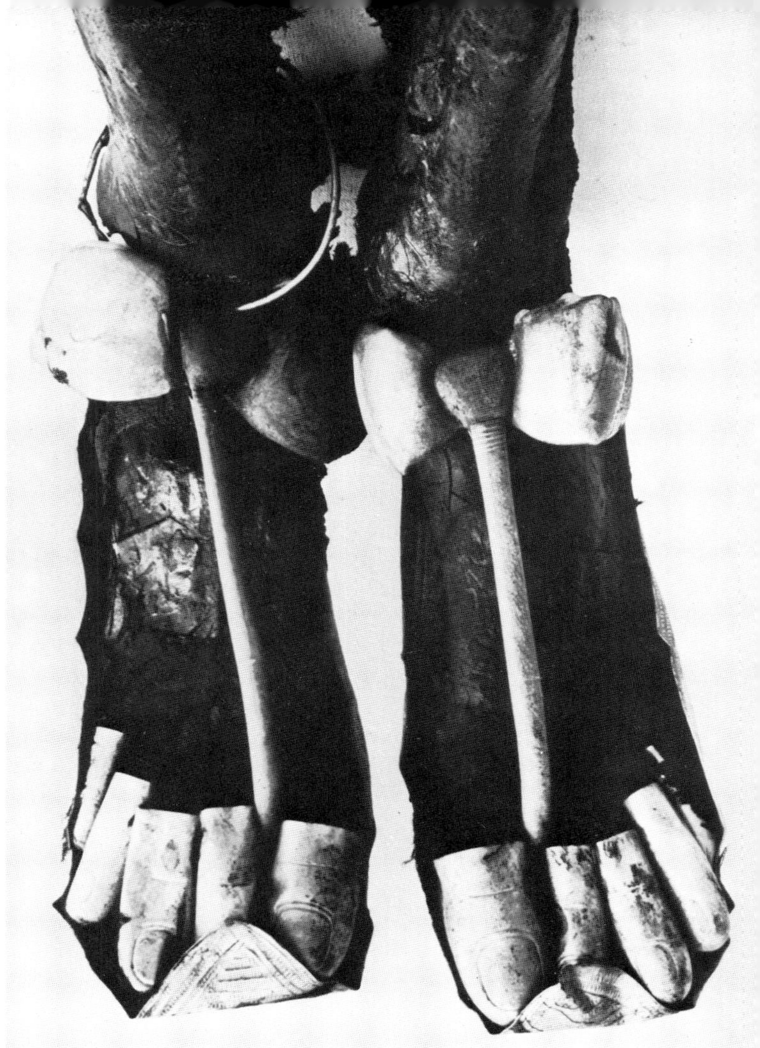

zur vollkommenen Fremdherrschaft steigert. Das Eisen verdrängte die Bronze, wie das Kupfer der Bronze hatte weichen müssen, und wie heute der Stahl das Eisen verdrängt hat.

Beide Dolche gleichen denen der Ahhotep und des Kamose im Museum zu Kairo aus dem Anfang der 18. Dynastie. Sie sind von jener fremdartigen Form, die die Hyksos bei ihrem Eindringen mit nach Ägypten brachten. Früher war der Griff anders gestaltet, er wurde zwischen dem zweiten und dritten Finger gehalten, so daß der Knauf in der inneren Handfläche saß. Der Dolch wurde daher zum Stoß, nicht zum Schlage nach unten benutzt, wie es später der Fall war.

In der linken Leistengegend lag ein breiter, zylindrischer Arm- oder Fußreifen derselben Art, wie wir sie auf Wandmalereien in Kapellen und Gräbern von Privatpersonen abgebildet finden. Es war der einzige dieser Form an der Mumie des Königs. Nach den Wandmalereien zu schließen, hätten wir mehrere, mindestens je ein Paar für Ober- und Unterarme und Fußgelenke erwartet.

Jetzt erst fanden wir auch die Königsinsignien, die zu dem Diadem gehören. Da lag nahe am rechten Knie der Geierkopf der Nechbet von Oberägypten und am linken Oberschenkel die Schlange der Buto von Unterägypten. Wie schon gesagt, waren sie genau nach den beiden Landesteilen orientiert. Dann fanden sich noch sieben Reifen, die in drei verschiedenen Hüllenlagen über und zwischen die Oberschenkel gewickelt waren, ferner über den Knien und den Schienbeinen vier zusammengefaltete kleine Kragen mit Einlagen aus Glas. Der einzeln auf dem Leib gefundene kleine Reif gehört mit den sieben zu einem Satz von vier Paaren. Die vier Kragen mit ihren Anhängern bilden zwei gleiche Paare, die sich nur durch die Anzahl und Verteilung der Einlagen voneinander unterscheiden. Auf den Gerätfriesen des Mittleren Reiches haben sie ihr Gegenstück in Kragen, die über einer Metallunterlage mit Halbedelsteinen ausgelegt sind. In unserem Fall ist, wie im Neuen Reich allgemein, an Stelle der Steine entsprechend gefärbter Glasfluß getreten.

An den Füßen sitzen Sandalen aus getriebenem Gold; ihr Muster ahmt Flechtwerk nach (Abb. 44). Jede Zehe steckte in einer besonderen Goldhülse, an der die Nägel und die ersten Zehenglieder angegeben sind. Um das rechte Fußgelenk lag ein etwas roh gearbeiteter Fußreif aus Golddraht.

Dies waren die letzten der 143 Gegenstände, die sorgsam angeordnet über Kopf, Hals, Brust, Leib und Glieder des jungen Königs in 101 verschiedenen Gruppen verteilt waren.

Ich habe meine Beschreibung am Kopf begonnen und mit den Füßen beendet, und zwar habe ich stets die obersten Gegenstände zuerst genannt und mit den der Mumie zunächstliegenden geschlossen. Man darf aber nicht vergessen, daß bei der Einwicklung der Mumie die ihr näheren Gegenstände vor denen der folgenden Schichten an ihre Stelle gelegt wurden.

Die gefundenen Gegenstände können in zwei Gruppen eingeteilt werden, in religiöse Amulette und in persönliche Gebrauchsgegenstände. Die letzteren sind viel feiner und dauerhafter ausgeführt, erstere, die nur als Totenbeigabe angefertigt waren, einfacher und weniger dauerhaft.

Der herrliche Brustschmuck, möglicherweise die feineren Kragen aus Zellenwerk, die meisten Ringe und Armreifen, die Dolche und das Diadem waren zweifellos persönliche Schmuckstücke. Hingegen waren die übrigen Kragen und Amulette aus getriebenem Gold, die Amulette in Einlegearbeit, die Perlenkragen, die Zehen- und Fingerhülsen, die Sandalen, der Schurz und die symbolischen Tierschwänze nur als Grabbeigaben für den toten König angefertigt.

Die prachtvollen Stücke verschaffen uns einen tiefen Einblick in das Können der geschickten Kunsthandwerker Thebens. Natürlich beschäftigte der Hof nur die bedeutendsten. Wir lernen hier die Verfeinerung ihrer Kunst kennen. Ich sage ausdrücklich Verfeinerung, denn in bezug auf rein technisches Können und auf vornehme Einfachheit sind die Goldarbeiter des Mittleren Reiches ihnen vielleicht überlegen. Trotzdem übertrifft der Geschmack, der sich hier entfaltet, alle Erwartung, besonders wenn man in Rechnung stellt, daß wir am Ausgang der 18. Dynastie stehen. Eine gewisse Geziertheit, ein Mangel an Durchführung bis ins letzte ist freilich nicht zu verkennen. Darin macht sich bereits der Verfall bemerkbar, der sich mit dem Eisen und anderen fremden Einflüssen einschlich. Trotzdem würde es unseren heutigen Goldschmieden und Juwelieren schwer werden, die Feinheit des Königsschmuckes zu überbieten.

Der beschränkte Raum gestattete nur eine flüchtige Beschreibung dieser Fülle von Gegenständen. Immerhin ist danach eine Vorstellung von der verschwenderischen Pracht möglich, mit der die Pharaonen im Tal der Könige beigesetzt wurden. Wir haben hier einen eindrucksvollen Beweis von dem tiefen Gefühl dieses alten Volkes für seine Toten. Ab und zu bricht diese Einstellung gegenüber den Toten noch bei den heutigen Fellachen durch. Bei allen Festlichkeiten gelten ihre ersten Gedanken den Toten. Am frühen Morgen versammeln sie sich nach dem Gebet zu gemeinsamem Besuch der Gräber ihrer Angehörigen. Besonders am Anfang des Id es-sughair (des kleinen Festes), am ersten Tage im Monat Schowwal nach dem Ramadan (dem Fastenmonat), sah ich sie in Theben Palmzweige zu den Gräbern tragen und Lebensmittel zu Ehren ihrer Toten an die Armen verteilen. Darauf kleiden sie sich in ihre besten und neuesten Gewänder und besuchen ihre lebenden Freunde.

Ehe ich meinen Bericht schließe, möchte ich feststellen, daß die Mumie des jungen Königs keinen Hinweis für die Ursache oder die Ursachen seines Todes ergab. Aber die große Fülle von Binden, Zieraten und Amuletten zeigt uns die Sorge um seine sterblichen Überreste und um sein Wohlergehen im Jenseits. Nicht besser als mit den Worten von Wilkinson, dem berühmten Ägyptenforscher aus der ersten Hälfte des vorigen Jahrhunderts, ist diese Sorge zu schildern: »Liebe und Achtung wurden dem Herrscher nicht nur bei Lebzeiten, sondern auch noch nach seinem Tode zu seinem Gedächtnis erwiesen. Die Art, in der seine feierliche Beisetzung erfolgte, sollte zeigen, daß ihre Dankbarkeit und ihre Verehrung noch über den Tod ihres Wohltäters hinaus fortlebte. Was kann es, sagt der Geschichtschreiber (gemeint ist Diodor), für einen besseren Beweis von Aufrichtigkeit geben, die keine Heuchelei kennt, als wenn die gefeierte Persönlichkeit nicht mehr lebt und nicht mehr Zeuge der ihrem Gedächtnis erwiesenen Ehrung sein kann?«

Das Gemach neben der Sargkammer

(Die Schatzkammer)

Der Verlauf unserer Bergungsarbeit stellte uns eines Tages vor die Aufgabe, uns dem Gemach neben der Sargkammer zuzuwenden. 19

Dieser Raum, den wir am besten als »Schatzkammer« bezeichnen, hat eine Länge von 4,70, eine Breite von 3,75 und eine Höhe von 2,30 Meter. Ein niedriger Türeinschnitt am Nordende der westlichen Mauer der Sargkammer bildet den Eingang. Der Raum ist von äußerster Einfachheit, kein Versuch zu seiner Ausstattung ist gemacht. Die vier Wände und die Decke sind ungeglättet. Am Fels sind noch die Spuren der letzten Meißelschläge sichtbar. Der ganze Raum fand sich tatsächlich so vor, wie ihn die altägyptischen Steinmetzen verlassen haben – selbst die letzten Kalksteinsplitter von ihren Meißeln liegen noch auf dem Boden.

Bei aller Einfachheit und Kleinheit ist er jedoch erfüllt von den Erinnerungen einer eindrucksvollen Vergangenheit. Wer zum ersten Male eine solche Stätte betritt, deren Heiligkeit durch drei Jahrtausende unverletzt geblieben ist, wird unwillkürlich von Ehrfurcht, wenn nicht sogar von Furcht ergriffen. Es ist beinahe wie eine Entweihung, wenn man den langen Frieden stört und die ewige Stille bricht. Selbst der gefühlsroheste Mensch muß beim Übertreten der unbeschrittenen Schwelle ein Gefühl ehrfürchtigen Schauers empfinden, das aus dem geheimnisvollen Schatten jener mächtigen Vergangenheit emporquillt. Die tiefe Stille des Grabes wird gesteigert durch die zahllosen toten Dinge, die Jahrhunderte und Jahrhunderte unberührt dort stehen, wohin sie fromme Hände gestellt hatten, und ein unbeschreibliches Gefühl heiliger Verpflichtung erzwingt ein Zaudern, bevor man einzutreten oder gar etwas anzurühren wagt. Derartige Empfindungen der Ehrfurcht vor der Vergangenheit lassen sich nur schwer in Worte fassen. Die Neugier wird gezähmt. Der leiseste Schritt, das kleinste Geräusch erhöhen die Furcht und vergrößern die Ehrfurcht. Der Eindringling wird stumm.

Der mahnende Geist der Vergangenheit läßt uns nur zögernd eintreten und hält uns ab zu forschen, bis wir uns schließlich sagen, daß der Gelehrte bei aller Ehrfurcht seine Pflichten an die Gegenwart hat und daß es seine Aufgabe ist, das Verborgene zu deuten und Schritt für Schritt auf seinem Wege seine Aufzeichnungen zu machen.

Der Eingang zu diesem Gemach war im Gegensatz zu den anderen weder vermauert noch sonst verschlossen, sondern bot uns einen unbehinderten Blick auf seinen Inhalt. Ein paar Tage nach der Entdeckung (17. Februar 1923) und nach einer ersten, kurzen Bestandsaufnahme haben wir die Tür mit Brettern verschlossen, um uns nicht von der Arbeit an dem ungeheuer reichen Material der Sargkammer abhalten zu lassen oder in die Versuchung zu geraten, die Ordnung der Gegenstände in dem kleinen Raume zu stören. Die Bretterwand ist jetzt gefallen, und nach vier Jahren langen, geduldigen Wartens darf sich unsere Aufmerksamkeit wieder dem Inhalt der Kammer zuwenden, die sich uns erneut erschließt mit ihren vielerlei Gegenständen, geheimnisvollen und unser ganzes Interesse beanspruchenden Dingen, die aber fast ausschließlich zur Grabausstattung gehören und tiefreligiösen Charakters sind.

In der Tür, sie tatsächlich fast verstellend, lag, mit einem Leinentuch zugedeckt, die schwarze Figur des schakalgestaltigen Gottes Anubis, auf einem vergoldeten Untersatz, einer Art Pylon (Abb. 45). Dieser stand auf einem Schlitten mit langen Tragstangen. Auf der Türschwelle und vor dem Anubis lag eine kleine Schilffackel mit einem Fuß in Ziegelform, auf dem eine Beschwörung stand »zur Vertreibung des Feindes des Osiris (des Verstorbenen), in welcher Gestalt er auch kommen möge«, und hinter dem Anubis der seltsame Kopf einer Kuh – als Abzeichen des Grabes und des Jenseits.

Längs der Südmauer, von Osten nach Westen, stand eine große Anzahl schwarzer Schreine oder Truhen, alle verschlossen und versiegelt bis auf eine, deren Flügeltüren herausgefallen waren, so daß man darin die in Leinwand gehüllten, auf dem Rücken schwarzer Leoparden stehenden Königsstatuetten sehen konnte. Seit dem Tage der Entdeckung hatte sich die Phantasie zitternd mit der Frage beschäftigt, was die anderen Truhen wohl enthalten möchten. Jetzt sollten wir es bald erfahren.

Auf die schwarzen Truhen war eine ganze Reihe von Schiffsmodellen gestapelt, offenbar ohne jede Ordnung, den Bug jedoch ausnahmslos nach Westen gerichtet, mit Kajüten, Kommandobrücken, Thronen und Kiosken auf dem Vorder-, Mittel- und Achterdeck. Auf dem Holzmodell eines mit Korn gefüllten Getreidespeichers vor den Truhen ruhte ein weiteres, nur besser gearbeitetes Boot mit allem Mastwerk und entfaltetem Segel. In der Südwestecke, unter den schwarzen Truhen, stand ein riesiger, länglicher, schwarzer Kasten mit einer in Leinwand gehüllten Figur des Osiris.

Auf der gegenüberliegenden Seite, entsprechend der Anubistrage, befand sich eine Reihe von prachtvollen, mit Elfenbein, Ebenholz und Goldstuck verzierten Truhen sowie mehrere weißgetünchte Kästen mit gewölbten Deckeln aus einfachem Holz. Sie enthielten kostbare Schmuckstücke und andere Schätze, während in der einfachsten von allen, deren Deckel ich zuerst beim Betreten des Raumes hob, ein Straußenfederfächer mit elfenbeinernem Griff lag, eine traurig schöne Reliquie aus dem Besitz des jungen Königs, so unversehrt, als ob er ihn soeben aus der Hand gelegt hätte.

Entlang der Nordmauer des Raumes fand sich eine Anzahl verschiedenartiger Gegenstände: weitere Nachbildungen von Schiffen, ein reichverzierter Bogenkasten, zwei Jagdwagen, deren zerlegte Teile, ähnlich wie bei den in der Vorkammer gefundenen, übereinander geschichtet waren; in der äußersten Nordostecke, ebenfalls übereinander verstaut, hauptsächlich Holzkästen; Miniatursärge sowie zehn schwarze Holzschreine, die zweifellos die Schawabti-Figuren – Stellvertreter des Toten – geborgen hatten, viele dieser Gegenstände wüst durcheinander geworfen.

Ohne Frage hatten die Grabräuber auch diesen kleinen Raum betreten, ohne jedoch auf ihrem Beutezug größeren Schaden anzurichten. Sie hatten lediglich die Schmuckkästen und einige Truhen geöffnet und geplündert. Ein paar Perlen, winzige Splitter von Schmuckstücken, die auf dem Boden verstreut lagen, aufgebrochene Siegel, von den Kästen entfernte Deckel, Leinwandstücke, die aus den offenen Truhen hingen, und hier und da ein umgestülpter Gegenstand zeugten beim ersten Anblick des Raumes für den Besuch der Diebe. Der oder die Räuber müssen mit den hier befindlichen Gegenständen wohl vertraut gewesen sein, denn es waren fast ohne Ausnahme nur diejenigen Truhen durchstöbert, die Dinge von besonderem Werte enthielten.

Dies der allgemeine Inhalt des kleinen Raumes neben der Sargkammer. Aber schon ein einziger Blick bewies, daß sich der Hauptgegenstand am äußersten Ende, der Tür gegenüber, befand. Dort stand gegen die Ostmauer, fast bis zur Decke reichend, ein großer, vergoldeter Baldachin, von Reihen glänzend eingelegter Königsschlangen gekrönt (Abb. 48). Sein Dach ist von vier viereckigen, auf einem Schlitten ruhenden Pfosten getragen und barg schützend eine schreinartige Truhe mit Inschriften, die sich auf vier Halbgötter, die Kinder des Horus, beziehen. Auf jeder Seite der Truhe stand frei je eine Statuette der Göttinnen Isis, Nephthys, Neith und Selket. Diese Truhe wiederum umschloß einen Schrein, der die vier Gefäße mit den Eingeweiden des toten Königs enthielt.

Abb. 45 Anubis als Wächter am Eingang der Schatzkammer

Offenbar sollten die in diesem Raum untergebrachten Gegenstände irgendeine große, uns in ihrer Bedeutung verborgene Idee darstellen, und jedes einzelne Stück hatte irgendeine besondere mystische Kraft. Dr. Alan Gardiner sagt mit Recht: »Man muß ohne Zögern zugestehen, daß der Gedanke einer den Dingen und ihrem Bild innewohnenden mystischen Kraft ein Charakteristikum des ägyptischen Glaubens gewesen ist...« Es obliegt uns, die Bedeutung solcher Gegenstände und den beabsichtigten Ausdruck ihrer göttlich-mystischen Kräfte zu enträtseln. Die wissenschaftliche Forschung verlangt genaueste Untersuchung. Ich hoffe also, nicht mißverstanden zu werden, wenn ich sage, daß es kein Mangel an Ehrfurcht vor den Bestattungsbräuchen einer entschwundenen Religion und noch weniger die Befriedigung einer krankhaft gereizten Neugierde gewesen ist, die zur Störung des Friedens dieser heiligen Grabbeigaben geführt hat. Wir durften nichts unerforscht lassen, was zur Erweiterung unserer stetig wachsenden historischen und archäologischen Kenntnisse des höchst interessanten und äußerst verwickelten Totenkults führen konnte.

So seltsam und vielartig die Totenausstattung auch erscheinen mag, so war sie zweifellos doch wohl nur ein Teil eines mehr oder minder organischen Systems, das dem allgemeinen Wohl des Toten dienen und vor geheimnisvollen, von Menschen erdachten Mächten schützen sollte. Die ganze Ausstattung war in mehr als einer Hinsicht für uns unbekannte Zwecke zusammengestellt. Die einzelnen Gegenstände besaßen oder sollten Kräfte besitzen, mit denen sie nötigenfalls gehorsam dem Ruf einer, wer weiß woher stammenden Ordnung Folge leisten konnten. Sie stellten in der Tat eine Art Selbstschutz für die Zukunft dar. Es war ein denkendes Volk, das sie erschaffen hatte, aber es war die Schuld der Folgezeit, daß man dem verblendenden Einfluß überlieferter Bräuche nicht zu entrinnen vermochte. So übertrieben religiös auch die meisten der Sinnbilder sind, so sprechen sie doch deutlich genug für die glänzenden geistigen Fähigkeiten der Rasse, die sie geschaffen hat.

In meinem Bemühen, die Bedeutung des kleinen Raumes zu erfassen, möchte ich mich beziehen auf einen in Turin befindlichen, im vorigen Jahrhundert entdeckten Papyrus mit dem Plan eines Königsgrabes, und zwar des Grabes Ramses' IV. Obgleich dieses Dokument einer zweihundert Jahre jüngeren Zeit als der Tut-ench-Amuns angehört, so wirft es doch Licht auch auf dessen Grab. Es ist eine Grundrißskizze für ein Pharaonengrab mit der Angabe der Höhe der Türen, den Namen und Maßen der verschiedenen Gänge und Kammern und Einzelangaben wie z.B.: »gezeichnet in Umrißlinien, mit dem Meißel eingeschnitten, mit Farben ausgefüllt, und vollendet.« Auf der Rückseite des Papyrus stehen neben anderen Bemerkungen weitere Maße und offenbar als Anfangszeile oder Überschrift die Worte: »Maße für das Grab des Pharao, der da lebt, heil und gesund ist.« Daß sich diese alte Skizze in einigen nebensächlichen Einzelheiten von der tatsächlichen Ausführung des Grabes Ramses' IV. unterscheidet – im Wesentlichen aber mit ihr übereinstimmt – ist leicht dadurch erklärt, daß es sich ja eben nur um einen Entwurf gehandelt hat, der später bei der Ausführung des Grabes noch geändert wurde. Unter anderen interessanten Einzelheiten ist die Rede von dem »goldenen Haus, in dem man (d.h. der König) ruht«, d.h. der Sargkammer, in der der verstorbene Pharao zur Ruhe gebettet wird, und von dieser Kammer wird gesagt, daß »sie auf allen ihren Seiten mit der Ausstattung Seiner Majestät versehen ist, zusammen mit der Götterneunheit, die in der Unterwelt ist«.

Die goldene oder gelbe Farbe der Grabräume in allen thebanischen Königsgräbern symbolisiert unzweifelhaft das Untergehen des Sonnengottes hinter den Bergen des Westens, woher sich denn auch die Benennung »das goldene Haus, in dem man ruht«, ableitet, die in dem Turiner Papyrus diesem Teil des Grabes, d.h. der Sargkammer, gegeben ist. Die Bemerkung »versehen mit der Ausstattung Seiner Majestät auf allen ihren Seiten« bezieht sich augenscheinlich auf die großen Schreine und Stützen für das Bahrtuch, die über dem Sarkophag errichtet werden sollten und die in dem Plan mit großer Sorgfalt genauso wie die im Grab Tut-ench-Amuns gefundenen Goldschreine und das Bahrtuch gezeichnet sind. Die letzten Worte »zusammen mit der Götterneunheit, die in der Unterwelt ist« scheinen auf die Reihen von Götterfiguren hinzuweisen, wie wir sie in den zahlreichen schwarzen, schreinähnlichen Truhen des Raumes neben der Sargkammer gefunden haben. Nach dem Grab Sethos' II. zu urteilen, in dem diese Figuren abgebildet sind, konnten sie entweder auf den Grabwänden gemalt oder, wie in den Gräbern der 18. Dynastie, plastisch dargestellt werden.

Der entwickeltere Plan eines Königsgrabes der 18. Dynastie umfaßt eine Pfeilerhalle mit Stufen am Ende, die zu einer Art offenen Krypta für den Sarkophag führen, und vier kleinere Räume oder Schatzkammern, von denen je zwei an die Pfeilerhalle und an die Krypta anschließen. In der Zeichnung des Grabes Ramses' IV., sowohl wie in dessen Grabe selbst, sind diese Räume in eine einzige, große rechteckige Kammer mit einem engen, rückwärtigen Gang mit Nischen und Einbuchtungen umgeformt. In dem Papyrus heißt dieser Gang »Der Korridor, welcher der Schawabti-Raum ist; der Ruheplatz der Götter, die Schatzkammer zur linken (und rechten) Hand; und die Schatzkammer des innersten Raumes«. Im Grabe Ramses' IV. sind auf den Wänden dieser Schatzkammer des innersten Raumes Eingeweidekrüge, Kästen für die Schawabtifiguren und sonstige Grabgegenstände abgebildet. In den Gräbern der frühen 18. Dynastie dagegen sind die Eingeweidekrüge gewöhnlich zu Füßen des Sarkophags aufgestellt. Diese Ausführungen und die in dem kleinen Raum neben der Sargkammer Tut-ench-Amuns befindlichen Gegenstände scheinen ziemlich klar zu beweisen, daß in diesem Raum mehrere Räume zusammengelegt sind, und zwar der »Schawabti«raum, der Ruheplatz der Götter und mindestens eine der beiden »Schatzkammern« und die »Schatzkammer des innersten Raumes«.

Daraus erklärt sich auch mehr oder weniger die verschiedene Art der in den kleinen Raum gepferchten Gegenstände. Finden wir doch darin die Ausrüstung für die Aufbewahrung der Eingeweide, die als wesentlicher Bestandteil zu dem Grabe gehört; die Dinge, die den Toten auf seinem Wege durch die Unterwelt schützen sollen und die, die der Verstorbene im täglichen Leben gebraucht hatte und deshalb auch im jenseitigen Leben brauchen würde; Schmucksachen, Wagen zu Spazierfahrten und Diener-(Schawabti)Figuren, die all die unangenehme Arbeit für ihn tun sollten, die man im Jenseits von ihm fordern könnte. Die schwarzen, schreinartigen Truhen beherbergten Statuetten des Königs, die ihn in Ausübung religiöser Pflichten oder in Gestalten seines erneuten Lebens darstellen; ferner Götterfiguren, »die gesamte Götterneunheit«, da der Pharao wie eine Gottheit göttlicher Gefährten bedarf, die ihn hilfreich durch die ihm bevorstehenden Gefahren geleiten. Während die kleine Fackel auf der Türschwelle dazu gedacht war, »den Sand« daran zu hindern, »das Grab zu ersticken und Eindringlinge zurückzuhalten«, sollten die Boote den Verstorbenen von der Gunst der »himmlischen Fährleute« unabhängig machen und ihn in Stand setzen, Rē, dem Sonnengott, auf seiner nächtlichen Reise durch das Gewirr von Gängen in der Unterwelt und auf seiner sieghaften Fahrt über den Himmel zu folgen. Vorhanden waren Barken mit vollem Segelwerk und Kajüten, Symbole der Totenpilgerfahrt, ein Getreidespeicher, gefüllt mit Korn, ein Mahlstein zum Mahlen des Getreides; Siebe für die Bereitung des Biers sowie Natronsalz zum Erhalten der sterblichen und unsterblichen Überreste. Auch eine Scheinfigur, die Wiedergeburt des Osiris darstellend, des Gottes der Toten, der ebenso wie der Mensch den Tod erlitt, begraben wurde und zu ewigem Leben erstand, fehlte nicht. Und noch manche andere Symbole fanden sich in dem kleinen Raum, deren Sinn dunkel ist, die aber doch irgendeinem abergläubischen Zweck dienten. Außer den genannten Stücken muß sich in den Schatzkästen noch manch erstaunlicher Reichtum befunden haben, um dessen Besitz uns die recht wählerische Tätigkeit der alten Grabräuber gebracht hat.

Die Grabausstattung in dem Raum neben der Sargkammer

20 Die alten Ägypter hatten den festen Glauben, daß das Leben nicht mit dem Tod ende, sondern daß der Mensch genauso weiterlebe, wie er auf Erden gelebt hat, allerdings unter der Voraussetzung, daß ihm Schutzgeleit durch das Labyrinth der Unterwelt und die Lebensnotwendigkeiten für die Zukunft gesichert werden. – Wir werden jetzt an der Ausstattung des Raumes neben der Grabkammer wenigstens einen Teil dessen sehen, was als notwendig zum Schutz und zur Sicherung eines künftigen Daseins betrachtet wurde.

Die magische Fackel mit dem ziegelförmigen Untersatz, die im Eingang gefunden wurde, hat nichts zu tun mit den vier ziegelförmigen Untersätzen und den Zauberfiguren, die unversehrt in den versiegelten Nischen der vier Wände der Sargkammer entdeckt worden waren. Dieser kleine Ziegel mit der kleinen Fackel und die paar Stückchen Holzkohle scheinen nicht zufällig auf der Schwelle vor Anubis niedergelegt worden zu sein. Die auf den Ziegel eingekratzte Zauberformel lautet: »Ich bin es, der den Sand hindert, die geheime Kammer zu ersticken, und der denjenigen zurückweist, der ihn zurückweist mit der Wüstenflamme. Ich habe die Wüste (?) in Flammen gesetzt, ich bin schuld, wenn der falsche Weg genommen wird. Ich bin da zum Schutz des Osiris (des Verstorbenen).«

Anubis in der Gestalt eines schwarzen, schakalähnlichen Hundes führt nicht nur bei der Begräbnisfeier den Vorsitz, er hält auch treue Wache über den Toten. So war es nur passend, ihn in den offenen Türeingang, den Kopf nach Westen gerichtet, als Wächter gegen Eindringlinge aufzustellen (Abb. 45). Dieser Platz in dem Grabe war für ihn offenbar wohl beabsichtigt. Er konnte hier die Grabkammer und den Verstorbenen gleichzeitig mit seinem eigentlichen Reich, »der Schatzkammer des Innersten«, schützend bewachen.

Die lebensgroße Figur des liegenden Anubishundes, aus Holz geschnitzt und mit schwarzem Harz überzogen, ruht, wie schon erwähnt, auf einem vergoldeten Pylon, der wiederum auf einem vergoldeten Schlitten mit vier Tragstangen steht. Zum Schutz war er mit einer Decke aus Leinwand – tatsächlich einem Hemd mit dem Datum des 7. Regierungsjahres Echnatons – zugedeckt. Darunter war er in ein dünnes, gazeartiges Leinentuch gewickelt, das vorn am Hals zugebunden war. Um den Hals selbst ist ein langes, koppelartiges, schmales Leinenband geschlungen, das mit zwei Reihen von gewebten blauen Lotos- und Kornblumen verziert und hinten am Hals in eine Schleife gebunden war. Darunter liegt am Hals des Tieres, aus Blattgold aufgelegt, ein Halsring und ein anderes langes Band, ebenfalls aus Blattgold. Die Augen sind mit Gold, Alabaster und Obsidian ausgelegt, die gespitzten Ohren oben vergoldet, die Krallen aus Silber.

Wir haben bereits früher auf die seltsamen Anubissymbole hingewiesen: die mit Flüssigkeiten zur Waschung oder Konservierung des Körpers gefüllten und an Stäben aufgehängten Tierfelle hinter den großen Schreinen der Sargkammer (Abb. 29). Hier finden sich nun im Innern des vergoldeten Pylons, und zwar in Leinwand gewickelt und in gesonderten Fächern untergebracht, weitere seltsame Wahrzeichen des Anubiskultes: vier Vorderbeine eines rinderartigen Tieres aus blauer Fayence, die an das Schriftzeichen *whm*, »wiederholen«, erinnern; zwei mumienförmige Holzfigürchen ähnlich dem Hieroglyphenbilde für »Mumie«; ein Horus oder auch vielleicht Rē in Menschengestalt, ebenfalls aus blauer

Fayence; eine blaue Fayencefigur des ibisköpfigen Gottes Thoth; ein Papyrusstengel, ägyptisch *wadi*, aus blauer Fayence, vielleicht wegen des Zusammenhangs mit dem Worte *wadi*, »grün, frisch sein«, ein bah-Vogel aus Wachs; ein paar Stücke Harz; und schließlich zwei Schalen aus Alabaster, die eine über die andere gestülpt, gefüllt mit einer geheimnisvollen Mischung von Harz, Kochsalz, schwefelsaurem Natron, und einem sehr geringen Prozentsatz *Natron bicarbonicum* (nach der Analyse von A. Lucas). Falls meine Deutung richtig sein sollte, symbolisieren diese Dinge entweder die Verewigung des Mumifizierungsrituals oder gehören sonstwie zu ihm. In einem fünften und noch größeren Fach in dem Pylon befanden sich acht große Brustkragen. Sie waren ursprünglich in Leinen gewickelt und versiegelt, sind aber von den Grabräubern ebenso wie die Symbole in den vier kleineren Fächern bei der Suche nach wertvoller Beute herausgerissen worden. Es handelt sich bei diesen Stücken wahrscheinlich um den Schmuck des Gottes – oder wurden sie vielleicht von den acht Anubispriestern getragen, die sein Bild im Trauerzug zum Grabe geleiteten?

Um für einen Augenblick hier vom Hauptthema abzuschweifen: Welches ist der Ursprung des so interessanten Anubistieres? Zur Beantwortung dieser Frage sind wir auf Schlüsse von unterschiedlicher Wahrscheinlichkeit angewiesen. Es ist durchaus möglich, daß er von einem Haustier, einem Schakalhund der Urägypter abstammt. Charakteristische Merkmale verschiedener Arten der Hundefamilie sind vorhanden. Das Tier ist dargestellt als schwarz, mit glattem Fell und schlank wie ein Windhund. Die Schnauze ist lang und spitz, die aufrechtstehenden Ohren sind ebenfalls lang und spitz, die Pupillen rund. Die Vorderfüße haben fünf, die Hinterfüße dagegen nur vier Zehen. Der keulenähnliche Schwanz ist buschig, sehr lang, aber geradehängend. Die meisten dieser Merkmale sind die des Haushundes, nur daß dieser einen gekrümmten Schwanz und nicht den langen, keulenähnlichen, geraden Fuchsschweif hat und ihn auch nicht wie ein Wolf, Schakal oder Fuchs gerade herunterhängen läßt. Die zahlreichen Darstellungen des Anubistieres auf den ägyptischen Denkmälern erinnern meist in ihrer Haltung an den Schakal, und man möchte aus diesem Grunde annehmen, daß es sich um ein Haustier handelt, das aus Schakal und einem anderen Mitglied der Hundefamilie gekreuzt war. Das Halsband und die wie eine Leine um den Hals geschlungene Binde, die sich ohne Ausnahme auf allen Darstellungen finden, deuten ebenfalls auf ein Haustier. Und wenn man die guten Eigenschaften der zahmen Hundefamilie – Anhänglichkeit an seinen Herrn, Kenntnis und Trieb zur Verteidigung seines Besitzes sowie Treue bis zum Tode – in Betracht zieht, so ergibt sich gewiß der wahre Grund, der die alten Ägypter dazu bewogen hat, diesen schakalähnlichen Hund als scharfen Wächter ihrer Toten zu wählen.

Ich selbst habe zwei Tiere gesehen, die dem schakalähnlichen Anubishund glichen. Einmal im Vorfrühling des Jahres 1926, als ich in der thebanischen Wüste einem Schakalpaar begegnete, das in der Abenddämmerung gewohnheitsmäßig dem Niltal zuschlich. Der eine der beiden war offensichtlich ein gewöhnlicher Schakal *(C. Lupaster)* in seinem Frühjahrspelz; sein Genosse – ich stand nicht nahe genug, um sehen zu können, ob es ein weibliches oder männliches Tier war – war bedeutend größer, von schlanker Gestalt und schwarz. Die charakteristischen Merkmale waren ganz die des Anubistieres bis auf eines, der Schwanz war kurz wie der des gewöhnlichen Schakals. Im übrigen schien er das völlige Gegenstück der in dem kleinen Raum gefundenen Anubisfigur zu sein. Vielleicht handelte es sich um einen Fall von Schwarzfärbung oder um eine von der gewöhnlichen Form in Gestalt und Farbe abweichende Spielart, aber ich konnte mich angesichts der außergewöhnlichen Ähnlichkeit mit dem Anubistiere nicht des Gedankens erwehren, daß ich möglicherweise einen rückentwickelten oder ganz seltenen Abkömmling einer früheren Hundeart Ägyptens vor mir hatte. (Ein ähnliches Tier ist in der oberen Reihe der Nordwand des Bekt-Grabes von

Abb. 46 und 47 Isis und Nephthys, zwei der Schutzgöttinnen von den Seiten des Kanopenschreins

Benihassan zu sehen; vgl. Newberry, Beni Hasan, 2., Tafel 4.) – Das zweite derartige Tier habe ich im Oktober 1928 früh am Morgen im Tal der Könige gesehen. Es hatte genau die gleichen charakteristischen Merkmale wie das oben beschriebene, nur daß es sich in diesem Falle um ein junges Tier von etwa sieben bis höchstens zehn Monate handelte. Seine Beine waren schlank, der Körper der eines Windhundes; es hatte eine lange, spitze Schnauze, große, aufrechtstehende spitze Ohren, aber der hängende Schwanz war verhältnismäßig kurz und mehr wie der eines gewöhnlichen Schakals. Lange Haare von hellerer Farbe waren unter dem Bauche zu erkennen.

Ich habe mich bei den Einwohnern von Gurna, auf dem thebanischen Westufer, wegen dieser Tiere erkundigt; wie sie mir sagten, sind ihnen einzelne Stücke dieser schwarzen Art bekannt, wenn sie auch sehr selten seien und stets bedeutend zahmer als die gewöhnlichen Schakale.

Die charakteristischen Merkmale des Anubistieres zeigen sich häufig sehr stark bei der schwarzen Spielart der einheimischen Hunde Ägyptens, aber wie alle ägyptischen Bastardhunde haben sie einen gebogenen Schwanz, den sie eng zusammenrollen und niemals langhängend tragen, wie es bei dem schakalähnlichen Anubishund der Fall ist.

Die Tatsache, daß dieses Tier ohne Ausnahme geschlechtslos dargestellt ist, deutet darauf hin, daß man es möglicherweise mit einem Phantasiegeschöpf zu tun hat. Nicht ausgeschlossen ist auch, daß diese Geschlechtslosigkeit ihren Ursprung in gewissen Vorsichtsmaßregeln hat, um den Toten »vor unsittlichen Handlungen zu schützen«, wie es Herodot (II, 89) bei der Beschreibung der Einbalsamierungsmethoden und der Balsamierer erwähnt.

Anubis, dessen Kult in Ägypten allgemein verbreitet war, war außerdem der Totengott des 17. Gaus von Kynopolis in Oberägypten und ebenso der Hauptstädte des 18. und vielleicht auch des 12. und 13. oberägyptischen Gaus. Und mit der allmählichen Entwicklung der Einbalsamierungssitten wurde er zum Schutzgott der Balsamierungskunst.

Zwischen den Vorderfüßen der Anubisfigur lag eine Elfenbeinpalette (Abb. 54) mit der Inschrift: »Prinzessin Meritaton, geliebt und geboren von der großen königlichen Gemahlin, Nefer-nefru-Nofret-ēte.« Meritaton war mit Smench-ke-rē, dem Vorgänger Tut-ench-Amuns, verheiratet. Die Palette enthält sechs ovale Näpfchen mit zum Teil gebrauchten Farben: Weiß, Gelb, Rot, Grün, Blau und Schwarz. Obwohl nur wenige Farbenproben, ohne den kostbaren Gegenstand zu beschädigen, entnommen werden konnten, die freilich für eine gründliche Analyse nicht ausreichten, konnte A. Lucas doch feststellen, daß das Weiß wahrscheinlich ein Calciumsulfat war, das Gelb eine Art Auripigment (Schwefelarsenik), das Rot Ocker und das Schwarz Kohle. Das Grün ist nicht untersucht worden, Blau war fast ganz aufgebraucht.

Unmittelbar hinter dem Anubispylon stand, nach Westen gerichtet, der goldene Kopf der heiligen Meht-wert-Kuh, »des Auges des Rē«, wohl eine Form der Göttin Hathor als der Herrin der Amentet, des »Landes des Sonnenuntergangs«, die in ihrem Berge des Westens die sinkende Sonne und die Toten empfängt. Um den Nacken war ein leinenes Laken geschlungen, das vorn an der Kehle zugeknotet war, der Kopf aus Holz geschnitzt; die Hörner bestehen aus Kupfer, die mit Lapislazuliglas ausgelegten Augen sind wie das »Auge Rē«. Kopf, Ohren und ein Teil des Halses sind vergoldet und symbolisieren die goldenen Strahlen der untergehenden Sonne. Der Nacken und ebenso der Untersatz, auf dem der Kopf ruht, sind mit schwarzem Harz gestrichen, womit das Düster des Tales der Unterwelt, aus der ihr Kopf hervorragt, gekennzeichnet werden soll.

Auf dem Boden hinter dem Kuhkopf und vor dem Schrein für die Eingeweide standen zwei Untersätze aus Alabaster, die je einen flachen Alabasterteller trugen, von denen zwei mit ähnlichen umgekehrten Schalen zugedeckt waren. Der Teller in der Mitte, der mit Wasser gefüllt gewesen sein dürfte, war leer, während die zugedeckten rechts und links, nach A. Lucas, eine pulverisierte Mischung aus feinen Natronkristallen, gewöhnlichem Kochsalz und einem kleinen Prozentsatz von schwefelsaurem Natron enthielten. Ihre Bedeutung entzieht sich unserem Verständnis, wenn auch die Stoffe auf einen Zusammenhang mit dem Ritual der Mumifizierung hindeuten.

Als nächster Gegenstand in dem kleinen Raum folgte dann der äußerst eindrucksvolle Schrein für die Aufbewahrung der Eingeweide – ein unvergleichliches Denkmal, das vor der Mitte der Mauer am Ostende, also unmittelbar der Eingangstür gegenüber stand (Abb. 48). Er ist etwa 1,95 Meter hoch, 1,50 lang und 1,20 breit. Obwohl man den Sinn des Denkmals erraten konnte, ging doch von seiner Größe und der edlen Einfalt der vier anmutigen Schutzgöttinnen eine so geheimnisvolle Wirkung aus, daß man sie nicht in Worte fassen kann. Der mit Gold belegte Baldachin wird von vier Eckpfosten gestützt, die auf einem massiven Schlitten stehen. Die Hohlkehle ist bekrönt von prächtig ausgelegten Sonnenschlangen. Auf jeder Seite steht eine lebendig gestaltete, vergoldete Statuette einer Schutzgöttin, die mit ausgestreckten Armen den Inhalt des Schreins zu behüten scheint. Der Baldachin erhebt sich über einem ebenfalls vergoldeten und mit Sonnenschlangen bekrönten äußeren Schrein. Dieser wiederum birgt einen kleineren Schrein (Abb. 49), der aus einem einzigen Stück geäderten halbdurchsichtigen Alabaster gearbeitet ist und auf einem vergoldeten Sockel steht. Er war mit einem leinenen Bahrtuch zugedeckt und ruht auf einem stuckvergoldeten, hölzernen Schlitten mit Silbergriffen. Er enthält die vier Behältnisse mit den Eingeweiden des Königs. Diese waren in vier gesonderte, mumienförmige Bündel eingewickelt und in vier Goldsärgen beigesetzt.

Versuchen wir jetzt einmal, uns Zweck und Bedeutung dieser ganzen Eingeweidebestattung klarzumachen. Bei der ägyptischen Mumifizierung des Leichnams wurden die Eingeweide in vier getrennten Gefäßen aufbewahrt, die mit den Gottheiten Imesti, Hepi, Dua-mutef und Kebeh-snewef identifiziert wurden und die ihrerseits unter dem besonderen Schutz der Göttinnen Isis, Nephthys, Neith und Selket standen. Jede dieser vier Göttinnen besaß, wie man glaubte, in sich selbst eine Art Genius, den zu schützen ihre Pflicht war. Daher finden wir Imesti von Isis und Hepi von Nephthys geschützt. Die Schützerinnen von Dua-mutef und Kebeh-snewef waren Neith und Selket. Ein alter Mythus, der mit diesen vier Genien oder Halbgöttern verknüpft ist, die die Söhne des Horus gewesen sein sollen, berichtet, daß sie sich aus dem Wasser in einer Lilie erhoben hätten und daß sie der Krokodilgott Sebek auf Befehl des Sonnengottes Rē in einem Netze habe fangen müssen. Es wird allerdings auch gesagt, daß Isis sie hervorgebracht habe, daß sie Osiris in seinem Unglück zu Hilfe gekommen seien und ihn vor Hunger und Durst bewahrt hätten. Infolgedessen erhielten sie das Amt, ein Gleiches für die Toten zu tun. Aus diesem Mythus und aus der allmählich entwickelten Methode der Einbalsamierung entstand die Auffassung, die sich bereits im Alten und Mittleren Reich nachweisen läßt und die sich im Neuen Reich ganz allgemein eingebürgert hatte: Durch das Eingreifen dieser göttlichen Wesen sollte den Eingeweiden die Möglichkeit genommen sein, dem Verstorbenen Unbehagen zu bereiten. Die Eingeweide wurden aus dem Körper entfernt und unter den Schutz dieser Gottheiten gestellt, die wiederum von den vier Göttinnen, deren Geist sie waren, behütet wurden. Daher war nächst der Mumie, den Särgen, dem Steinsarkophag und den verschiedenen Schreinen, von allem Grabzubehör die Ausstattung für die Eingeweide am wichtigsten. In unserem Falle entsprach der Schrein mit seinem Baldachin und den Schutzgöttinnen an Reichtum und an Glanz der hohen Stellung seines Besitzers.

Der alabasterne Eingeweideschrein (Abb. 49) ist unbedingt einer der schönsten Gegenstände der gesamten Grabausstattung des Königs. Er hat einen seiner Schreinform entsprechenden Deckel. Die Seiten sind leicht geneigt, und an den vier Ecken stehen in hohem Relief die vier Schutzgöttinnen: Isis an der Südwestecke, Nephthys an der nordwestlichen, Neith an der südöstlichen und Selket an der nordöstlichen Ecke. Auf jeder Seite sind die ihnen entsprechenden Formeln in kräftigen Hieroglyphen tief eingeschnitten und mit dunkelblauer Masse ausgefüllt. Der schwere Deckel war sorgfältig mit einer Schnur, die durch goldene Ösen gezogen war, an dem Schrein befestigt und mit einem Siegel versehen. Dieses zeigt den Anubisschakal über neun gefesselten Gefangenen, den Vertretern der Ägypten untergebenen Völker, und ist das Staatssiegel der Totenstadt. Der mit dünnem Blattgold belegte Sockel trägt im Relief abwechselnd die Symbole *ded* und *thet*, durch die wahrscheinlich der Schutz von Osiris und Isis angedeutet werden soll. Das Innere des Schreins war etwa zwölf Zentimeter tief ausgehöhlt und bildete vier rechteckige, scheinbar vier Krüge enthaltende Fächer. Jeder der vier Scheinkrüge hat einen Deckel in Form eines menschlichen Kopfes, der das Porträt des Königs wiedergibt. Die beiden an der Ostseite waren nach Westen, die an der Westseite nach Osten gerichtet. Die Hälse dieser Deckel paßten in die Öffnungen der Scheinkrüge, d.h. sie deckten die Öffnungen der vier zylindrischen Vertiefungen in der Truhe, die die wirklichen Krüge ersetzen. In jeder dieser Vertiefungen stand ein in Leinwand gewickelter, sehr schöner, kleiner Goldsarg, mit feinen Einlagen, dem zweiten Sarg des Königs ähnlich. Diese kleinen Särge standen aufrecht in der Blickrichtung wie die Alabasterdeckel. Genauso wie die Mumie des Königs waren sie mit

Abb. 48 Der Kanopenschrein für die Eingeweide des Königs

Salbölen getränkt worden, die verhärtet und fest mit dem Boden der Vertiefungen zusammengebacken waren. Ob dieses Tränken mit Öl in dem Grabe oder anderswo stattgefunden hat, dafür konnten wir keine genügenden Beweise finden. Die einzige Andeutung für eine derartige Behandlung bereits außerhalb des Grabes liegt darin, daß die menschenköpfigen Deckel ein wenig verschoben waren, was durch die Stöße beim Transport zum Grabe geschehen sein mag. Allem Anschein nach hat man mit dem Ölen bei dem südöstlichen kleinen Sarg begonnen, hat es dann beim südwestlichen und nordwestlichen fortgesetzt und schließlich bei dem nordöstlichen Sarge beendet, für den nur noch sehr wenig Öl übrig war.

Diese kleinen Särge, die die Eingeweide enthielten, sind prachtvolle Beispiele der Goldschmiede- und Juwelierkunst. Sie sind Wiederholungen des zweiten Königssarges, zeigen aber eine weit feinere Einlegearbeit in Federmuster. Die Gesichter aus poliertem Gold sind die einzigen Teile der Figuren, die glatt gelassen sind. Jede der Figuren trägt vorn in der Mitte von oben nach unten die auf die Göttin und den ihr zugehörigen Genius bezügliche Formel, und jede hat auf der inneren Oberfläche prachtvoll eingravierte Texte, die sich auf das Totenritual beziehen.

Trotz aller Sorgfalt und der beträchtlichen Kosten, die für die Erhaltung und zum Schutze der sterblichen Überreste des jungen Königs angewandt worden sind, trotz der prunkvollen Grabausrüstung und was sonst beim Begräbnis an Zeremonien verrichtet wurde, finden wir doch, daß die Leute, die die Bestattung vornahmen, sich eine grobe Fahrlässigkeit haben zuschulden kommen lassen. Sie müssen besser, als wir heute, gewußt haben, daß der Platz der Göttin Nephthys an der Südseite des Schreins und daß deren Schützling Hepi war, daß Selket an der Ostseite hat stehen müssen und daß ihr Gott Kebeh-snewef war. Nichtsdestoweniger haben sie beim Herstellen der Ausstattung für die balsamierten Eingeweide trotz Bildern und Inschriften auf jeder Seite Selket südlich an Stelle von Nephthys und Nephthys an den Platz gestellt, an dem Selket hätte stehen müssen. – Die Zimmerleute, die die Einzelteile des Schreins zusammengesetzt und das Holz über die Alabastertruhe gefügt hatten, haben den Abfall in einem Haufen auf dem Boden des Raumes liegen lassen.

Wenden wir uns nun zu den düsteren, schwarzen Schreinen und Kästen, die längs der ganzen Südwand des Raumes aufgestapelt waren. Bisher hatte unsere Phantasie noch immer schwankend vor der Deutung ihres Inhalts haltgemacht. Mit unterdrückter Erregung öffneten wir einen nach dem anderen. Jeder umschloß eine oder mehrere Götter- oder Königsfiguren (Abb. 50).

Bei der Verfertigung und Unterbringung dieser Statuetten hatte man keine Mühe gescheut. Sie waren in zweiundzwanzig schwarze, hölzerne Schreine gelegt, die auf hölzernen Schlitten standen. Jeder Schrein hatte Flügeltüren, die sorgfältig mit Schnüren und Siegeln verschlossen waren. Die Siegel, die aus Nilschlamm, untermischt mit einem kleinen Zusatz von Öl, bestanden, zeigten den Abdruck des kleinen Totenstadtsiegels: den Hund des Anubis über neun gefangenen Feinden liegend, die, in drei Reihen von je drei, die neun von den alten Ägyptern »die neun Bogen« genannten Erbfeinde der Pharaonen darstellten – ein symbolischer Hinweis darauf, daß sich der Schutz des wachsamen Anubis auf alle menschlichen Feinde erstreckte.

Jede Statuette war in ein datiertes Stück Leinwand aus den Webereien Echnatons gewickelt, und zwar gehen die Daten bis in das dritte Jahr seiner Regierung, also mehr als zwanzig Jahre vor der Bestattung Tut-ench-Amuns zurück. Obwohl jede Statuette in Leinwand gewickelt war, waren doch die Gesichter ausnahmslos mit großer Sorgfalt unbedeckt gelassen. Einige der Götterfiguren hatten winzige Kränze aus echten Blumen, die ihnen um den Kopf gewunden waren; mehrere davon waren über die Schultern der Figuren heruntergefallen.

Abb. 49 Der alabasterne Kanopenschrein

Die Statuetten selbst waren sehr schön aus hartem Holz geschnitzt, auf das Gips und dünnes Blattgold aufgelegt waren. Die Augen sind mit Obsidian, Alabaster, Bronze und Glas eingelegt. Die Frisuren, Hals, Kragen und Gewänder sind bis in alle Einzelheiten sorgfältig gearbeitet. Die Abzeichen an den Kronen und die Zepter in den Händen des Königs sind aus Bronze mit dünnem Blattgold überzogen. Jede der Königs- oder Götterstatuetten steht auf einem länglichen, mit schwarzem Harz gestrichenen Fußgestell. Auf dem der Götter sind die Namen in Gelb aufgemalt; die Figuren selbst tragen alle künstlerischen Reize der 18. Dynastie. Die Königsstatuetten sind realistisch; einige weisen eine Ähnlichkeit mit Echnaton auf.

Mit den beiden in der Vorkammer gefundenen sind insgesamt vierunddreißig Statuetten zutage gekommen, und zwar siebenundzwanzig von Gottheiten und sieben vom König.

Die genaue Bedeutung sowohl wie der Grund, weswegen solche Figuren in das Grab gelegt wurden, sind nicht klar. Es ist möglich, daß einige, wenn nicht sogar alle diese Gottheiten, die »Götterneunheit, die da ist in der Duat« (Unterwelt), bilden; es kann aber auch sein, daß sie die Götterneunheit, das Göttergericht, darstellen mit Bezug auf den mythischen Streit zwischen Horus und Seth. Zwei Statuetten des Königs beziehen sich ganz offensichtlich auf diesen Mythus, während die anderen ihn anscheinend in verschiedenen Gestalten seines künftigen Daseins darstellen, um zu zeigen, daß er »nicht ein zweites Mal in der Unterwelt stirbt«.

Die Figuren stellen folgende Gottheiten dar, von denen der König geliebt ist: den Sonnengott Atum; Schu, den Gott der Luft; den Erdgott Geb; die Göttinnen Isis und Nephthys; den älteren Horus; Horus im Schrein; Ptah, den Schutzherrn Ägyptens; Sachmet, die löwengestaltige Kriegsgöttin; Tatenen (?), eine besondere Form des Ptah; Cheperi, der als eine Gestalt des Sonnengottes gilt; Mamu, Sent und Ta-ta; die Horuskinder Imesti (Abb. 50), Hepi, Dua-mutef (? zwei Figuren) und Kebeh-snewef; Menkeret, die den König über ihren Kopf hält; zwei Traggestelle mit den Bildzeichen der Seschet, der Göttin des Schreibens; den Falkengott Sopdu und den Falkengott Gemehsu, beide auf Traggestellen; zweimal Ihi, den Gott der Musik.

Die einzigen schwarzen, d.h. mit schwarzem Harz überzogenen Figuren, wie sie in den früheren Königsgräbern der 18. Dynastie häufig sind, waren die beiden dem Horuskinde ähnlichen Ihimusikanten. Sie sind ohne Inschriften; in den ausgestreckten Rechten halten sie das vergoldete Abzeichen der Hathor und dürften vielleicht mit den Ihimusikanten der Hathor in der Unterwelt identifiziert werden, die diese Göttin und den Namen ihres Sohnes anbeten. Dieser Ihi wird im »Totenbuch« erwähnt, und zwar im Zusammenhang mit den zweiundvierzig Beteuerungen der Sündlosigkeit, die vom Toten »gesagt werden beim Eintreten in die Halle der Wahrheit«, wenn er befreit wird von allem Bösen und »das Antlitz des Gottes schaut«. Als eine Parallele zu diesen zwei Figuren mögen Szenen in einem Grabe in der Totenstadt von Meir und in dem Grabe des Amenemhab in Theben angesehen werden, wo nicht nur weibliche Musiker der Hathor, sondern auch Ihimusikanten im Zusammenhang mit den Toten am Fest der Hathor teilnehmen. Eine andere beachtenswerte Gruppe stellt den zum Osiris gewordenen König dar, wie er über den Kopf der Göttin Menkeret gehalten wird. Der König trägt als Osiris die Krone von Unterägypten. Sein eng anliegendes Gewand umschließt Arme, Hände, Leib, Beine und Füße. Anscheinend hebt ihn Menkeret hoch, damit er den Sonnengott begrüßen kann. Dieser Gruppe liegt der uralte Glaube der Ägypter zugrunde, die als höchstes Wesen die Sonne verehrten, die ihnen als Symbol aller Macht und Güte des Herrn des Alls galt.

Die Königsstatuetten stehen unter dem Einfluß der Amarna-Schule. In der Modellierung der Figuren offenbart sich ein unmittelbares und frisches Naturgefühl, obwohl sie von einem oft wiederholten, traditionellen Typ sind. Das hier ausgedrückte Gefühl liegt jenseits der konventionellen, mechanisch erlernten, handwerklichen Übung. Die Figuren zeigen zugleich Willensstärke und Anmut. Menschliches und Göttliches sind innig miteinander verquickt. Zwei Figuren stellen den jungen Pharao dar, den linken Fuß nach vorn gesetzt. Er trägt die unterägyptische Krone, einen breiten Halskragen mit Troddel, den Königsschurz und Sandalen. Die eine Figur hält in der linken Hand den langen Krummstab und in der rechten die »Geißel«; die zweite statt des Krummstabes einen langen, geraden Stab. Eine dritte, etwas größere Statuette des Königs in genau der gleichen Stellung trägt die oberägyptische Krone und hält ebenfalls den Krummstab und die Geißel. Ein anderes Statuettenpaar zeigt den König auf einem Nachen von Papyrusschilf, in einer mythischen Handlung: Als der jugendliche Kämpfer Horus erlegt er in den Marschen das Symbol des Gottes Seth.

Abb. 50 Götterfiguren in ihren hölzernen Schreinen

280
281

Diese beiden, einander völlig gleichenden Figuren sind wegen ihrer kräftigen, lebendigen Wiedergabe bemerkenswert: Der König schleudert seinen Speer; er trägt die unterägyptische Krone und hält in der linken Hand eine gerollte Wurfleine, die mit einem Speer oder einer Harpune verbunden ist.

Aus den Wandbildern des Horus-Mythus im Tempel von Edfu können wir uns ein Bild von der Bedeutung dieser beiden Figuren machen. Die Gottheit nahm offenbar die Gestalt eines jungen Mannes von übernatürlicher Körpergröße an, der einen zwanzig Ellen langen Speer an einer über sechzig Ellen langen Kette leicht wie ein Rohr schwingt. Horus schleuderte diese gewaltige Waffe und tötete damit das große Nilpferd Seth, das in den Wassern lauerte, um ihn und sein Gefolge zu vernichten, wenn der Sturm kam, der ihre Boote zerschellte. Auf diese Weise besiegte Horus, der Rächer, den verabscheuungswerten Feind des Osiris. Wir entnehmen dem Mythus gleichzeitig, daß dieser große Kampf noch nicht stattgefunden hatte, sondern daß Horus den Seth erst vernichten würde, wenn Osiris und die Götter wiederum auf dieser Erde regieren. Eine Stelle in der Erzählung über den »Streit von Horus und Seth« in einem kürzlich entdeckten und aus der Regierungszeit Ramses' V. stammenden Papyrus wirft weiteres Licht auf die Darstellung des mit den göttlichen Attributen des Horus ausgestatteten Königs: »Darum gingen sie in ihre Schiffe in Gegenwart der Götterneunheit. Darauf versank das Schiff des Seth im Wasser. Und Seth verwandelte sich in ein Nilpferd und setzte das Schiff des Horus auf Grund. Darauf ergriff Horus seine Harpune und schleuderte sie gegen die Majestät des Seth.« (Gardiner, *The Chester Beatty Papyrus*, Nr. I, Kap. 13, II, 9 und 10). Es ist nicht ohne Interesse, daß wir zu einer viel späteren Zeit – in der hellenistischen Periode – Horus wieder als Krieger dargestellt finden, und zwar reitend und seinen Feind, ein Krokodil, mit der Lanze angreifend, ganz ähnlich dem heiligen Georg mit dem Drachen der christlichen Kunst und möglicherweise dessen Urbild. Der leichte Nachen, auf dem der König steht, ist grün bemalt und hat vorn und hinten vergoldete papyrusförmige Enden und vergoldete Bänder. Solche Nachen wurden offenbar aus Bündeln von Papyrusrohr oder zusammengeschnürtem Schilf verfertigt – eine primitive Art von Fahrzeug, das nicht nur in der Antike zur Jagd in den Marschen benutzt wurde, sondern auch noch heutzutage von den Bewohnern des oberen Nils verwendet wird.

Vielleicht noch rätselhafter und geheimnisvoller sind zwei Figuren, die den König auf dem Rücken von Leoparden darstellen (Abb. 51). Beide Male trägt Tut-ench-Amun die weiße oberägyptische Krone, den Königsschurz und Sandalen und hält den geraden Stab (mit einer offenen Papyrusdolde) und die Geißel in Händen. Er steht auf einem Sockel, der auf dem Rücken des schwarzen Leoparden befestigt ist, dessen Gesicht und innere Ohren vergoldet sind. Bruchstücke ähnlicher Figuren, die in Königsgräbern der früheren 18. Dynastie gefunden wurden, beweisen deutlich, daß diese ungewöhnlichen Darstellungen zu der üblichen Grabausstattung der Pharaonen gehörten, ohne daß bisher ihre wirkliche Bedeutung klar geworden wäre. Die Leoparden sind schreitend dargestellt, deuten also auf Bewegung hin, als ob der König entweder gerade in die Unterwelt eintritt oder sie verlassen will.

Eine ganze Flotte von Nachbildungen wirklicher Schiffe wurde von uns gefunden. Vierzehn waren auf die zweiundzwanzig schwarzen Truhen, in denen sich die Statuetten befanden, gestellt. Ein vollständig getakeltes Modell stand auf einem kleinen Kornspeicher vorn vor den Truhen, ein anderes in der Nordwestecke, und zwei weitere befanden sich an der Nordseite des Raumes, wo eben gerade Platz war. Sämtliche Modellschiffe an der Südseite waren mit dem Bug nach Westen gerichtet. Zwei an der Nordseite des Raumes waren von den Grabräubern umgestülpt worden. Der Rest der Schiffsgruppe wurde in der Seitenkammer gefunden. Sie waren zumeist völlig zerbrochen dank der Mißhandlung, die ihnen die Plünderer hatten angedeihen lassen.

 Abb. 51 Der König auf einem schwarzen Leoparden

Unter den Schiffen finden wir solche, die der Sonne auf ihrer Fahrt folgen sollten; Boote für die Jagd auf Nilpferde und Vögel im Jenseits, womit sich nach dem Mythus auch Horus in den Marschen die Zeit vertrieb; Fahrzeuge für die heilige Pilgerfahrt nach und von Abydos; andere, die den Verstorbenen unabhängig von der Gunst der »himmlischen Fährleute« machen sollten, wenn er die »Gefilde der Seligen« durch die tobenden, schwer zu überquerenden Gewässer erreichen wollte. Mancher Tote, so wird berichtet, hoffte durch die Gunst göttlicher Vögel, des Falken des Horus oder des Ibis des Thoth, hinübergetragen zu werden, andere beteten zu den vier Himmelsgeistern, Imesti, Hepi, Dua-mutef und Kebeh-snewef, ihnen eine Fähre zu bringen, wieder andere wendeten sich an den Sonnengott selbst, auf daß er sie in seiner Barke hinüberfahren möge. Durch die den kleinen Schiffen innewohnende, magische Kraft sollte nun der König von solcher Hilfe unabhängig gemacht werden.

Die Schiffe sind aus Holzbrettern verfertigt, die man zusammengenagelt, in die richtige Form gebracht und mit der Axt geglättet hat. Sie sind bemalt und vergoldet, einige mit bunten Mustern verziert. Mit Ausnahme eines Schilfbootes sind sie großen Holzschiffen nachgebildet. Die Planken passen glatt aneinander, Fuge an Fuge, und sind mit hölzernen Dübelpflöcken verbunden. Am Heck befindet sich das Steuer, das aus zwei großen Rudern besteht, die auf senkrechten Pfosten ruhen und mit einer Querstange bewegt werden können.

Vier (zwei größere und zwei kleinere) sind die Begleitschiffe der Sonne auf ihrer Himmelsfahrt. Sie entsprechen einer leichten Art von Fahrzeugen, die sich wahrscheinlich aus dem primitiven Schilffloß entwickelt hat. Sie haben einen gerundeten, vorn und hinten etwas abgeflachten Boden. Die beiden Enden sind in einem feinen Bogen geschweift; der Bug endet in einen aufrechtstehenden Papyrusstengel, das Heck ist zurückgebogen und läuft ebenfalls in eine Papyrusdolde aus. Im ganzen erinnern diese Boote an venezianische Gondeln. In der Mitte des Schiffs steht der vergoldete Thron für den königlichen Fahrgast, der auf den größeren Booten als »geliebt von Osiris«, »geliebt von Soker«, auf den kleineren als »Rē gleichend«, »Leben spendend« bezeichnet wird. So fährt der Verstorbene in Begleitung des Sonnengottes Rē bei Tag über den Ozean des Himmels und bei Nacht durch das Reich des Osiris.

»Am Tage war die reine Seele in keiner ernstlichen Gefahr; aber abends, wenn die ewigen Wasser, die am Himmelsgewölbe entlangströmen, in breiten Wasserfällen hinab zum Westen niederstürzen und vom Leib der Erde empfangen werden, dann folgt die Seele der Sonnenbarke und ihrem Geleit leuchtender Götter in eine niedere Welt, wo Gefahren und Hinterhalt lauern. Zwölf Stunden lang zieht die göttliche Schar durch lange, düstere Gänge, in denen zahllose Dämonen und Geister, die einen feindlich, die anderen freundlich, den Weg zu verstellen trachten oder über die Schwierigkeiten der Reise hinweghelfen. In gewissen Zwischenräumen stehen große Tore, jedes von einer riesenhaften Schlange bewacht, und führen zu einer ungeheuren Halle flammenden Feuers, die mit schrecklichen Ungeheuern und Henkersknechten bevölkert ist, deren Amt es ist, die Verdammten zu foltern. Dann folgen weitere dunkle und enge Gänge, blindes Tasten in der Dunkelheit, neues Kämpfen mit übelwollenden Geistern und ein erneutes jubelndes Willkommen von seiten der gütigen Götter. Und um Mitternacht beginnt die Fahrt empor zu den östlichen Gegenden der Welt. Wenn dann am Morgen die Grenzen des Landes der Dunkelheit erreicht sind, taucht die Sonne aus dem Osten empor, um das Licht des nächsten Tages zu entsenden« (Maspero).

Die beiden Boote für das Übersetzen im Himmel ähneln im Typ den eben beschriebenen, nur daß das vordere und hintere Ende einwärts gebogen sind. Vorder- und Hinterdeck erheben sich hoch über das Wasser; sie sind in schwungvoller Kurve zurückgebogen und enden in die bekannte offene Papyrusdolde. Der Kielbalken ist breit, wodurch die Boote imstande waren, auch seichte Gewässer mit einem Mindestmaß von Tiefgang und einem Höchstmaß an Ladung zu befahren. Die Götter der vier Himmelsrichtungen sollen vier dieser *sechen* genannten Fahrzeuge dem Osiris für seinen Aufstieg zum Himmel zur Verfügung gestellt haben. Die Barken für die Fahrten der Sonne und die Fähren nach den Gefilden der Seligen wurden, da sie göttlichen Zwecken bestimmt waren, von übernatürlichen Mächten gezogen oder fortbewegt und brauchten daher weder Segel noch Ruder.

Das Boot für die Lustfahrten des Horus ist ein Fahrzeug äußerst primitiver Art. Es war aus Bündeln von Papyrusstengeln verfertigt, die in bestimmten Zwischenräumen in Form eines Bootes zusammengebunden waren. Die beiden Bootsenden sind etwas aufgebogen und laufen auch hier in die übliche offene Papyrusdolde aus. Das primitive Schilffloß, das dieser Art Fahrzeug zugrunde liegt, besteht zwar heute nicht mehr im eigentlichen Ägypten, hat sich aber in Nubien und im oberen Niltal erhalten. Eine Form des Schilfbootes, das unserem Modell ähnelt, ist die sogenannte *wesechet*. Sie ist in fast allen Grabbildern des Alten, Mittleren und Neuen Reichs wiedergegeben, in denen Szenen der Jagd auf Sumpfvögel oder Fische dargestellt sind. Meiner Ansicht nach sind diese Szenen genauso mythischer Art wie die der Lustfahrten des Horus. Plutarch berichtet, daß das Nilpferd das Tier des Typhon (Seth) gewesen sei. Folglich mußte seine Jagd selbstverständlich an den Kampf zwischen Horus und Seth erinnern (Davies und Gardiner, *The Tomb of Amenemhet*, Seite 30).

Vier der Totenschiffe haben einen Mittelmast, Takelage und ein viereckiges Segel. In ihrer Mitte befindet sich eine reichverzierte Kajüte, Vorder- und Achterdeck tragen vergoldete Lauben. Obwohl diese Fahrzeuge einen eigenartig spitzen Bug haben und hinten wie in einen Fischschwanz auslaufen, erinnern sie doch an die »Nagga«, die heute noch in Nubien den Nil befährt. Dieses Fahrzeug, zweifellos ein Nachkomme derartiger antiker Schiffe, ist aus Akazienstämmen gezimmert, die an der Innenseite mit Holznägeln zusammengenagelt sind. – Die übrigen sieben Fahrzeuge dieser Gruppe haben weder Segel noch Ruder. Allem Anschein nach sind es Nachbildungen von (außen glatten) Plankenbooten. Sie sind an beiden Enden aufgebogen und laufen stumpf aus. Auf den Vorder- und Achterdecks befinden sich kleine Verdecke, und in der Mitte große, doppeldachige und reichgeschmückte Kajüten mit Fenstern und Türen. Diese Schiffe waren offenbar für die Pilgerfahrt nach der heiligen Stadt Abydos bestimmt, wo der verstorbene König bei den Totenfeiern des Osiris eine gewisse Rolle zu spielen hatte. Indem er sich ähnlichen Zeremonien unterzog, identifizierte man ihn mit dem großen Gott der Toten, genauso wie man den König dadurch, daß man ihn dem Lauf der Sonne folgen ließ, zum Sonnengott machte.

Es ist fraglich, ob die Prozession stromaufwärts und stromabwärts jemals in Wirklichkeit stattgefunden hat. Wozu sollte man auch die Schiffe ins Grab mitgegeben haben, wenn es sich um eine wirkliche Fahrt gehandelt hätte?

Einer der vielleicht seltsamsten Gegenstände der Totenausstattung wurde von uns unter einer Truhe in der Südwestecke des Raumes, und zwar in einer großen, länglichen Kiste gefunden. Dieses als »sprossender Osiris« oder »Osiris-Bett« bekannte Stück besteht aus einer Holzform in Gestalt dieses Gottes. Sie war ausgehöhlt, mit Leinen gefüttert, mit Nilschlamm gefüllt und mit Korn besät (Abb. 52). Sie war dann angefeuchtet worden, so daß das Korn sprießen konnte. Die leblose Form begann zu grünen und gewann Leben, ein Symbol der Auferstehung des Osiris sowohl wie der des verstorbenen Menschen. Diese lebensgroße Holzfigur war in Leinentücher gebunden und genau wie eine Mumie gewickelt. Ein weiteres Beispiel dafür, wie in dem alten Begräbniskult die tugendhaften Toten auf jede nur mögliche Art mit Osiris identifiziert wurden.

Dem symbolischen Brauen des himmlischen Getränkes für die Götter, des Biers, dienten zwei Siebe, die auf einer der Truhen standen. Sie waren aus Holz und mit Stuck überzogen,

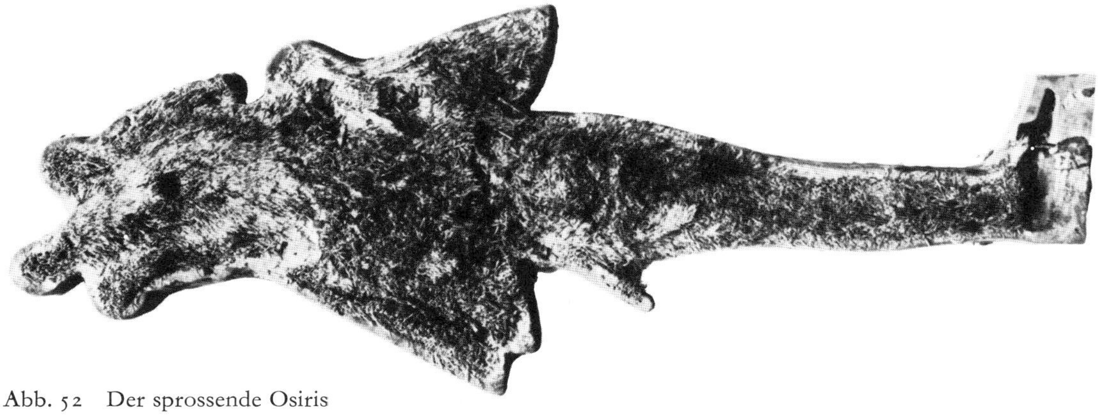

Abb. 52 Der sprossende Osiris

in der Mitte hatten sie eine runde Kupferscheibe mit zahllosen kleinen Sieblöchern. Die Bereitung des »Busa«, wie es heute genannt wird, ist im alten und im neuen Ägypten ziemlich gleich gewesen. Das primitive Bier wurde und wird anscheinend auf folgende Art gemacht: Brot vom Tage vorher – aus Weizen, Gerste oder Mais – wird in einem großen Gefäß zerkrümelt, mit Wasser bedeckt und drei Tage stehengelassen. Eine verhältnismäßig kleine Menge Körner wird in eine Schale geschüttet, mit heißem Wasser bedeckt, einen Tag lang stehengelassen und dann durchgesiebt. Die Getreidekörner werden darauf einen Tag in der Sonne getrocknet, wobei infolge der einsetzenden Keimung eine milchig-weiße Flüssigkeit ausgeschieden wird. Das Korn wird in diesem Zustande zu Mehl gemahlen, mit der erstgenannten Masse vermischt und ungefähr zehn Stunden lang stehengelassen. Die ganze Mischung wird nunmehr gründlich durchgeknetet und die Flüssigkeit durch ein Sieb in ein anderes Gefäß abgefüllt. Das ergibt ein trübes alkoholisches Getränk, das jedoch fast stärker ist als gewöhnliches Bier. Die übrigbleibende Masse wird meist weggeschüttet, wenn sie auch zuweilen von der niederen Klasse der Bevölkerung, mit rotem Pfeffer gewürzt, gegessen oder hin und wieder ohne jeden weiteren Zusatz als Pferdefutter verwendet wird.

In einer rohen Holzkiste fand sich die Nachbildung einer *mola trusatilis*, einer Handmühle zum Zerkleinern des Getreides in grobes Mehl. Sie besteht aus einem Mahlstein und Reibstein aus gelbem Quarzit, einem kristallinischen Sandstein. Der Mahlstein ist in ein Holzgestell mit einer Mulde zur Aufnahme des Mehles eingelassen und mit Gips überzogen. Der ovale, unten flache Reibstein wurde zum Zerreiben des Getreides auf dem Mahlstein benutzt.

In seinen »Reisen in Nubien« (1822) sagt Burckhardt bei der Beschreibung der Bevölkerung der Ortschaft Berber:

»Da sie keine Mühlen, nicht einmal Handmühlen besitzen, mahlen sie ihr *durra* (einheimisches Getreide), indem sie es auf einen glatten, etwa ein halbes Meter langen und ein viertel Meter breiten Stein streuen. Die das Korn mahlende Person hält den Stein schräg vor sich. Am unteren Ende des Steines macht man in die Erde eine Vertiefung, in die man einen Krug, eine hölzerne Schale oder ein ähnliches Gefäß zur Aufnahme des Durra-Mehles stellt. Das Mahlen wird mit einem kleinen, unten flachen Stein bewirkt, der mit beiden Händen gehalten und auf dem schrägen Mahlstein auf und ab bewegt wird. Die Arbeit wird in kniender Haltung verrichtet.«

Dies ist eine deutliche Schilderung von nichts anderem als von einem Mahlstein und Reibstein, wie wir ihn hier vor uns haben, und von seiner Verwendung zum Kornmahlen, eine Beschreibung, die kaum einen Zweifel daran zuläßt, daß unser antikes Modell das, wenn auch nicht so ganz primitive Urbild dieses Mahlwerkzeuges ist. In der Kultkapelle des Amenemhēt in Benihassan sehen wir Frauen bei dem Gebrauch einer solchen Handmühle, und im Grabe der Bekt, ebenda, sind Männer bei einer ähnlichen Arbeit dargestellt (Newberry, Beni Hasan, 1, Tafel 12; 2, Tafel 6). Derartige Handmühlen wurden offenbar zum Mahlen von Mehl für Brot benutzt, und obgleich das Mahlen eigentlich Sache der Frauen und Mägde war, wage ich doch die Behauptung, daß es ein Vorrecht des Pharao gewesen ist, für die Gottheit das Mehl zu mahlen, ja daß er tatsächlich der göttliche Müller gewesen ist.

Es ist bemerkenswert, wie in unserer Grabausstattung ältere Begräbnissitten, von deren Bestehen die Privatgräber jener Zeit keine Spur mehr zeigen, fortleben, und zwar in den Nachbildungen von Schiffen, Figuren und Geräten des Haushaltes, die in unserem Falle anscheinend göttlichen Zwecken gedient haben. Zu diesen Nachbildungen gehört auch ein Getreidespeicher; eine Tür führt in einen Eingangshof, an dem sechzehn Kammern für das Getreide liegen. Diese waren bei der Auffindung des Speichers bis zum Rand voll von Getreide. Große »Schunas« dieser Art, die aus Luftziegeln gebaut sind, werden noch im heutigen Ägypten allgemein als Getreidespeicher benutzt. Ihre äußere Architektur ist in allen Einzelheiten genau die gleiche wie bei diesem, dreiunddreißig Jahrhunderte alten Stück.

Hiermit schließe ich die Schilderung der auf der Südseite des Raumes gefundenen Gegenstände und wende mich der Nordseite zu.

Parallel zu dem Anubis-Bildnis und bis an den Schrein für die Eingeweide heranreichend, stand eine Reihe von Schatztruhen und einfacher, weißer Kisten. Leider hatten sich die Grabräuber an ihrem wertvolleren Inhalt, der aus Gold- und Silbergegenständen bestand, vergriffen. Die Siegel waren erbrochen, das Innere durchwühlt und alle Dinge von größerem Werte gestohlen. Der Rest war in äußerster Unordnung zurückgelassen worden.

Es sei hier bemerkt, daß die alten Ägypter als Material und zur Ausschmückung ihrer Truhen kostbare Hölzer und Elfenbein, Edelsteine, Fayence, Glas und Metall verwendet haben. Zu allen Zeiten und überall im Orient sind solche reichverzierte Kästen als Behälter für wertvolle und zu persönlichem Gebrauch bestimmte Gegenstände, wie Geschmeide und Gewänder, oder zur Aufbewahrung von kostbaren Salbgefäßen gebraucht worden. Bis zum heutigen Tage gehört die mit allerhand kitschigem Flitter aufgeputzte und dabei nur allzuoft wertlose Truhe zum größten Stolz des Fellachen, in der er die ihm wertvollsten Dinge aufbewahrt.

Bei den Kisten und Kästen der alten Ägypter hat man auf alle Geheimkonstruktionen verzichtet – verborgene Schubfächer oder falsche Böden –, wie sie sich häufig bei den Truhen aus dem 16. und 17. Jahrhundert unserer Zeitrechnung finden. Das Innere ist einfach und oft für bestimmte Zwecke abgeteilt. Derartige Kästen gehören zum frühesten Hausrat und sind aller Wahrscheinlichkeit nach älter als Bettstatt, Ruhelager und Stuhl. Man darf sie wohl als die Ahnen der »Kommoden« ansprechen, von denen die späteren, mit Reihen von kleinen Schubladen ausgestatteten Gewürz- oder Medizinschränke ihrer Zeit entsprechende Abarten darstellen. Kisten und Truhen gehörten in der geschichtlichen Zeit fast zum Allgemeinbesitz. Die der Reichen waren oft, wie wir es hier sehen, sehr kostbar, während die der Armen entsprechend einfach und schlicht waren. Sie dienten fast ohne Ausnahme häuslichen Zwecken. Es fand sich keine wirkliche, schwere Geldkiste. Es gab keine Schlösser, und infolgedessen war eine solche Geldkiste nutzlos, da man zum Verschluß auf Verschnürung und Versiegelung angewiesen war.

Obwohl den Ägyptern Scharniere bekannt waren, von denen auch einige in unserem Grabe an Kisten gefunden wurden, so wurden sie doch nur selten zum Zusammenhalten von Deckel und Kiste verwendet. Das Übliche war ein beweglicher, von der Kiste getrennter Deckel. Der Scharnier-Ersatz, der den Deckel an der Rückseite der Kiste festhielt, war

Abb. 53 Eine hölzerne Truhe mit Elfenbein- und Ebenholzeinlage

äußerst geschickt und einfach: Zwei kleine Löcher, ein Schlitz oder eine Riefe oben an der Innenseite der Kiste entsprachen Vorsprüngen an den Querleisten unter dem Deckel, so daß er, wenn er erst einmal in die richtige Stellung geschoben war, hinten nicht mehr hochgehoben werden konnte. Die Vorderseite des Deckels wurde dann mit einem Strick gehalten, der um einen Knopf an der Vorderseite der Kiste und um einen zweiten auf dem Deckel geschlungen und zur Sicherheit versiegelt wurde. Solange das Siegel also nicht erbrochen und der Strick nicht zerschnitten wurde, saß der Deckel hinten und vorn fest auf der Kiste.

Angesichts dieser althergebrachten Sitte, sich seiner Güter zu versichern, konnte es nicht verwundern, daß die wertvolleren und persönlichen Ausrüstungsgegenstände des Königs, und zwar nicht nur die zu seiner Grabausstattung gehörigen, in reichgeschmückten Truhen und Kisten gefunden wurden. Zahlreiche, prächtige Beispiele dafür befanden sich in dem Grabe, und unter den sechs der in der Schatzkammer aufgefundenen waren vier von äußerst feiner Arbeit, besonders durch ihre Einlagen. In einem Falle bestand diese Verzierung aus über 45 000 einzelnen Stücken.

Die erste Truhe, die dem Türeingang am nächsten stand, ist mit einem Elfenbein- und Ebenholzfurnier und Einlagen verziert, und zwar so, daß eine große Anzahl kleiner Stücke von Elfenbein und Ebenholz Würfel-, Zickzack- und Grätenmuster bildet, die von breiteren und schmaleren Furnierstreifen, ebenfalls aus Elfenbein und Ebenholz, umrahmt werden. Die Truhe selbst ist länglich, steht auf vier viereckigen Füßen und hat einen gewölbten Deckel (Abb. 53). Wie bei allen solchen Arbeiten der Tischlerei ist das eigentliche Holz der Truhe von geringerer Güte, wahrscheinlich Tamariskenholz *(Genus Tamarix)*, auf das das wertvolle Elfenbein- und Ebenholzfurnier und die Intarsien mittels eines Klebstoffes aufgelegt worden sind; dies geschah, indem die Außenseite geglättet und dann Furnier und

Intarsien auf eine Leimschicht geklebt wurden. Nachdem diese gepreßt und völlig ausgetrocknet waren, wurde die Oberfläche wiederum geglättet und poliert. Dieselbe Art der Verzierung findet sich auch an den Kultzwecken dienenden Prunkstäben, die vermutlich von demselben Kunsthandwerker hergestellt worden sind. Eine in hieratischer Schrift abgefaßte Aufschrift auf der Truhe besagt: »Goldschmuck von der Prozession, gemacht in dem Schlafgemach (meiner Ansicht nach dürfte sich ›Schlafgemach‹ auf die ›Sargkammer‹ beziehen) des Neb-cheperu-Rē (Tut-ench-Amun)«. Die Truhe enthielt alle möglichen Schmuckstücke. Einige dürften ursprünglich in anderen Truhen gelegen haben. Die Grabräuber haben wohl die wertvolleren Stücke mitgenommen und den Rest in Unordnung zurückgelassen.

Die zweite Truhe hat die ungewöhnliche Form eines ovalen Königsringes. Sie ist aus einem rotbraunen Holz gearbeitet, wahrscheinlich einem Nadelholz, und mit Furnierstreifen aus Ebenholz umrändert. Um ihre Seiten ziehen sich drei waagerechte Schriftbänder in Hieroglyphen, die tief eingeschnitten und mit Blau ausgefüllt sind. Sie tragen die Titulatur und andere Bezeichnungen des Königs. Das Auffallendste ist indessen der Deckel: ein großer Königsring mit den aus Ebenholz und gefärbtem Elfenbein feingeschnittenen Schriftzeichen des Namens Tut-ench-Amun. Die Schriftzeichen sind auf einen reichen Goldgrund aufgelegt, der mit Ebenholz umrändert ist, das wiederum Namen und Ehrenbezeichnungen des Königs in Elfenbein trägt. Wie die erste Truhe ist auch diese durchwühlt und beraubt worden. Wir fanden nur ein Durcheinander von Schmuckstücken, einen Spiegelkasten und verschiedene Zepter. Letztere haben wohl ursprünglich in die Truhe gehört.

Die dritte Truhe war nur eine geweißte Holzkiste mit gewölbtem Deckel. Sie war leer bis auf ein Paar verzierter, hausschuhähnlicher Ledersandalen und einen Fußring aus Stein. Sie hatte vermutlich Gewänder enthalten, die teilweise in anderen Truhen gefunden wurden.

Die vierte und größte Truhe ist aus einem Nadelholz gefertigt und mit breiten, senkrechten und waagerechten Leisten aus Elfenbein verziert. Diese Leisten bilden den Rahmen für das durchbrochene Schnitzwerk der aus vergoldetem Holz bestehenden Schriftzeichen *anch*, *was* und *neb*, die »alles Leben und Glück« bedeuten. Die Vergoldung der Schriftzeichen hebt sich wundervoll ab von dem Dunkelbraun des Holzgrundes und dem Weiß der elfenbeinernen Stege. In die waagerechten und senkrechten Leisten sind Hieroglyphen eingeschnitten, die schwarz ausgelegt sind und die Titulatur des Königs geben. Sie besteht aus den fünf, von ihm bei der Thronbesteigung angenommenen »Großen Namen«, und zwar dem »Horus-Namen«, dem »Nebti-Namen«, dem »Gold-Horus-Namen«, dem Vornamen und dem Hauptnamen. Auf einer der Leisten liest man auch Titel und Namen der Königin. Die vier viereckigen Füße, auf denen die Truhe steht, sind mit Silberkappen beschuht. Das Innere der Truhe hat sechzehn rechteckige Abteilungen, von denen jede 13³/₄ Zentimeter lang und 8³/₄ Zentimeter breit ist. Die Abteilungen waren augenscheinlich zur Aufnahme einer gleichen Zahl von Gold- oder Silbergefäßen für Schönheitsmittel bestimmt, die aber sämtlich fehlten – gestohlen. An ihrer Stelle standen in der Truhe ein kleiner Binsenkorb, eine gefärbte Elfenbeinschale, zwei Paletten, ein Werkzeug zum Polieren aus Gold und Elfenbein, ein verzierter Behälter für Schreibrohre und ein leerer Spiegelkasten, die alle ohne Frage aus irgendeiner anderen Kiste oder Truhe stammten.

Die fünfte Kiste ist aus einfachem, geweißtem Holz, ähnlich der von uns an dritter Stelle erwähnten. Die Aufschrift in hieratischer Schrift lautet: »Die ... Prozession des Schlafraumes«. Auf dem Boden der Kiste lagen ein paar getrocknete Früchte und ein prachtvoller, wenn auch sehr gebrechlicher Straußenfederfächer des Königs. Die weißen und dunkelbraunen Straußenfedern dieser einfachen rührenden Reliquie sind in ein halbkreisförmiges Stück Elfenbein eingesetzt, an das der Griff angefügt ist. Dieser ist ebenfalls aus Elfenbein und hat die Form einer Papyrusdolde. Er ist im rechten Winkel gebogen, wodurch die beim

Drehen des Handgelenkes erzeugte Bewegung verstärkt werden sollte. Verziert ist er mit goldenen Reifen und endet in einem lapislazuli-farbigen Glasknopf. Solche reizvollen Funde scheinen zeitlos zu sein. Manche Kultur ist gekommen und wieder gegangen, seit dieser Fächer in der Schatzkammer niedergelegt wurde. Ein seltener und uns doch so mannigfach vertrauter Gegenstand wie er verbindet uns mit der großen Vergangenheit, aus der er stammt. Er hilft uns zu der Erkenntnis, daß der junge König ein Mensch war, wie wir selbst es sind.

Die sechste Truhe stand dicht am Eingang hinter der ersten. Sie ist die kleinste von allen, viereckig und einfach, steht auf vier viereckigen Füßen und ist ganz wie die erste Truhe mit Einlagen aus Elfenbein und Ebenholz und mit einem Elfenbeinfurnier verziert. Wir fanden sie leer; ihr Deckel lag auf der zweiten Kiste. Die hieratische Aufschrift lautet: »... von Gold an(?) der Stätte des Leichenzuges«. Das Innere hat vier gleichgroße Abteilungen für Gefäße, die wahrscheinlich in der Lücke zu Beginn der Inschrift genannt waren.

Aus den Aufschriften der Truhen, z.B. »Goldschmuck von der Prozession, gemacht in dem Schlafgemach des Neb-cheperu-Rē«, »Die ... Prozession des Schlafgemachs«, »... von Gold an (?) der Stätte des Leichenzuges«, »Goldringe zum Leichenzug gehörig« sowie aus Szenen von Leichenzügen in Gräbern von Privatleuten des Neuen Reiches entnehmen wir, daß der Schmuck in derartigen Schatztruhen ein regelmäßiger Bestandteil des Begräbniszeremoniells gewesen sein muß.

Unser Befund ergibt, daß mindestens sechzig Prozent des ursprünglichen Inhaltes der Truhen fehlten. Was wirklich übrig ist, sind einige Ohrringe, eine Halskette, eine Anzahl Brustschmuckstücke, mehrere Armbänder und ein Ring. Außerdem fanden sich der Deckel eines kleinen Filigranschmuckkastens, einige Zepter, zwei Spiegelkästen, der Rest von einigen Gewändern und ein Schreibzeug – alles in allem dreiundvierzig Stücke. Es läßt sich natürlich nicht genau feststellen, wieviele Schmuckstücke entfernt worden waren, obwohl gewisse Überbleibsel der gestohlenen Gegenstände darauf schließen lassen, daß es eine sehr stattliche Anzahl gewesen sein muß. Wir können jedoch mit einiger Sicherheit sagen, daß zwei Spiegel und mindestens zwanzig Gefäße, von denen vier als aus Gold gefertigt angegeben sind, aus den zwei Truhen gestohlen worden sind.

Schmuck hat im alten Ägypten anscheinend seinen Sinn und Zweck nicht mit dem Tode seines Besitzers erfüllt, denn wir finden ihn in allen möglichen Formen für das Leben nach dem Tode in den Gräbern niedergelegt. Er war offenbar nicht nur zum Dienst für die Lebenden, sondern ebenso zum Dienst für die Götter bestimmt. Außerdem gab es Schmuck, der eigens dazu bestimmt war, mit den Toten begraben zu werden. Diese Art Schmuck erkennt man gewöhnlich an dem minderwertigen Material.

In unserem Grabe war Schmuck (Amulette u.a.) in großer Menge niedergelegt. Hundertdreiundvierzig Stücke befanden sich auf der Mumie des Königs, weitere wurden in dem tragbaren Pylon des Anubis gefunden, und der Rest war in den eben beschriebenen und anderen Truhen verstaut. Die Mumie des Königs mit all dem persönlichen Schmuck und den Amuletten war unberührt. Dagegen war, wie wir bereits gesehen haben, der größere Teil der Wertgegenstände, und zwar wahrscheinlich die an sich kostbareren, aus den Schatztruhen gestohlen. Folglich fanden wir nur einen Bruchteil dessen, was sie ursprünglich enthalten hatten. Die »Wächter der Totenstadt«, die das Grab nach dem Raub von neuem geschlossen haben, müssen offenbar den Rest der Schätze in äußerster Unordnung vorgefunden haben. Jedenfalls scheinen sie ihre Pflicht, aufzuräumen, ohne Sorgfalt und nur recht flüchtig erfüllt zu haben. Was die Diebe zurückgelassen hatten, ist von den Wächtern zusammengerafft und ohne Rücksicht auf die ursprüngliche Anordnung in die Truhen gepackt worden. So fanden wir den einen Teil eines Schmuckstückes in dieser und den anderen in jener Truhe. Das Ganze war ein einziges Durcheinander.

Obwohl wahrscheinlich kaum noch vierzig Prozent des ursprünglichen Inhaltes vorhanden waren, so war es doch unserer Auffassung nach noch reichlich genug für ein Studium der Goldschmiedekunst in den königlichen Werkstätten der späteren 18. Dynastie.

Es sei vorausgeschickt, daß diese Proben aus dem Neuen Reiche in vieler Beziehung nicht die gleiche, letzte handwerkliche Vollendung aufweisen, die wir bei ihren Vorläufern aus dem Mittleren Reiche finden. Die thebanischen Goldschmiede beweisen jedoch eine hervorragende Technik, einen entschiedenen Sinn für das Dekorative und eine starke Erfindungsgabe in der Behandlung von Symbolen. Ihre Kunst umfaßte die des Stein- und Glasschneidens, der Intarsien-, Relief-, Stanz-, Goldfiligrantechnik und des Granulationsverfahrens. Diese letztgenannte Fertigkeit tritt bei den Goldschmiedearbeiten stark in den Vordergrund. Es handelt sich dabei um die Verzierung von Goldgegenständen, an deren runde oder auch flache Oberfläche winzig kleine, kugelförmige Goldkörner angegossen oder angeschweißt wurden. Alle Arten des Kunsthandwerks bezeugen eine starke Originalität und Meisterschaft. Viele – eigentlich sogar die meisten – Schmuckstücke sind in *a-your*-Technik behandelt. Sie tragen eingesetzte Halbedelsteine und buntes Glas entweder im Hoch- oder Flachrelief oder sind glatt nach Art des »Cloisonné«. Der Ausdruck »Cloisonné«, wie ich ihn hier auf die Goldschmiedekunst der alten Ägypter anwende, darf jedoch nicht mißverstanden werden. Es soll nur heißen, daß Steine oder ihr Glasersatz in Metallzellen – *cloisons* – einzementiert wurden, daß aber die Einlage nicht aus Emaille wie beim wirklichen Cloisonné bestand. Emaille war den alten Ägyptern unbekannt.

Als Metall wurden Gold, Elektron, Silber und in geringerem Maße Bronze verwandt, als Steine nahm man Amethyst, Türkis, Lapislazuli, Kalkspat, Karneol, Chalzedon, grünen Feldspat, halbdurchsichtigen und durchsichtigen Quarz, der häufig zur Erzeugung eines größeren Glanzes, oder um edlere Steine nachzuahmen, auf der Rückseite gefärbt wurde, Serpentin und einen dunklen, harten, olivgrünen Stein, dessen Art noch nicht festgestellt worden ist. Außerdem verwendete man künstliches Material wie z.B. Fayence (glasierten Ton), eine harte glasige Masse, ferner halbdurchscheinende und undurchsichtige Gläser als Ersatz für eine oder die andere der obengenannten Steinsorten. Das vielleicht bemerkenswerteste Material, das zur Anfertigung von Schmuck und von Perlen benutzt wurde, war ein dunkelfarbiges Harz. Besonders eigenartig ist ein scharlachrot gefärbtes, glänzendes Gold, das auf eine zur Zeit noch unbekannte Weise verfertigt wurde. Es wirkt barbarisch im Gegensatz zu dem dunkelfarbigen Harz und der Auflage von glänzenden Ornamenten aus gelbem Gold, besonders bei der obenerwähnten Körnertechnik.

Die in den Ornamenten verwendeten Symbole stehen in einem gewissen Zusammenhang mit der Religion. Den Mittelpunkt, wenn nicht sogar den eigentlichen Kernpunkt, bilden Rē, der Sonnengott, und Joh, der Mondgott (Thoth). Rē, die Sonne selbst, »Herr des Himmels«, »der König allen Lebens«, nimmt mancherlei Formen auf diesen Schmuckstücken an, wie z.B. Cheperi, Horus, Harachte und Atum, jeweils als örtlicher Vertreter einer bestimmten Sonnenphase. Den alten Ägyptern stand besonders zu dieser Zeit kein Gott höher als Rē. Sie betrachteten ihn als den Herrn des Alls, der von seiner heiligen Himmelsbarke aus die Welt regierte. Von Gott sprechen, hieß an Rē denken.

Cheperi, der Skarabäus, ist eine andere Gestalt des Sonnengottes in Form des bekannten Mistkäfers, der mit Bedachtsamkeit die mütterliche Kugel wälzt und mit einer kleinen Aushöhlung versieht, in der das Ei ausgebrütet wird und seine Nahrung empfängt. In dieser Gestalt verläßt die neugeborene Sonne die »Höhle der Dämmerung« zu Beginn ihrer täglichen Fahrt. Bei seinem Erwachen im Osten besteigt der Sonnengott die Morgenbarke, um zum Himmelsgewölbe emporzufahren, und zu dieser Zeit ist er gleich Horus, entweder als Knabe oder als Baumfalke *(falco subbuteo)* dargestellt. Ein Gebet bezieht sich auf Rē mit folgenden Worten: »Herrlich ist Dein Erwachen, Horus, der Du über den Himmel fährst ... das flammende Kind mit glitzernden Strahlen, das Dunkel und Düsternis vertreibt.« Wenn er triumphierend in der Himmelsmitte schwebt, denkt man sich ihn als eine große Scheibe mit bunten Flügeln, bereit, auf den Feind herabzuschießen. Während seiner Himmelsreise nimmt er auch die Gestalt Harachtes an, entweder menschengestaltig als falkenköpfiger Mann oder als Wanderfalke *(falco peregrinus)*, ein äußerst mutiger Raubvogel, der seine Beute im Fluge tötet. Und schließlich wird er zu Atum, dem Alten, »dem Beschließer des Tages«, besteigt die Abendbarke und fährt hinter Manu, dem heiligen Berg des Westens, hinab in die Unterwelt, um von neuem seine nächtliche Fahrt durch die zwölf Höhlen – die Stunden der Nacht – zu beginnen. Hier, so lernen wir aus einem Gesang, spendet er Licht dem großen Gott Osiris, »dem Herrscher der Ewigkeit«. »Gib mir Licht, auf daß ich Deine Schönheit schaue«, lautet ein anderes Gebet der Toten.

Solche mythologischen Gedanken lassen wenig Zweifel daran bestehen, daß der königliche Schmuck als etwas Heiliges zu betrachten ist. Man mag geglaubt haben, daß er Zauberkräfte besaß, und es mag auch wohl sein, daß dem Hof zugeteilte, priesterliche Orden mit ihm betraut gewesen sind. Hinter der symbolischen Gestaltung der Schmuckgegenstände scheint ohne Frage ein letzter, tieferer Sinn zu stecken. Darum glaube ich, daß der Schmuck Tut-ench-Amuns, wenn er auch vielleicht zum täglichen Gebrauch hergestellt gewesen ist, doch zu einem Zweck in der künftigen Welt bestimmt war.

Es ergibt sich in diesem Zusammenhang die verwickelte Frage: Was von dem Schmuck ist richtiger Schmuck und zum täglichen Gebrauch bestimmt gewesen, und was war davon lediglich für die Bestattung angefertigt? Man darf dabei nicht vergessen, daß Totenschmuck und wirklicher Schmuck mehr als häufig einander so ähnlich sind, daß man sie kaum – wenn überhaupt – zu unterscheiden vermag. In den meisten Fällen liegt das einzige Unterscheidungsmerkmal entweder in dem minderwertigen Material oder in Anzeichen wirklichen Gebrauchs. Einzelne Stücke sind indessen ganz einwandfrei reiner Grabschmuck wie z.B. die acht in dem Anubispylon gefundenen Brustschmuckstücke. Drei von ihnen sind mit Totenformeln und Hinweisen auf das Herz und die Glieder des Verstorbenen beschriftet, während die übrigen Zusätze tragen wie z.B. »Osiris, der König, gerechtfertigt«, was unserem Ausdruck »verstorben« gleichzuachten ist.

Die Ohrringe scheint Tut-ench-Amun in seiner früheren Jugend getragen zu haben. Bei der Untersuchung seiner Mumie ergab sich zwar, daß die Ohrläppchen durchstochen waren, aber unter den zahlreichen Schmuckstücken, die wir in den Binden entdeckten, fand sich nichts, was ein Ohrring hätte sein können. Die goldene Porträtmaske, die den Kopf bedeckte, hatte ebenfalls durchbohrte Ohrläppchen, aber die Löcher waren sorgsam mit kleinen, runden Plättchen aus dünnem Blattgold ausgefüllt, womit man wohl diese Tatsache hatte verbergen wollen. Eine ganze Reihe von Königsfiguren auf Denkmälern des Neuen Reichs weist durchlöcherte Ohrläppchen auf, aber ich bin mir nicht bewußt, irgendwo wirkliche Ohrringe in den Ohren eines Königs gesehen zu haben. Osiris ist mit Halskragen und Armbändern dargestellt, aber niemals mit Ohrringen. Araberjungen im heutigen Ägypten tragen Ohrringe *(halak)* häufig bis zu ihrem sechsten und siebenten Lebensjahr, aber dann werden sie gewöhnlich an jüngere Geschwister abgegeben. Nur in seltenen Fällen, wenn es sich um ein einziges oder um ein bevorzugtes Kind handelt, werden Ohrringe bis zum Alter von zwölf oder dreizehn Jahren getragen. Wenn man also die Mumie des Königs, seine Maske, die Denkmäler und dann noch den modernen Brauch, der höchstwahrscheinlich ein Überbleibsel antiker Sitten ist, als Beweis gelten lassen will, so scheint es, als ob das Tragen von Ohrringen nach Erreichen des Mannesalters nicht üblich gewesen ist. Ohrringe sind kein früher ägyptischer Schmuck. Sie treten erst zu Beginn des Neuen Reiches bei den Bewohnern des Niltales in Erscheinung und sind vermutlich während der vorangehenden Hyksoszeit von Asien her nach Ägypten gebracht worden.

Wir haben es hier mit zwei Arten von Ohrringen zu tun, und zwar mit starren und beweglichen. In beiden Fällen sind sie mit Stiften, die durch Löcher in die Ohrläppchen gesteckt wurden, befestigt gewesen.

Hier sei die Bemerkung eingeschaltet, daß der Sonnenfalke Harachte, auf dem einen Ohrringpaar den Kopf einer Wildente *(anas boscas)* aus halbdurchscheinendem, blauen Glas hat (Tafel XI).

Die hauptsächlichsten und beliebtesten Schmuckstücke der Könige wie der Privatleute im alten Ägypten waren Perlenhalsbänder und breite Perlenkragen. Zahlreiche Formen von solchen Kragen und Halsbändern waren für die Totenausstattung vorgeschrieben. Ihre Beliebtheit als Schmuck bei allen Bevölkerungsklassen war für uns ein ausgesprochener Nachteil, denn mit Ausnahme einer einzigen, ziemlich grob gearbeiteten Kette aus abwechselnd dunklen Harz- und Lapislazuliperlen waren sie samt und sonders geraubt. Überall, von der Schatzkammer bis zum Grabeingang, und besonders an der Stelle, wo die Diebe ein kleines Loch in das, den Eingang zur Sargkammer versperrende, Mauerwerk hatten schlagen und sich durchzwängen müssen, lagen auf dem Boden vereinzelte Perlen. Auch an Unebenheiten des Felsens hingen Stücke von Halsbändern, und ebenso fanden sich zahlreiche Perlen in den Spalten des Gemäuers, und zwar Teile von mindestens zwei verschiedenen Halsketten und einigen Schließen mit Falkenköpfen, die zu breiten Perlenkragen gehört haben müssen.

Der Brustschmuck ist von ägyptischen Königen in zahlreichen Formen getragen worden, die sich aber in vielen Einzelheiten ähnelten: Das Bruststück hing entweder an einer Kette aus aneinander gefügten Zierplatten (Tafel XII), an einfachen Goldketten, an Reihen von Perlschnüren oder an einfachen, gedrehten Leinenschnüren, die in Quasten endeten. In den drei erstgenannten Fällen befand sich ausnahmslos ein Ornament am Nacken, das nicht nur als Gegengewicht, sondern gleichzeitig als Befestigung diente. Diese Nackenstücke waren häufig zum Auf- und Zumachen und hatten richtige Zierverschlüsse (Tafel XII). Viele kostbare Stücke derartigen Brustschmucks wurden in den Truhen gefunden. Einige waren vollständig, bei anderen fehlten Teile. Es ist durchaus nicht unwahrscheinlich, daß manche davon Ehrenzeichen gewesen sind. Man sehe sich z. B. den Brustschmuck mit der Darstellung der »Geburt der Sonne« (Tafel XII) an, der alles bisher in dieser Art entdeckte in den Schatten stellt.

Armbänder waren vielleicht der von allen Klassen des ägyptischen Volkes am häufigsten getragene Schmuck. Leider waren nur drei davon von den Dieben zurückgelassen. Sie scheiden sich in zwei Typen: Der eine besteht aus einem festen Metallreifen mit Stiftscharnier, Stiftverschluß und eingelegten Ornamenten, der andere aus einem Perlenband, das durch Zwischenglieder ein bestimmtes Muster erhält. In der Mitte befand sich ebenfalls ein Ornament und Stiftbefestigung.

Der einzige Fingerring, den wir in den Truhen fanden, war recht ärmlich; er besteht aus blauer Fayence und ist mit dünnem Elektron montiert. Das kleine, aber sehr schöne Elfenbeinkästchen mit der hieratischen Deckelaufschrift: »Goldringe zum Leichenzug gehörig« und ebenso die massiven Goldringe, die, in den Zipfel eines Tuches gebunden, während unserer Arbeit im ersten Jahr in der Vorkammer entdeckt worden waren (Abb. 17), stammten wahrscheinlich aus diesen Schatztruhen.

Die vielleicht bedeutsamsten Gegenstände der ganzen Schmucksammlung sind die Insignien des Königs: die beiden Krummstäbe und die beiden Geißeln. Der Krummstab, eine Art Hirtenstab, ist eins der Abzeichen des Osiris. Er wurde von der linken Hand des Gottes und auch des Königs gehalten und ist ein kurzer Stab, der oben hakenförmig ausläuft, und zwar erst nach innen und dann nach außen gebogen ist. Die von uns gefundenen sind aus Teilchen von Gold, dunkelblauem Glas und Obsidian zusammengesetzt, die um einen Bronzekern liegen. Er hieß ägyptisch *hekat*, und man kann vielleicht behaupten, daß er die Urform des Hirtenstabes der Bischöfe und Kardinäle ist. Bei beiden hier gefundenen Stücken, trägt das goldene Ende die Namen des Königs eingraviert. Das »Flagellum«, eine Art Peitsche oder Geißel, gehörte unzertrennlich zu dem Krummstab wie das andere, dem Osiris eigene Abzeichen. Es wurde von dem Gott und ebenso von dem König in der rechten Hand gehalten und hieß *nechech*. Es besteht aus einem Griff mit einem spitzen Winkel am oberen Ende, an das mit Perlschnüren drei »Flegel« befestigt waren, die auf diese Weise frei schwingen konnten. Unsere beiden Stücke waren ganz ähnlich wie die Krummstäbe gearbeitet, nur daß der Kern der Geißeln aus Holz und nicht aus Bronze bestand. Die größere Geißel trägt Vor- und Nachnamen Tut-ench-Amuns, während die kleinere im Gegensatz dazu den Atonnamen zeigt, was darauf hinweist, daß sie aus der frühen Regierungszeit des jungen Königs stammt, als er noch nicht zur Verehrung des Amun bekehrt war. Daß sie auch kleiner als die andere Geißel ist, unterstützt diese Annahme. Es ist ziemlich sicher, daß diese Insignien nichts weiter waren als Wahrzeichen der königlichen Gewalt über die beiden hauptsächlichen Untertanengruppen des Altertums: Bauern und Hirten.

Über die Spiegelkästen und die Spiegel selbst ist nichts Besonderes zu sagen. Die Spiegel bestanden aus reinem Metall und wurden infolgedessen gestohlen. Einige Bruchstücke von dem elfenbeinernen Griff des einen wurden in der Vorkammer gefunden, wo die Diebe ihn abgebrochen und weggeworfen hatten. Ein Spiegelkasten in der Form des Schriftzeichens »Leben« ist mit Blattsilber, ein zweiter in der Form des Ewigkeitssymbols mit Blattgold überzogen. Hieraus kann man schließen, daß auch die Spiegel selbst aus Gold und Silber bestanden.

Die einfacheren, geweißten Holzkästen enthielten Kleidungsstücke, Staatsgewänder, die offenbar wegen ihres kostbaren Besatzes gestohlen worden sind. Vorhanden waren noch ein Paar Sandalen, einige ziemlich abgetragene Leinentücher und ein sehr merkwürdiger, bei gewissen Zeremonien getragener Halskragen aus Gold und Perlen, der an ältere, der heutigen Stola ähnliche, liturgische Gewandstücke erinnert. Er besteht aus sieben Reihen von scheibenförmigen Perlen aus blauer Fayence, die in gewissen Zwischenräumen von Goldstegen auseinandergehalten werden. Die Enden bilden goldene Königsringe Tut-ench-Amuns, des »von Ptah und von Soker geliebten«, und je vier »Lebenszeichen«. Er ist halbrund, so daß er den Hals umschließt, und muß dementsprechend als Halskragen getragen worden sein.

Wie bereits bemerkt, wurden die Schreibgeräte in einer der größeren Truhen gefunden, in die sie hineingeworfen sein müssen, da sie eigentlich in einen anderen Kasten gehörten. In welchen, läßt sich jedoch nicht mit Bestimmtheit feststellen.

Nach den Texten, die wir als »Totenbuch« (Kap. 94) kennen, gehörten Palette oder Schreibzeug zur wesentlichen Ausstattung des Verstorbenen. Sie waren das Handwerkzeug Thoths, des Gottes der Rede, der Schreib- und der Rechenkunst, und wurden darum heilig gehalten. Eine große Anzahl von Paletten mit nachgeahmten Farben und Schreibrohren, die offenbar rituellen Zwecken dienten, wurden in der Seitenkammer, einem anderen Raum des Grabes, gefunden. Sie waren, wie ich annehme, tatsächlich der persönliche Besitz des Königs (Abb. 54). Eine davon ist mit Goldblech überzogen; ihre Farben und Schreibrohre sind völlig unversehrt. Sie trägt den Atonnamen des Königs, der »geliebt ist vom großen Gotte Thoth«, woraus hervorgeht, daß sie aus dem Anfang der Regierung des Königs stammt, und ferner, daß Thoth auch während des sogenannten Monotheismus der Atonzeit als Gott verehrt wurde. Eine zweite Palette aus reinem Elfenbein, deren Farben und Schreibrohre ebenfalls vollständig sind, trägt die Amunnamensform des Königs, »geliebt von Atum von Heliopolis«,

Tafel XIII Eine der Schawabti-Figuren des Königs ▶

von »Thoth« und von »Amon-rē«, ein Hinweis darauf, daß sie der späteren Regierungszeit angehört. Die Farben, Rot und Schwarz, zeigen deutliche Merkmale des Gebrauchs.

Das Gegenstück zur Palette, der Federkasten oder, genauer ausgedrückt, der Schreibrohrbehälter, ist eine reizende Reliquie, die uns an unsere Schulzeit gemahnt. Er hat die Form einer Säule mit Palmenkapitell. Schaft und Kapitell sind reich ornamentiert und zur Aufnahme der Schreibrohre ausgehöhlt. Der sich um einen Stift drehende Abakus dient als Deckel. Der Behälter enthielt eine Reihe feiner Schreibrohre.

Palette und Schreibrohrbehälter bilden zusammen das Hieroglyphenzeichen *sesch* »Schreiben«, »Schreiber« und verwandte Wörter, das aus Palette, Wasserschälchen und Rohrhalter besteht. Die Elfenbeinschale, die mit diesen Stücken gefunden wurde, diente offenbar als Wasserschale, wenn sie auch nicht dieselbe Form zeigt wie das Gefäß in dem Schriftzeichen. Sie ist aus einem einzigen Elfenbeinstück gedreht und hat einen Durchmesser von $16^1/_4$ Zentimeter; sie läßt auf die Größe der Elefantenzähne schließen, die man zu jenen Zeiten aus den Gegenden des oberen Nil bezog.

Die Bestimmung des geschmackvollen, sonderbaren hammerförmigen Elfenbeininstrumentes (Abb. 54) ist nicht so leicht erkennbar. Da sein Oberteil in einer Goldkapsel steckt, handelt es sich vermutlich um ein Polierinstrument zum Glätten der rauhen Oberflächen des Schreibpapyrus. Daß es zu den übrigen Stücken gehört, scheint um so sicherer zu sein, da wir vor ein paar Jahren ein ähnliches Instrument zusammen mit einem Schreibzeug gefunden haben (s. Carnarvon und Carter, *Five Year's Explorations at Thebes*, Seite 75–77, Tafel 66). Der aus Papyrusmark gefertigte, leinengefütterte Korb, der dem Amon-rē, Harachte, Ptah und der Sachmet geweiht war, gehört ebenfalls zu diesem Teil der Ausstattung. Ein Hinweis auf die bereits früher erwähnten, weit weniger königlichen Schreibgeräte mag zeigen, was dieser Korb ursprünglich enthalten hat.

Zu den Paletten, dem Schreibrohrbehälter und dem kleinen Polierinstrument möchte ich noch bemerken, daß die außerordentliche Feinheit, die diese Stücke in allen Einzelheiten auszeichnet, besondere Aufmerksamkeit verdient. Sie erinnern in ihrer schlichten Schönheit an die einfache Kunst früherer Jahrhunderte. Als man das Körbchen öffnete, hoffte man, darin etwas Geschriebenes, vielleicht eine Probe der Schönschreibekunst des königlichen Knaben zu finden. Aber wie das ganze Grab kein einziges Schriftstück enthielt, so war auch dieses Körbchen leer.

So sehr auch der Verstorbene mit Osiris gleichgesetzt wurde, macht es doch den Eindruck, als ob die Toten die Fronarbeit für diese Gottheit fürchteten. Denn Osiris verlangte als Gott der Toten die Arbeit des Pflügens, des Bewässerns und des Kornpflanzens auch auf den »Gefilden der Seligen« und sprang in der anderen Welt genauso mit seinen Untertanen um wie zu der Zeit, als er auf Erden der große König und Lehrer des Ackerbaus war.

Um diesem Geschick zu entrinnen und den Toten von den unangenehmen Pflichten einer derartigen Fronarbeit zu entbinden, befinden sich in diesem Grabraum und ebenso in der Seitenkammer in großer Anzahl sogenannte Schawabtifiguren, Totenstatuetten, die den König wie eine Mumie in Leinwand gewickelt darstellen. Diese Zauberfiguren waren ursprünglich aus Schawabtiholz gemacht, wovon sich ihr Name herleitet. Nach dem sechsten Kapitel des »Totenbuches« war es ihr Amt, den Toten in der Unterwelt zu vertreten, falls er zur Verrichtung ermüdender Arbeiten gerufen werden sollte, »auch wenn der Mann dazu gehalten ist, die Felder zu bestellen, die Weiden zu bewässern oder Sand vom Osten gen Westen zu schaffen«. Wenn der Verstorbene zur Arbeit gerufen wird, sollen diese Figuren antworten: »Hier bin ich.«

Die Werkzeuge der Schawabtifiguren – Hacke, Spaten, Joch, Korb und Wassergefäß – sind entweder auf ihnen selbst dargestellt oder ihnen als Modelle in Kupfer und Fayence bei-

◀ Tafel XIV Alabastergefäß

gegeben. Sie weisen deutlich auf die Pflichten hin, die sie für ihren verstorbenen Herrn im künftigen Leben erfüllen sollen. Daß diese Figuren in unserem Falle Abbilder des zum Osiris gewordenen Königs sind, geht einwandfrei aus den auf ihnen befindlichen Namen und Titeln hervor, und bei den feiner gearbeiteten Stücken ganz besonders aus der angestrebten Ähnlichkeit mit Tut-ench-Amun (Tafel XIII).

Sie waren in hölzernen, auf Schlitten ruhenden Schreinen untergebracht, die insgesamt 413 Figuren und 1866 Modellwerkzeuge enthielten. Das gewölbte Dach, der Deckel, eines jeden Schreins war sorgfältig verschnürt und versiegelt. Die Figuren selbst waren aus Holz, aus bemaltem Holz, aus mit Stuck überzogenem und vergoldetem Holz, aus mit Leinwand und Stuck überzogenem und bemaltem Holz, aus Quarzit, Alabaster, aus weißem, gelbem oder kristallinischem Kalkstein, aus grauem oder schwarzem Granit, aus hellblau, dunkelblau, violett oder weiß glasiertem Ton. Einige waren von feinster Arbeit, andere wieder fast primitiv in der Modellierung. Bei den besseren Stücken kommt gleichsam symbolisch die Heiterkeit des Todes zum Ausdruck.

Auf den Fußsohlen von sechs der besser gearbeiteten Holzfiguren sind Widmungen eingeschnitten, die beweisen, daß sie eigens für das Begräbnis hergestellt und von hohen Beamten und zweifellos persönlichen Freunden Tut-ench-Amuns gestiftet worden waren. Die Widmungen lauten:

»Angefertigt von dem treuen Diener, der seinem Herrn Gutes tut, dem Schreiber des Königs, Min-necht, für seinen Herrn, den Osiris, den Herrn der beiden Länder, Neb-cheperu-Rē, den Gerechtfertigten.«

»Angefertigt von dem Schreiber des Königs, dem Obersten Min-necht, für seinen Herrn, den Osiris, Neb-cheperu-Rē, den Gerechtfertigten.«

»Osiris, dem König Neb-cheperu-Rē, dem Gerechtfertigten, angefertigt von dem Diener, der den Namen seines Herrn leben läßt, dem Obersten Min-necht.«

»Angefertigt von dem Diener, dem Geliebten seines Herrn, dem Obersten Min-necht, für seinen Herrn, den Osiris, den König Neb-cheperu-Rē, den Gerechtfertigten.«

»Angefertigt von dem Fächerträger zur Rechten des Königs Min (-necht) für seinen Herrn den Osiris, Neb-cheperu-Rē, den Gerechtfertigten.«

»Angefertigt von dem Diener, der seinem Herrn Neb-cheperu-Rē Gutes tut, von dem Aufseher der Schatzkammer Mej.«

Derartige Widmungen bestätigen die Annahme Spiegelbergs und Newberrys, daß solche Figuren von Untergebenen des Verstorbenen, die ihrem Herrn nicht nur im Leben, sondern über den Tod hinaus ihre Dienste widmeten, gestiftet wurden.

Min-necht ist möglicherweise derselbe Mann, der das Felsengrab für König Eje in Wadein (thebanisches Westufer) angelegt hat und der auf einer unveröffentlichten Stele bei Achmim aus der Regierungszeit Ejes erwähnt ist. Von demselben Beamten befinden sich auch Denksteine im Britischen Museum und in Berlin. Mit dem »Aufseher der Schatzkammer« Mej werden wir uns weiter unten beschäftigen.

Mit den Schawabtifiguren hängt ein an Osiris erinnerndes Figürchen des toten Königs zusammen, das in diesem Raume, sorgfältig in Leinwand gewickelt, in einem länglichen Kästchen gefunden wurde (Tafel XVIa). Es ist aus Holz geschnitzt und stellt den König in Gestalt einer Mumie, wie sein göttliches Urbild, auf einer löwengestaltigen Totenbahre liegend dar. Das Haupt ist mit einem Kopftuch, wie es die Könige zu tragen pflegten, bedeckt und trägt vorn die Königsschlange. Die von der Umwicklung freien Hände hielten einst die Abzeichen des Osiris – Krummstab und Geißel –, die aber jetzt leider fehlten. Auf der linken Seite steht der Seelenvogel, die Mumie mit dem linken Flügel beschirmend, und auf der anderen Seite der Falke, der Ka oder »der Geist«, der die Mumie mit dem rechten Flügel

Abb. 54 Meritatons Schreibpalette (unten), Tut-ench-Amuns elfenbeinerne und goldene Schreibpalette (links und rechts), sein Polierinstrument und Rohrfederbehälter

schützt. Beide haben wohl als bildliche Zeichen göttlichen Schutzes für »Seele« und »Geist« des verstorbenen Königs zu gelten. Zu diesem Figürchen gehörte ein Satz kleiner Werkzeuge, eine kupferne Hacke, ein Spaten, ein Joch und zwei Körbe, ganz ähnlich den als Zubehör bei den Schawabtifiguren gefundenen Stücken.

Die auf der Bahre eingeschnittenen Widmungen lauten: »Angefertigt von dem Diener, der Seiner Majestät Gutes tut, der das sucht, was gut ist, und das findet, was fein ist, und der es vollkommen tut um seines Herrn willen, welcher ausgezeichnete Dinge tut (leistet) an dem Herrlichen Ort, von dem Aufseher der Bauten an dem Ort der Ewigkeit, dem königlichen Schreiber, dem Aufseher der Schatzkammer, Mej.«

»Angefertigt von dem Diener, der seinem Herrn Gutes tut, der ausgezeichnete Dinge am Ort der Ewigkeit sucht, dem Aufseher der Bauten im Westen, dem Geliebten seines Herrn, der das tut, was er (sein Herr) sagt, der nicht zuläßt, daß etwas nicht richtig ausgeht, dessen Antlitz voll Freude ist, wenn er das, was er tut, mit liebendem Herzen tut als etwas, das seinem Herrn zum Vorteil gereicht. Der königliche Schreiber, geliebt von seinem Herrn, Aufseher der Schatzkammer, Mej.«

Die Inschriften auf dem Figürchen selbst lauten: »Worte, gesprochen von dem gerechtfertigten König Neb-cheperu-Rē: Steige herab, meine Mutter Nut, und breite Dich über mich, und laß mich die unvergänglichen Sterne sein, die in Dir sind.« »Geehrt bei« ... Imesti, Hepi, Anubis, der am Ort der Balsamierung ist, Anubis, Dua-mutef, Kebeh-snewef, Horus und Osiris. (Diese Übersetzung verdanke ich Battiscombe Gunn.)

Es ist geschichtlich wichtig, daß dieses Figürchen von Mej, dem Aufseher der Bauten am Ort der Ewigkeit, d.h. des Grabes, angefertigt wurde, der dem König auch eine Schawabtifigur gestiftet hatte. Er hatte aller Wahrscheinlichkeit nach die Ausschachtung des Königsgrabes zu leiten und ist derselbe, der im 8. Regierungsjahre Haremhabs beauftragt wurde, mit seinem Gehilfen, dem Statthalter von Theben, Thutmosis, die Begräbnisstätte des Königs Thutmosis' IV., die durch Grabräuber Schaden genommen hatte, wiederherzustellen. Dies muß etwa elf Jahre nach der Bestattung Tut-ench-Amuns und anscheinend um die gleiche Zeit geschehen sein, in der das Grab Tut-ench-Amuns nach den verschiedenen Plünderungsschäden neu versiegelt wurde. Es ist darum nicht unmöglich, daß Mej auch die Wiederversiegelung des Tut-ench-Amun-Grabes zu besorgen hatte, zumal die am Grabe Thutmosis' IV. benutzten Siegel eine auffallende Ähnlichkeit mit den Siegeln haben, mit denen das Grab Tut-ench-Amuns neu verschlossen wurde.

Während der Regierung Tut-ench-Amuns trug Mej die Titel: »Aufseher der Bauten am Ort der Ewigkeit, Aufseher der Bauten im Westen, Aufseher der Schatzkammer, Schreiber des Königs«. Unter Haremhab erreichte er dagegen die Würde eines »Fächerträgers zur Linken des Königs, des Leiters des Amunfestes in Karnak«, und wir erfahren ferner, daß er ein »Sohn des Arztes Aui, geboren von einer Frau namens Urt«, gewesen ist.

Eine einfache, längliche Holzkiste, die an der Nordseite des Eingeweideschreins stand, war ihres Inhaltes von Plünderern restlos beraubt worden. Ihr sattelförmiger Deckel war verkehrt wieder aufgesetzt, und außer dem Packmaterial fand sich nichts in den acht rechteckigen Fächern. Dieses bestand aus Stücken von Papyrusschilf und aus zerriebenem Papyrusmark. Auf dem Boden eines jeden Faches lag ein kleines Bündel langfaseriger Leinenmatten. Keine Spur verriet den ursprünglichen Inhalt, wenn auch die sorgfältige Anordnung des Packmaterials darauf hinweist, daß es sich um zerbrechliche Gegenstände – vielleicht Glas – gehandelt hat.

Soweit waren die Entdeckungen in dem Grab kaum mehr als eine Folge von Gegenständen oder sagen wir lieber Gruppen von Gegenständen, die allerdings eine prächtige Begräbnisausstattung darstellen. Aber nunmehr stoßen wir auf ganz unerwartete Dinge.

Oben auf den Schreinen mit den Schawabtifiguren stand ein kleiner hölzerner Sarg in Menschenform, etwa dreiviertel Meter lang und ganz wie ein Sarg für vornehme Leute der Zeit gearbeitet. Er war mit einer glänzenden Schicht von schwarzem Harz überzogen und mit vergoldeten Spruchbändern verziert, die sich auf die Schutzgottheiten des Toten bezogen. Um Hals und Fußgelenke waren Leinwandstreifen geknotet, und er war mit dem Siegel der Totenstadt verschlossen. Er enthielt einen zweiten Sarg aus stuckvergoldetem Holz, der wie ein Königssarg verziert war. Keiner der beiden Särge trug jedoch königliche Abzeichen, obwohl die daraufgeschriebenen Formeln die Namen Tut-ench-Amuns aufweisen. Der zweite Sarg enthielt einen dritten, kleineren aus Holz und daneben eine Statuette Amenophis' III. aus massivem Gold, die in ein besonderes Stück Mumienleinwand gewickelt war. In dem dritten Sarge befand sich ein vierter, ebenfalls aus Holz und menschengestaltig, kaum $12^1/_2$ Zentimeter lang. Er war in Leinwand gewickelt, mit einer Schnur aus winzigen Perlen am Hals zugebunden, an den Fußgelenken versiegelt und mit Salbölen durchtränkt, genau wie es bei einem Königsbegräbnis der Fall war. Er trug Titel und Namen der Königin Teje und enthielt eine sorgsam in Leinen gewickelte geflochtene Haarlocke von ihr.

Solche Familienerbstücke – wie diese kastanienbraune Locke der großen Fürstin, der Großen Gemahlin des Königs, der Herrin der beiden Länder, Teje, und die Statuette ihres königlichen Gemahls Amenophis' III. – sind Zeugen innigster Verbundenheit. Sie waren aller Wahrscheinlichkeit nach Stücke persönlichsten Besitzes, die in der Familie geblieben waren und sich rechtmäßig vererbten. Tut-ench-Amun war der letzte Erbe als der letzte Sproß des Herrscherhauses der Amenophis. Folglich wurden ihm diese Familienerbstücke ins Grab gelegt. Die Goldstatuette hing an einer Kette, die in Quasten endete, mit denen sie hinten am Nacken zugebunden werden konnte. Es war ein Kleinschmuckstück und als solches behandelt. Die Haarlocke war echt. Sie kam von einem Mitglied des Königshauses und war deshalb zu einem königlichen Begräbnis berechtigt.

Abb. 55 Sarg und Mumie eines totgeborenen Kindes

Aber noch ungewöhnlicher war der Inhalt zweier anderer kleiner mumienförmiger Särge, die, und zwar der eine mit den Füßen am Kopf des anderen liegend, in einem Holzkasten neben den eben erwähnten Särgen gefunden wurden. Beide waren so gearbeitet, wie es für Vornehme üblich war. Sie waren mit schwarzem, glänzendem Harz überzogen und mit Bändern von vergoldeter Schrift verziert, die sich auf die Schutzgottheiten des Toten beziehen. Sie waren jedoch nur einem ungenannten »Osiris« (Verstorbenen) gewidmet. Die Särge waren sorgfältig mit Leinenstreifen an drei Stellen zugebunden, und zwar am Hals, in der Mitte und an den Fußgelenken, und jedes der Leinenbänder hatte ein Tonsiegel mit dem Abdruck des Siegels der Totenstadt. Jeder Sarg enthielt einen ganz ähnlichen vergoldeten inneren Sarg. In dem einen lag eine kleine Mumie, dem Bestattungsbrauch der 18. Dynastie gemäß behandelt. Eine vergoldete Stuckmaske – viel zu groß – bedeckte ihren Kopf. Die Leinwandwicklung umhüllte die wohlerhaltene Mumie eines totgeborenen Kindes (Abb. 55). Bei dem anderen enthielt der innere Sarg eine etwas größere Mumie einer Frühgeburt, die ebenfalls vorschriftsmäßig gewickelt war.

Diese traurigen menschlichen Überreste lassen kaum einen Zweifel, daß es sich um Nachkommen Tut-ench-Amuns handelt, und wenn uns auch der endgültige Beweis dafür fehlt, so sind es aller Wahrscheinlichkeit nach Kinder der Anches-en-Amun gewesen. Möglicherweise waren diese beiden Frühgeburten Folgen eines Zufalls und einer physischen Anomalie der jungen Königin. Man darf jedoch nicht vergessen, daß ein Unfall, der der erwartenden Mutter zustieß, den Thron für diejenigen frei machte, die nur allzu eifrig ihn zu besteigen trachteten. Deutungen sind das ausschließliche Recht des Historikers. Eine wirkliche Nachprüfung, wie sie hier notwendig ist, verlangt eine methodische, wissenschaftlich und rein objektive Behandlung.*)

Wie bereits gesagt, lagen die beiden Särge nebeneinander, der eine mit den Füßen am Kopf des anderen, in demselben Kasten. Es ist nicht uninteressant zu wissen, daß das obere Stück des größeren Sarges am Fußende abgehackt war, weil es den Deckel am Schließen hinderte. Wir konnten etwas Ähnliches am äußeren Sarge des Königs feststellen. Eine weitere Merkwürdigkeit war das Fehlen einer Maske über der Mumie des größeren Kindes. In dem von Theo M. Davis entdeckten Versteck, in dem sich Überbleibsel von dem feierlichen Begräbnis Tut-ench-Amuns fanden, war auch eine Maske aus vergoldetem Gips von ähnlicher Größe und Art wie die von uns bei der kleineren Kindermumie gefundene. War diese Maske möglicherweise für die größere Mumie bestimmt gewesen und nicht verwendet worden, weil sie zu klein war und nicht auf den Kopf paßte?

Der Inhalt einer anderen Kiste in dieser Gruppe darf nicht unbeschrieben bleiben. Sie war in der üblichen Weise versiegelt, aber das Siegel war erbrochen, und der Deckel stand halb offen, ein deutlicher Beweis dafür, daß sie von Räubern ausgeplündert war. Die Kiste war leer bis auf sechzehn kleine Modellwerkzeuge, von denen eins auf dem Boden daneben gefunden wurde. Es ist nun einmal das Schicksal des Archäologen, daß er oft von ganz Unerwartetem überrascht wird. Diese Miniaturwerkzeuge, die in dunkel gemaserten Holzgriffen steckten, erwiesen sich als aus Eisen gefertigt.

Zwei sind lanzettenförmig, zwei an der Spitze gedreht, zwei gleichen Meißeln und haben eine leichte Einbuchtung am oberen Ende, drei sind wie gewöhnliche Meißel, drei andere ähnlicher Art wie die der dritten Gruppe, nur daß sie längere Griffe haben, und die letzten vier sind Meißel mit breiten, flachen Enden, die in kurze, flache Griffe eingesetzt sind. Die Metallteile sind ungefähr ein halbes Millimeter dick, während Länge und Breite zwischen

*) Die Ausführungen, die Dr. Douglas Derry darüber im Anhang der Originalausgabe (Bd. III, S. 194) gemacht hat, sind in diesem Buch nicht enthalten (Anm. d. Verl.).

2,7 × 1,5 und 0,85 × 0,30 Zentimeter wechseln. Sie sind mit dem wohlbekannten rötlichen Rost bedeckt. A. Lucas schließt seine Untersuchung mit den Worten:

»Sie machen samt und sonders den Eindruck von oxydiertem Eisen, reagieren auf den Magneten, und Bruchteile der zersetzten Oberfläche zeigen die dem Eisen eigentümliche chemische Wirkung. Die Zersetzung kann, wie es in einem Falle auch tatsächlich geschehen ist, mit Hilfe einer starken Lösung von HNO_3 entfernt werden, wodurch die Oberfläche den Glanz von metallischem Eisen erhält.«

Diese Werkzeuge scheinen völlig aus dem Rahmen der Dinge zu fallen, die zu den Grabbeigaben eines Königs gehören. Es wäre kaum verständlich, wenn eine so große Kiste nichts weiter als diese kleinen Werkzeuge enthalten hätte. Die leichte und unsolide Arbeit deutet darauf hin, daß es Nachbildungen waren, nicht zu wirklichem Gebrauch bestimmt. Sollte dies aber doch der Fall sein (es sich also nicht um rituelle Werkzeuge handeln), so würden sie ein völlig neues Licht auf den Gebrauch von Eisen im Ägypten der geschichtlichen Zeit werfen. Wenn sie aber Nachbildungen waren, läßt sich ihr Vorhandensein dadurch erklären, daß es sich um ein bis dahin unbekanntes und ungewöhnliches Metall gehandelt hat. Vielleicht waren sie Geschenke für den König zur Erinnerung an das erste Eintreffen oder die Entdekkung dieses Metalles in Ägypten. Bei aller Würdigung der historischen Bedeutung ist jedoch Vorsicht geboten, wenn man sich nicht zu absurden Schlüssen über das Metall und seinen Gebrauch im alten Ägypten hinreißen lassen will.

Obwohl Eisenerz in der östlichen Wüste Ägyptens und auf der Sinaihalbinsel in reichlichen Mengen vorkommt, und obwohl die Gewinnung von Kupfer größere Ansprüche an metallurgische Fähigkeiten stellt, beschränkten sich die Ägypter fast ausschließlich auf den Gebrauch von Kupfer und Bronze. Erst in der hier in Frage kommenden Zeit haben wir einen wirklich authentischen Beweis für die Verwendung von Eisen. Aber auch während der Regierung Tut-ench-Amuns scheint es nach allem doch noch ein fremdartiges und neues Metall gewesen zu sein. Kupfer und, als sein Nachfolger, Bronze sind die in der ganzen älteren Zeit allgemein gebrauchten Metalle, und Gegenstände aus Eisen sind in Ägypten auch noch während der späteren Dynastien und der Fremdherrschaften selten und vereinzelt geblieben.

Auf Grund der gelegentlichen Entdeckung von Eisengegenständen ist behauptet worden, daß Eisen den Ägyptern seit der Zeit der großen Pyramide und selbst in vorgeschichtlichen Tagen bekannt war und von ihnen verwendet wurde. Andererseits bin ich auf die Bemerkung gestoßen, daß die Seltenheit von Eisen bei ägyptischen Altertümern der Tatsache zuzuschreiben sei, daß es sich ja bei diesen meist um Grabbeigaben handele und daß Eisen von den alten Ägyptern als unreines Metall betrachtet und darum von ihnen niemals zu religiösen Zwecken gebraucht worden sei.

Eine solche Schlußfolgerung erscheint mir aus zweierlei Gründen unhaltbar. Erstens: Ich habe in den geplünderten Gräbern Amenophis' I. und Thutmosis' I., den beiden Gräbern der Königin Hatschepsut, den Gräbern Thutmosis' IV. und Amenophis' III. den Sand durchgesiebt und unter den zahlreichen Bruchstücken verschiedenster Gegenstände bis zu den kleinsten Perlen und winzigsten Stückchen Kupfer und Bronze vor der Entdeckung unseres Grabes, in dem sich neunzehn Gegenstände aus Eisen fanden, auch nicht eine einzige Spur von Eisen gefunden. Auch während meiner jahrelangen Ausgrabungen im Tale der Könige, wo ich in den verschiedenen Trümmerschichten zahlreiche Spitzen von Bronzemeißeln fand, die den Steinmetzen beim Aushauen der unterirdischen Grabkammern abgebrochen waren, bin ich niemals auf eine Spur von Eisen und noch weniger auf ein eisernes Werkzeug gestoßen. – Zweitens: Warum befanden sich, wenn die Ägypter Eisen als unrein betrachteten, eiserne Gegenstände, z.B. eine Kopfstütze, ein Horusauge und ein eiserner Dolch, auf den geheiligten Überresten des Tut-ench-Amun? Es ist eine Tatsache, daß wir von seiner Regierungszeit an bestimmte Totenamulette aus diesem Metall haben. In unserem Grabe waren zwei der Gegenstände aus Eisen ohne Zweifel rituellen Charakters, die übrigen wahrscheinlich nur Nachbildungen von Handwerkszeug. Mindestens sechzehn Stücke scheinen nichts als Nachbildungen von Handwerkszeug von Künstlern zu sein.

Gehen wir einmal kurz durch alle ägyptischen Museen in Europa und ebenso durch das Museum in Kairo mit ihren mehr als 50000 Stücken aller Art und sehen wir uns die Gegenstände an, die nachweisbar aus Eisen sind. Ich glaube, es genügt, wenn man sagt, daß sich unter all dem Material, das von der vorgeschichtlichen Zeit bis zu den spätesten Dynastien reicht und das Ergebnis einer über hundert Jahre alten Forscherarbeit in Ägypten ist, nur zwölf oder dreizehn Stücke aus Eisen zu verzeichnen sind. Von diesen stammen, unter Einschluß der hier erwähnten Funde, nur ungefähr fünf unbestreitbar aus geschichtlicher Zeit. Ich glaube, diese Tatsache bietet den Schlüssel für die Erkenntnis des wirklichen Sachverhaltes. Die Ägypter haben sich mit Ausnahme von wohl nur ganz seltenen Gelegenheiten überhaupt nicht mit Eisen abgegeben. Sie waren ein äußerst konservatives Volk. Ihre Metallkunst beschränkte sich auf Kupfer und Bronze, und alle ihre herrlichen Arbeiten sind in diesen beiden Metallen ausgeführt.

Zusammenfassend möchte ich feststellen, daß der historische Wert dieser aus Eisen hergestellten Stücke meiner Ansicht nach weniger in dem wirklichen Gebrauch des Metalles liegt als darin, daß es in Ägypten eingeführt worden ist. Sie erbringen den nicht mehr zu bezweifelnden Beweis, daß die Ägypter jener Zeit Eisen kannten, wenn sie es auch nicht unbedingt in größerem Maße verwendet haben. Ich möchte noch hinzufügen, daß bis auf den Dolch des Königs alle eisernen Gegenstände in seinem Grab von grober Arbeit sind.

Wenden wir uns nunmehr wieder zu der Kiste, in der die eisernen Werkzeuge gefunden wurden. Es ist nicht ausgeschlossen, daß die vier Leuchter in Form des Schriftzeichens für »Leben«, die in der Vorkammer auf dem Gepardenruhebett gefunden wurden, auch aus dieser Kiste stammten. (Ich bin heute überzeugt davon, daß es sich um eine Darstellung von Geparden und nicht von Löwen handelt, wie ich früher geglaubt habe.) Wir haben in verschiedenen Fällen sattsamen Beweis dafür, daß Metallgegenstände von den Räubern in die Vorkammer gebracht wurden, wo sie sie genauer ansahen und entweder ganz wegwarfen oder Stücke abbrachen oder sich entschlossen, sie mitzunehmen. Die Leuchter waren ohne Frage nicht an dem Platz, an den sie gehörten. Ganze Teile fehlten, und die mit schwarzem Harz überzogenen Holzfüße zeigen denselben Stoff wie die Flecke auf dem Boden der Kiste. Ihre Maße, Höhe sowohl wie Umfang, entsprechen jedenfalls genau denen der Kiste. Die Vergoldung auf den Leuchtern mag von den Grabräubern im Zwielicht für reines Gold gehalten worden sein, eine Täuschung, derer sie erst bei der näheren Betrachtung in der Vorkammer gewahr wurden. Dies ist in Ermangelung einer besseren Erklärung zum mindesten ein möglicher Schluß.

In der Nordwestecke des Raumes stand schräg gegen die Mauer gelehnt der Bogenkasten des Königs, der mit feinen Einlagen verziert war, wie sie der 18. Dynastie und besonders der Regierungszeit Tut-ench-Amuns eigen sind. Sie sind in zwei verschiedenen Techniken ausgeführt, und zwar in Relief und in Flächenarbeit. Die Reliefornamente sind aus dünnem Goldblech gehämmert und auf eine besonders dazu vorbereitete Unterschicht aufgelegt. Die Flächenornamente, die bei dem Bogenkasten überwiegen, bestehen aus Einlagen aus verschiedenen Arten von Rinde, aufgelegten gefärbten Lederstreifen und Blattgold. Dazwischen befinden sich hier und da irisierende Käferflügel, die dem Ganzen eine außerordentlich harmonische Farbenwirkung geben. Es ist eine Art von Ausschmückung, die an Wirkung und künstlerischem Wert kaum der Malerei nachsteht. Die Geduld und das Geschick der alten Kunsthandwerker bei Ausführung dieser Arbeit zwingt uns volle Bewunderung ab.

Sowohl auf der rechten wie auf der linken Hälfte des Bogenkastens handelt es sich um überlieferte symbolische Ornamente. Das Hauptthema sind idealisierte Jagdszenen mit dem König als Mittelpunkt. Die Umrahmung des Kastens und die Randleisten, die um das Mittelfeld laufen, zeigen Girlanden-, Palmblatt- und geometrische Muster sowie hieroglyphische Schriftbänder. In den Eckfeldern an beiden Enden des Kastens, deren Abschluß Gepardenköpfe aus violetter Fayence mit vergoldeten Mähnen bilden, befinden sich kleine symbolische Szenen, in denen der König als menschenköpfiger Löwe die ausländischen Feinde Ägyptens niedertritt. Die Mittelfelder in getriebener Goldarbeit zeigen den König mit Bogen und Pfeil auf seinem Jagdwagen, begleitet von seinen Hunden, die bellend oder die Beute scheuchend neben oder vor den Rossen herjagen. Die dreieckigen Felder zu beiden Seiten stellen in feinster Einlagetechnik die verschiedensten Tiere der Wüste dar, von den Pfeilen des Königs getroffen. Der Bogenkasten gehörte augenscheinlich zu einem der königlichen Jagdwagen, die, in Stücke zerlegt, in diesem Raume gefunden wurden. Kupferösen dienten zu seiner Befestigung an dem Wagen. Er enthielt drei sauber gearbeitete, aus mehreren Stücken zusammengesetzte Bogen, die sich in einem recht unerfreulichen Zustand befanden. Das ursprünglich feste Innere muß sich schon in früher Zeit zu einer Gallertmasse verwandelt haben, denn das Ganze war ausgelaufen und zu einem einzigen Klumpen zusammengetrocknet.

Eine genaue zoologische Untersuchung der dreieckigen Felder ist nicht ohne Interesse. Die roten Antilopen mit den charakteristischen langen Köpfen und dem hohen Ansatz für die eckigen, lyraförmigen Hörner, mit dem halblangen, haarigen Schwanz lassen sich ohne weiteres als Mitglieder der nordafrikanischen Arten des Hartebeest erkennen. Die weißen Antilopen mit den langen Hörnern sind entweder weiße Säbelantilopen *(Oryx leucoryx)* oder vielleicht auch, nach den geraden Hörnern zu urteilen, weiße arabische Oryx *(Oryx beatrix)*. Die kleineren, sandfarbigen Antilopen mit den am Ende lyraförmig gebogenen Hörnern sind vermutlich gemeine Dorkasgazellen oder eine ihnen nahe verwandte Art. Sie sind genauso wie die oben bereits festgestellte größere Antilope und der auf denselben Feldern abgebildete Wüstenhase als Bewohner der offenen Wüstenlandschaften anzusprechen, die die Jagdszenen offenbar darstellen. Das ziegenartige Tier mit den langen, allmählich zurückgebogenen Hörnern, die an der Vorderseite Riefen zeigen und glatte Enden haben, trägt alle Merkmale des Steinbocks *(Capra ibex sinaitica)*. Derartige Antilopen bevölkern hochgelegene, insbesondere gebirgige Gegenden. Nicht leicht vereinbar mit der Tatsache, daß man mit Wagen, Bogen und Pfeil nur bei Tage auf die Jagd gehen kann, ist es, daß wir in diesen Szenen auch die gestreifte Hyäne finden, die ein typisches Nachttier ist und sich tagsüber in dunklen Höhlen oder gelegentlich in selbstgegrabenen Gruben aufhält. Noch mehr verwirrend ist eine andere Einzelheit. Einige Steinböcke sind mit großen dunklen Flecken dargestellt, wie sie meines Wissens weder bei den afrikanischen oder asiatischen noch bei den europäischen Steinbockarten bekannt sind.

Auf den Denkmälern des Alten und Mittleren Reiches erscheinen Antilope und Steinbock als Haustiere. Sie wurden für die Tafel gemästet. Junge Steinböckchen lassen sich mit Ziegenmilch nähren und leicht zähmen. Da sich die Steinböcke mit den Hausziegen mischen (Cuvier), ist es nicht unmöglich, daß die hier abgebildete gefleckte Art aus einer solchen Mischung stammt. Wenn dies der Fall ist, dann gewinnen die Jagdszenen neue Bedeutung und werfen ein höchst interessantes Licht auf den Jagdsport der Pharaonen. Man kommt auf den Gedanken, daß Wild für Zwecke der Jagd eigens gezüchtet und gehalten wurde und daß man besondere Schutzstätten oder Gehege hatte, ganz nach Art der altpersischen Pairidäza, eines Wildparkes oder Geheges. Jagden innerhalb von Kralen oder Zariben, in manchen Fällen ziemlich weit ausgedehnten, mit Netzen umstellten Flächen, finden sich auf Wanddarstellungen in altägyptischen Gräbern.

Bei den zerlegten Teilen der Jagdwagen, die in diesem Raume gefunden wurden, befand sich schließlich auch noch eine Peitsche mit der Inschrift: »Der Königssohn, Führer des Heeres, Thutmosis.« Wer ist dieser königliche Prinz gewesen? Und wer war während der Regierungszeit Tut-ench-Amuns alt genug, um Heerführer sein zu können? War es ein Sohn Thutmosis' IV. oder ein Sohn Amenophis' III.? Diese Frage ist noch zu lösen. Wenn es ein Sohn Thutmosis' IV. war, der noch zur Zeit der Bestattung Tut-ench-Amuns lebte, dann muß er mindestens sechzig oder mehr Jahre alt geworden sein. War es dagegen ein Sohn Amenophis' III., wie man wohl annehmen dürfte, dann kann er kaum mehr als etwa fünfunddreißig Jahre alt gewesen sein, als Tut-ench-Amun starb. Ein derartiger Indizienbeweis ist nicht unwichtig für die endgültige Bestimmung seiner Herkunft.

Die Seitenkammer

(Vorratskammer)

21

Während der beiden letzten Grabungskampagnen in der Schatzkammer hatten wir an dem Zustand der dort lagernden Altertümer nicht allzuviel auszusetzen. Das läßt sich von der Arbeit des nächsten Winters nicht sagen.

Im Gegensatz zu der verhältnismäßig guten Ordnung in der Schatzkammer fanden wir in dem letzten Raum – der Seiten- oder Vorratskammer – ein jeder Beschreibung spottendes Gewirr von allen möglichen Grabgegenständen, die kreuz und quer übereinander lagen: Ruhebetten, Lehnsessel, Stühle, Schemel, Fußbänke, Kissen, Brettspiele, Fruchtkörbe, Alabastergefäße, Weinkrüge aller Art, Kisten mit Grabfiguren, Spielzeug, Schilde, Bogen, Pfeile und andere Wurfgeschosse. Truhen waren umgeworfen, ihr Inhalt ausgeschüttet.

Zweifellos war dies das Werk von Grabräubern. Aber in den anderen Räumen war wenigstens einmal der Versuch gemacht worden, aufzuräumen. Für dieses grobe Versäumnis scheinen in der Hauptsache die Beamten der Totenstadt verantwortlich zu sein, die sich zwar um die Vorkammer, die Sargkammer und die Schatzkammer nach dem Einbruch gekümmert, diesen kleinen Raum jedoch vernachlässigt hatten.

Die Schilderung des Durcheinanders läßt sich kaum übertreiben. Es hatte etwas Dramatisches und zugleich Tragisches. Aus dem Bild der Raubsucht und Zerstörungswut trat einem lebendig die Hast der Räuber vor Augen, mit der sie ihre Beute, lediglich Gold und anderes wertvolles Metall, gesucht hatten. Alles übrige scheinen sie mit äußerstem Vandalismus behandelt zu haben. Es gab keinen Gegenstand, der nicht deutliche Merkmale der Plünderung aufgewiesen hätte. Auf einer der größeren Kisten konnte man noch die Fußspuren des letzten Eindringlings sehen (Abb. 56). Der kleine Vorratsraum war nur ein weiterer Zeuge für die Vernachlässigung und Entwürdigung, der die Königsgräber ausgesetzt gewesen sind. Jedes einzelne Denkmal im Tal der Könige beweist, wie hohl und vergänglich die Ehrfurcht des Menschen ist. Kein Grab, das dort nicht geplündert, entehrt und geschändet wurde.

Gegen Ende November 1927 konnten wir endlich diesen letzten Teil unserer Untersuchungen beginnen. Zwei ziemlich anstrengende Arbeitstage vergingen damit, den Weg zu der kleinen Tür freizulegen, die zu dem Raum führte. Die Südecke der Vorkammer, in der sich die Tür befand, war durch eine Reihe großer Stücke von der Bedachung der Schreine verbaut, die ursprünglich den Sarkophag schützend umschlossen hatten, und die wir aus reiner Bequemlichkeit während der früheren Arbeit dort abgestellt hatten. Wir mußten sie an die Nordseite der Vorkammer bringen, um uns genügend Platz zum Eintritt in die Seitenkammer und Raum für den Transport der darin befindlichen Gegenstände zu schaffen.

Der Türeingang war nur $1^1/_4$ Meter hoch und etwa 90 Zentimeter breit. Er war mit Bruchsteinen grob zugemauert und nur an der Außenseite übertüncht. Die noch nasse Tünche hatte zahlreiche Abdrücke von vier verschiedenen Grabsiegeln des Königs (Abb. 7). Bei der Öffnung des Grabes war nur noch der obere Teil der Vermauerung vorhanden, da die Diebe unten durchgebrochen waren. Die Bresche war nicht wieder aufgefüllt worden. Die Siegelabdrücke auf dem oberen Teil lauten: 1. »Der König von Ober- und Unterägypten, Neb-cheperu-Rē, der sein Leben damit verbracht hat, Bildnisse der Götter zu schaffen, auf daß sie ihm täglich Weihrauch, Trank- und andere Opfer spenden.« 2. »Neb-cheperu-Rē, der Bildnisse des Osiris geschaffen hat und sein Haus baute wie zu Anbeginn.« 3. »Neb-cheperu-Rē, Anubis triumphierend über die ›neun Bogen‹« und 4. »Ihr Oberherr Anubis, der triumphiert über die vier gefangenen Völker«.*)

Wie bereits bemerkt, hatten die Diebe ein Loch durch die Vermauerung gebrochen, das ihnen den erwünschten Zugang verschaffte. Es war dasselbe Loch, das auch uns den ersten Einblick in den Raum ermöglicht hatte. Der Raum war verhältnismäßig klein – 4,20 Meter lang, 2,55 breit und 2,52 hoch. Man hatte ihn grob aus dem Felsen herausgehauen und nicht den geringsten Versuch gemacht, ihn etwas aufzubessern. Er war als Vorratsraum angelegt und auch als solcher benutzt worden. Die Zeit hatte sichtbare Spuren der Zerstörung zurückgelassen. Felswände und Decke hatten durch die Feuchtigkeit, die in allerdings nicht gar zu häufigen Zwischenräumen eingedrungen war, ihre natürliche Farbe verloren.

Die Geschichte dieses kleinen Raumes war bei aller Tragik der Geschehnisse, die sich in ihm abgespielt haben mögen, nicht ohne Romantik. Das Bild, das sich vor unseren Augen entrollte, benahm uns den Atem und trieb unsere Neugier auf die Spitze. Wer ahnte, welches Geheimnis sich vielleicht in dem bunten, von gefühlsroher Räuberlust geschaffenen Chaos verbergen mochte. Unsere elektrischen Lampen warfen ihren Schein auf den meterhohen Haufen zusammengepferchter Gegenstände und ließen manche der Grabbeigaben in seltsamen Reliefbildern hervortreten. Merkwürdige Dinge lugten aus den entferntesten Winkeln und Ecken. Unmittelbar vor uns stand ein großer Stuhl, eine Art Thronsessel, das Unterste nach oben gekehrt. Seine Verzierungen stammten aus einer fernen Zeit. Quer durch den Raum, halb umgekippt, lagen Ruhebetten, wie sie noch heute am oberen Nil in Gebrauch sind. Hier stand eine Vase, dort sah eine winzige Figur mit verlorenem Ausdruck zu uns herüber. Dort wieder lagen Waffen verschiedenster Art, Körbe, tönerne und alabasterne Gefäße und Brettspiele, alles in Trümmern zwischen den Steinen, die aus der Vermauerung in den Raum hineingestoßen waren. In einer gegenüberliegenden Ecke hing halb in der Schwebe, als ob sie noch immer zu fallen zögerte, eine zerbrochene Kiste, vollgepfropft mit feinen Fayencegefäßen, die jeden Augenblick zu zerbrechen drohten. Mitten in einem Gewirr von allerhand Gebrauchsgegenständen und Grabemblemen stand fast unversehrt ein Tischchen auf schlanken Beinen. Eingekeilt zwischen Kisten und unter Gegenständen der verschiedensten Art befand sich ein Boot aus Alabaster, ein Löwe und die Figur eines meckernden Steinbocks. Ein Fächer, eine Sandale, das Stück eines Gewandes, ein Handschuh hielten seltsame Kameradschaft mit den Symbolen des Lebens und des Todes. Die ganze Szene schien mit fast theatralischem Geschick eigens dazu gestellt zu sein, dem Beschauer ein Gefühl der Benommenheit zu geben.

Man bleibt nicht ohne Erregung, wenn man den ersten Blick in einen Raum wirft, der in längst vergangenen Zeiten von frommen Händen eingerichtet und mit Siegeln verschlossen worden ist; die Eigenartigkeit der Stätte und der Dinge zwingt zu ehrfürchtigem Schweigen. Aber hier in diesem Raum, wo nichts als Unordnung herrschte, wurde ein solches Gefühl verdrängt und machte den nüchternen Gedanken an die Aufgabe, die zu leisten war, Platz.

Die Methode, die wir schließlich beim Aufräumen der etwa dreihundert Altertümer anzuwenden hatten, war recht prosaisch. Zunächst mußte genügend Raum zum Stehen und Gehen geschaffen werden, und das war nur dadurch zu bewerkstelligen, daß wir uns mit dem Kopf nach unten über die Mauerbresche lehnten, die immerhin ein reichliches Meter hoch war. Bei dieser recht unbequemen Arbeit mußte alle Vorsicht angewandt werden, damit die

*) Die Entzifferung dieser sehr unvollständigen Siegelabdrücke ist zum großen Teil, wenn nicht sogar ganz, der freundlichen Hilfe von Professor Breasted und Dr. Alan Gardiner zu verdanken. Beide haben während der ersten Zeit nach der Entdeckung mehrere Tage unter ziemlich schwierigen Arbeitsverhältnissen dem Studium der Abdrücke gewidmet.

Abb. 56 Das Innere der Seitenkammer

außerhalb unserer Reichweite aufgetürmten Altertümer nicht lawinenartig auf uns niederpolterten. Mehr als einmal mußten wir uns weit hinüberlehnen und uns fast die Arme ausrenken, um einen schweren Gegenstand, den die leiseste Berührung aus dem Gleichgewicht zu bringen drohte, vor dem Sturz zu bewahren. Drei bis vier Leute mußten uns von der Vorkammer aus an Seilen mit Armschlingen halten. Nur dadurch, daß wir immer erst den obersten Gegenstand, den wir erreichen konnten, entfernten, konnten wir schließlich den Eintritt gewinnen und die Schätze langsam zusammenholen. Jedes Stück oder jede Gruppe von Gegenständen mußte zunächst einmal vor dem endgültigen Entfernen photographiert, numeriert und gebucht werden. Dieser Katalogisierung war es zu verdanken, daß wir uns zu guter Letzt wenigstens bis zu einem gewissen Grade einen Begriff von den Vorgängen, die sich in dem Raum abgespielt hatten, machen konnten.

Mein erster Eindruck war offengestanden der, daß die Lage der Gegenstände völlig bedeutungslos war und daß man aus einer derartigen Unordnung wenig oder gar nichts würde entnehmen können. Aber je weiter die Untersuchung fortschritt und der Raum Stück für Stück geleert wurde, erwies es sich immer deutlicher, daß man aus dem Chaos wichtige Schlüsse auf die ursprüngliche Anordnung ziehen konnte. Das Durcheinander machte die Deutung selbstverständlich äußerst schwierig, und wir mußten zu unserem Leidwesen feststellen, daß sich unsere Schlüsse, so genau sie auch an sich sein mochten, nur selten endgültig beweisen ließen. Sorgfältige Prüfung des Tatbestandes enthüllte jedoch einen sehr wichtigen Punkt, und das war, daß zwei voneinander unabhängige Diebstähle völlig verschiedenen Charakters in dem Raum stattgefunden hatten. Der erste – bei dem es auf Gold, Silber und Bronze abgesehen war – war von den berüchtigten Grabräubern begangen worden, die auch die vier Kammern des Grabes nach allem, was Metall war, durchstöbert hatten. Der zweite Raub war anscheinend von Dieben verübt worden, die nach nichts weiter als den in den zahlreichen Steingefäßen enthaltenen kostbaren Ölen und Salben ausgewesen waren. Es wurde ferner klar, daß die Seitenkammer als Vorratsraum, und zwar zur Aufnahme von Ölen, Salben, Wein und Speise bestimmt gewesen ist, ganz so wie die kleineren Kammern anderer Königsgräber der 18. Dynastie. Aber hier war noch eine Menge von Gegenständen, die eigentlich zur Grabausstattung und nicht hierher gehörten, untergebracht und über den eigentlichen Inhalt der Kammer getürmt worden.

Diese eigentlich nicht hierhergehörigen Dinge sind, wie ich glaube, nicht so sehr aus Platzmangel als wahrscheinlich aus Mangel an systematischem Vorgehen beim Unterbringen der Grabausrüstung schließlich in der Seitenkammer untergebracht worden. Man erinnere sich z.B. an den Stapel eiförmiger Behälter mit allerhand Opferspeisen, die wir in der Vorkammer unter dem Hathorruhebett entdeckt hatten (Abb. 8). Diese Behälter hätten in der Seitenkammer verstaut werden müssen. Durch ein Versehen sind sie anscheinend vergessen worden. Da der Eingang zur Seitenkammer bereits verschlossen war, mußten sie an einer leicht erreichbaren Stelle in der Vorkammer abgestellt werden, die naturgemäß als letzter Raum des Grabes verschlossen wurde. Genauso wurden Stücke von den Totenbarken und von den Schawabtifiguren, die in die Schatzkammer gehörten, in der Seitenkammer aufgefunden.

Aus diesen Tatsachen läßt sich mehr oder weniger der ganze Verlauf wiedergeben. Zuerst sind beinahe vierzig tönerne Weinkrüge auf dem Boden am Nordende der Kammer aufgestellt worden. Dann folgten zum mindesten fünfunddreißig schwere Alabastergefäße mit Ölen und Salben. Daneben und zum Teil auf ihnen wurden hundertsechzehn Fruchtkörbe gelagert. Den noch freien Raum füllte man mit anderen Gegenständen – Truhen, Schemeln, Stühlen, Ruhebetten – aus. Schließlich wurde der Türeingang vermauert und versiegelt. All das muß geschehen sein, bevor irgendwelche Gegenstände in der Vorkammer untergebracht waren, denn nachher hätte sich nichts mehr in den Nebenraum bringen lassen. Auch die Tür hätte nicht vermauert werden können, wenn erst die in die Vorkammer gehörigen Stücke an ihren Platz gebracht worden waren.

Bei dem ersten Einbruch sind die Metallräuber offenbar unter dem Toërisruhebett (der Bahre mit den Nilpferdköpfen) im Vorraum durchgekrochen, haben sich ihren Weg durch die Tür zur Seitenkammer erzwungen und den gesamten Inhalt nach beweglichen Metallgegenständen durchwühlt. Sie sind zweifellos für den größten Teil der Unordnung des Raumes verantwortlich. In der Folge – der Zeitpunkt läßt sich nicht genau bestimmen – ist dann der zweite Raub verübt worden, der den Ölen und Salben in den Alabasterkrügen galt. Dieser zweite Einbruch muß sorgfältig geplant gewesen sein. Da die Steingefäße zum Tragen viel zu schwer waren und nur mit größter Mühe hätten fortgeschafft werden können, hatten sich die Diebe mit Behältern zur bequemeren Mitnahme der Beute, etwa mit Lederbeuteln und Wasserschläuchen, ausgerüstet. (Ein paar zurückgelassene Wasserschläuche sind denn auch in der schrägen Eingangsrampe des Grabes gefunden worden.) Wir fanden auch nicht einen einzigen Krug, dessen Verschluß nicht entfernt, und der nicht völlig geleert worden wäre. Auf der Innenwand einiger Gefäße, die dickflüssige Öle enthalten hatten, sind noch jetzt die Fingerabdrücke der Diebe deutlich erkennbar. Um an die schweren Steingefäße heranzukommen, sind die darauf gestapelt gewesenen Stücke durch den Raum geworfen worden. Wenn man sich über die Absicht der Räuber klar ist, ist dies nicht weiter erstaunlich.

Die Kenntnis des zweiten Einbruchs wirft Licht auf ein Problem, das uns seit der Entdeckung des Grabes stets ein Rätsel geblieben war. Warum hatten sich unberufene Hände unter all der Grabausrüstung ausnahmslos gerade immer an den doch an sich ganz unauffälligen Steingefäßen vergriffen? Warum hatte man einige leer auf dem Boden der verschiedenen Kammern liegenlassen, andere mitgenommen und sich ihrer erst im Gange entledigt? Die Fette oder Öle, die in den Gefäßen aufbewahrt waren, sind ohne Zweifel zu jener Zeit von weit größerem Wert gewesen, als wir es uns heute vielleicht vorstellen. Aus alledem wird jetzt auch klar, weshalb das Grab zweimal von neuem geschlossen werden mußte, was Spuren an dem versiegelten Eingang und der inneren Tür des Ganges bezeugen. Ich glaube ferner, daß einzelne Körbe und ebenso die einfacheren Alabasterkrüge auf dem Boden des Vorraumes ursprünglich zu denen in der Seitenkammer gehört haben. Sie waren offensichtlich von derselben Art und vermutlich von den Dieben mitgenommen worden, weil diese zu bequem waren, sie an Ort und Stelle zu öffnen. Auch die einsame Schawabtifigur, die an die Nordwand des Vorraumes gelehnt stand, stammte sicher aus einer der erbrochenen Schawabtikisten in dem Vorratsraum, wo auch noch andere ähnliche Figuren gefunden wurden.

Nach altem Brauche war jedem zur Grabausrüstung gehörigen Gegenstand ein vorschriftsmäßiger Platz im Grabe zugewiesen. Die Erfahrung lehrt uns dagegen, daß die herkömmlichen Bestimmungen, so treu man sie auch beobachtet haben mag, nur selten restlos durchgeführt worden sind. Mangel an Vorbedacht bei der Berechnung des nötigen Raumes oder Mangel an systematischer Arbeit bei der Unterbringung der kostbaren Geräte führten dazu, daß die Tradition unbeachtet blieb. Wir haben niemals eine genaue, höchstens eine annähernd gute Ordnung gefunden.

Dies sind im allgemeinen die Tatsachen und Eindrücke, wie wir sie während des letzten Teiles unserer Untersuchungen in dem Grabe gesammelt haben. Wie weit unsere Ausdeutungen der Wirklichkeit entsprechen, und wie weit sie eben nur Vermutungen sind, läßt sich nur sehr schwer und vielleicht überhaupt nicht feststellen. Man kann nur sagen, daß unsere Auffassung der Wahrscheinlichkeit nicht entbehrt.

Wenn ich die zahlreichen Notizen abdrucken wollte, die wir während der Ausräumung in der Absicht, die Tatsachen zu entwirren, gemacht haben, würde sich der Leser in dem Labyrinth dunkler und einander widersprechender Feststellungen verlieren und – den Wald vor Bäumen kaum mehr sehen. Darum habe ich nur das angeführt, was mir für eine sachgemäße Zusammenfassung nötig erscheint. Das eine steht fest: Das Grab liefert den nicht zu bezweifelnden Beweis dafür, wie Liebe und Ehrfurcht mit Mangel an Ordnung und gelegentlicher Entwürdigung Hand in Hand gegangen sind. Das Grab ist, wenn es auch nicht völlig das Schicksal anderer, ihm verwandter, aber großartigerer Mausoleen teilte, nicht nur einmal, sondern zweimal noch zur Zeit der Pharaonen beraubt worden. Ich bin weiterhin davon überzeugt, daß beide Diebstähle innerhalb weniger Jahre nach der Bestattung stattgefunden haben. Zwei Tatsachen beleuchten die Ereignisse, die sich in dem Königsfriedhofe während der in Frage kommenden Zeit zugetragen haben: die Überführung der Mumie Echnatons aus dem ursprünglichen Grab in Amarna in die Felsenkammer zu Theben, die offenbar während der Regierungszeit Tut-ench-Amuns stattfand, und die erneute Bestattung Thutmosis' IV. im achten Jahre der Regierung Haremhabs, und zwar nachdem sein Grab aller Schätze beraubt worden war. Die religiöse Umwälzung während jener Jahre, der Zusammenbruch der Dynastie, die Beibehaltung des Thrones durch den vermutlichen Regenten Eje, der dann von dem General Haremhab abgesetzt wurde, sind Dinge, die derartigen Plünderungen Vorschub geleistet haben. Es muß wohl einige Zeit verstrichen sein, bis selbst Haremhab in der Lage war, Ordnung zu schaffen, sein Königtum zu festigen und die Durchführung der Staatsgesetze zu erzwingen. Auf jeden Fall erbringen die beiden genannten Bestattungen und dazu das Grab Tut-ench-Amuns den Beweis, wieviel Schaden die Königsgräber selbst noch während ihrer eigenen Dynastien erlitten haben. Wir wundern uns nur, wie es geschehen konnte, daß gerade dieses Königsgrab bei all seinen Reichtümern dem Geschick der übrigen siebenundzwanzig im Tale der Könige hat entrinnen können.

Der Inhalt der Seitenkammer

(Vorratskammer)

22

Im vorigen Kapitel habe ich zu schildern versucht, in welchem Zustand ich die Seitenkammer vorgefunden habe und was sich wohl zugetragen haben mag, nachdem dieser Raum verschlossen worden war. Im Folgenden soll eine Beschreibung der Stücke gegeben werden, die ich aus den Trümmern gerettet habe. Obwohl manche recht zerbrechlich waren, haben sie die üble Behandlung, die ihnen dereinst widerfahren, leidlich gut überstanden. Ich habe schon darauf hingewiesen, daß sich nicht mit Sicherheit feststellen läßt, welche Bestimmung jeder einzelne Raum des Grabes gehabt hat. Denn es ist nicht nach einem »orthodoxen« Plane angelegt, sondern sehr zusammengedrängt. Immer wieder muß deshalb geprüft werden, wohin die verschiedenen Grabbeigaben, die die alten Ägypter der Überlieferung gemäß in bestimmte Grabräume unterzubringen hatten, in unserem Grabe gehört haben mögen. Auf alle Fälle kann jetzt als sicher angenommen werden, daß die Seitenkammer der Vorratsraum für Speisen aller Art, für Wein, Öle und Salben war. Alles übrige gehört eigentlich nicht hinein, es ist »fremd« und nur aus Raummangel hier recht und schlecht verstaut worden. Demgemäß teile ich die Fundstücke in zwei Gruppen: 1. die nicht hineingehörigen, »fremden«, und 2. die der traditionellen Bestimmung des Raumes entsprechend hineingehörigen:

1. Gruppe

Die nicht in den Vorratsraum gehörigen Gegenstände

Hoch über der ganzen Masse von Gegenständen und von einer Wand zur anderen reichend, lagen drei große Ruhebetten, in ihrer Form dem Angarib des heutigen Sudans ähnelnd. Sie bestanden aus Holzrahmen mit Geflecht aus Schnüren, hatten je eine Fußplatte und vier, den Vorder- und Hinterbeinen eines Löwen nachgebildete Füße. Das erste unansehnliche Bett war ziemlich zerbrochen; das zweite ebenfalls nicht besonders fein gearbeitete, aus Gold und Ebenholz, war in verhältnismäßig guter Verfassung, während das dritte aus Ebenholz, mit dickem Goldblech belegt, fast noch ganz in seinem ursprünglichen Zustand war. Da es lange auf einer unebenen Fläche gelegen hatte, hatte es sich jedoch stark geworfen. In seinen Raumverhältnissen war es feiner als andere in diesem Grabe gefundene Betten. Die Arbeit ist ganz im Amarnastil gehalten. Die Ornamente sind rein pflanzlich, Kränze und Girlanden, Blumensträuße, Papyrusbüschel und (in der Mitte) die Pflanzen von Ober- und Unterägypten, die um das Schriftzeichen »vereinigen« geschlungen sind und die Vereinigung der beiden Landesteile symbolisieren, alles in getriebenem und ziseliertem Goldblech. Die Querstützen unter dem Rahmen sind so gebogen, daß das Flechtwerk sich bei der Belastung durch den Schlafenden frei nach unten ausdehnen konnte. – An der Südwand des Raumes fanden wir unter einem Haufen von allen möglichen Gegenständen noch ein viertes Ruhebett, und zwar ein zusammenlegbares, das ausschließlich für Reisezwecke gemacht war. Es ist aus leichtem, weißbemaltem Holz gefertigt, im Stil ähnlich den bereits beschriebenen, nur daß es mit Hilfe von schweren Bronzescharnieren bequem zu einem Drittel seiner Größe zusammengelegt werden konnte (Abb. 57).

Tafel XV Alabasterner Tafelaufsatz ▶

Ich wende mich nunmehr zu den verschiedenartigen Stücken vertrauten Hausrats: Stühlen, Schemeln, Fußbänken und einem Fußkissen, die in der damaligen Zeit als herrschaftliches Mobiliar galten, ja sogar als Hoheitszeichen betrachtet wurden.

In der Südostecke, eingekeilt zwischen der Wand und einem der Ruhebetten, lag, die Beine nach oben, ein feingearbeiteter Stuhl, besser ein »Thronsessel«, der sich mit dem bekannten Thron aus der Vorkammer (Abb. 2) messen kann. Nichts verrät, wozu er eigentlich gedient hatte, aber die außerordentlich feine Arbeit und die Würde, die von ihm ausgeht, unterscheiden ihn restlos von den übrigen Stühlen. Dem ganzen Stil nach kann man ihn nur als »Thron« ansehen, genauso wie den anderen, dessen Schmuck viel zu reich für den gewöhnlichen Hausgebrauch war. Er mag in Wirklichkeit dem König, als höchstem geistlichen Würdenträger, als Hoherpriestersitz, gedient haben. In mancher Beziehung erinnert er an die Bischofstühle unserer Kathedralen. Er hat zwar noch die Form eines Klappstuhls, dabei aber bereits in jener frühen Zeit, eine starre Konstruktion mit fester Rückenlehne.

Der breite, gebogene Sitz ist so gearbeitet, als ob er aus biegsamem Leder wäre. Er besteht jedoch aus Ebenholz, das mit unregelmäßig verteilten Elfenbeinstücken in Nachahmung eines weiß- und schwarzgefleckten Fells eingelegt ist. Der Mittelteil des Sitzes zeigt eine Reihe kleiner, rechteckiger Elfenbeinfelder, die durch ihre Färbung verschiedene andere Felle, u.a. auch ein Gepardenfell, darstellen sollen. Der Sitz ist von kreuzweise laufenden Beinen nach Art eines Klappstuhls getragen. Die Beine sind aus Ebenholz mit Elfenbeineinlage, als Gänseköpfe geschnitzt und teilweise mit dünnem Goldblech beschlagen. Zwischen den Spreizen und Fußstützen befindet sich ein schönes durchbrochenes Ornament aus vergoldetem Holz, das wieder die Vereinigung der beiden Länder, Ober- und Unterägypten, symbolisiert, von dem aber der größte Teil von den Grabräubern abgerissen worden ist.

Der Oberteil der nach innen gebogenen Rückenlehne ist mit Goldblech beschlagen und mit Fayence, Glas und echten Steinen reich ausgelegt. Die oberen Ornamente zeigen die Sonne, die Namen des Königs sowie den Geier der Göttin Nechbet mit ausgebreiteten Flügeln, der Fächer von Straußenfedern hält; darunter waagerechte und senkrechte Inschriftstreifen aus Elfenbein und Ebenholz, die verschiedene Bezeichnungen des Königs enthalten. Sie sind besonders interessant, weil sie zugleich die Aton- und Amunform des Königsnamens geben. Die Atonform ist dabei sicher festgestellt. Dadurch ist der Thron ein wichtiges geschichtliches Denkmal; zeigt er doch die politisch-religiösen Schwingungen während der Regierungszeit Tut-ench-Amuns. Daraus, daß Aton- und Amunnamen nebeneinander herlaufen, scheint hervorzugehen, daß sich die Rückkehr des jungen Königs zum alten thebanischen Glauben schrittweise und nicht plötzlich vollzogen hat.

Um der Klappstuhlform des Throns die nötige Versteifung zu geben, laufen von der hinteren Fußstütze zum Sitz und zur Lehne senkrechte Leisten. Die obere Querleiste und die Stützen tragen wieder in eingelegter Arbeit Bezeichnungen des Königs, und zwar ebenfalls auch solche der Atonform. Die Rückseite der Lehne ist mit Goldblech beschlagen, sie zeigt in feiner Treibarbeit einen großen Nechbetgeier mit hängenden Flügeln, umrahmt von verschiedenen, lobenden Beiwörtern. Das der Versteifung dienende Rahmenwerk des Stuhls hatte sich infolge des gelegentlichen Eindringens von Feuchtigkeit geworfen und erfüllte seinen Zweck nicht mehr, da die Zapfen aus den Löchern gesprungen waren. So bot dieser herrschaftliche Thron mehr als eine Aufgabe bei der Restaurierung, selbst wenn man ihn nur heil und sicher aus dem Grabe in das Museum von Kairo hätte bringen wollen.

Bei dem Sessel fand sich auch der dazugehörige Fußschemel, der nicht minder reich gearbeitet war. Das Holz war mit violettglasiertem Ton überzogen und mit Elfenbein, Glas und echten Steinen ausgelegt. Auf dem Tritt sind nach altem Brauch die neun Ägypten feindlichen

◀ Tafel XVIa Nachbildung eines Königsargs
Tafel XVIb Eine elfenbeinerne Kopfstütze

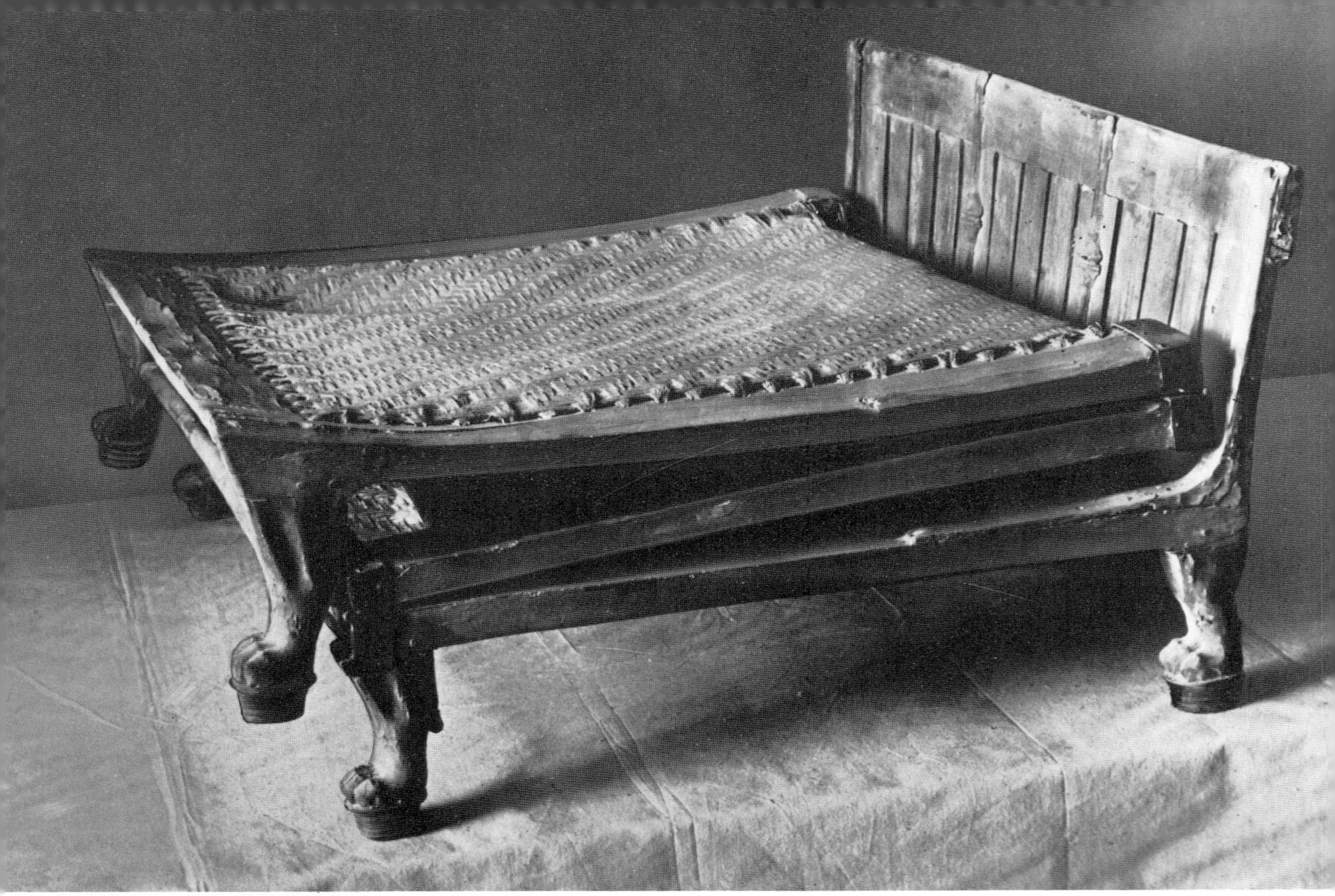

Abb. 57 Zusammenlegbares Bettgestell

Fremdvölker dargestellt, aus Gold, Ebenholz und Zedernholz gearbeitet, so daß die königlichen Füße auf den unterjochten Gegnern des Landes ruhen konnten.

Etwas fast Tragikomisches hatte die Lage eines kleinen, weißen Stuhles, der vermutlich aus der königlichen Kinderstube stammte. Wir fanden ihn, die hohe Lehne nach unten und die Tierfüße nach oben, in der plebejischen Gesellschaft von Öl- und Weinkrügen sowie Fruchtkörben. Wie sein Gefährte, ein Schemel mit Goldornamenten zwischen dem Sitz und den Spreizen, hing er zwischen den Ruhebetten des königlichen Haushaltes. Eingeklemmt zwischen Türschwelle und schweren Steingefäßen, die ihn zerquetscht hatten, lag noch ein weißgestrichener, dreibeiniger Schemel mit halbkreisförmigem Sitz (Abb. 58). Der Sitz dieses reichverzierten Stückes zeigte in durchbrochener Schnitzarbeit zwei Löwen, von denen der eine mit dem Schwanz an den Kopf des anderen gebunden war. Der Rand war mit Spiralmustern verziert. Wie bei den anderen, eben beschriebenen Stühlen war der Raum zwischen den Spreizen und dem Sitz mit dem Symbol für die Vereinigung der beiden ägyptischen Landesteile zu einem Einheitsstaate ausgefüllt. Abgesehen von seiner Form ist dieser Schemel noch in anderer Beziehung einzigartig. Die meisten ägyptischen Stühle und Schemel haben entweder Kuh- oder Löwenbeine, mitunter auch Entenkopffüße; dagegen hat dieser Hundebeine.

Der Tür gegenüber, und zwar oben auf dem gegen die Westmauer gestapelten Haufen von Beigaben, lag ein Gartenstuhl aus Binsen. Sitz und Lehne waren mit bemaltem Papyrus bedeckt, während die Seiten des unteren Gestelles nur damit eingefaßt waren. Die Bemalung der Lehne zeigte Blütenblätter von Lotos, die des Sitzes die »Neun-Bogen«, d.h. die gefesselten, asiatischen und afrikanischen Gefangenen in ihrer charakteristischen Tracht. Das Geflecht (in der Hauptsache gespaltene Papyrusstengel) und der Papyrusüberzug waren so zerfallen, daß nur ein paar Bruchstücke erhalten werden konnten.

An verschiedenen Stellen fanden sich mehrere rechteckige Miniaturfußschemel. Sie sind aus Zedern- oder Ebenholz – einer ist aus beiden Holzarten gearbeitet – und mit Elfenbein verziert. Ihrer Größe nach müssen sie für ein Kind bestimmt gewesen sein. Von besonderem Interesse war ein Fußkissen, wie es noch heute in Gebrauch ist. Es hatte zwar bessere Tage gesehen, immerhin war noch genug davon übrig, um zu erkennen, daß es bei einer besonderen Zeremonie seine Dienste geleistet hatte. Es besteht aus einem gewöhnlichen Binsengeflecht, das mit einfachem Leinen überzogen und dann mit einer reichen, in vielen Farben schillernden Perlenarbeit geschmückt ist: gefesselte fremde Gefangene, die um eine Mittelrosette liegen. Diese Darstellung, ein konventionelles Ornament, das sich im alten Ägypten gewöhnlich auf Fußschemeln und Matten findet, ist von Kranzmustern umrahmt. Der Rand des Kissens besteht aus einem Perlennetzwerk, das wie Spitzen wirkt. Die Schemel waren offenbar für die Füße des Königs bestimmt, vielleicht haben auf dem Kissen die königlichen Knie geruht.

Inmitten des Raumes, zwischen den verschiedensten Stücken, stand in einer höchst gefährlichen Lage ein etwa 60 Zentimeter hohes Schränkchen mit vier schlanken Beinen. Es gehört zu jenen zierlichen Altertümern, die den ganzen Liebreiz des leichten Mobiliars der Ägypter haben und auf uns wie die modernste Arbeit wirken. Die Seitenwände aus dunkelrotem Zedernholz sind ganz glatt, die Beine und Querleisten aus Ebenholz haben eingelegte Hieroglyphen. Den unteren Abschluß des Schränkchens bildet ein durchbrochener Fries, der aus abwechselnd vergoldeten und einfachen Ebenholzzeichen besteht und »Alles Leben und Glück« bedeutet. Der Deckel ist zum Aufklappen und hinten mit Bronzescharnieren befestigt. Oben und vorn sind vergoldete Knöpfe angebracht, an denen einst Schnur und Siegel befestigt waren. Nach der hieratischen Aufschrift auf einem zweiten in diesem Raum zerbrochen gefundenen Schränkchen war dieses Möbelstück wahrscheinlich für die feineren linnenen Kleider des Königs bestimmt. Aber der ursprüngliche Inhalt war verstreut oder wahrscheinlich gestohlen. Wir fanden in dem Schränkchen nur vier außerordentlich feine Kopfstützen, die offenbar später hineingelegt worden waren.

Die erste vollkommen erhaltene Kopfstütze (Tafel XVIb) ist ein prachtvolles Beispiel ägyptischer Elfenbeinschnitzerei und vielleicht das schönste Stück symbolischer Kunst des Neuen Reiches, das bisher gefunden worden ist. Das Thema ist dem uralten Mythenschatze von der Weltschöpfung entnommen. Danach sollen ursprünglich Himmel und Erde, d.h. die Himmelsgöttin Nut und der Erdgott Geb, eng vereinigt gewesen sein. Zwischen beide drängte sich dann der Luftgott Schu, hob auf seinen Händen den Himmel samt allen Göttern, die bis dahin geschaffen waren, in die Höhe und stellte ihn an seinen Platz. Darauf nahm die Himmelsgöttin Nut Besitz von den Göttern, zählte sie und schuf aus ihnen Sterne. Am östlichen und westlichen Ende der Erde (d.h. am Fuß der Kopfstütze) liegen die Löwen »Gestern und Morgen«. Sie symbolisieren wahrscheinlich den Auf- und Niedergang Rēs, des Sonnengottes und Urvaters aller Wesen, der sterblichen wie der unsterblichen, vielleicht aber auch das Kommen und Gehen des Osiris, des Verstorbenen. Die Gestalt des Schu, der den Himmel emporhebt, und die beiden Löwen des östlichen und westlichen Horizontes sind voller Würde. Beim Betrachten dieses kleinen Kunstwerkes kommt unwillkürlich der

Gedanke, daß der König sein Haupt in den Himmel zur Ruhe legen sollte, um vielleicht ein Stern am Firmamente zu werden. – Die zweite Kopfstütze hat die Form eines Klappstuhles; sie ist aus Elfenbein geschnitzt und getönt. Obwohl auch sie ein feines Erzeugnis des Kunsthandwerkes ist, so fehlt ihr doch die hohe Würde der anderen. Statt dessen finden wir bei ihr eine Vorliebe für das Groteske. Ihre Hauptverzierung ist der (dunkelgrün getönte) Kopf des mißgestalteten, zwergenhaften Bes, eines niederen Gottes, der auch als Beschützer des häuslichen Lebens verehrt wurde. Ihm oblag es, die Götter mit seinem Tamburin zu vergnügen und der göttlichen Kinder zu warten. – Die dritte Kopfstütze ist aus dunkelblauer Fayence. Bei ihr tritt das Ästhetische an die Stelle des Symbolischen. Die schöne Linie und satte Farbe – Lapislazuliblau, das mit Gold eingefaßt ist – sind das Wesentliche. – Dieselbe Form zeigt die vierte Kopfstütze aus undurchsichtigem, türkisblauem Glas. Sie hat um den Fuß einen Kranz von getriebenem Gold. – Kopfstützen gehören zu der rituellen Ausstattung, wie sie die ägyptische Begräbnissitte vorschreibt. Sie werden den Toten mitgegeben, damit es ihnen in Zukunft wohlergehe. Wenn sich auch die höfischen Kunsthandwerker in den Grenzen des Herkommens hielten, scheinen sie doch ihren ganzen Stolz darin gesetzt zu haben, die Kopfstützen für den königlichen Herrn so schön und einfach wie nur irgend möglich zu gestalten. Jede einzelne hat ihre besondere Eigenart, alle sind die Abwandlungen der sogenannten Urs-Kopfstütze, die nach dem »Totenbuch« bestimmt ist, »das Haupt dessen zu heben, der daniederliegt«.

Unter den verschiedenen Truhen und Kästen befand sich ein stark mißhandeltes, aber prachtvolles Stück, das an der Nordmauer des Raumes entdeckt wurde. In einer Ecke lag der Deckel, während die leere Truhe selbst in eine andere Ecke geworfen war. Beine und Seitenwände waren durch die Schwere der darauf gehäuften Gegenstände sehr beschädigt. Die Verzierung besteht u.a. aus einem Elfenbeinfurnier, dessen Relief schön wie eine frühe griechische Gemme geschnitzt und in einfachen Farben getönt ist. Die Ränder sind aus Fayence und aus halbdurchscheinendem Kalkspat. Das Stück ist der bemalten Truhe, die in der Vorkammer gefunden wurde (Abb. 12) an die Seite zu stellen. Das Mittelfeld des Deckels gleicht ohne Frage dem unsignierten Bilde eines großen Meisters. Im Gegensatz zu den Kriegsszenen auf der bemalten Truhe haben wir hier ein rein häusliches Motiv. Der junge König und die Königin sind in einem mit Wein- und Blütenranken geschmückten Pavillon dargestellt. Beide tragen weite faltige Gewänder mit Blumenkragen und stehen einander zugewandt. Der König, leicht auf seinen Stab gelehnt, empfängt von seiner Begleiterin Sträuße von Papyrus und Lotosblumen. Ein Fries darunter zeigt zwei Dienerinnen beim Pflücken von Blumen und Mandragorafrüchten für das königliche Paar. Über beiden Majestäten stehen kurze Inschriften: »Der schöne Gott, der Herr der Beiden Länder, Nebcheperu-Rē, Tut-ench-Amun, der Fürst von Süd-Heliopolis, der dem Rē gleicht.« »Die Große Königliche Gemahlin, die Herrin der Beiden Länder, Anches-en-Amun, die da lebt.« Die vier Seitenfelder tragen Jagdmotive, und zwar Tierbilder und Szenen, die den König und die Königin bei der Vogeljagd und beim Fischfang zeigen, ähnlich wie auf dem kleinen Schrein, der in der Vorkammer gefunden wurde (Abb. 26). Was die Truhe einstmals enthielt, läßt sich nur erraten.

Drei weitere kleine Truhen sind interessante Andenken aus der Jugendzeit des Königs. Ihre stark beschädigten Teile waren allenthalben verstreut. Sie hatten bronzene Tragstangen, wie man sie bei jochartig zu tragenden Körben gewöhnt ist, waren offenbar für Reisezwecke gemacht und wurden entweder auf Lasttiere oder auf die Schultern von Sklaven geladen. Der Rahmen bestand aus Ebenholz, die mit Elfenbein und Ebenholz eingelegten Seiten aus Zedernholz. Eine Aufschrift auf dem Deckel sagt, daß sie »Leinentruhen seiner Majestät, als er noch ein Kind war«, gewesen sind und daß sie – dies halte ich allerdings für eine

Abb. 58 Weißgestrichener, dreibeiniger hölzerner Schemel mit halbkreisförmigem Sitz

spätere Angabe – Weihrauch, Harz, Antimon, ein paar Krüge und goldene Grashüpfer enthielten. Wir fanden auch Reste von Weihrauch, Gummi, Antimonpulver und kleine Gefäße aus Fayence, Gold und Silber auf ihrem Boden verstreut, aber durchaus nichts, was einem goldenen Grashüpfer ähnlich gewesen wäre. – Kein Stück indessen bot ein so eigentümliches Interesse wie ein Kasten, der für den Kopfputz des Königs gemacht war. Er war zwischen eine Menge von Weinkrügen an die Nordwand des Raumes geworfen worden. Sein durchaus privater Charakter machte ihn besonders bemerkenswert, war es doch ein Erbstück aus dem täglichen Leben der Vergangenheit – und zugleich das Urbild moderner Hutschachteln. Mit Ausnahme der Umrandungen aus einfacher, blauer und gelber Fayence und aus halbdurchscheinendem Kalkspat war der rechteckige Holzkasten ganz schlicht gehalten. Der Deckel hing an Scharnieren. Innen befand sich ein Holzkugelkopf auf einem Fuß als Hut-halter. Die Überbleibsel der Kappe des jungen Königs fanden sich noch auf dem Boden des Kastens. Sie war aus feinem Leinen gearbeitet und mit reichem Perlenwerk aus Gold, Lapislazuli, Karneol und grünem Feldspat verziert. Leider war das Gewebe so zerfallen, daß es unmöglich wiederhergestellt werden konnte. Es war jedoch noch genug von dem ursprünglichen Prachtstück vorhanden, daß wir die Anordnung der Perlen rekonstruieren und uns eine allgemeine Idee von der ursprünglichen Form der Kappe schaffen konnten. Seltsam genug befand sich auf dem Deckel die Aufschrift: »Was darin ist«, dazu der Vermerk »Schawabtis«. Man möchte daraus schließen, daß aus irgendeinem Grunde – vielleicht aus Sparsamkeit – bei der Bestattung einige Totenfiguren in dem Hutkasten untergebracht worden sind. Es ist allerdings nicht ausgeschlossen, daß in diesem besonderen Falle der Ausdruck »Schawabti« nicht richtig verstanden worden ist.

Außer den eben beschriebenen Kästen, und darüber gestapelt, fanden sich noch sieben weitere, stark zerbrochene. Bis auf einen waren sie ziemlich grob gearbeitet. Ich möchte hier nur die Stücke erwähnen, die von besonderem Interesse sind. Die erste Truhe ist bei weitem solider gearbeitet als die sonst in dem Grabe gefundenen, und das wenige, was von ihrem Inhalt noch vorhanden war, wirft ein bedeutsames Licht auf die Beschäftigungen und Vergnügungen eines Kindes im Neuen Reich. Das Innere hat komplizierte Fächer und Schubkästen, von denen jeder seinen eigenen Schiebedeckel hat, die sich aber alle wieder einzeln übereinanderschieben ließen. Auch dieses Stück war übel behandelt worden. Die Schubfächer waren aufgebrochen, und zwar vermutlich von Räuberhänden, die ungeduldig nach dem wertvollen Inhalt fahndeten. Die Truhe war zweifellos für allerhand Tand und Spielzeug des jungen Tut-ench-Amun bestimmt gewesen. Leider war ihr Inhalt durcheinandergewühlt. Eine Reihe von Stücken fanden wir verstreut auf dem Boden, einige davon konnten wir retten: mehrere Armbänder und Fußspangen aus Elfenbein, Holz, Glas und Leder; kleine Spielbretter aus Elfenbein; Steinschleudern, Handschuhe, ein Feuerzeug, ein paar lederne Gelenkschützer zum Abwenden des Schlages der Bogensehne gegen das linke Handgelenk; bewegliche Spielsachen, ein paar Proben von Mineralien und sogar Farben und Farbtöpfe für den jugendlichen Maler. Die Truhe ist außen mit den Namen und Titeln des Königs und mit Widmungen an verschiedene Götter geschmückt. Schwere bronzene Scharniere ermöglichen das Aufklappen des Deckels. Der zum Schließen dienende Deckelknopf war unterhalb des Deckels eingekerbt und konnte so gedreht werden, daß er den Kasten fest abschloß. Meiner Ansicht nach ist diese Konstruktion der früheste uns bekannte automatische Verschluß. Die Maße der Truhe sind 77 × 33 × 26 Zentimeter. Sie steht auf vier, mit Bronzekappen beschlagenen, viereckigen Füßen, und die Rückseite trägt in der Mitte ein mit einem Pflock befestigtes, großes, hölzernes Ded-Amulett, das Schriftzeichen »Beständigkeit«.

Genauso wie ein Junge von heute muß auch ein Knabe jener Zeit besonderen Gefallen an echt männlichen Dingen gefunden haben, zumal an solchen, die mit Feuer, Jagd oder Krieg in Zusammenhang standen, also an einem richtigen Feuerzeug (Abb. 59) oder an Schleudern. Die alten Ägypter kannten weder Phosphor noch Schwefel, die sich beim Reiben an einer natürlich rauhen oder eigens dazu hergerichteten Fläche leicht entzünden, und ebenso war ihnen Feuerstein oder Eisen mit Zunder fremd. Ihr Feuerzeug ist während der ganzen geschichtlichen Zeit von der ersten bis zur 30. Dynastie äußerst primitiv gewesen. Sie erzeugten Feuer, indem sie ein Stück hartes Holz im runden Loch eines zweiten, festliegenden und zu diesem Zweck besonders geeigneten weichen Holzbrettes mit größter Geschwindigkeit sich drehen ließen. Sie bedienten sich dabei des Prinzipes des ihnen vertrauten Drillens mit einem Bogen. Die Drehbewegung wurde dadurch bewirkt, daß der Bogen ruckweise hin- und hergedreht wurde. Die Bogenschnur wurde um den Schaft für das eigentliche Feuerholz gewunden. Um den Drill stetig zu halten, war das obere Ende in Stein, Elfenbein oder Ebenholz gefaßt, mitunter auch in die Hälfte einer Dumnuß, die an sich einen

Abb. 59 Feuerzeug des Königs mit Drillbohrer

vorzüglichen Drillkopf darstellt. Die runden Drehlöcher wurden am Rand des weichen Holzblockes ausgebohrt, um den Funken leicht an den Zunder gelangen zu lassen. Bei Tutench-Amuns Feuerzeug waren die Löcher mit Harz behandelt, um die Reibung zu erhöhen und dadurch die Hitzeentwicklung zu erleichtern.

Steinschleudern aus Leder für die Jagd oder zum Angriff sind wahrscheinlich die frühesten der Menschheit bekannten Mittel gewesen, mit denen man die persönliche Kraft und ihre Reichweite zu vergrößern suchte. Obwohl wir die Schleuder als Kriegswaffe erst um das 7. vorchristliche Jahrhundert kennenlernen, muß sie in Ägypten von den barbarischen Zeiten bis zum heutigen Tage unausgesetzt in Gebrauch gewesen sein. Noch heute benutzen sie die Fellachenjungen, wenn sie Vögel von den reifenden Erntefeldern abschrecken wollen. In dem vorliegenden Spielzeugkasten aus dem 14. vorchristlichen Jahrhundert haben wir es bereits mit einer Schleuder von recht fortgeschrittener Art zu tun. Sie besteht nicht mehr aus Leder, sondern aus geflochtenen Leinenfäden. Sie ist sauber mit einem Beutelstück gearbeitet, hat am einen Ende eine Schlinge, die eng um den kleinen Finger paßt, während das andere Ende, das beim Schuß lose zwischen Daumen und Zeigefinger entlanggleiten muß, ganz glatt gelassen ist. Um mit der Schleuder sicher zu schießen, mußte man nicht nur einen Stein von richtiger Größe haben, sondern man mußte auch das lockere Schleuderende im entsprechenden Augenblick loslassen, wenn man auf eine gewisse Entfernung treffen wollte. Daraus erklärt sich wohl das Vorhandensein mehrerer glatter Kieselsteine, die wir unter den Trümmern auf dem Boden der Kammer fanden. Die Schleuder entspricht übrigens genau der Art, wie sie noch vor ganz kurzer Zeit von den Ureinwohnern (Sakai) und den Dschungelstämmen im Malaiischen Archipel verwendet wurde.

Unter den Arm- und Fußspangen des königlichen Knaben befand sich ein Stück von besonderem geschichtlichen Interesse. Es ist eine Spange, die aus einem einzigen Stück Elfenbein geschnitten und rund herum mit eingeschnitzten Jagdtieren verziert ist. Darunter befinden sich Strauß, Hase, Steinbock, Gazelle, Antilopen und außerdem ein Hund, der einen Hengst jagt. Daraus geht hervor, daß man das gewöhnliche Pferd in der »Pairidaeza« in voller Freiheit aufwachsen ließ, genau wie in England die Fohlen in dem alten königlichen Jagdrevier, dem New Forest. Wir fanden ferner zwei Paar Armbänder aus Fayence mit den Namen der Vorgänger Tut-ench-Amuns, Echnaton und Smench-ke-rē.

Die kleinen Brettspiele und auch die anderen anspruchsvolleren übergehe ich zunächst.

Dagegen ist eine andere, rohgearbeitete und rotbemalte Truhe der Erwähnung wert. Sie war zerbrochen und überfüllt mit einer Unmenge gebrechlicher Gefäße aus blaßblauer Fayence und schwebte hoch oben an der dem Eingang gegenüberliegenden Wand. Ihre eine Seite war weggebrochen, aber die hervorstehenden Gefäße waren glücklicherweise fest eingekeilt. Sie waren ein reiner Fluch bei unserer Aufräumungsarbeit, denn sie drohten bei der leisesten falschen Bewegung herauszufallen und in Stücke zu zersplittern. Die Truhe scheint ein Gegenstück zu der in der Vorkammer von uns entdeckten (Nr. 54) gewesen zu sein, die ähnliche Gefäße, allerdings aus lapislazuliblauer Fayence enthielt. Eine ähnliche, deckellose Truhe, die auf mehreren Körben vor dem Eingang lag, enthielt eine Menge Miniaturvorderbeine eines rinderartigen Tieres aus hellblauer und dunkelblauer Fayence. Außerdem war ein seltsames Gemisch von Gegenständen in diese Kiste hineingestopft: zwei zerknüllte Galagewänder, ein Paar Handschuhe, ein Paar Binsensandalen und eine Palette aus türkisblauem Glas, die ursprünglich gewiß nicht hineingehört hatte. Die Bedeutung der Fayencevorderbeine als Amulette ist unbekannt.

Wie Funde in anderen Kisten hier sowohl wie in der Vorkammer gelehrt haben, stammten die Gewänder aus den früher erwähnten, besseren Truhen. Die rohgearbeiteten Truhen hatten ursprünglich die Fayencevasen und andere Kleinigkeiten enthalten, die sich hier und anderwärts in den Räumen verstreut fanden.

Die beiden Gewänder, die ich als Galagewänder bezeichnet habe, erinnern an Staatsgewänder, z.B. an Dalmaticen, wie sie von Diakonen und Bischöfen der christlichen Kirche oder von Kaisern und Königen bei der Krönung getragen werden. Leider war ihr Zustand, oder sagen wir lieber ihre Erhaltung, bei weitem nicht so, wie wir es uns gewünscht hätten. Sie waren völlig zerknüllt, und, wie bereits bemerkt, war eine ganze Reihe nicht zueinander passender Gegenstände mit ihnen in die Kiste gestopft worden. Sie hatten außerdem unter der Feuchtigkeit, die den Raum im Lauf der Zeiten verschiedentlich durchsättigt hatte, gelitten. Aber trotz der üblichen Behandlung und trotz des Zerfalles trugen sie noch die Spuren ihrer einstigen Schönheit. Ursprünglich müssen sie farblich Prachtstücke gewesen sein. Sie sind als lange, lose Gewänder gearbeitet, haben gobelinartig gewebte Muster und Fransen auf beiden Seiten. Das eine Gewand hat außerdem oberhalb seines breiten Saumes gestickte Palmetten-, Wüstenblumen- und Tiermuster (Abb. 60). Hals- und Brustausschnitt haben ebenfalls eingewebte Muster. Das eine Gewand ist glatt und einfach wie eine leichte Tunika mit engen Ärmeln, das andere ist voll bemustert, und zwar mit eingewebten Rosetten, Blumen und Königsringen, die quer über die Brust laufen. Den Kragen bildet ein eingewebter Falke mit ausgebreiteten Flügeln, und vorn herunter ist die Titulatur des Königs eingewebt.

Ich bin mit der Geschichte derartiger Gewänder nicht vertraut. Aus der Tatsache jedoch, daß ich ein Stück von einem ganz ähnlichen Gewand im Grabe Thutmosis' IV. mit dem Namen Amenophis' II. gefunden habe, möchte ich den Schluß ziehen, daß solche Roben gewöhnlich von den Pharaonen selbst getragen worden sind. Vielleicht waren es Gewänder für besondere Gelegenheiten, religiöse Handlungen – eine feierliche Weihe oder Krönung, und für derartige freudige Ereignisse mehr oder weniger symbolisch. Man denke an die Dalmatica der Diakone bei der Ordensweihe und an die Worte des amtierenden Bischofs: »Möge der Herr Dich in die Tunika der Freude und das Gewand des Jubels kleiden.« Die

Abb. 60 Staatsgewand mit gewebten und gestickten Verzierungen

Gewänder mögen sehr wohl den gleichen Ursprung haben, dem das liturgische Gewand – die Dalmatica der katholischen Kirche – ihr Dasein verdankt. Kleidungsstücke dieser Art wurden im Ägypten der römischen Zeit (1.–4. Jahrhundert n. Chr.) getragen, und Professor Newberry hat ein Stück von einem Gewand aus gewebtem Leinen erworben, das aus der arabischen Zeit (Sultan Beybars, 13. Jahrhundert n. Chr.) stammt und in der Musterbehandlung fast dem Rest der Robe Amenophis' II. aus dem 14. vorchristlichen Jahrhundert entspricht.

Weit besser war das Paar Handschuhe erhalten, das sorgsam zusammengefaltet war. Es bestand ebenfalls aus grobem, gewebtem Leinen und gehörte wahrscheinlich zu den Gewändern. (Der Bischof der römisch-katholischen Kirche trägt beim Hochamt nicht nur Handschuhe, sondern auch hohe Stiefel, Chorhemd und Dalmatica unter dem Meßgewand.) Die Handschuhe sind im Schuppenmuster gewebt. Die Manschette trägt eine Kante aus abwechselnd Lotosknospen und Blüten. Der Saum ist aus einfacher Leinwand. Bänder dienen zur Befestigung um das Handgelenk. Obgleich das Gewebe der Handschuhe besser erhalten war als das der Gewänder, so war es in einem fast pulverartigen Zustand und dem völligen Zerfall nahe. Nur dank der guten Ratschläge Dr. Alexander Scotts war es uns durch chemische Behandlung möglich, beide Dalmaticen zu retten und einen der Handschuhe unversehrt zu entfalten.

Die übrigen rohgearbeiteten Kisten waren leer und so zerfallen, daß es sich nicht lohnt, sie zu beschreiben.

In dem Haufen verschiedenartigster Gegenstände fanden wir zwei merkwürdig aussehende Kästen aus weißem Holz. Der eine sah aus wie ein schmaler Schrein. Er war ungefähr 64 × 6 × $4^1/_2$ Zentimeter groß und hatte offenbar eine schwere, geeichte Elle aus Metall enthalten. Die Elle war natürlich um ihres Metallwertes willen von den Dieben mitgenommen worden, wodurch uns die wertvolle Angabe über die zu jener Zeit gebräuchlichen Längenmaße verlorengegangen ist. Unserer Schätzung nach muß die Elle eine Einheit von 52,310 Zentimeter = 7 »Palmen« zu je 7,472 Zentimeter und 28 »Fingern« zu 1,868 Zentimeter gewesen sein. Nach Größe, Form und Machart war der andere rohe Kasten für Bogen, Pfeile und vielleicht noch andere Wurfgeschosse bestimmt. Wir fanden in ihm ein Durcheinander von allerlei Bogen, Pfeilen, Keulen und Bumerangs. Die Bogen und Pfeile gehörten ganz zweifellos in diese Kiste, während es fraglich bleibt, ob nicht die Bumerangs aus einer der anderen, bereits erwähnten Kisten stammten. Ich werde diese Waffen weiter unten zusammen mit anderen in dem Raum verstreut gefundenen noch näher beschreiben.

Ein höchst bemerkenswertes und zerbrechliches Stück aus Alabaster war fast unversehrt. Es war ein auf einem Teich schwimmendes Boot (Tafel XV). Ich habe es als Tafelaufsatz (was könnte es auch sonst wohl sein?) bezeichnet. Es ist aus halbdurchsichtigem Alabaster gearbeitet und mit eingeschnittenen und gemalten Frucht- und Blumengirlanden verziert und scheint bei einem Bankett oder sonst einer Feierlichkeit als Tafelzierat gedient zu haben. Es ist eine außerordentlich reiche Arbeit, die besonders interessant ist, weil sie uns einen Blick aus dem Dunkel des Grabes ins Licht einer sonst so verblaßten Vergangenheit vergönnt. Das Stück ist nicht besonders groß, kaum 68 Zentimeter hoch und 70 Zentimeter lang. Der Teich bildet den Untersatz, und zwar in Form eines von einer Hohlkehle bekrönten Kastens und ruht auf vier zylindrischen Füßen. Er ist innen ausgehöhlt und kann mit Wasser und Blumen gefüllt werden. In der Mitte befindet sich eine Art Insel als Stütze für das Alabasterboot. Das Boot selbst, eine Barke mit rundem Kiel, hat nach oben gebogene Enden, die in Steinbockköpfe auslaufen. In der Mitte befindet sich ein Baldachin, der von vier reichdekorierten Papyrussäulen getragen wird und, wenn ich nicht sehr irre, einen offenen Sarkophag überdacht. Das Ganze stellt wohl eine Totenbarke für die Himmelsreise des »Guten Gottes«, des Königs, dar. Auf dem Vorderdeck hockt, vorwärtsschauend, das anmutige

Abb. 61 Ein Handschuh

Figürchen eines nackten Mädchens, das eine Lotosblume an die Brust preßt. Am Steuer des Bootes steht eine schwächliche Sklavin, die an die Zwerge am Steuerruder der von Herodot erwähnten, phönizischen Schiffe erinnert. Diese kleine, achondroplasische Zwergin mit ihren einwärts gedrehten Füßen ist ein seltenes Stück, das nicht nur für den Kunsthistoriker, sondern genauso für den Mediziner höchst interessant ist. Ein einziger Blick auf die Abbildung genügt, um die Schönheit und Feinheit zu erkennen, mit der der Hofbildhauer die Frauenfiguren und die Steinböcke gemeißelt hat. Was die medizinische Seite der das Boot steuernden Zwergin anbetrifft, so sagt der englische Chirurg Lord Moynihan folgendes:

»Achondroplasia ist eine angeborene Krankheit ungewissen Ursprungs. Sie ruft bei allen Kranken die gleiche Deformierung hervor. Der achondroplasische Mensch ist klein, hat aber kräftige Muskeln und Knochen. Der Kopf ist groß, die breite und hohe Stirn wölbt sich stark nach vorn und verursacht einen tiefen Einschnitt über dem Nasenansatz. Die Nasenlöcher sind offen und breit, das Unterkinn ausladend, der Rumpf im Verhältnis zu den Gliedmaßen zu lang. Das untere Rückgrat ist stark eingebogen, so daß der Unterleib vorn heraustritt. Arme und Beine sind kurz, Füße und Hände breit und kräftig. Typische Beispiele sind schon von Künstlern seit der frühesten Zeit wiedergegeben worden. Im alten Ägypten zeigen der Gott Bes, »der Spaßmacher und Lehrer der Kinder«, und der Gott Ptah (Pataikos, der Sohn des Ptah) alle charakteristischen Eigenschaften der Achondroplasia. Der Zwerg Turold auf dem Bayeauxgobelin ist ebenfalls ein gutes Beispiel. Velasquez hat viele achondroplasische Menschen gemalt, meist Hofzwerge. Niccola Pertusato ist ein ganz reiner Typus. Künstler haben Zwerge oft als Wärter von Tieren dargestellt. Tiepolo malt solche Zwerge zusammen mit Hunden und mit einem Löwen. Die früheste Darstellung ist ein Relief auf einer Grabwand in Sakkara. Es zeigt einen achondroplasischen Mann, der einen Affen von fast gleicher Größe führt. Die achondroplasische Figur auf dem Alabasterboot ist weiblich. Die Krankheit ist dagegen an sich weit häufiger bei Männern. Die Füße sind so stark einwärts gedreht, daß beim Gehen ein Fuß über den anderen gehoben werden muß.« Lord Moynihan fügt noch hinzu: »Die charakteristischen Deformierungen des Körpers und des Gesichtes sind hier ganz ausgezeichnet wiedergegeben.«

Abb. 62 Doppelseitiges Brettspiel aus Ebenholz und Elfenbein

Bisher hat sich nichts finden lassen, was uns Aufschluß über die wirkliche Bedeutung dieses kleinen Kunstwerkes gegeben hätte. Es ist ein Stück aus alten Zeiten, eine Erinnerung an Sitten und Gebräuche, die mit den unseren keinerlei Verwandtschaft mehr haben. Falls es zu der Reihe von Totenbarken gehört, deren Modelle in der Schatzkammer und auch in diesem Raum, allerdings aus Holz und stark beschädigt, gefundenen wurden, dann ist es weiter nichts als ein Stück des vorgeschriebenen Totenritus. Aber soweit sich bisher feststellen läßt, handelt es sich um ein rein dekoratives Stück, ähnlich dem kleinen Silberboot, das mit den Kamose- und Ahhotepschmucksachen gefunden wurde. Aus diesem Grunde bin ich geneigt, es tatsächlich für ein Zierstück aus dem Palast zu halten, das ursprünglich nicht für das Grab bestimmt war.

Besonders auffallend ist ein etwa 13 Zentimeter hohes Silbergefäß in Form eines Granatapfels. Es ist von den Grabräubern vergessen oder wahrscheinlicher fallen gelassen worden. Das Silber ist etwas goldhaltig und beinahe in seinem ursprünglichen Zustand erhalten. Außen zeigt das Gefäß ein graviertes Band von Kornblumen- und Olivenblättern; Hals und Schulter tragen Lilien und Mohnblütengirlanden. Die Vase ist so modern, daß sie von einem Silberschmied aus der Zeit der Königin Anna hätte gearbeitet sein können. Wenn wir nicht ihre Herkunft kennen würden, hätte wohl keiner von uns gewagt, sie ins 14. vorchristliche Jahrhundert zurückzudatieren.

Kästen mit Spielbrettern und ihre Steine lagen allenthalben in dem Raum herum. Einzelne Teile wurden sogar in dem Vorraum gefunden, wohin sie wohl von den Grabräubern geworfen worden waren. Die Spiele sind von drei verschiedenen Größen: kleine, mittlere und große, d.h. solche für den Hausgebrauch und andere zum in der Tasche tragen. Die kleinen aus einfachem Elfenbein kamen aus der bereits erwähnten Truhe mit dem Spielzeug. Daß man sie dem Toten mit ins Grab gegeben hat, beruht wohl auf einem auch im »Totenbuch« (Kapitel 17) angedeuteten Glauben, daß der Verstorbene auch im Jenseits sich am Brettspiel vergnügen solle. Die hier gefundenen sind gewiß für den wirklichen Gebrauch bestimmt gewesen. Das größte und auch schönste Spielbrett (53,5 × 32,5 × 17,5 Zentimeter) steht auf einem feingearbeiteten Ebenholzbänkchen, das auf einem Schlitten ruht. Seine Untersätze und die Krallen der Löwenfüße sind mit Gold verziert (Abb. 62). Das Spielbrett selbst ist gleichfalls aus Ebenholz, seine obere und untere rechteckige Platte mit Elfenbein ausgelegt. – Das mittelgroße Spielbrett (etwa 32 × 8,5 × 6 Zentimeter) ist aus Holz und hat Elfenbeinfurnier; es ist mit gefärbtem Schnitzwerk verziert, die Ränder sind vergoldet.

Jedes Brett ist in dreißig gleich große Quadrate geteilt, die in drei Reihen von je 10 Feldern angeordnet sind. Zu jedem Spiel gehörten, wie die Bauern beim Schach, zehn Steine, die schwarz und weiß gefärbt waren und von denen jeder Spieler fünf gleichfarbige bekam. Man würfelte entweder mit Knöcheln oder mit schwarzen und weißen Stäbchen, die nach Art des Niederfallens bewertet wurden. Es handelt sich offenbar um ein altes, dem heutigen »El-tab el-siga« verwandtes und im Orient allgemein gebräuchliches Glücksspiel, aus dessen Regeln wir gewisse Rückschlüsse ziehen dürfen. Es erforderte wenig oder gar keine besondere Geschicklichkeit, war aber jedenfalls ein amüsanter und zugleich aufregender Zeitvertreib.

Ich möchte sogar sagen, daß die heutigen auf Verstand beruhenden Spiele wie »Siga«, Setzspiele oder Schach sich aller Wahrscheinlichkeit nach aus Glücksspielen entwickelt haben, wie wir ihnen hin und wieder in altägyptischen Gräbern begegnen, und die in unserem Grabe in so besonders guten Beispielen vertreten sind.

Diese Spielbretter oder Spielkästen sind fast ausnahmslos für je zwei Arten des Spiels eingerichtet, nämlich drei Reihen mit zehn Feldern, wie oben erwähnt, auf der einen, und drei Reihen mit vier Feldern und einer Anfangsreihe von acht Feldern auf der anderen Seite. Die Steine (Bauern) des großen Brettspiels fehlten. Sie waren vermutlich aus Gold und Silber und infolgedessen bereits im Altertum gestohlen. Die kleineren Steine aus Elfenbein hatten in den Augen der Räuber keinen Wert und waren darum noch vollzählig.

Eine Anzahl der gefundenen Straußenfederfächer erinnert an das päpstliche Flabellum, das bei pontifikalen Prozessionen, wie noch vor kurzem anläßlich der Eucharistischen Prozession S. Hl. des Papstes im Juli 1929 in Rom, gebraucht wird. Genauso wie die Flabella wurden diese Fächer von Kammerherren bei Umzügen des Pharao getragen oder zu beiden Seiten des Königs oder unmittelbar hinter seinem Thron gehalten. Der Titel »Fächerträger zur Rechten (oder zur Linken) Seiner Majestät« galt bei den Hofbeamten als eine der höchsten Würden. Die Fächer mit langen Stielen waren, wie schon ihr früher ägyptischer Name *šwt*, »Schatten«, besagt, vermutlich mehr als Sonnenschirme denn als Fächer gedacht, obwohl sie zweifellos zu beiden Zwecken gebraucht werden konnten und auch gebraucht worden sind. Merkwürdigerweise zeigt das Hieroglyphenzeichen für das *ẕy-chw*, »Fächerträger«, einen ähnlichen Stiel, nur daß das Oberteil des Flabellums fehlt und daß es nur eine einzige Straußenfeder hat, also einen Typ darstellt, für den wir in diesem Grab kein Beispiel gefunden haben. Ein anderer Name für diese Fächerart war *sryt*, »Standarte«, was auf einen weiteren Gebrauch dieses sehr dekorativen Flabellums hinweist, das meiner Ansicht nach die Form des königlichen Fächers darstellt.

Leider waren die Straußenfedern an allen Fächern so zerfallen, daß nur bei einigen wenigen noch die Federkiele übrig waren, diese aber auch in einem zu schlechten Zustand, um sich konservieren zu lassen. Es war immerhin noch genug davon vorhanden, um zu zeigen, daß die Kopfstücke der Fächergriffe, in denen die Kiele befestigt waren, achtundvierzig Federn (auf jeder Seite vierundzwanzig) gehalten hatten, und daß die Federn noch ein kurzes Stück von den Kielen abgestreift waren, so daß ein Teil der kahlen Federschäfte sichtbar blieb. Das Ganze ähnelte den strahlenförmigen Gestellen unserer heutigen, klappbaren Fächer.

Die Fächergriffe sind zwischen 60 und 120 Zentimeter lang. Sie haben ein Kapitell in Form einer Papyrusdolde; am unteren Ende des Griffs befindet sich ein Knauf in Gestalt einer umgekehrten Papyrusdolde oder Lotosblüte. Sie sind aus Elfenbein geschnitzt, getönt und vergoldet oder aus Ebenholz, das mit Baumrinde verziert ist, und nur wenige aus Holz, das mit graviertem oder getriebenem Goldblech beschlagen ist. Die goldenen tragen Vornamen, Namen und Beinamen Echnatons und außerdem zwei Königsringe mit dem Namen des Aton und die Sonnenscheibe. Der Elfenbeingriff ist ein Meisterwerk der Schnitzerei.

Ein weiteres, höchst interessantes und einzigartiges Stück, das in der Nebenkammer gefunden wurde, war ein Zepter des Königs. Es ist schwer verständlich, warum sich ein so ehrwürdiges Stück in einer Vorratskammer befand und nicht zusammen mit ähnlichen Insignien in der Schatzkammer, wie man hätte erwarten dürfen. Die einzige verständliche Erklärung ist, daß die Plünderer bei ihrem Raub gestört worden sind und das Zepter beiseite warfen oder daß es zu einer vollständigen, ursprünglich in einer der Truhen untergebrachten Ausstattung gehörte, zu der auch Gewänder für religiöse Zeremonien und vom König zelebrierte Kulthandlungen gehört haben. Diese Vermutung dürfte wahrscheinlich den Tatsachen entsprechen, da eine mit Gold eingelegte Bronzeaxt (die goldene Klinge war von den Räubern weggebrochen), wie sie bei Zeremonien vor dem Toten gebraucht wurde, sich unter den auf dem Boden herumliegenden Gegenständen fand. Dieser Zeptertyp ist unter verschiedenen Namen bekannt, ist aber, glaube ich, stets ein Stab oder Symbol des Herrschers gewesen. Als Cherp-Zepter wurde es beim Opfer gebraucht, wie die getriebene Verzierung auf der einen Seite zeigt. Es ist etwa 52 Zentimeter lang und besteht aus Holz, das mit dickem Goldblech beschlagen ist. Das obere Ende und die beiden Enden des Griffs sind mit reicher (ägyptischer) Cloisonné-Arbeit verziert. Die aus Gold und blauer Fayence bestehende Inschrift lautet: »Der Schöne Gott, der Geliebte, dessen Antlitz leuchtet wie der Aton, wenn er scheint, der Sohn des Amun, Tut-ench-Amun.« Auch sie deutet auf einen Ausgleich zwischen Aton- und Amunglauben hin.

Der Verstorbene galt nach seinem Tode als derselbe Mensch, der er im Leben gewesen. Der König war ein »Guter Gott« im Leben wie im Jenseits. Die erhabenen Gestalten der Vergangenheit wurden als Gottheiten betrachtet und als »Große Götter« angesprochen. Sie und ihre göttlichen Familien wurden angebetet. Das »zweite« Leben galt tatsächlich als eine Fortsetzung des ersten. Darum finden wir Hausrat, Zepter, Fächer, Spazierstöcke, Stäbe, Waffen und alle möglichen Dinge des täglichen Gebrauches in dem Grabe. Es sind Opfer für den Toten, der in der Erinnerung fortlebt, und aus diesen Grabbeigaben können wir uns ein Bild von der wirklichen Welt des alten Ägyptens machen.

Der junge Tut-ench-Amun muß ein Liebhaber und Sammler von Spazierstöcken und Stäben gewesen sein, denn wir fanden eine große Zahl davon in der Vorkammer und in der Sargkammer. Wenn sie auch zweifellos zum Teil eine religiöse Bedeutung gehabt haben mögen, so zeigen sie doch viele deutliche Spuren täglichen Gebrauches. Ihre Form ist verschieden: lange Stäbe mit Knäufen oder Gabeln oben und mit Zwingen unten, krumme oder gebogene Stücke zum Töten von Schlangen. Einige haben Gold- oder Silberbeschlag, andere sind mit einem Mosaik aus Rinden verziert, wieder andere bestehen aus schlichtem, lediglich poliertem Holz.

Die Sammlung von Angriffswaffen, die in der Vorratskammer gefunden wurde, umschließt Keulen, Stöcke, Sichelschwerter, Bogen und Pfeile, Bumerangs und Wurfspeere für Vogeljagd und Krieg. Die Verteidigungswaffen sind wirkliche oder nur bei Zeremonien getragene Schilde sowie ein Panzer.

Die primitivsten Waffen waren naturgemäß die Keulen. Daraus, daß sie hauptsächlich unter den Tributen der benachbarten Barbaren vorkommen, darf man wohl folgern, daß sie weniger für die Ägypter als für die Fremdvölker charakteristisch waren. Eine große Menge fand sich, die meisten in der rohen, weißen Bogenkiste. Die Mehrzahl ist sichelförmig (am verdickten Ende gekrümmt) und hat entweder ein knaufartiges Ende oder eine flache Schneide, deren konkave Kante, genau wie bei einer Sichel, die schärfere ist. Der andere, aber seltenere Typ ist keulenförmig, beinahe wie ein verlängerter Polizeiknüppel mit einem Knopf am Griffende. Sie sind allesamt aus schwerem, dunkelpoliertem Holz gefertigt, und nur der Griff ist mit Rinde überzogen, die aussieht wie Birkenrinde.

Die Kampfstöcke sind die ersten in Ägypten gefundenen. Sie lagen in der Südwestecke des Raumes auf der Erde. Sechs waren etwa 62 Zentimeter lang, und nur ein einziger war länger, nämlich 92 Zentimeter. Sie bestehen aus einem runden Stab, der am einen Ende dicker ist als am anderen, und sind offenbar als Angriffs- und Verteidigungswaffe gebraucht worden. Im Gegensatz zu den modernen europäischen Fechtstöcken bildete das dickere Ende die »Spitze« und war mit Metall beschlagen, während das dünnere Ende den Griff darstellte, ein deutlicher Beweis dafür, daß sich diese Waffe aus der Keule entwickelt hat. Schutz für die Hand lieferte eine Art »Korb«, der mit Draht verstärkt war und eine durchbrochene Goldverzierung hatte. Dieser goldene »Korb« war natürlich wieder abgebrochen. Aber wir fanden noch Stücke davon auf dem Boden. Der Handgriff war innen mit einer Lederpolsterung versehen, die mit Schnüren festgemacht war. Dadurch wurde die Hand vor dem Rückschlag der Waffe geschützt: Alle hatten sie Drahtschlingen zum Aufhängen (?). Drei dieser Kampfstöcke haben unter dem Griff noch einen Beschlag von Goldblech. Einer ist mit Rinde verziert, und drei weitere, einfache zeigen die natürliche Rinde des Holzes, die noch ganz unversehrt war. Aus Szenen auf ägyptischen Denkmälern, auf denen eine Art »Keulenspiel« oder »Stockfechten« dargestellt ist, scheint hervorzugehen, daß es sich bei dem Fechtspiel um Schlagen, Stoßen und Parieren mit dem Fechtstock gehandelt hat. Ein kurzer Stock, der wie eine Schiene an den linken Unterarm gebunden wurde, sollte wohl Schläge abwehren, die mit dem eigentlichen Fechtstock nicht pariert werden konnten, und wird wohl noch als besonderer Schutz gegen die Schläge des Gegners gedient haben. Von diesen »Schienen« wurde jedoch von uns hier keine Spur gefunden.

Zwei bronzene Krummschwerter sind in vieler Beziehung einzigartig. Das eine Schwert, groß und ziemlich schwer, wurde zusammen mit den Fechtstöcken, das zweite, kleinere und viel leichtere, unter allen möglichen anderen Stücken auf der Erde gefunden.

Das kleine Krummschwert (40 Zentimeter lang) ist wahrscheinlich für den jungen König gemacht worden; das größere (59 Zentimeter lang) war wohl für den erwachsenen Mann bestimmt. Bei beiden sind Klinge, Schaft und Griff aus einem Stück gegossen. Der Griff hatte zwei seitliche Auflagen aus Ebenholz. Das größere Schwert war mehr zum Schlagen als zum Stechen geeignet. Die konvexe Kante der Schneide war nur teilweise ausgeführt, was diese Waffe kaum auf eine höhere Stufe hebt als die ziemlich unentwickelten, sichelförmigen Keulen, die wir oben beschrieben haben. Die Klinge des kleineren Schwertes hatte dagegen schon mehr eine richtige Messerschneide. Daß man mit dem größeren Schwert schwere Wunden beibringen konnte, geht aus seinem Gewicht und der Dicke des Schwertrückens (0,7 Zentimeter) hervor.

Krummschwerter scheinen dem Neuen Reich, der 18. bis 20. Dynastie, eigentümlich ge-

Abb. 63 Schild mit wappenartiger Verzierung

wesen zu sein. Nach dem sichelförmigen, hieroglyphischen Deutzeichen des Wortes zu urteilen, hießen sie ägyptisch *chepesch*. Sir Gardner Wilkinson sagt in seinem *»Manners and Customs of the Ancient Egyptians«* (Band 1, Seite 213): »...die Ähnlichkeit in Form und Bezeichnung mit der Kopis der Griechen deutet darauf hin, daß man diese Waffe in Argos, einer ägyptischen Kolonie, wo sie hauptsächlich in Gebrauch war, dem ägyptischen Krummschwert nachgebildet hatte.« Sie ist vermutlich auch das Vorbild des arabischen Krummschwertes, des *scimitar*, das ebenfalls sichelförmig ist und meist gegen seine Spitze hin breiter wird.

Die sehr zahlreichen Pfeile und Bogen waren untereinander sehr verschieden, aber alle technisch im höchsten Grade vollendet. Die meisten waren der Würde und dem Rang ihres Besitzers entsprechend aufs feinste verziert.

Obwohl jedes einzelne Stück seine besonderen Eigentümlichkeiten hat, lassen sich die Bogen doch in drei Gruppen einteilen: a) einfache Bogen aus einem einzigen Holzstab ohne Verzierung; b) einfache Bogen aus zwei Holzstäben (einem rechten und einem linken), die in der Mitte zusammengepaßt und der ganzen Länge nach mit Rinde umwickelt sind; c) zusammengesetzte Bogen, bei denen die ganze Länge aus verschiedenen zusammengeleimten Lagen aus Horn oder Holz besteht. Sie sind mit Rinde umwickelt und bis ins kleinste verziert; der »Bauch« ist mit einer Gelatinemasse gefüllt. Die zur Umwicklung und Verzierung benutzten Rinden ähneln in ihrer Farbe Kirschbaum- und Birkenrinden. Es ist bisher jedoch noch nicht gelungen, die verwendeten Hölzer und Rinden endgültig festzustellen. Die wenigen einfachen Bogen aus Einzelstäben sind nur $67^1/_2$ Zentimeter lang; die Bogen aus zwei Stäben messen etwa 63 Zentimeter, einer ist nur 35 Zentimeter lang. Die Länge der zusammengesetzten Bogen, die bei weitem die Mehrzahl bilden, schwankt zwischen 110 und 123 Zentimeter. Es ist eigentlich überflüssig zu betonen, daß alle Bogen in der Mitte starr und unbiegsam sind und daß die Hälften gegen die »Hörner« zu, an denen die Sehnen befestigt wurden, allmählich dünner werden. Nur bei den einfachen Bogen aus einem Stück fehlen die »Hörner«. Die Sehne ist bei ihnen nur einige Male um die Bogenenden gewickelt. Wo immer eine Bogensehne erhalten war, bestand sie aus vier gedrehten Darmsaiten. Der Hauptunterschied zwischen dem einfachen Bogen, dem bei weitem frühesten Typ in Ägypten, und dem zusammengesetzten Bogen (des Neuen Reiches und vermutlich fremden Ursprungs) liegt darin, daß ersterer empfindlicher ist und erst bei der Spannung der letzten Zentimeter die eigentliche Arbeit tut, während der zusammengesetzte von Anfang an gleichmäßig durchzieht. Die verschiedenen Typen und Größen bezogen sich ohne Zweifel genau wie die der Pfeile auf die mannigfachen Verwendungszwecke. Wir teilen ja schließlich auch unsere Waffen in Militärgewehre, Jagdflinten und Pistolen von verschiedenen Gewichten und Kalibern ein.

Unter den 278 Pfeilen fanden sich sechzehn Gruppen, in Größe und Ausführung verschieden. Die Pfeile bestehen im allgemeinen aus: einem Rohrschaft mit »Ansatz«, d.h. mit einem eingefügten Stück Hartholz, an das der eigentliche Pfeil befestigt ist; der Spitze, eben diesem eigentlichen Pfeil, die aus Bronze, Elfenbein oder Holz von verschiedener Form oder aus Glas (an Stelle von Feuerstein) mit breiter Schneide besteht und in den Ansatz einzementiert ist; den »Federn« und ferner einem unten ausgefügten Kerbstück aus Elfenbein oder Hartholz. Einige Pfeile haben drei, die meisten jedoch vier Federn. Sie haben alle das Ansatzstück für die Pfeilspitze, das mit wenigen Ausnahmen nach vorn zu dünner wird. Die einzige Ausnahme bildete eine Gruppe von dreizehn vierfedrigen einfachen Pfeilen, bei denen Schaft und Ansatz durchgängig die gleiche Dicke hatten und die aus einem Stück gearbeitet waren.

Die Länge der Pfeile schwankt zwischen 25 und 90 Zentimetern. Nur ein einziger (man erinnere sich des früher erwähnten, sehr kleinen Bogens) war 15 Zentimeter lang. Die Form der Pfeilspitzen entspricht ihrer Verwendung zum Krieg oder zur Jagd, zum Durchbohren, Zerfetzen oder bloßen Betäuben des Opfers.

Mehrere Pfeilbündel und ebenso einige Bogen fanden sich an verschiedenen Stellen der Kammer, die meisten lagen in der großen, weißen Bogenkiste.

Die vorzügliche Arbeit der Bogen wie der Pfeile beweist, daß die Ägypter des Neuen Reiches die Kunst des Bogenmachens ausgezeichnet verstanden haben. Die Bogen sind, selbst wenn man die kleine Statur der Ägypter in Betracht zieht, sehr kurz, was allerdings in unserem Falle vielleicht der Jugend des Königs zuzuschreiben ist, da ja Bogengewicht und Pfeillänge der Kraft des Schützen angepaßt werden müssen.

Mit Recht darf man annehmen, daß die Ägypter unter allen größeren Völkern des Altertums die besten und zugleich die berühmtesten Bogenschützen gewesen sind. Sie verließen sich auf den Bogen als Hauptwaffe im Kriege wie auf der Jagd. Er wurde in seinen verschiedenen Formen wohl mehr auf der Jagd als im Kriege benutzt, wenn er auch von unendlich großem militärischem Wert gewesen sein muß. Der Schütze konnte mit Pfeil und Bogen das geschwindeste Tier zu Fall bringen und sich gegen jeden Feind verteidigen. In der Minute konnten im Durchschnitt vier bis fünf Pfeile abgeschossen werden, und es muß gewiß keine Kleinigkeit gewesen sein, gegen einen derartigen Pfeilregen anzumarschieren. Die Ägypter benutzten Pfeil und Bogen auf den Streitwagen, von wo sie ebenso sicher schossen wie zu Fuß. Zur Verteidigung gegen Pfeile dienten Schilde und Panzer aus Leder.

Der heutige Erhaltungszustand der Bogen macht eine Bestimmung ihres Gewichtes und damit ihrer Spannkraft unmöglich. Sie hatten vermutlich eine Schußweite von etwa hundertfünfzig bis zweihundert Metern. Die Durchschlagskraft der einfachen Bogen und des Pfeiltyps mit »Ansatz«, wie er im Mittleren Reich gebräuchlich war, wird sehr gut erläutert durch ein von H. E. Winlock in Theben entdecktes Soldatengrab, in dem einige sechzig in der Schlacht gefallene Krieger lagen (Bulletin des Metropolitan Museum of Art, Februar 1928, Seite 12ff., Abbildung 17, 20, 21). Die zum Teil mumifizierten Leichen weisen eine Anzahl Pfeilwunden auf, wie sie von Schüssen aus einer gewissen Höhe herrühren. Einige Krieger hatten noch Stücke von Pfeilen im Körper stecken. Mehrere Pfeile hatten die Soldaten offenbar von oben her ins Genick getroffen und waren durch die Brust hindurchgegangen. Ein Pfeil war vom Oberarm durch die ganze Länge des Unterarmes bis ins Handgelenk gedrungen. Ein Mann war unter dem Schulterblatt von einem Pfeil getroffen, der das Herz durchbohrt hatte und 20 Zentimeter aus der Brust hervorragte. Welche Schußweite diesen Verwundungen zugrunde lag, ist selbstverständlich unbekannt. Wir haben auch keinerlei Bericht über den vom Feind benutzten Bogentyp. Wir wissen nur, daß zu der fraglichen Zeit in Ägypten lediglich die einfachen Bogen bekannt waren. Bruchstücke von Pfeilen, die in den Leichen gefunden wurden, beweisen, daß sie von den mit den dünnzulaufenden Ansätzen versehenen Pfeilen stammen, die jedoch keine eigentlichen Pfeilspitzen hatten.

Der einfache Bogen hatte, wie viele andere Gebrauchsgegenstände, seinen Ursprung in Punt, einem Lande irgendwo an der Ostküste Afrikas nördlich vom Äquator, Abessinien oder Somaliland.

Eine andere Art Wurfgeschoß war der Bumerang, von dem eine große Zahl – Bumerangs für den praktischen Gebrauch und solche für religiöse Zwecke – von uns gefunden wurde. Die ersteren lagen in der Bogenkiste.

Bumerangs und Wurfstöcke sind in Ägypten von der frühesten Zeit bis zu den letzten Dynastien in Gebrauch gewesen. Der eigentliche Bumerang ist zweifellos bei der Vogeljagd, das Wurfholz vermutlich im Kriege verwendet worden. Beide Arten sind in unserer Sammlung vertreten. Unter den eigentlichen Bumerangs haben wir zwischen denen, die zurückfliegen, und denen, die nicht zurückfliegen, zu unterscheiden, obwohl beide grundsätzlich die gleiche Form haben: Sie sind entweder sichelförmig gebogen oder bestehen aus zwei geraden, im Winkel gegeneinander gerichteten Armen. Der Hauptunterschied liegt in dem »Dreh« der Arme, der bei beiden völlig verschieden ist. Der nicht wiederkehrende Bumerang ist offenbar genauso wie der wiederkehrende geschleudert worden. Der rückwärtige Dreh half dazu, die Schußweite über die der gewöhnlichen Wurfhölzer hinaus zu vergrößern.

Unsere Stücke bestehen aus Hartholz, das ich nicht näher bestimmen kann. Sie sind entweder mit bunten Mustern bemalt oder teilweise mit einer birkenähnlichen Rinde umwickelt. Die aus Elfenbein geschnitzten und an den Enden mit Gold beschlagenen sind lediglich »rituell«, religiös, d.h. für den Toten bestimmt gewesen.

Die Wurfhölzer haben entweder reine Phantasieformen oder sind ganz einfach gebogene Stücke aus Hartholz. Die aus Ebenholz und an den Enden vergoldeten dienten vermutlich ebenso rituellen Zwecken wie das Stück aus vergoldetem Holz mit Endkappen aus Fayence oder die aus reiner Fayence hergestellten.

Als Verteidigungswaffen fanden wir acht Schilde: vier vermutlich für wirklichen Gebrauch und vier für rein zeremonielle Zwecke. Zwei der wirklichen Schilde sind aus leichtem, mit Antilopenfell überzogenem Holz und tragen in der Mitte die Namen des Königs. Die beiden anderen, ebenfalls aus leichtem Holz und mit ähnlichen Inschriften, sind mit dem Fell des nordafrikanischen Geparden überzogen. Haar sowohl wie Zeichnung des Felles sind beinahe unversehrt. Die Schilde haben ein Höchstmaß von 72 × 51 Zentimetern. Die zeremoniellen Schilde (Abb. 63) sind ein wenig größer. Sie sind aus Holz, durchbrochen gearbeitet und vergoldet. Die Muster sind heraldischen Charakters. Zwei stellen den König dar, wie er als Löwe die Feinde Ägyptens, einen Neger und einen Asiaten, niedertrampelt, oder wie er als Krieger mit dem Krummschwert einen Feind in Löwengestalt niederschlägt. Zwei andere zeigen ihn in diesem Leben und im Jenseits auf dem Throne sitzend.

Eine weitere Verteidigungswaffe, die in eine Kiste geworfen war, ist ein Panzer aus zerknülltem Leder. Das dicke, getönte Material war schuppenartig auf einer Leinenunterlage oder Futter wie eine enganliegende ärmellose Weste gearbeitet. Es war leider so stark zerfallen, daß an eine Konservierung nicht zu denken war.

Unter anderen Gegenständen religiöser Art fanden sich noch folgende, der Erwähnung werte Stücke: Sicheln für die Ernte in den Elyäischen Feldern; verschiedene, amulettartige Werkzeuge aus Bronze, Holz und Stein; Amulette aus Stein, Fayence und Gold; Holz-, Stein- und Glasschreibzeuge; ein großer Teil der hölzernen Modelltotenbarken, die bereits beschrieben sind, und eine stattliche Menge von Schawabtifiguren in ihren Schreinen, die zu der in der Schatzkammer untergebrachten Gruppe gehörten.

2. Gruppe

Die eigentlich in die Vorratskammer gehörigen Stücke

Die Öle, Fette, Salben, Weine, Früchte und Eßwaren sind Dinge, die, wie ich glaube, eigentlich in den Vorratsraum gehörten.

Die Öle und Salben waren in 34 Gefäße aus Alabaster und eins aus Serpentin gefüllt, die um ihrer verschiedenartigen Form und Größe willen Beachtung verdienen. Die zehn Alabasterkrüge ähnlicher Art (ich schließe hier nicht die vier reich ornamentierten, in der Vorkammer *in situ* gefundenen ein), die wir in der Vorkammer leer beiseite gestellt vorfanden, gehörten aller Wahrscheinlichkeit nach ebenfalls zu dem wertvollen Bestand der Vorratskammer. Mit wenigen Ausnahmen waren Deckel und Stöpsel von allen Gefäßen gewaltsam entfernt und weggeworfen worden. Ihr Inhalt war gestohlen, so daß sich immer nur ein kleiner Rest vorfand. Auf den Innenwänden einiger Gefäße, die klebrige Substanzen enthalten hatten, waren die Fingerabdrücke derjenigen, die ihren wertvollen Inhalt ausgeschöpft hatten, noch genauso deutlich sichtbar wie am Tage des Diebstahls. Manche Gefäße waren zweifellos älter als das Königsgrab. Bei einigen sind die Inschriften sorgfältig weggekratzt; andere tragen die Namen von Vorfahren des Königs, und zwar bis in die Zeit Thutmosis' III., bei anderen wieder deuten Bruchspuren und Ausbesserungen auf langen Gebrauch hin. Kurz, es macht den Eindruck, als ob sie Öle für die Königsfamilie aus berühmten Pressen sowie abgelagerte Salben und Fette aus einer Zeit etwa 85 Jahre vor Tut-ench-Amun enthalten hatten.

Diese Krüge aus der Zeit vor Tut-ench-Amun werfen auch Licht auf einige Fundstücke in früheren Königsgräbern der 18. Dynastie. Sooft kleine Fragmente älterer Stücke unter Gegenständen späterer Grabausstattungen gefunden wurden, stand man vor einem Rätsel und schrieb ihr Vorhandensein irgendeinem Zufall zu. Sollte nicht die Tatsache, daß wir verschiedentlich Stücke mit Namen von Vorgängern der betreffenden Pharaonen bei einer geplünderten und zerstörten Grabausstattung – wie z.B. auch hier im Grabe Tut-ench-Amuns – fanden, darauf hindeuten, daß man Bestandteile aus der Ahnenzeit nach einem besonders wohlbegründeten Brauch aufgenommen hat? Dazu kommt noch etwas Weiteres. Da die meisten Alabastergefäße in Gräbern gefunden worden sind – tatsächlich ist kaum ein bedeutenderes Grab ohne sie gewesen –, macht es den Eindruck, als ob man sie vor allem für Grabzwecke hergestellt hat. Es kann allerdings dabei keinem Zweifel unterliegen, daß sie auch für den Hausgebrauch bestimmt waren, wenn auch nicht in demselben Maße wie die gewöhnlichen Tongefäße, da sie viel teurer, schwerer und zerbrechlicher waren. Sie wurden eigentlich nur für Öle und Salben gebraucht, während die Tonkrüge in der Hauptsache Wein, Bier, Wasser und ähnliches enthielten. Die besonders für den Grabgebrauch angefertigten Steingefäße lassen sich leicht von den Prunkgefäßen aus gleichem Material unterscheiden, die durch ihre künstlerische Form praktisch von recht geringem Nutzen waren.

Die Höhe der Steingefäße schwankte zwischen 21 und 76 Zentimeter. Sie fassen etwa $2^3/_4$ bis 14 Liter; demnach waren in der Vorratskammer zum mindesten 350 Liter Öl, Fette und Salben für den König untergebracht. Zwei Krüge, mit dem Namen Thutmosis' III., tragen die Angabe ihres tatsächlichen Fassungsvermögens, und zwar $14^1/_2$ und $16^3/_4$ *hin*. Da das *hin* in jener Zeit ungefähr 460 Kubikzentimeter betrug, enthielten sie vermutlich 6,67 und 7,70 Liter eines abgelagerten Salbstoffes. Auf zwei Gefäßen mit den Namen Amenophis' III. ist der Amunname des Königs weggekratzt und durch seinen Vornamen ersetzt worden, ein deutlicher Beweis dafür, daß sie während der Regierungszeit Echnatons in Gebrauch gewesen sind. Interessant ist eine andere Vase, auf der die sorgfältig weggekratzte Inschrift noch leise Spuren von den Namen zweier Könige – vielleicht Amenophis' III. und Amenophis' IV. – zeigt, was auf eine gemeinsame Regierung der beiden Pharaonen hindeutet.

Das größte Gefäß ist den irdenen Weinkrügen nachgebildet. Ein zweiter Krug, der noch auf seinem ursprünglichen runden Untersatz stand, ist 65 Zentimeter hoch. Auf seinem Boden fand sich ein kleiner Rest von Öl, den die Diebe übriggelassen hatten; unter einer Kruste hatte es sich in seiner alten Dickflüssigkeit erhalten. Von den übrigen Gefäßen sind bemerkenswert: eine Vase in Gestalt eines Löwengottes, der in Angriffsstellung aufrecht steht. Seine rechte Vordertatze schlägt zornig in die Luft, während die linke auf dem »Schutz« bedeutenden Schriftzeichen *sa* ruht. In die Krone auf dem Löwenhaupt ist der Vasenhals in Form einer Lotosblüte eingepaßt. Die Verzierungen sind eingeschnitten und mit Farbe ausgefüllt. Zunge und Zähne sind aus Elfenbein. – Eine andere Vase stellt einen liegenden Steinbock dar, der ganz realistisch gestaltet ist. Ein drittes Gefäß hat die Form eines schlanken Kessels, der auf einem Untersatz steht. Es hat ein sehr fein geschnittenes Reliefornament oben am Hals. Die Inschrift ist eingeschnitten und mit Farbe ausgelegt. – Ein vierter Krug aus halbdurchsichtigem Kalkspat zeigt in durchbrochener Arbeit aufrecht stehende Schlangen, die mit ihren Flügeln den Namen des Königs und dadurch diesen selbst schützen. – Alle diese Gefäße sind fast gleichmäßig gut gearbeitet. Der Steinmetz oder Bildhauer hat seiner Phantasie bei ihrem Entwurf freien Lauf gelassen und sie nach Motiven aus der Tier- und Pflanzenwelt frei gestaltet. Einige sind wohl etwas schwer und plump, dafür zeichnen sich andere durch Eleganz und Abwechslung in der Form aus. Besonders interessant ist ein Paar schlanker Krüge mit langen Hälsen; sie sind unten spitz; um den Hals tragen sie Verzierungen von je drei Blumenkränzen, die aus vielfarbiger Fayence gearbeitet und in den Stein eingelegt sind. – Die drei Dutzend Weinkrüge aus Ton sind historisch recht interessant. Die Weine selbst waren natürlich längst eingetrocknet, aber jeder Krug trägt eine hieratische Aufschrift, die Jahrgang und Ursprungsort des Weines angibt. Aus diesen »Etiketten« erfahren wir, daß die besten Weine für die königlichen Kellereien aus den Aton-, Amun- und Tut-ench-Amun-Domänen im Nildelta stammten, von denen einige bei Kantara am Ostarm des Flusses, die meisten jedoch am westlichen Arm lagen. Wir hören ferner, daß die bei weitem größte Weinmenge aus der Atondomäne, und zwar aus dem 3. bis 21. Jahr stammte, woraus hervorgeht, daß die Atongüter mindestens einundzwanzig Jahre lang bewirtschaftet waren. Die zweitgrößte Menge kam aus der Domäne Tut-ench-Amuns mit einer bis in das 9. Regierungsjahr reichenden Datierung, z.B. »Jahr 9, Wein des Gutes Tut-ench-Amuns vom westlichen Fluß«, unter Anfügung des Namens des Oberwinzers. Hieraus geht hervor, daß der König im zarten Alter von neun Jahren mit der Prinzessin Anches-en-paton verheiratet wurde und den Thron bestieg; denn seine Mumie zeigt, daß er ungefähr im Alter von achtzehn Jahren gestorben sein muß. – Die kleinste Weinmenge kam aus der Domäne des Amun und trägt das Datum »Jahr 1«, ein Hinweis darauf, daß die Rückkehr zur Verehrung des Hauptgottes Amun in der frühen Regierungszeit Tut-ench-Amuns sich vollzogen haben wird.

Aus den Siegeln auf den Weinkrügen lernen wir auch das Verfahren der altägyptischen Küfer, oder besser gesagt, Kellermeister kennen. Nach der ersten Gärung wurde der junge Wein in irdene Krüge gefüllt, mit einem Binsenstöpsel verschlossen und mit Ton oder Nilschlamm so verkapselt, daß der ganze Hals damit bedeckt war. Solange diese großen Kapseln noch weich waren, wurde das Zeichen der Domäne, aus der der Wein stammte, aufgedrückt. Die zweite Gärung fand somit innerhalb der Krüge statt. Um die sich während dieses Prozesses bildende Kohlensäure entweichen zu lassen, wurden oben durch die Kapseln kleine Löcher gebohrt. Die Löcher wurden dann später wieder mit Ton oder Schlamm ausgefüllt und mit einem kleineren Aufdruck eines besonders hierfür bestimmten Domänenzeichens versehen. Aller Wahrscheinlichkeit nach wurde das Kruginnere mit einer dünnen Schicht einer harzigen Masse ausgeschmiert, um dem porösen Ton entgegenzuwirken. Jedenfalls zeigen Scherben von Krügen eine schwarze Innenschicht.

So viele Weinkrüge auch zerbrochen waren, fand sich doch keinerlei Beweis dafür, daß Wein gestohlen worden ist. Sie sind zu Bruch gegangen, als die Diebe den Inhalt der oben erwähnten, in der Nähe befindlichen Steingefäße beiseite schafften.

Etwa ein Dutzend Weinkrüge waren von syrischer Form. Sie haben einen eiförmigen Bauch, einen schlanken Hals mit überfallender Lippe und nur einen Henkel. Zerbrechlich wie sie sind, waren fast alle in Scherben. Nicht ein einziger Krug dieses Typs war etikettiert. Die Tonkapseln dagegen trugen ein ähnliches Stempelzeichen wie die übrigen Weine; die Annahme ist berechtigt, daß der Inhalt ägyptischen und nicht fremden Ursprungs gewesen ist.

Auf den Steingefäßen wie auf den Weinkrügen fanden sich 116 Körbe gestapelt, denen man wohl noch die Körbe ähnlicher Machart hinzurechnen darf, die auf dem Boden im Vorraum gefunden wurden. Sie enthielten Eßwaren, in der Hauptsache allerhand Früchte und Fruchtkerne, u.a. Mandragore, Nabach, Trauben, Datteln und Melonenkerne sowie Dumnüsse. Die Körbe sind rund, oval oder flaschenförmig, ihre Größe schwankt zwischen 10 und 45 Zentimeter im Durchmesser. Die ebenmäßige Arbeit bezeugt die natürliche Geschicklichkeit des erfahrenen Handwerkers. Die Flechttechnik scheint sich in keiner Weise von der zu unterscheiden, die noch heute von den ägyptischen Korbmachern angewendet wird. Einige der kleineren und feiner geflochtenen Körbe sind durch eingeflochtene Gräser in natürlichen Farben gemustert. Die gröberen sind aus Fasersträhnen von den Fruchtstengeln der Dattelpalme geflochten und mit Blättern der Dumpalme, bisweilen auch Dattelpalmblättern gebunden, die aller Wahrscheinlichkeit nach erst in Wasser eingeweicht werden mußten, um sie biegsam zu machen. Die flaschenförmigen Körbe enthielten getrocknete Weintrauben. Noch heute bringen die Ägypter an gewissen Festtagen ähnliche Fruchtkörbe verstorbenen Verwandten ans Grab.

Die Hauptursache des Zerfalls und die chemischen Vorgänge im Grabe

23

Der Bericht über die Entdeckung des Grabes Tut-ench-Amuns läßt sich nicht abschließen, ohne einige Worte über den Zustand zu sagen, in dem wir die Gegenstände in dem Grabe vorfanden und gleichzeitig auf die Hauptursache ihres Zerfalls hinzuweisen.

Wenn auch das Vorhandensein von Feuchtigkeit in dem Grabe während der Vergangenheit bereits behandelt worden ist, so verlangt dieser Punkt doch noch eine besondere Betrachtung.

Welchen Standpunkt man auch einnimmt, es bleibt ein tausendfacher Jammer, daß das Grab unter der Nässe gelitten hat, die in gewissen Zeitabständen durch die Risse im Kalkstein sickerte. Diese Nässe durchsättigte die Luft in den Kammern und schuf eine Feuchtigkeit für ziemlich lange Zeiten. Sie nährte nicht nur ein schwammartiges Gewächs und erzeugte eine eigentümliche rosa Schicht, die alles überzog, sondern zerstörte sogar alles Lederwerk, das sich in eine schwarze, zähflüssige Masse verwandelte. Ferner warfen sich die verschiedenen, zur Herstellung zahlreicher Gegenstände verwendeten Hölzer. Auch alle zur Bindung benutzten Klebstoffe wie z.B. Leim lösten sich auf, und die Gegenstände zerfielen in ihre einzelnen Bestandteile. Besonders stark war die Zersetzung der Webstoffe – ein um so unersetzlicherer Verlust, als sich darunter seltenste Gewänder aus gobelinartig gewobenen Leinenstoffen sowie Stickereien befanden.

Die Feuchtigkeit war außerdem daran schuld, daß wir zehn volle Winter (1922–32) verwenden mußten, um die Grabausstattung aus dem Grabe herauszuschaffen, denn die Notwendigkeit gebot, das Material zunächst einmal transportfähig zu machen, ehe an seine Ausstellung zu denken war. Ohne unsere sorgsame »erste Nothilfe« hätte kaum ein Zehntel der vielen hundert Stücke je in brauchbarer Verfassung das Museum in Kairo erreicht. In einzelnen Fällen erforderten die Fundstücke eine gewisse Behandlung, ehe sie überhaupt berührt werden durften, obwohl sie auf den ersten Blick beinahe wie neu aussahen. Versuche zeigten jedoch, daß sie so gut wie nichts aushielten und innerlich fast restlos zerstört waren. Nur durch die stetige Anwendung von Hilfsmitteln, die wir der freundlichen Beratung williger Mitarbeiter verdankten, und unter vieler Mühsal gelang es uns, manches Problem der Konservierung zu lösen, und ich kann zu meiner großen Befriedigung sagen, daß kaum ein Viertel v.H. all der mannigfachen und schönen Stücke verlorengegangen ist. Der Earl of Crawford hat in seiner Ansprache, die er als Erster Vorsitzender vor der »Society of Antiquaries« im Juli 1929 gehalten hat, sehr richtig gesagt: »Der Archäologe hat kein Recht, skrupellos zu zerstören oder künstlerische Werte zu vernachlässigen – sein Amt ist es im Gegenteil, das Alte neu zu erschaffen.«

Während die Gegenstände in dem Grabe periodisch einer starken Feuchtigkeit ausgesetzt waren, müssen sie außerdem in gewissen Zwischenräumen lange Perioden einer ausgesprochenen Trockenheit durchgemacht haben, also nicht nur den Bedingungen einer Ausdehnung, sondern ebenso denen einer Schrumpfung unterworfen gewesen sein.

Wenn man sich die katastrophalen Wirkungen der täglichen Temperaturunterschiede in der Wüste vor Augen führt, die ein Zerspringen von Felsen, ein Abbrechen von steilen Wänden und selbst ein Zerplatzen von riesigen Quarzblöcken verursachen, dann wundert man sich nicht mehr über das Ausmaß der Schäden, die der periodische Wechsel von Feuchtigkeit und Trockenheit innerhalb des Grabes angerichtet hat. Und das um so weniger, wenn man weiß, aus wieviel verschiedenen Materialien eine große Menge der einzelnen Stücke der Grabausstattung verfertigt war: eine Truhe z.B. bestand aus einem minderwertigen Holz, auf das ein hochwertiges Furnier aus Elfenbein, Ebenholz und Gold aufgelegt war; ein Stuhl oder ein Streitwagen aus verschiedenen Hölzern, Leder und eingelegten Metallen, natürlichen Steinen, Glas und Elfenbein; und die großen Schreine, die den Sarkophag schützten, bestanden aus Eichen- und Nadelholz, das mit Gips bedeckt und dünnem Blattgold überzogen war. Angesichts der Verschiedenheit der Werkstoffe und ihres Alters ist es immer noch erstaunlich, daß die Gegenstände die einander so entgegengesetzten Wirkungen von Feuchtigkeit und Trockenheit nicht noch weit schlechter ausgehalten haben. Die Nässezeiten müssen nach erfolgter Durchsättigung der verschlossenen Felsenkammern mit ihrer Durchschnittstemperatur von etwa 29 Grad Celsius ziemlich lange gedauert haben.

Um eine Vorstellung von der eigentlichen Quelle der Feuchtigkeit zu gewinnen, unter der die Kammern gelitten haben, muß man sich die Häufigkeit der einstigen und gegenwärtigen Regenfälle im Bezirk des Tals der Könige vor Augen halten.

Wenn auch die klimatischen Verhältnisse zur Zeit der Pharaonen im großen und ganzen den heutigen geglichen haben dürften, sollte man doch die Möglichkeit größerer Schlammansammlungen im Niltal jener Tage nicht außer acht lassen, die zu einem höheren Feuchtigkeitsgrade, wenn nicht sogar zu wirklichen Regenfällen geführt haben mögen. Die auf den alten Denkmälern dargestellte Fauna und Flora macht diese Annahme durchaus wahrscheinlich.*)

Im Gegensatz zu der östlichen Wüste, durch deren Schluchten sich fast alljährlich der Regen in Sturzbächen ergießt, ist die westliche (libysche) Wüste besonders bei Theben bis zu einem erstaunlichen Grade regenlos. Die übliche, gute Erhaltung der Altertümer sowohl wie der Inschriften *(graffitti)* auf den kahlen Felsplatten legen ein deutliches Zeugnis ab für die einstigen und jetzigen klimatischen Verhältnisse.

Es können ganze Jahre ohne weiter bemerkenswerte Regenfälle vergehen. Aus meiner eigensten Erfahrung in der Nachbarschaft von Theben, die sich über eine Zeit von über fünfunddreißig Jahren erstreckt, kann ich nur von vier wirklich schweren Regenfällen berichten, und zwar von einem im Frühjahr 1898, einem im Spätherbst 1900 und zwei dicht aufeinanderfolgenden im Herbst (Oktober und November) des Jahres 1916.

Besonders bemerkenswert ist es, daß sich diese Regenfälle auf ein verhältnismäßig kleines, scharf umgrenztes Gebiet erstrecken. Bei kurzer Dauer – von nur ein paar Stunden – und dem gewöhnlich gleichzeitigen Niedergang schwerer Gewitter ist der Regenfall wolkenbruchartig. Die Täler füllen sich mit Wasser und verwandeln sich in reißende Ströme. In ein paar Augenblicken schäumen in den Schluchten zahllose Wasserfälle, die neues Gestein auf den felsbedeckten Grund niederstürzen. Und doch gewinnt alles binnen kürzester Frist wieder das Aussehen der gewöhnlichen Dürre. Die Wasser strömen dem Niltal zu, und die einzig

*) Der Regenfall in Ägypten muß in vorgeschichtlicher Zeit weit stärker gewesen sein als heute. Paläolithische Werkzeuge, die an verschiedensten Stellen auf den höher gelegenen, an das Niltal grenzenden Wüstenplateaus gefunden wurden, liefern den fast sicheren Beweis, daß im Ägypten jener Zeit die klimatischen Bedingungen eines Halb-Wüsten-Terrains herrschten. Von dieser Zeit an scheint Ägypten – oder besser gesagt Nordostafrika – allmählich den Zustand seiner jetzigen Trockenheit erreicht zu haben. Ägypten, wie wir es kennen, ist vermutlich nicht mehr als 10–15000 Jahre alt. Der Alluvialschlamm hat eine Dicke von 30–35 Meter. Die Ablagerung dürfte etwa $7^1/_2$–10 Zentimeter im Jahrhundert betragen haben. Sie hat wahrscheinlich eingesetzt, als der Blaue Nil als Nebenfluß in den Weißen Nil hineinbrach und das abessinische Alluvium mitschwemmte. Vor dieser Zeit ist es der Weiße Nil gewesen, der die tropischen Formen afrikanischen Lebens nach dem Delta brachte, dessen Wanderung nordwärts zum Mittelmeer zweifellos durch Sümpfe, Überschwemmungsgebiete und Seen markiert war.

bleibenden Spuren der raschen und doch so verheerenden Fluten sind die ausgewaschenen Flußbetten.

Diese gelegentlichen Wolkenbrüche, von den Ägyptern »El-Seil« (Plur. »El-Sajal«) genannt, ereignen sich offenbar im Bezirk von Theben (Westufer) im Durchschnitt etwa alle zehn Jahre. Man darf jedoch nicht vergessen, daß sie dank dem verhältnismäßig kleinen Gebiet, über dem sie niedergehen, unter Umständen bedeutend länger in einem bestimmten Tal oder an einem bestimmten Ort ausbleiben können.

Irgendeine Aufzeichnung für ein bestimmtes Tal gibt es natürlich nicht. Man kann jedoch Berechnungen dadurch anstellen, daß man sorgfältig die das Talbett bildenden Gesteinsablagerungen im Querschnitt untersucht. So gewinnen wir zum Beispiel im Tal der Könige gewisse feste Daten, indem wir die aufeinanderfolgenden, von Wind und Wasser seit der Pharaonenzeit verursachten Ablagerungsschichten zählen.

Zu meiner Zeit hat die wirkliche Totenstadt im Tal der Könige nur einen einzigen schweren Regenguß durchgemacht, und zwar im Winter 1900/01. In der ganzen Gegend gibt es jedoch keine einzige Schlucht, groß oder klein, die nicht zu irgendeiner Zeit einer plötzlichen Überflutung unterworfen gewesen wäre.

Es braucht hier wohl kaum betont zu werden, daß eine Schlucht plötzlich zum Bett eines reißenden Stromes werden kann, ohne daß ein Regentropfen in ihrer unmittelbaren Nachbarschaft fällt. Dies erklärt sich daraus, daß Platzregen in weiter Entfernung auf einem höheren Wüstenplateau niedergehen, von wo ein Teil oder auch die gesamte Wasserfülle in die Schlucht flutet und wie ein Gießbach der Ebene zustürzt. Ich selbst bin Zeuge eines solchen Naturereignisses gewesen: Am 1. November 1916 verwandelte sich die Große Nordschlucht – die nördlich dem Tal der Könige parallel läuft und dann in dieses mündet – plötzlich in einen mächtigen Gießbach. Die Ursache war ein außerordentlich heftiger Platzregen, der am frühen Nachmittag etwa 25 Kilometer nordwestlich über dem Wüstenplateau niedergegangen war. Es ist nicht ganz uninteressant, sich die Wirkungen dieses Wassersturzes vor Augen zu führen. Während sich vordem keinerlei Pflanzenleben auf dem Boden der Großen Schlucht fand, war das Strombett zu Beginn des neuen Jahres mit einem Teppich von blühenden Wüstenpflanzen der verschiedensten Art bedeckt. Meine botanischen Kenntnisse waren leider zu gering, um sie zu bestimmen. Die Pflanzen, von denen einige einen starken Duft hatten, zogen eine Reihe von Faltern, besonders aus der Familie der *Sphingidae (Hippotion [Chaerocampa] celerio* und *Deiliphilia [Hyles] euphorbiae)*, an, die dort ihre Eier legten. Mitte Februar saßen die Raupen kurz vor ihrer Verpuppung auf den Pflanzen, und Ende März flatterte die neue Faltergeneration umher. Nur ein paar der hartnäckigeren Wüstenpflanzen überdauerten die heißen Sommermonate, und im folgenden Frühjahr war der gesamte Pflanzenwuchs bis auf einiges verdorrtes Gestrüpp so gut wie verschwunden.

Das Wachstum von Pflanzen in diesen ausgedörrten Schluchten nach einem Sturzregen deutet darauf, daß die Trockenheitsperioden nicht gut länger sein können als die Lebensdauer oder Keimmöglichkeit der Samenkörner. Dies gemahnt an eine weitere, bemerkenswerte Tatsache. Weder das Tal der Könige selbst noch seine kleineren Seitentäler weisen auch das geringste Anzeichen von Wüstenpflanzen auf. Dies Fehlen des nach Regenfällen üblichen Pflanzenwuchses ist auffallend. Man möchte den Schluß ziehen, daß die Regenfälle im Tal der Könige zum mindesten in späterer Zeit in Abständen erfolgten, die die Keimmöglichkeit der Samenkörner überdauerten. Wenn man jedoch daran denkt, daß nur eine sehr schmale Barre das Tal der Könige von der Großen Nordschlucht trennt, wird ein solcher Schluß unhaltbar, und man muß sich nach anderen möglichen Ursachen umsehen. Der wahre Grund mag in der tatsächlichen Lage des Tales zu suchen sein: mit seiner Spitze unmittelbar unter einem Teil des Wüstenplateaus, das verhältnismäßig isoliert und in seiner Fläche begrenzt ist.

Folglich ist die Möglichkeit des Abflutens von größeren Regenmengen weit geringer. Gleiches mag auch für den Pflanzensamen gelten, den die Nachbartäler von den größeren Plateaus zugeführt erhalten.

Wie dem aber auch sein mag, die eigentliche Ursache für den seltenen Wasserzufluß dieser Täler dürfte einigermaßen erklärt sein.

Wenden wir uns nunmehr der wahrscheinlichen Ursache für die mehrfache Durchsättigung mit Feuchtigkeit zu, der die Kammern des Tut-ench-Amun-Grabes unterworfen waren, die tief in das Gestein – den tieferen Eozänkalkstein – hineingehauen sind. Zunächst möchte man annehmen, daß ihre tiefe und beinahe in der Mitte der Talmulde befindliche Lage für die Nässe verantwortlich ist. Die von den plötzlichen Wolkenbrüchen stammenden Wassermassen mußten schließlich in dieser Richtung durchsickern, durch das Gestein hindurchfiltern und allmählich die ganze Grabkammeratmosphäre mit Feuchtigkeit erfüllen. So logisch aber auch der erste Teil dieses Gedankenganges erscheinen mag, er erwies sich als falsch.

Obwohl die Ostseite der Talmulde zur Zeit der Pharaonen beträchtlich von Wasser aus derartigen Quellen in Mitleidenschaft gezogen worden ist, fanden sich auf der Westseite, wo das Grab Tut-ench-Amuns liegt, keinerlei Anzeichen für Wasserschäden aus der Vergangenheit. Bei unseren Ausgrabungen in dem an das Grab angrenzenden Gebiet (und zwar noch vor seiner endgültigen Entdeckung) wurden der Boden und ebenso verschiedene Altertümer in bester Erhaltung vorgefunden. Es war in der Tat erstaunlich, die Frische der in schwarzer Farbe auf Kalksteinsplitter gezeichneten Schriftzeichen und Skizzen sowie anderer Überbleibsel aus dem Besitz der alten Arbeiter zu sehen. Ferner fanden sich weder Nässespuren in der Schuttfüllung der abwärts führenden Felsentreppe noch Anzeichen einstiger Feuchtigkeit an der versiegelten Tür oder in dem Geröll der schräg in die Tiefe gehenden Rampe, wohin Wasser ohne weiteres hätte absickern müssen. Oberflächen der Wände, Decke und Boden der Rampe zeigten ebenfalls keine Einwirkung irgendwelcher Feuchtigkeit. Vorhandensein von Nässe in der Vergangenheit war nur in den Grabkammern selbst ersichtlich, und zwar deutlich erkennbar – ein böses Vorzeichen für uns, als wir den unteren versiegelten Türeingang durchbrachen und die Vorkammer betraten. Die Luft in der Kammer hätte dagegen nicht freier von Feuchtigkeit sein können.

Hieraus folgt, daß die Feuchtigkeitsquelle nicht in der Talmulde lag. Da sich ferner der einzige Beweis für einstige Nässe in den Kammern selbst fand, muß man annehmen, daß sie von oben her, von den Seiten und der Rückseite des kleinen Hügels, unter dem das Grab in den Felsen eingehauen ist, eingedrungen war. Weit unwahrscheinlicher ist die Annahme, daß die Nässe aus einer Quelle innerhalb der Grabkammer stammt.

Was eine solche Nässequelle anbetrifft, so kann es kaum einem Zweifel unterliegen, daß bis zu einem gewissen Grade Feuchtigkeit in dem Grabe vorhanden war, und zwar schon, als es bei der Bestattung geschlossen wurde. Sie mag in dem frischen Kalk der Wände enthalten gewesen sein oder auch in dem Mörtel, mit dem die Außenseiten der versiegelten Türen bestrichen wurden, oder in dem frischen Obst, dem Wein und sonstigen Eßwaren. Diese Nässe hätte jedoch einzig und allein ganz örtlich wirken können. Die ausgedehnte Feuchtigkeit, die von Zeit zu Zeit in den gesamten Räumen geherrscht hat, läßt sich daraus unmöglich erklären. Die Schatzkammer enthielt keinerlei Beigaben, die eine bemerkenswerte Nässe hätten ausströmen können. Und doch hatte sie genauso wie die angrenzenden Kammern darunter gelitten. Dazu kommt, daß Feuchtigkeit erzeugende Gegenstände bei der Ausstattung keines der bedeutenderen Gräber dieser Zeit fehlten, und wir wissen auch, daß zahlreiche Königsgräber bei ihrer Verschließung weit mehr Feuchtes enthielten als das Grab Tut-ench-Amuns. Große, mit Wasser gefüllte Krüge aus porösem Ton *(zîr)*, geschlachtete Rinder, Weine, Obst waren in den Vorratsräumen untergebracht, und außerdem war es allgemein üblich, die Wände, Decken und die versiegelten Türen der Kammern mit Kalk zu bestreichen. Nichtsdestoweniger war der Nässeschaden, der aus solchen Quellen stammte, ganz unbedeutend.

Obwohl die Feuchtigkeit ganz allgemein war und die vier Grabkammern gleichmäßig darunter gelitten hatten, fanden sich doch im einzelnen gewisse Ausnahmen. Die Westseiten der vier großen Schreine über dem Sarkophag waren in schlechterer Verfassung als die vorderen (östlichen), ebenso wie das Leinentuch zwischen dem äußersten und dem zweiten Schrein am westlichen Ende weniger gut erhalten war als am östlichen. Viele Gegenstände in der Nähe der Westwände hatten mehr gelitten als die an der Ostseite. Die Stücke in der Vorratskammer waren am meisten durch Nässe beschädigt. Dazu kommt, daß kleine Bronzeteilchen von den Meißeln der Maurer, die in der Kalksteinoberfläche der Wände der Vorratskammer entdeckt wurden, stark oxydiert waren, während die bronzenen Grabbeigaben weit weniger gelitten hatten. Alles dies weist meiner Ansicht nach darauf hin, daß die Quelle der durch den Felsen gedrungenen Feuchtigkeit irgendwo an der Innenseite des Grabes liegen mußte, und zwar da, wo sich früher genügend Wasser gesammelt hatte, um durchzusickern, da ja Kalkstein an sich Nässe durchläßt.

Es steht fest, daß Regenmassen, die auf den ausgedörrten Grund der trockenen Schluchten niederfallen, nur ein paar Zentimeter tief einsinken. Sie bilden sofort Sturzbäche und fließen der tiefstgelegenen Ebene zu, die mitunter viele Kilometer entfernt sein mag. Infolgedessen wird der Boden nur wenig in Mitleidenschaft gezogen, wenn das Wasser nicht auf ein Hindernis stößt, Pfützen und Teiche bildet und dann allmählich durchsickert.

Der Hügel, unter dem das Grab in den Felsen eingehauen ist, steigt von der Talmulde schräg bis zu einer Höhe von etwa fünfundzwanzig Metern empor und lehnt sich gegen die steile Talwand. Der schrägste Abfall des Hügels liegt unmittelbar über dem Grabe Tut-ench-

Abb. 64 Ein Totenstrauß

Amuns, und an dieser Stelle hatte man das riesige Felsengrab Ramses' VI. angelegt. Dieses zeigt keine Spur einstiger Nässe. Auch auf der Südseite des Hügels habe ich keine Nässequelle entdeckt, die das Grab Tut-ench-Amuns hätte schädigen können. Dagegen weisen die innersten Kammern des Grabes Haremhabs, die den Hügel quer durchschneiden und hinten tief unter den Grabkammern Tut-ench-Amuns liegen, sehr beträchtliche Schäden auf, wie sie durch Ausdehnung und Schrumpfung infolge von Nässe und darauffolgender Trockenheit erzeugt werden. Andererseits sind Eingang und Vorderseite dieses Grabes, das auf der Südseite des Hügels liegt, in recht gutem Zustand. Die inneren und tiefer gelegenen Kammern des Haremhab-Grabes scheinen jedoch die Frage nach der Nässe örtlich zu begrenzen. Sie geben uns, wenn auch nicht die endgültige Lösung, so doch wertvollste Fingerzeige für die eigentliche Ursache der Feuchtigkeitserscheinungen. Wenn sich das Wasser seinen Weg durch die Felsen in die Tiefe des Haremhab-Grabes bahnen konnte, warum sollte es dann nicht auch in das Grab Tut-ench-Amuns gesickert sein? Unsere Aufmerksamkeit muß sich demgemäß auf die nördliche Rückseite des Hügels richten, mit anderen Worten, auf die Stelle, die über den von der Nässe beschädigten Kammern des Haremhab-Grabes liegt.

Wenn man sich die fragliche Stelle näher ansieht, findet man zwei einander zustrebende, ausgetrocknete Wasserläufe, die während heftiger Regengüsse von zwei entsprechenden, über die steile Talwand stürzenden Wasserfällen gespeist worden sind. Diese Wasserläufe haben in alten Zeiten das ganze Gebiet stark in Mitleidenschaft gezogen. Ihre Anfänge liegen weit auseinander, aber sie fließen immer dichter zusammen, bis sie schließlich vor dem Eingang zu dem Grabe Merenptahs ineinandermünden. Dort bilden sie kleine Fälle und ergießen sich in einen tiefen (heute mit Gestein ausgefüllten) Seitenkanal, der sich gegenüber dem Grabe Ramses' IX. mit der Hauptmulde des Tales verbindet.

Während unserer Suche nach dem Grabe Tut-ench-Amuns auf der Nordseite der Hügelsenke entdeckten wir einen Wasserlauf. Er war in der 19. Dynastie mit Bruchsteinen abgedämmt worden, die von den bei der großen unterirdischen Felsengrabkammer Merenptahs beschäftigten Arbeitern abgeworfen waren. Infolgedessen wurden hier die Regenwasser aufgehalten, sie bildeten Pfützen und Teiche und überfluteten das Grab Merenptahs. Die Regengüsse müssen zu irgendeiner frühen Zeit sehr beträchtlich gewesen sein, denn die Gesteinstrümmer und Felsstücke waren durch das Wasser zu einer festen Masse geformt, die an Härte der Kalksteinoberfläche kaum etwas nachgab. Offenbar hatte sich an dieser Stelle eine beträchtliche Wassermenge gestaut. Das Grab Meremptahs war vollkommen überflutet und hatte somit eine Art Zisterne über den inneren Kammern des Haremhab-Grabes gebildet.

In dem tieferen Eozänkalkstein finden sich zahllose Risse verschiedenster Größe, besonders auch bei diesem Hügel. Sie sind so regelmäßig, daß das ungeschulte Auge sie für künstlich hält. Die das hier in Frage kommende Gebiet durchquerenden Risse ließen das Wasser, wie ich glaube, in das Innere des Hügels einsickern. Es ist mehr als wahrscheinlich, daß sie unmittelbare Verbindung mit den Rissen in dem Felsen der inneren Kammern des Haremhab-Grabes haben und daß sie gleichzeitig mit den Rissen in den Decken, Wänden und Böden des Grabes Tut-ench-Amuns in Verbindung stehen. Die Ränder der Felsrisse in den Kammern tragen deutliche Wasserflecke. Dies bringt mich zu der Überzeugung, daß durch sie die Feuchtigkeit von oben her die unterirdischen Kammern erreichte und durchsättigte. Der Leichtsinn oder Mangel an Vorbedacht seitens der Arbeiter Merenptahs hat somit schließlich die völlige Zerstörung dieses Grabes, die teilweise Beschädigung der Grabkammern Haremhabs und die Schäden im Grabe Tut-ench-Amuns verschuldet. Wenn die Arbeiter größere Sorgfalt angewendet und den Regenwassern freien Ablauf gelassen hätten, wären die prachtvollen unterirdischen Grabkammern Haremhabs und Merenptahs und die schönen Grabbeigaben Tut-ench-Amuns heute in weit besserem Zustande. Hätte einst solche Vorsicht gewaltet, so würde unsere Arbeit vielleicht statt zehn Jahre nur ein oder zwei in Anspruch genommen haben.

Eine andere interessante und eigenartige Erscheinung in dem Grabe Tut-ench-Amuns, die uns während der ganzen Arbeitszeit ein Rätsel geblieben ist, war das Vorhandensein einer rötlichen (in warmem Wasser auflösbaren) Schicht, die sich über allen der Luft ausgesetzten Oberflächen – Decken, Böden, Wände und Gegenstände – ausgebreitet hatte. Sie war höchst eigentümlich und wohl eine Begleiterscheinung der hier bereits ausführlich besprochenen Feuchtigkeit. Die Schicht fand sich überall und wechselte in Dichtigkeit und Farbe – von einem Rosa bis zu einem hellen Rot –, je nach den Umständen. Wo Gegenstände oder Stoffe einander bedeckten oder wo ein Stück gegen das andere stand oder seine Oberfläche teilweise deckte, fehlte diese Schicht entweder ganz oder war viel dünner und heller und hatte nur hinter oder unter dem Gegenstand einen leisen Abdruck hinterlassen.*)

Wenn die Färbung, wie man gemeint hat, unter dem Einfluß von Wasser aus dem Felsen entstanden ist, warum fehlte sie dann auf den Steinflächen, die von anderen Gegenständen bedeckt waren?

Bei aller Wirkung der Feuchtigkeit auf das Grab Haremhabs und auf noch so manche, in den tieferen Eozänkalkstein geschlagene Gräber an anderen Stellen der Totenstadt findet sich doch nirgendwo die rötliche Schicht, die sich im Grabe Tut-ench-Amuns so deutlich bemerkbar macht. Die anderen Gräber sind sämtlich fast ohne alle Beigaben gefunden worden. In Tut-ench-Amuns Grab war die ganze Ausstattung so gut wie vollständig. Ich glaube daher, daß die periodische Durchsättigung der Luft mit Feuchtigkeit chemische Veränderungen an gewissen Materialien – besonders Leder und Leim – verursacht hat und daß sich die rötliche Schicht, die sich über alles gelegt hatte, durch Verdunstung gebildet hat. Infolge einer periodischen Kondensierung muß von jedem Gegenstand Dampf aufgestiegen sein, und die Grabkammern müssen zeitweilig einer wahren Hexenküche geglichen haben.

*) Ich habe vor kurzem selbst eine ähnliche Erscheinung erlebt. Eins meiner Magazine, das eine Menge Material barg, hatten Diebe in Brand gesteckt, um die Spuren ihres Verbrechens zu verdecken. Sie hatten einen Haufen von Säcken und großen Rollen braunen Packpapiers, die in dem Magazin (einer alten, mit einer modernen, schweren Holztür verschlossenen Felsenkammer) verstaut waren, angezündet. Binnen einer Stunde nach der Brandstiftung wurde das Feuer durch den aus den Türspalten dringenden Rauch entdeckt, ehe größerer Schaden angerichtet werden konnte. Nur die Säcke waren verkohlt, und das Papier schwelte infolge des Luftmangels in der Kammer. Nachdem das Feuer gelöscht und das verkohlte Material entfernt war, entdeckte ich bei näherer Untersuchung eine helle, bernsteinfarbige, klebrige (harzartige?) Rauchablagerungsschicht auf allen Wänden, der Decke, dem Fußboden und sämtlichen, der Luft ausgesetzten Gegenständen. Wenn auch die Farbe und Natur dieser Schicht anders war, so war doch ihre Erscheinung die gleiche, wie die im Grabe Tut-ench-Amuns.

Die Untersuchung der Mumie des Tut-ench-Amun

Von Douglas E. Derry
Professor der Anatomie an der ägyptischen Universität

Anhang 1

Im Antikenmuseum zu Kairo sind die Mumien von berühmten Pharaonen des alten Ägypten zu sehen, von Königen, die große Denkmäler, prächtige Tempel und Kolossalstatuen hinterlassen haben und deren Namen uns geläufig sind wie die moderner Herrscher, obgleich sie vor 30 und 40 Jahrhunderten gelebt haben. Nun rückt plötzlich ein König unbekannter Herkunft, der nur kurze Zeit regiert hat, in das Interesse der ganzen Welt, und zwar nicht um seiner ruhmreichen Persönlichkeit willen, sondern lediglich weil sein Grab unberührt aufgefunden wurde, weil keine Grabräuber alter Zeit seine Ruhestätte geplündert haben. Der enge Grabraum wies eine Sammlung von königlichen Schätzen auf, wie sie nie vorher gesehen worden waren. Was mögen erst die Gräber eines Sethos' I., Ramses' III. oder anderer enthalten haben. Gewiß war in jeder einzigen ihrer Grabkammern so viel aufgehäuft wie im gesamten Grab des Tut-ench-Amun. Aber alle ihre Gräber waren wieder und wieder beraubt worden, bis nicht ein Stück der ursprünglichen Grabausstattung mehr vorhanden war. Alle Hüllen wurden durch Schatzgräber von den Königsmumien weggerissen und bei manchen sogar der Körper beschädigt. Die meisten hatten die Priester wieder eingehüllt, manche sogar mehrmals nach wiederholten Beraubungen. Schließlich mußten sie vor den Räubern in besondere Verstecke gebracht werden, wo sie erst in neuester Zeit infolge neuer Diebstähle gefunden worden sind. Dann endlich konnten sie im Museum zu Kairo in Sicherheit gebracht werden. Da die Mumien aus ihren ursprünglichen Särgen gerissen und in andere aus späterer Zeit gelegt worden sind, ist es kein Wunder, daß einige nicht einwandfrei bestimmt werden konnten. In ihrem ursprünglichen Grab sind wohl kaum zwei gefunden worden, wenige in den eigenen Särgen, und keiner, außer Tut-ench-Amun, in den Hüllen, den Särgen, dem Sarkophag und dem Grab, in die er zur Ruhe gebettet war.

Hier ist vielleicht eine Rechtfertigung gegenüber dem Vorwurf am Platz, daß wir Tut-ench-Amun enthüllt und untersucht haben. Viele nennen unseren Eingriff eine Entweihung und meinen, wir hätten den König ruhen lassen sollen. Aber da das Grab nun einmal gefunden war und Grabberaubungen zu allen Zeiten vorgekommen sind, hätte die Erwartung ungeheurer Reichtümer in dem Königsgrab den Räubern keine Ruhe gelassen. Der Gedanke, daß nur einige Fuß unter der Erde ein ungeheurer Schatz verborgen liegt, wäre zu verlockend gewesen. Selbst das Aufstellen einer starken Wache hätte nur zeitweise die Raubversuche verhindert. Jedes Nachlassen der Wachsamkeit hätte die Diebe auf den Plan gebracht. Jetzt sind die Gegenstände im Antikenmuseum geborgen, statt von Dieben und Händlern in alle Erdteile verstreut zu werden. Für den Wissenschaftler ist die vollständige Sammlung von unberechenbarem Wert. Aber auch dem Publikum bietet die Aufstellung der alten Kunstwerke in einem Museum Gelegenheit zu Belehrung und künstlerischem Genuß. Hätten wir die Mumie nicht ausgewickelt, die Diebe in ihrer Gier nach Kostbarkeiten wären weniger sorgfältig mit ihr umgegangen, und die Wissenschaft wäre um die genaue anatomische Untersuchung gebracht worden. Wie wichtig diese aber ist, werde ich im folgenden ausführen.

Die Kunst des Einbalsamierens zur Erhaltung der Leichen hat im alten Ägypten ihren Höhepunkt erreicht. Die Altertumsforschung hat sich stets eifrigst für sie interessiert, und es ist viel darüber geschrieben worden. Mit den Balsamierungsarten der verschiedenen Zeiten hat sich in jüngster Zeit eingehend Professor Elliot Smith*) befaßt. Er hat sowohl die Königsmumien des Antikenmuseums als auch eine Anzahl Mumien von Priestern und Priesterinnen der 21. Dynastie untersucht.**) Seine und auch andere Forschungen geben ein ziemlich klares Bild der Einbalsamierungsverfahren. Das Hauptverdienst an der Erhaltung der ägyptischen Leichen ist wohl dem besonders trockenen Klima des Landes zuzuschreiben. Denn auch die vollkommenste Art der Balsamierung hätte in anderem Klima kaum viertausend Jahre lang gewirkt. Bei den meisten untersuchten Mumien waren die Bauchdecke geöffnet und die inneren Organe als die zersetzbarsten Teile entfernt. Dann wurde der Leichnam in ein Salzlaugenbad gelegt. Bisher hielt man diese beiden Verfahren für hinreichend, um die jahrtausendelange Erhaltung der Körper zu erklären. Nun aber haben kürzlich H. E. Winlock und ich eine Anzahl Mumien der 11. Dynastie beschrieben, die in der Nähe des Tempels der Mentuhotep zu Der-el-bahri gefunden worden waren. Sie sind von allen bisher untersuchten die besterhaltenen, und doch wiesen sie keinen Schnitt in der Bauchdecke oder anderswo auf, waren also ohne Entfernung der inneren Organe einbalsamiert worden. In einem ebenso vollkommenen Erhaltungszustand sind Leichname aus vorgeschichtlicher Zeit gefunden worden, die überhaupt nicht einbalsamiert und sogar ohne Särge einfach im Sand begraben waren. In diesen Fällen hatten lediglich die Hitze und die außergewöhnliche Trockenheit des Sandes die vorzügliche Erhaltung bewirkt. So scheint unabhängig von Einbalsamierung, von Holz- und Steinsärgen und von der Entfernung der inneren Organe der außerordentlichen Trockenheit des Bodens das Hauptverdienst an der guten Erhaltung der altägyptischen Leichname zuzukommen.

Übrigens ist dieses mangelhafte Verfahren selten. Schon in der 12. Dynastie wird, wie die in Sakkara gefundenen Mumien einiger Vornehmer zeigen, das Entfernen der inneren Teile durch eine Öffnung in der Bauchdecke allgemein Sitte. Elliot Smith bringt Beispiele, daß dies Verfahren auch schon früher zur Anwendung kam. Er untersuchte die meisten Könige der 18. Dynastie, zu der Tut-ench-Amun bekanntlich gehört, darunter einige Vorfahren unseres Königs.

Leider ist die Mumie Amenhoteps III., des Großvaters Tut-ench-Amuns, nach Elliot Smiths Untersuchung durchaus nicht einwandfrei festgestellt. Denn dieser Mumie waren am Rumpf, am Hals und an den Gliedmaßen bestimmte Substanzen unter die Haut geschoben, die dem toten Körper das Aussehen des lebenden geben sollten. Diese Methode aber wurde erst in der 21. Dynastie bekannt und gebräuchlich, also fast drei Jahrhunderte später. Offenbar herrscht hier einer der Irrtümer in der Feststellung, wie sie bei der häufigen Beraubung, Auswickelung, Wiedereinwickelung und Bergung in Verstecken kaum zu vermeiden sind. Die Mumie Amenhoteps III. wurde mit zwei anderen in einem Sarg aus viel späterer Zeit gefunden, der die Namen dreier Könige trug, daher ist die Feststellung so schwierig.

Die Untersuchung der Nachkommen Amenhoteps III. bestätigt, daß hier tatsächlich ein Irrtum vorliegt. Denn es ist nicht anzunehmen, daß die Methode seiner Einwickelung bei ihm eingeführt und schon bei seinem Nachfolger wieder geändert wurde. Von seinem Sohne Echnaton sind freilich kaum mehr als die Knochen erhalten, wäre er aber wie sein vermeintlicher Vater – nach der von Elliot Smith beschriebenen Methode – gewickelt gewesen, so hätten sich gewiß Reste der Wickel vorgefunden. Die bei Tut-ench-Amun angewandte Methode ist genau die in seiner Dynastie übliche; sie entspricht durchaus der, die Elliot Smith bei einwandfrei festgestellten Mumien dieser Zeit gefunden hat. So kommen wir leider zu dem Schluß, daß die Mumie Amenhoteps III. bisher noch nicht identifiziert ist.

*) *Catalogue Général des Antiquités Egyptiennes du Musée de Caire, The Royal Mummies.*

**) *A Contribution to the Study of Mummification in Egypt (Memoires de l'Institut Egyptien, tome V, fascicule I, 1906).*

Am 11. November 1925 begannen Dr. Saleh Bey Hamdi und ich die Untersuchung der Mumie Tut-ench-Amuns. Als wir sie zum ersten Male erblickten, lag sie im Sarg, an dem sie durch eine harzartige Masse festhaftete. Diese Masse hatte sich aus einer nach der Einsargung über die Mumie gegossenen Flüssigkeit gebildet. Über Kopf und Schultern lag, bis auf die Brust reichend, die herrliche Goldmaske, das Abbild von Gesicht, Kopftuch und Kragen des Königs. Auch sie war durch das steinhart gewordene Harz an dem Boden des Sarges festgeklebt und konnte nicht abgehoben werden. Die Mumie war in ein Tuch eingehüllt, das an Schultern, Hüften, Knien und Fußgelenken mit Binden befestigt war. Ein regelrechtes Auswickeln war wegen des Harzes unmöglich, zumal die Binden vollkommen morsch waren und bei der leisesten Berührung zerfielen. Offenbar waren sie während der Beisetzung feucht geworden, außerdem hatte die Zersetzung der Salböle Hitze erzeugt, so daß die Hüllen verkohlt waren. Diese Verkohlung war schon früher an Mumien beobachtet worden und hatte zu der Vermutung Anlaß gegeben, sie seien verbrannt worden. Was die Einwirkung von Feuchtigkeit betrifft, so hat Carter sie auch an anderen Fundgegenständen feststellen können. Bei vollkommener Trockenheit hätten die Gewebstoffe sich nicht zersetzt.

Da also die Untersuchung der Mumie *in situ* vor sich gehen mußte, schlug Carter vor, die oberen Lagen mit einer Paraffinschicht zu härten, damit sie zerschnitten und unter geringstmöglicher Störung der ursprünglichen Anordnung zurückgeschlagen werden konnten. Das geschah, und ein Einschnitt von nur wenigen Millimetern Tiefe wurde von der Brust bis zu den Füßen gemacht, nachdem das Wachs erkaltet war. Die Teile wurden zurückgeschlagen, und eine Anzahl von Gegenständen kam zum Vorschein, die mit in die Binden eingewickelt waren. Nun mußten aber die Binden Stück für Stück entfernt werden, um die Gegenstände nacheinander freizulegen. Denn sie sollten numeriert, aufgezeichnet und photographiert werden, ehe jemand sie berührte. Je weiter wir vordrangen, was natürlich nur ganz langsam geschehen konnte, um so stärker fanden wir die Hüllen zersetzt. An manchen Stellen waren sie vollkommen zerfallen, und kein einziges Tuch, keine einzige Binde konnte unversehrt herausgenommen werden. So war es leider unmöglich, die Bandagierung Lage um Lage, wie bei wohlerhaltenen Tüchern und Binden, zu verfolgen. Soweit sich aber feststellen ließ, war Tut-ench-Amun in der zu seiner Zeit üblichen Art gewickelt. Auch die gebräuchlichen Leinenpolster zum Ausfüllen von Unebenheiten durch die beigepackten Gegenstände waren benutzt und dann die Binden darübergewickelt.

Die äußerste und auch die allerinnerste Hülle bestanden aus feinem Leinenbatist, die Zwischenbinden aus etwas gröberem Stoff. Vorn auf dem Körper lagen, mit querlaufenden Binden festgehalten, bis zu den Knien reichend, große zusammengefaltete Tücher. Besonders während der 12. Dynastie war die Verwendung einer ungeheuren Masse von Binden und Tüchern gebräuchlich gewesen, und ich habe an der Mumie eines Vornehmen ein Laken von 19,25 Meter Länge und 1,50 Meter Breite gefunden, das, achtfach zusammengelegt, als Polster benutzt war. Elliot Smith berichtet über das Auswickeln der Mumie des angeblichen Amenhotep III., er habe mehrere zusammengelegte Laken gefunden und auch »eine Anzahl aufgerollter Binden ... vorn auf dem Körper, die da offenbar versehentlich liegengeblieben waren.« Sie können aber sehr wohl als Ausfüllung der leeren Räume zwischen Körper und Gliedmaßen benutzt worden sein, wie es in verschiedenen Zeiten üblich war und wie wir sie zum Ausgleichen der durch die Grabbeigaben entstandenen Unebenheiten gefunden haben. Am Rumpf liefen die Binden kreuzweise über die eine Schulter, um den Körper herum und über die andere Schulter zurück.

An den Kreuzungsstellen war die kreuzweise Bindenführung genau zu sehen, sie konnte nur leider des morschen Zustandes wegen nicht verfolgt werden.

Die Gliedmaßen waren erst gesondert und dann mit dem Körper zusammen gewickelt.

Die Unterarme ruhten über der Brust gekreuzt, der rechte Unterarm lag mit der Hand auf dem linken Hüftbein. Der linke Unterarm ruhte etwas höher über den unteren letzten Rippen, so daß die Hand zwischen Rumpf und Oberarm lag. Beide Unterarme waren vom Handgelenk bis zum Ellenbogen mit Armreifen beladen (Abb. 43). Jede Zehe und jeder Finger waren einzeln gewickelt und in eine gesonderte Goldhülse gesteckt, ehe die Bindenlagen der Hände und Füße sie mit einschlossen. Erst nach den ersten Bindenlagen waren die Goldsandalen und die goldenen Zehenfutterale angebracht worden (Abb. 44), um die Befestigung der Sandalenstange zwischen der großen und der zweiten Zehe zu ermöglichen. Dann erst kamen die weiteren Binden.

Um den oberen Teil des Kopfes lief eine doppelte Kopfbinde über einer rund um den Kopf geführten Binde. Die Kopfbinde erinnert an die Beduinenkopfbänder, ist aber bedeutend kleiner. Sie besteht aus einem Reif von Pflanzenfasern, der fest mit Schnüren umwickelt ist. Die Binde wieder hielt ein Tuch fest, das über Kopf und Gesicht gebreitet war. Darunter führten Binden abwechselnd über und um Kopf und Gesicht herum. Als das Gesicht aufgedeckt war, fanden wir die Nasenlöcher mit Harz zugestopft, und über Augen und Lippen lag eine Bindenschicht.

Allgemeines Aussehen des Kopfes (Abb. 40, 41, 65)

Der Kopf ist offenbar geschoren, die Kopfhaut mit einer weißlichen, fettsäureartigen Substanz bedeckt; zwei Hautabschürfungen an der oberen Hälfte des Hinterhauptes rühren wohl von dem Druck des Diadems unter den festgewickelten Binden her. Die Nasenpfropfen und die Augenbinden erklärte Lucas für harzdurchtränkte Textilstücke. Er untersuchte auch die weißlichen Flecken am oberen Teil des Rückens und an den Schultern und stellte fest, daß sie »aus gewöhnlichem Salz mit einem kleinen Zusatz von Natron bestanden«. Wahrscheinlich rühren sie noch von dem zum Einbalsamieren verwendeten Natron her. Die Augen mit den sehr langen Wimpern sind halb geöffnet und ohne jede Behandlung geblieben. Die Nasenknorpel waren durch den Druck der Binden teilweise flachgedrückt. Die Oberlippe ist leicht aufgeworfen und entblößt die großen Schneidezähne. Die Ohren sind klein und gut geformt und weisen in den Ohrläppchen gestochene, runde Löcher von 7,5 Millimeter Durchmesser auf.

Die Gesichtshaut ist grau, sehr spröde und aufgesprungen, die linke Wange zeigt neben dem Ohrlappen eine runde Vertiefung, die mit schorfartiger Haut überzogen ist. Rund um den etwas erhöhten Rand der Vertiefung ist die Haut farblos. Was es mit dieser Verletzung auf sich hat, ist leider nicht festzustellen.

Nach vollständigem Auswickeln des Kopfes stellte sich heraus, daß er sehr flach (Breitschädel) war und ein starkgewölbtes Hinterhaupt hatte. Auch wenn man das Einschrumpfen der Kopfhaut und der Nackenmuskulatur in Betracht zieht, ist das Hervortreten des Hinterhauptes auffallend stark. Auf der linken Seite besteht eine ausgesprochene Verdickung, und die Gegend hinter der Bregma (Kreuzung von Pfeil- und Kranznaht) ist eingedrückt. Die außerordentlich seltene Kopfform gleicht der des Echnaton, seines Schwiegervaters, und deutet auf nahe Blutsverwandtschaft der beiden Könige. Als Elliot Smith 1907 den Ketzerkönig Echnaton untersuchte, erklärte er seinen seltsamen Schädel zuerst für einen Wasserkopf. Weitere Untersuchungen bestätigten jedoch diese Annahme nicht. Denn der flache Schädel des Echnaton weicht stark von der Form eines Wasserkopfes ab. Beim Wasserkopf wirkt vielmehr der Flüssigkeitsdruck auf die nachgebenden Schädelknochen und bildet eine globusähnliche Rundung, besonders in der Stirngegend. Ganz anders ist der flache Schädel des Echnaton geformt.

Wenn nun Tut-ench-Amun fast genau dieselbe Schädelform aufweist, so ist damit nicht nur die Theorie des Wasserkopfes endgültig widerlegt, sondern auch die nahe Verwandtschaft der beiden Könige wahrscheinlich geworden. Der Vergleich der Schädelmaße bestätigt dies. Eine Breite von 154 Millimeter bei Echnaton erklärt Elliot Smith als etwas Außergewöhnliches bei einem ägyptischen Schädel. Bei dem Schwiegersohn stellten wir nun eine Breite von 156 Millimeter fest; rechnet man die Kopfhaut ab, über der bei Tut-ench-Amun alle Maße genommen wurden und die eine Dicke von 0,5 Millimeter aufwies, ist der Kopf noch immer 155 Millimeter breit, übertrifft also den Kopf des Schwiegervaters, der schon ein ganz außergewöhnlicher war. Vergleichende Messungen der beiden Schädel, soweit sie unter den ungleichartigen Verhältnissen möglich waren, ergaben eine ganz auffallende Übereinstimmung und machen die Blutsverwandtschaft fast zur Gewißheit.

Die Goldmaske zeigt Tut-ench-Amun als freundlichen und vornehmen Jüngling. Wer das Glück hatte, das freigelegte Gesicht der Mumie zu sehen, kann bestätigen, wie geschickt, genau und naturgetreu der Künstler der 18. Dynastie die Züge wiedergegeben hat. Er hat uns für alle Zeit und in unvergänglichem Metall ein herrliches Porträt des jungen Königs geschenkt.

Die Schädelhöhle war leer bis auf etwas Harz, das von den Einbalsamierern wohl durch die Nase eingeführt worden war, nachdem man das Gehirn auf demselben Weg entfernt hatte.

Rechts hatten die Weisheitszähne oben und unten gerade das Zahnfleisch durchbrochen und reichten bis zur halben Höhe des zweiten Backenzahnes. Links waren sie noch nicht so deutlich zu sehen, scheinen aber ungefähr gleich weit durchgebrochen zu sein.

Allgemeiner Zustand des Rumpfes und der Glieder

Noch aufgesprungener und spröder als an Kopf und Gesicht war die Haut an Rumpf und Gliedern. Der Bauch war auf der rechten Seite deutlich vorgewölbt. Offenbar haben die Polster, die auf der Einschnittstelle an der linken Bauchseite lagen, einen Druck auf diese ausgeübt. Der Schnitt sah zerfetzt aus und ist grob gemessen 86 Millimeter lang. Er verläuft parallel der Linie, die sich vom Nabel bis zum vorderen oberen Darmbeinstachel zieht, und liegt etwa 2,5 Zentimeter darüber. Erst nach Entfernung der Harzmasse wurde er sichtbar. Er kann ursprünglich länger gewesen sein, aber die daranklebende Masse ließ die Feststellung nur schwer zu. Die Wundränder sind nach innen gedrückt, da das Gewicht der Leinentücher und des steinharten Harzes auf dem Leib gelastet hatte. Eine Wachs- oder Goldtafel, wie sie häufig auf dem Schnitt gefunden wurde, war nicht vorhanden. Aber an anderer Stelle fand sich beim Auswickeln eine längliche Goldtafel zwischen den Binden der linken Seite in der Gegend des Schnittes vor. Der Einschnitt ist nicht ganz an der gleichen Stelle wie bei den anderen von Professor Elliot Smith untersuchten Königsmumien. Bei diesen verlief er mehr senkrecht auf der linken Seite, nicht wie hier von unterhalb der letzten Rippen bis zu dem vorderen Darmbeinstachel. In späteren Zeiten wurde der Einschnitt oft an einer tiefergelegenen Stelle, parallel mit dem Leistenband, aber stets auf der linken Seite gemacht. Gelegentlich wurde auf die frühere Stelle zurückgekommen, und es ist kaum anzunehmen, daß die Lage der Schnittstelle eine Bedeutung hat. Schamhaare waren nicht vorhanden, und ob eine Beschneidung stattgefunden hatte, war nicht festzustellen. Der Phallus war vorgezogen, gesondert umwickelt und durch die Unterleibsbinden in ithyphallischer Stellung gehalten.

Die Haut der Beine war wie am übrigen Körper von grauweißer Farbe, sehr brüchig und voller Risse. Bei der Untersuchung eines Gewebstückes stellte sich heraus, daß es nicht nur aus der Haut, sondern aus allen Weichteilen bis zum Knochen bestand. Durch Abheben eines

Stückes wurde sofort der Knochen freigelegt. Haut und Bindegewebe zusammen waren an dieser Stelle höchstens 2–3 Millimeter dick. Die Bruchstellen sahen wie Leim aus, was zweifellos von dem schon beschriebenen Verbrennungsprozeß herrührt. Die linke Kniescheibe konnte mit der Haut zusammen abgehoben werden. Darunter wurde das untere Ende des Oberschenkelknochens mit dem Gelenkknorren sichtbar, der losgelöst vom Knochenschaft und frei beweglich war. Gelenkknorren wird der Teil des Knochens genannt, der sich unabhängig vom Knochenschaft bildet und erst später mit ihm verwächst. Bei den langen Röhrenknochen bilden die Knorren den Hauptteil der oberen und unteren Gelenkenden. In der frühen Jugend sind sie mit dem Schaft durch Knorpelgewebe verbunden, das sich nach beendetem Wachstum in Knochen verwandelt. Das Durchschnittsalter am Ende des Knochenwachstums ist bekannt, und das Alter, wo die Verknöcherung noch nicht vollständig stattgefunden hat, ist ungefähr festzustellen.

Die Glieder schienen sehr zusammengeschrumpft und abgemagert. Selbst wenn man das starke Zusammenschrumpfen der Bindegewebe in Anrechnung bringt, muß Tut-ench-Amun sehr schmal gebaut und zur Zeit seines Todes wohl nicht ganz ausgewachsen gewesen sein.

Nach genauen Messungen war er ungefähr 1,64 Meter groß, in Anbetracht der Zusammenschrumpfung dürfte er aber tatsächlich größer gewesen sein. Nach den Messungen der Hauptknochen, nach der von Professor Karl Pearson*) aufgestellten Formel, würde seine Körperlänge 1,676 Meter gewesen sein, was wahrscheinlich annähernd stimmt. Mit Hilfe von R. Engelbach nahm ich im Altertümermuseum das Maß der beiden Holzstatuen des jungen Königs, die zu beiden Seiten der versiegelten Tür vor der Sargkammer gestanden hatten und ihn zu Lebzeiten darstellten. Die Messungen wurden von der Nasenwurzel bis zur Fußsohle gemacht, da die Nase der einzige anatomische Teil am Kopfe einer Statue ist, der mit einiger Genauigkeit festgestellt werden kann, denn die eigentliche Kopfhöhe wird von den Kopftüchern verdeckt. An beiden Statuen ergaben die Messungen 1,592 und 1,602 Meter als Größe von der Fußsohle bis zur Nasenwurzel. Die Länge von der Nasenwurzel bis zur Scheitelhöhe wurde nach den photographischen Aufnahmen der Mumie und nach verschiedenen an ägyptischen Schädeln gemachten Beobachtungen schätzungsweise festgestellt und betrug 8–9 Zentimeter. Dies deckt sich bis auf ein paar Zentimeter mit der an den Knochen berechneten Körperlänge.

Das Alter des Königs bei seinem Tod stellten wir nach dem Befund der mehr oder weniger fortgeschrittenen Verknöcherung oder Verwachsung der Gelenkknorren fest. Denn die Brüche in der Haut und den Deckgeweben über den Oberschenkelknochen gewährten einen genauen Überblick über das untere, noch nicht verwachsene Ende. Die Verbindung vollzieht sich erst im Alter von ungefähr zwanzig Jahren. Am oberen Ende des Oberschenkelknochens war der sogenannte große Rollhügel fast ganz fest mit dem Knochenschaft zusammengefügt. Nur an der inneren Seite war noch in einem Spalt die glatte Oberfläche des Knorpels genau zu erkennen, wo noch keine vollständige Verknöcherung stattgefunden hatte. An dieser Stelle verknöchert der Knorpel etwa im achtzehnten Jahre. Oberschenkelkopf und -hals waren fest ineinandergefügt, die Verbindungslinie war aber am Gelenk noch genau sichtbar. Auch hier findet die Verknöcherung im achtzehnten oder neunzehnten Jahre statt. Das obere Ende des Schienbeins zeigte noch keine Veränderung, aber am unteren Ende schien die Knochenverbindung schon hergestellt. An dieser Stelle des Schienbeins ist die Verbindung mit dem Knochenschaft gewöhnlich im achtzehnten Jahre beendet. Nach der Beschaffenheit der unteren Gliedmaßen muß Tut-ench-Amun also bei seinem Tode älter als achtzehn, aber jünger als zwanzig Jahre gewesen sein.

*) *Phil. Trans. of the Royal Society*, Bd. 192, S. 169–244.

Abb. 65 Der Kopf der Königsmumie im Profil

Wir brauchten uns aber zur Bestimmung des Alters nicht nur auf den Befund an den Beinen zu beschränken, wir konnten auch die oberen Gliedmaßen untersuchen. Die Köpfe der Oberarmknochen, die etwa im zwanzigsten Jahre mit dem Schaft verwachsen, waren noch lose. Die unteren Enden dagegen waren vollständig mit dem Knochenschaft verbunden. Bei heutigen siebzehnjährigen Ägyptern ergibt die Röntgenuntersuchung, daß das untere Ende des Oberarmknochens bereits fest mit dem Knochenschaft verbunden ist und ebenso die Knorpel mit dem inneren glatten Gelenkkopf. Will man die heute in Ägypten gemachten Beobachtungen auf den jungen König anwenden, so war Tut-ench-Amun über siebzehn, als er starb.

Ferner zeigen bei den modernen Ägyptern die unteren Enden von Elle und Speiche in den meisten Fällen vor dem achtzehnten Jahre keine oder nur eine geringe Verbindung. Später fügen sie sich ziemlich schnell zusammen. Die Verbindung fängt an der inneren Seite der Elle an und schreitet seitlich fort, bis sie allmählich auf die Speiche übergeht. Bei Tut-ench-Amun scheint die Verbindung an der Elle begonnen zu haben, doch das äußere Ende der Speiche zeigte noch keinerlei knöcherne Verwachsung. Es scheint also, daß er zur Zeit seines Todes ungefähr achtzehn Jahre alt war, denn die Gelenkknorren, die im zwanzigsten Jahre fest mit dem Schaft verwachsen sein sollen, zeigten nicht die geringste Spur einer Verbindung. Übrigens findet in Ägypten die Verknöcherung der Gelenkknorpel durchschnittlich etwas früher als in Europa statt.

Die Verknöcherung des Knorpels am inneren Gelenkkopf des Oberarmknochens ist also bei Ägyptern ungefähr im siebzehnten Jahre beendet. Die Verbindung der unteren Enden an

Elle und Speiche beginnt ungefähr mit dem achtzehnten Jahre. So könnte das vollständige Fehlen jeder Verknöcherung an diesen Teilen bei Tut-ench-Amun als ein Zeichen dafür angesehen werden, daß er bei seinem Tod noch nicht achtzehn Jahre alt war. Dagegen spricht jedoch die vollständige Verbindung an dem unteren Ende des Schienbeins, die gewöhnlich erst im achtzehnten Jahre beendet ist, und der Zustand des Oberschenkelkopfes, wo der große Rollhügel, der sich auch im achtzehnten Jahre verbindet, bis auf einen ganz kleinen Teil mit dem Knochen und dem Kopf zusammengefügt war. Die Verbindungslinie rundherum war zwar noch deutlich sichtbar, der Kopf aber doch mit dem Knochenhals verbunden.

So kann kaum ein Zweifel über das annähernde Alter des Königs bestehen. Natürlich sind nur Durchschnittszahlen gegeben, und ein Jahr darf man immer hinzufügen oder abziehen. Tut-ench-Amun wird bei seinem Tod zwischen siebzehn und neunzehn Jahre alt gewesen sein, die Wahrscheinlichkeit aber spricht für achtzehn Jahre.

Die folgende Aufstellung zeigt die Ähnlichkeit der Schädelmaße Echnatons und Tut-ench-Amuns.

	Echnaton	Tut-ench-Amun
Schädellänge	190,0 mm	187,0 mm
Schädelbreite	154,0 mm	155,0 mm
Schädelhöhe	134,0 mm	132,5 mm
Stirnbreite	98,0 mm	99,0 mm
Gesichtshöhe: obere Hälfte	69,5 mm	73,5 mm
Gesichtshöhe: untere Hälfte	121,0 mm	122,0 mm
Kieferbreite	99,5 mm	99,0 mm
Kopfumfang	542,0 mm	547,0 mm
Die nach den Gliederknochen berechnete Länge	1,66 m	1,68 m

Leider ergab die Untersuchung keinen Aufschluß über den frühen Tod des jungen Königs, aber sie hat doch einiges zur Erweiterung der Kenntnisse der Geschichte dieser Zeit beigetragen. Das Alter Tut-ench-Amuns bei seinem Ableben und die Möglichkeit einer Blutsverwandtschaft zwischen Echnaton und ihm sind solche wichtigen Tatsachen. Wenn einmal ihre Geschichte geschrieben wird, so werden diese Entdeckungen eine große Rolle zu spielen haben.

Die Blumenkränze im Grab Tut-ench-Amuns

Von P. E. Newberry

Anhang 2

Seit undenklichen Zeiten ist es Brauch, den Toten Blumenkränze mitzugeben. Als im Jahre 1881 die Mumien der Könige Ahmose I., Amenophis I. und Ramses II. in der Felskammer eines Königs der 20. Dynastie zu Der-el-bahri entdeckt wurden, fand man viele Blumenkränze in ihren Särgen. Einige waren erstaunlich gut erhalten, und Georg Schweinfurth, der sie sofort untersuchte, konnte feststellen, daß einige Blumen sogar ihre ursprüngliche Farbe bewahrt hatten. Die Mumie der Prinzessin Nesichonsu, die ebenfalls in Der-el-bahri gefunden wurde, war mit einer Girlande von Weidenblättern, Mohn- und Kornblumen geschmückt. Nach Schweinfurth sind so vollkommen erhaltene Stücke von Mohnblumen selbst in Herbarien nur ganz selten zu finden. Denn die Blütenblätter sind farbig, wie an getrockneten Blumen unserer Tage.

Von den Kränzen, die Carter in dem Grab des Tut-ench-Amun fand, kann man leider nicht dasselbe sagen. Aber sie sind doch so weit erhalten, daß fast jede Blume noch zu bestimmen ist. Die meisten Blätter freilich waren so spröde, daß sie bei jeder Berührung zu zerfallen drohten. Wir legten deshalb die Blumenkränze sämtlich in lauwarmes Wasser, um sie für die Untersuchung vorzubereiten. Zwei oder drei Blumen zerfielen bei der Berührung zu Staub. Andere konnten aus besser erhaltenen Kranzteilen gewonnen werden, und ihre Art und Gattung war leicht zu bestimmen. Im ganzen wurden 3 Kränze gefunden.

I. *Ein kleiner Kranz* (Abb. 37) war um die Königsschlange und den Geier gewunden, die die Stirn der Königsmaske am zweiten Sarg schmückten. Er besteht aus Olivenblättern *(Olea europea, L.)*, Blumenblättern der blauen Wasserlilie *(Nymphaea caerulea, Sav.)* und Kornblumenblüten *(Centaurea depressa, M. Bieb.)*. Ein Streifen Papyrusmark bildet die Unterlage. Zusammengefaltete Olivenblätter sind darübergefaltet und bilden die Ösen zum Anhängen der Kornblumen und der Wasserlilienblätter. Die Olivenblätter sind mit zwei schmalen Papyrusmarkstreifen dicht nebeneinandergebunden, immer abwechselnd eins oben, eins unten; die Blätter sind so angeordnet, daß von einem Blatt die Außenseite und vom nächsten die Innenseite sichtbar ist, was ein abwechselndes Muster von einem mattgrünen Blatte und einem silbernen ergibt. Wahrscheinlich war dieser kleine Kranz der sogenannte »Rechtfertigungskranz« des Königs, wie er in einem besonderen Kapitel (XIX) des »Totenbuches« genannt wird. Die Zauberformel, die beim Niederlegen dieses Kranzes auf den Sarg zu sprechen ist, hat sich erhalten. Von der Zeit der 22. Dynastie bis zu der griechisch-römischen waren »Rechtfertigungskränze« allgemein gebräuchlich.

II. *Eine Blumengirlande* (Abb. 37) lag auf der Brust des zweiten mumienförmigen Sarges. Sie ist aus vier halbkreisförmigen Reihen zusammengesetzt, von denen die ersten beiden aus Olivenblättern *(Olea europea, L.)* und Kornblumen *(Centaurea depressa, M. Bieb.)*, die dritte aus Weidenblättern *(Salix safsaf, Forsk.)*, Kornblumen und Blütenblättern der blauen Wasserlilie, die vierte, unterste Reihe aus Olivenblättern, Kornblumen und Blättern des wilden Sellerie *(Apium graveolens, L.)* bestehen. Die Weidenblätter sind über schmale Streifen von Papyrusmark gefaltet und dienen als Ösen zum Anhängen der Kornblumen, der Sellerieschößlinge und der Wasserlilienblätter.

III. *Der Blumenhalskragen* wurde auf dem dritten Sarg gefunden. Er ist aus Blättern, Blüten,

Beeren und Früchten von allerhand Pflanzen und aus blauen, runden Glasplättchen hergestellt, die in neun Reihen auf einer halbkreisförmigen Unterlage aus Papyrusmark angebracht sind. Er gehört einem Typus an, der uns nur aus der Zeit des Tut-ench-Amun bekannt ist*), und ist insofern von Interesse, als er uns die Blätter, Blumen und Früchte, welche die in der späteren 18. Dynastie üblichen Halskragen aus Fayence nachbilden, in Wirklichkeit zeigt.

Die drei ersten und die siebente Reihe bestehen aus runden, blauen Glasplättchen und den Beeren des Bittersüß' *(Solanum dulcamara, L.)*, die auf feinen Fasern von Dattelpalmenblättern aufgereiht sind, und zwar abwechselnd je 20–24 Glasplättchen und je vier Beeren. An der vierten Reihe bilden abwechselnd Weidenblätter und Blätter einer noch nicht bestimmten Pflanze die Ösen für Blütenblätter der blauen Wasserrose. Sie sind mit Bändern aus Papyrusmark dicht nebeneinandergebunden, indem der Bandstreifen einmal über und einmal unter dem Blatt hinläuft. Die fünfte Reihe besteht aus Beeren des Bittersüß', die auf Fasern von Dattelpalmblättern aufgereiht sind; die sechste Reihe aus einer bisher noch nicht bestimmten Pflanze, aus Kornblumen, aus *Picris coronopifolia, Asch.* und aus elf Alraunenfrüchten *(Mandragora officinalis, L. **)*, die in regelmäßiger Reihenfolge gebunden sind. Die Früchte sind von den Kelchen befreit, längs durchgeschnitten und dann an den Halskragen angenäht. Die siebente Reihe gleicht den drei ersten, an der achten wechseln Olivenblätter mit einer noch nicht bestimmten Pflanze ab. An der neunten Reihe sind Blätter von der noch nicht bestimmten Pflanze, die in der sechsten und achten Reihe vorkommt, abwechselnd mit Kornblumen aufgereiht.

Bemerkungen über die schon bestimmten Pflanzen

Wilder Sellerie *(Apium graveolens, L.)* ist schon zweimal durch Funde aus dem alten Ägypten bezeugt. Ein besonders schöner Kranz aus Sellerieblättern und Blütenblättern des blauen Lotos wurde 1885 in einem Grab der 22. Dynastie zu Theben gefunden und befindet sich jetzt im Museum zu Kairo. Einen zweiten ähnlichen Kranz fand Schiaparelli im Grab des Cha, eines Architekten Amenhoteps III., in Der-el-Medine (jetzt in Turin). Wilder Sellerie (σέλινον) war auch bei den griechischen und römischen Blumenbindern (Anakreon, 54; Theokrit, 3,23) sehr beliebt, und die Sieger der isthmischen und der nemeischen Spiele wurden mit Girlanden von Sellerieblättern gekrönt (Pindar, Ol., 13,46; Juvenal, 8,226). An den Gräbern wurden Girlanden von wildem Sellerie aufgehängt und dann von Schwerkranken der Spruch gesagt: Σέλινον δεῖται (Sellerie ist gut, Plutarch, 2,676D). Interessant ist, daß einige Selleriesamenkörner in einem ägyptischen Grab gefunden wurden (jetzt im Museum zu Florenz, Nr. 3628) und daß Selleriesamen auch beim Einbalsamieren der Skythenkönige (Herodot IV, 71) verwandt wurde.

Die Kornblume *(Centaurea depressa, M. Bieb.)* wurde von den ägyptischen Blumenbindern am häufigsten verwendet. Eine ganze Anzahl Kornblumen in Girlanden sind von der 18. Dynastie bis hinein in die griechisch-römische Zeit erhalten. Die Kornblume kam ursprünglich nicht in Ägypten vor und ist wohl aus Westasien oder dem griechischen Festland im Korn als Unkraut eingeführt und später als Gartenblume in Theben gezogen worden. Heute gedeiht sie weder in Syrien noch in Palästina, kommt aber in Arkadien und in der Attischen Ebene vor und blüht im April.

*) Theodor Davis fand 1908 im Tal der Könige mehrere Gegenstände, die zu der Grabausstattung des Tut-ench-Amun gehörten. Unter ihnen befanden sich mehrere solcher Blumenkragen. Sie sind jetzt im Metropolitan Museum of Art, New York, ausgestellt.

**) Für die Bestimmung der Mandragorafrüchte schulde ich L. A. Boodle von dem Jodrell-Laboratorium, Kew-Gärten, und Frau Clement Reid Dank.

Die Mandragora *(Mandragora officinalis, L.)* oder Alraune ist nicht im Niltal zu Hause, sondern sicherlich in alten Zeiten aus Palästina eingeführt. Dort ist sie sehr häufig und kommt besonders in sumpfigen Ebenen vor. Sie ist der Liebesapfel aus dem Buche 1. Mosis, 30,14ff., und aus dem Hohenlied VII, 13. Im Nahen Osten galten und gelten noch heute ihre Früchte als Aphrodisiakum und als Fruchtbarkeit erzeugend. In einigen thebanischen Gräbern der 18. Dynastie sind an den Wänden Fruchtkörbe mit Alraunenfrüchten dargestellt. Und wiederholt findet man Bilder von Frauen, die bei Gastmählern Liebesäpfel essen oder an ihnen riechen.[*a)] In einem thebanischen Grab[*b)] ist eine ganze Pflanze mit Blättern und Frucht dargestellt. Tristram[*c)] nennt sie »eine sehr merkwürdige Pflanze, die durch ihre außergewöhnlich großen Blätter und ihre seltsamen Blüten auffällt«. Er fand sie in Palästina an geschützten Stellen um die Weihnachtszeit in Blüte und im April und Mai, zur Zeit der Weizenernte, reif. Die Frucht ist hellgelb, weich und schmeckt fad und unangenehm. Die Araber halten sie für ein Stimulans, das bis zur Raserei anregen kann, und nennen sie deshalb *tuffah el-jinn*, Dämonenapfel.[*d)] Sie ist wahrscheinlich identisch mit der Didifrucht (hebräisch: *dudaim*), die in ägyptischen Inschriften des Neuen Reiches oft erwähnt ist. Sie soll in Elephantine vorgekommen und mit Bier vermischt als Betäubungsmittel verwendet worden sein. Von dem Karthagerfeldherrn Maharbal wird gesagt, es sei ihm gelungen, eine Schar Rebellen gefangenzunehmen oder zu erschlagen, nachdem er sie mit einem Getränk aus Wein und Mandragora betäubt habe.[*e)] Eine Fülle von Volksmärchen haben sich um diese Pflanze gebildet. Sir James Frazer hat sie im zweiten Band seiner »Folk-Lore im Alten Testament« gesammelt und besprochen.

Die blaue Wasserlilie *(Nymphaea caerulea, Sav.)* war der berühmte Lotos der alten Ägypter und wurde schon zur Pyramidenzeit zum Blumenbinden verwendet. Sie ist im Niltal zu Hause, wird aber jetzt hauptsächlich in Gräben und stehenden Gewässern in der Deltagegend gefunden, wo sie gewöhnlich von Juni bis November blüht.

Die Olive *(Olea europea, L.)* wird heute nur in wenigen Gärten Oberägyptens angepflanzt, muß aber früher über das gesamte Niltal verbreitet gewesen sein.[*f)] Zur Zeit der Königin Hatschepsut wird sie von einem gewissen Ineni in dem Pflanzenverzeichnis seines thebanischen Gartens genannt. Plinius und Strabo erwähnen ihr Vorkommen in Oberägypten ebenfalls, und Theophrastus schreibt (IV, 2,9), daß zu seiner Zeit die Olive in der Provinz Theben gedieh.

Die *Picris coronopifolia, Asch.* ist eine kleine Pflanze, die in großen Mengen an den Rändern der thebanischen Wüste und auch sonst in Oberägypten vorkommt. Sie blüht im März und im April.

Die Weide *(Salix safsaf, Forsk.)* wächst noch heute wild an den Nilufern in Nubien. Nach Georg Schweinfurth ist sie im eigentlichen Ägypten nur vorübergehend aufgetaucht, ihre eigentliche Heimat ist der Süden.

Vom Bittersüßen Nachtschatten oder Bittersüß *(Solanum dulcamara, L.)* sind nur Beeren in ägyptischen Gräbern gefunden worden. Sie sind stets auf Fäden von Dattelpalmblättern gereiht und in Kränzen aus der griechisch-römischen Zeit besonders häufig verwendet.[*g)] Plinius (Hist. nat. XXI, 105) erzählt, daß die ägyptischen Blumenbinder den Nachtschatten benutzten.

[*a)] N. de G. Davies: *The Tomb of Nakht*, Tafel X und XVII.
[*b)] Wilkinson: *Manners and Customs of the Ancient Egyptian*, 2. Aufl., Bd. II, S. 413, Nr. 5.
[*c)] *Natural History of the Bible*, S. 468.
[*d)] Thomson, *The Land and the Book*, Bd. II, S. 380.
[*e)] Frontinus: *Stratagem* II, 5, 12.
[*f)] Newberry: *Ancient Egypt* (1915), S. 97–100.
[*g)] Newberry in Petries *Hawara, Biahmu and Arsinoe*, S. 51.

Die Jahreszeit, in der Tut-ench-Amuns Beisetzung stattfand.

Aus den in die Kränze gebundenen Blumen und Früchten läßt sich die Jahreszeit von Tut-ench-Amuns Tod und Bestattung feststellen. Die Kornblume blüht ungefähr zur Erntezeit, also im März oder April. Zur gleichen Zeit reifen die Früchte der Mandragora und des Nachtschattens. Die kleine *Picris* blüht ebenfalls März und April. Nur die Wasserlilie blüht in den Gräben und stehenden Gewässern Unterägyptens vom Juli bis zum November. Aber es ist sehr leicht möglich, daß sie in den thebanischen Gärten in Bassins gezogen und schon im Frühjahr zur Blüte gebracht wurde. So dürfen wir als bestimmt annehmen, daß Tut-ench-Amun in der Zeit zwischen Mitte März und Ende April beigesetzt wurde.

Verzeichnis der Abbildungen

Farbige Tafelbilder

Textzeichnung

Register